高等学校遥感信息工程实践与创新系列教材

高光谱遥感实用数据分析

苏红军　郑　盼　薛朝辉　吴　昊　杜培军　等　编著

科学出版社

北　京

内 容 简 介

本书以综合性高光谱遥感知识体系为线索，围绕高光谱遥感数据采集、数据处理、数据分析、数据应用全流程实践体系，构建完整知识框架，内容包括数据采集与预处理、高光谱降维与特征挖掘、高光谱图像分类、混合像元分解、目标探测、数据融合以及高光谱遥感应用等模块，形成了一套系统的实习与实验方案。通过学习本书，读者能够系统提升高光谱遥感的理论素养，掌握 ENVI 平台软件的应用技能，从而提高在高光谱遥感科研和实践中的综合性创新能力。

本书可作为普通高等院校遥感科学与技术、地理信息科学、测绘工程、人工智能等专业本科生和研究生教材，也可供相关专业研究人员和工程技术人员参考。

图书在版编目（CIP）数据

高光谱遥感实用数据分析 / 苏红军等编著. -- 北京：科学出版社，2025.6. -- ISBN 978-7-03-080860-8

Ⅰ．TP75

中国国家版本馆 CIP 数据核字第 20243B7X83 号

责任编辑：王腾飞 / 责任校对：郝璐璐
责任印制：张 伟 / 封面设计：许 瑞

科学出版社 出版
北京东黄城根北街 16 号
邮政编码：100717
http://www.sciencep.com

北京九州迅驰传媒文化有限公司印刷
科学出版社发行 各地新华书店经销
*

2025 年 6 月第 一 版　开本：787×1092　1/16
2025 年 6 月第一次印刷　印张：19 1/4
字数：450 000

定价：119.00 元
（如有印装质量问题，我社负责调换）

《高光谱遥感实用数据分析》编委会

主　编：

　　苏红军　郑　盼　薛朝辉　吴　昊

　　杜培军

参编人员：

　　郑恒依　胡　君　徐伟萌　杨雨凡

　　沈　慧　张　雪　陈　凯　时德忠

　　梁　瑶　钱思羽　聂翔宇

前　言

20 世纪 80 年代以来，高光谱遥感技术的快速发展引发了地学遥感的革命性转变，改变了遥感观测的精细程度、信息量、定量化水平和处理方法。相较其他遥感技术，高光谱遥感能够提供更精细的光谱分辨率，捕获更丰富的地物光谱信息，为地物识别和监测提供更翔实、精准的数据支持，已成为深空探测、地质勘探、环境监测、军事侦察等领域的重要手段。随着成像光谱技术的不断创新发展，高光谱遥感大数据时代已经来临，高光谱遥感数据的智能处理与分析成为未来发展的趋势，要求遥感领域专业人士深入了解高光谱遥感图像处理和信息提取技术的理论、方法和应用，以满足新时代自然资源、生态环境、国防安全等领域遥感应用的需求。学习高光谱遥感数据的基础理论、关键技术和应用案例，将有助于推动高光谱遥感的深入发展。

近年来，社会各界对遥感技术的需求不断增长，我国设置了遥感科学与技术交叉学科，开设遥感科学与技术本科专业的院校数量持续上升，截至 2025 年 4 月已达 79 所。新工科发展背景下，对遥感科学与技术专业学生的创新创业和实践能力提出了新的要求，亟须探索新形势下遥感科学与技术专业创新性人才培养的新模式新思路。

作为遥感科学与技术专业的必修课程，高光谱遥感及其配套的课程设计、实践教学至关重要。现有高光谱遥感教材或专著多侧重于基础理论、传统方法与前沿研究的讲解，尚无针对高光谱遥感数据处理及实践操作的教材著作，对高光谱遥感综合实验的系统性指导明显不足。因此，新编《高光谱遥感实用数据分析》，旨在填补该方面的空白，弥补现有教材在数据处理技术和综合性实验分析等方面的不足，为遥感科学与技术专业的教学与科研提供更具实践性的支持，助力实践型、创新型和研究型人才培养。

经过多年的实验教学改革探索与实践，河海大学高光谱遥感课程教学团队探索出了以系统化高光谱遥感知识体系为线索、综合性高光谱遥感实验为核心、多样化遥感软件平台为工具、大学校园为实验场景、包含高光谱遥感"数据采集、数据处理、数据分析、数据应用"等环节的高光谱遥感实用数据处理教学与实践体系。与已出版的高光谱遥感理论教材不同，新编教材将配合理论学习过程，提供配套的实用数据处理方法和综合性实验操作。教材内容涵盖了从基础原理、数据处理到高级应用实践的全面内容，以校园高光谱遥感为实际场景的案例设计，覆盖了高光谱遥感数据处理的大部分流程，并配备了丰富的实验案例，帮助读者在实际操作中深化对高光谱遥感的理解与应用。通过提供丰富的教学资源和实践项目，教材旨在为学生、研究人员和从业者提供更有价值的高光谱遥感数据分析技术，为高光谱遥感领域的学习者和研究者提供全新的数据分析视角，促进高光谱遥感技术进一步推广和应用。本教材的推出有望填补当前教育和研究领域高光谱遥感实用数据处理与综合实践方面的空白，为高光谱遥感的发展注入更多活力和创新。

本教材作为国内首本专注于高光谱遥感实用数据处理与综合实验的教材，主要特色和创新思路如下：

（1）以系统化高光谱遥感知识体系为线索，结合高光谱遥感课程内容及遥感类课程的实验教学要求，梳理并分析各知识模块的内在逻辑结构，构建一套能够贯穿高光谱遥感主要知识点的实验框架，以高光谱遥感"数据采集、数据处理、数据分析、数据应用"为实验主轴，形成系统化的高光谱遥感实用数据处理与综合实验教学体系。

（2）以综合性高光谱遥感实验为核心，与传统遥感实验教材中偏重软件操作和单个实验设计不同，本教材按照高光谱遥感"数据采集、数据处理、数据分析、数据应用"四大核心流程，将实验内容划分为数据采集、数据预处理、高光谱降维、高光谱图像分类、混合像元分解、目标探测、数据融合、高光谱遥感应用等八大实验模块，各模块之间逻辑关联、内容衔接，形成一个完整的实践链条。

（3）以遥感软件平台为工具、以大学校园为实验场景。区别于传统实验教材中实验数据分散且无统一场景的特点，本教材的实验数据以河海大学金坛校区的实际场景数据为实验数据源，涵盖了多种高光谱遥感数据类型（地物光谱数据、无人船数据、无人机成像数据等），该设计使得各个实验模块既能独立运行，又通过数据的统一性和逻辑关联性构成一个完整的实验体系，为读者提供连贯的实验体验和更真实的实践场景。

本教材围绕高光谱数据获取、处理、分析及应用的流程和方法展开系统详细讲解，全书共分为9章，依托遥感领域广泛应用的ENVI软件及二次开发工具ENVI IDL，按照高光谱遥感导论（第1章）、多源光谱数据的获取及预处理（第2~3章）、高光谱遥感图像处理分析关键技术（第4~8章）、高光谱遥感的典型应用（第9章）逐步展开。在多源光谱数据获取与预处理部分，本书介绍地物光谱和无人机影像的采集方法、高光谱影像预处理操作及地物光谱特征参量化分析；在高光谱影像处理与分析章节，深入讲解降维、分类、混合像元分解、目标探测及数据融合等关键技术，详细介绍每种技术的典型方法及实验流程。此外，本教材针对高光谱遥感数据特点设计多种典型应用案例，包括利用混合像元分解技术进行地质调查、利用分类技术进行湿地精细分类、利用高光谱诊断性光谱信息进行目标探测以及水质反演等综合应用案例的详细流程和技术路线，为读者提供全面的技术指导与应用参考。

本教材章节安排注重逻辑连贯性，各章节内容既能涵盖高光谱遥感影像处理全流程及关键技术，各章内容又可相互独立。写作时不仅注重高光谱遥感实验的流程细节，而且详细阐述每个实验的原理及方法思路，旨在帮助读者在学习实验流程的同时加深对高光谱遥感原理的理解，章节安排兼顾不同难度层次，适应于各类学生和不同地域的教材需求。通过本书的学习，系统提升对高光谱遥感理论的理解，掌握高光谱遥感的应用技能，提升高光谱遥感综合性创新实践能力。

本教材包含的实验在河海大学遥感科学与技术专业教学中已试用三年，取得了较好的效果，教学团队在教学过程中不断尝试和完善，逐步形成了教材初稿。全书由苏红军和杜培军共同确定教材大纲，苏红军、薛朝辉、吴昊、郑盼设计了配套数据采集方案。第1章由苏红军、郑恒依、杜培军编写，第2章由张雪、吴昊、薛朝辉编写，第3章由胡君、苏红军编写，第4章由陈凯、钱思羽、薛朝辉编写，第5章由时德忠、聂翔宇编写，第6章由郑盼、梁瑶、徐伟萌编写，第7章由杨雨凡、苏红军编写，第8章由沈慧、苏红军编写，第 9 章由郑盼、徐伟萌、杨雨凡、钱思羽、杜培军编写。全书由苏红军、杜培军统稿。

  本书的出版得到江苏省学位与研究生教育教学改革课题（JGKT25_C018）、河海大学重点教材和河海大学本科实践教学改革研究项目的相关资助，在此表示感谢。特别感谢河海大学地球科学与工程学院测绘工程实验室、江苏双利合谱科技有限公司、上海华测导航技术股份有限公司等在数据获取中给予的大力支持，特别是蓝秋萍、邓新强、李金鑫等的大力协助，使得数据获取工作顺利完成。

  在本书撰写过程中，参考了大量国内外相关文献资料，在此表示衷心感谢。由于编者水平所限，书中不妥之处在所难免，恳请读者批评指正。相关意见和建议，请发送至作者邮箱：hjsurs@163.com。

编 者

实验内容与实验安排

根据本课程的内容，建议按照 36 学时安排实验，具体实验内容和课时量见下表。

实验章节	实验内容	建议课时/学时
第 2 章	1. 利用地物光谱仪数据采集 2. 无人机平台高光谱影像数据采集 3. 地物光谱参量化分析	6
第 3 章	1. 非正常像元处理 2. 辐射定标 3. 大气校正 4. 几何校正 5. 图像配准 6. 图像镶嵌	4
第 4 章	1. 特征提取降维 2. 特征选择降维	4
第 5 章	1. 非监督分类 2. 监督分类	4
第 6 章	1. 端元数目估计 2. 端元提取 3. 丰度估计 4. 混合像元分解一体化实验	4
第 7 章	1. 匹配目标探测 2. 异常探测	4
第 8 章	1. PC 变换 2. G-S 变换 3. NNDiffuse 变换	2
第 9 章	1. 地质调查 2. 湿地精细分类 3. 伪装目标探测 4. 水质监测	8

本教材实验数据已通过科学出版社在线资料共享，访问科学书店 www.ecsponline.com，检索图书名称，在图书详情页"资源下载"栏目中可获取本书附带学习资料。也可以通过访问网盘获取，链接地址：https://pan.baidu.com/s/1NQ6s6URmj0rFnuvq-uHdFA?pwd=hjsu

目　　录

前言
实验内容与实验安排
第1章　导论 ··· 1
  1.1　高光谱遥感数据采集 ·· 2
  1.2　高光谱遥感数据预处理 ·· 6
    1.2.1　辐射校正 ·· 7
    1.2.2　大气校正 ·· 7
    1.2.3　光滑平滑 ·· 9
    1.2.4　缺失值处理 ·· 9
    1.2.5　波段选择与降维 ··· 10
    1.2.6　图像配准 ··· 11
  1.3　高光谱遥感数据分析 ·· 11
  1.4　高光谱遥感数据应用 ·· 13
    1.4.1　农林业监测 ·· 13
    1.4.2　水质监测 ··· 14
    1.4.3　地质调查 ··· 14
  1.5　高光谱遥感数据处理软件 ··· 15
  1.6　高光谱遥感未来发展 ·· 17
  参考文献 ·· 19
第2章　地物光谱信息获取与分析 ·· 20
  2.1　地面光谱数据采集方法 ·· 20
    2.1.1　地面光谱采集原理 ··· 20
    2.1.2　ASD 地物光谱仪 ·· 21
    2.1.3　SVC HR-1024i 地物光谱仪 ·· 25
    2.1.4　iSpecField-HH 地物光谱仪 ··· 29
  2.2　无人机高光谱遥感影像采集方法 ··· 31
    2.2.1　设备介绍 ··· 32
    2.2.2　仪器组装 ··· 33
    2.2.3　手动航线规划 ·· 35
    2.2.4　自动航线规划 ·· 38
    2.2.5　采集数据 ··· 39
    2.2.6　数据导出 ··· 43

2.3 光谱库构建 · · · · · · 43
    2.3.1 数据预处理 · · · · · · 44
    2.3.2 数据类别标注 · · · · · · 44
    2.3.3 建立光谱库 · · · · · · 45
2.4 典型地物光谱特征分析 · · · · · · 47
    2.4.1 自建光谱库特征分析 · · · · · · 48
    2.4.2 内置光谱库特征分析 · · · · · · 49
2.5 光谱特征参量化 · · · · · · 51
    2.5.1 包络线去除 · · · · · · 52
    2.5.2 光谱导数 · · · · · · 53
    2.5.3 光谱吸收指数 · · · · · · 53
    2.5.4 光谱斜率和坡向 · · · · · · 55
    2.5.5 光谱指数 · · · · · · 58
2.6 实验数据介绍 · · · · · · 60
    2.6.1 校园地面光谱数据 · · · · · · 60
    2.6.2 校园无人机高光谱数据 · · · · · · 60
    2.6.3 校园星载多光谱数据 · · · · · · 61
    2.6.4 河流无人机高光谱数据 · · · · · · 62
    2.6.5 矿坑无人机高光谱数据 · · · · · · 62
    2.6.6 伪装目标无人机高光谱数据 · · · · · · 63
参考文献 · · · · · · 63

第 3 章 高光谱遥感数据预处理 · · · · · · 65
3.1 非正常像元处理 · · · · · · 65
    3.1.1 条纹修复 · · · · · · 65
    3.1.2 坏线去除 · · · · · · 68
    3.1.3 未定标波段去除 · · · · · · 70
    3.1.4 水汽影响波段去除 · · · · · · 72
    3.1.5 D_Streak 处理 · · · · · · 74
    3.1.6 Smile 效应校正 · · · · · · 76
    3.1.7 非正常像元处理流程与步骤 · · · · · · 79
3.2 辐射定标 · · · · · · 82
    3.2.1 辐射定标的定义与重要性 · · · · · · 83
    3.2.2 辐射定标的原理与算法 · · · · · · 84
    3.2.3 辐射定标的类型 · · · · · · 87
    3.2.4 辐射定标的流程与步骤 · · · · · · 88
    3.2.5 辐射定标的精度评估 · · · · · · 92
    3.2.6 辐射定标的不确定性分析 · · · · · · 94
    3.2.7 辐射定标的发展趋势 · · · · · · 95

3.3 大气校正 · · · · · · 97
3.3.1 大气校正的定义与重要性 · · · · · · 97
3.3.2 大气校正原理 · · · · · · 98
3.3.3 大气校正的类型与方法 · · · · · · 100
3.3.4 大气校正的流程与步骤 · · · · · · 102
3.3.5 大气校正的精度评估 · · · · · · 108
3.3.6 大气校正的不确定性分析 · · · · · · 108
3.3.7 大气校正的发展趋势 · · · · · · 109
3.4 几何校正 · · · · · · 111
3.4.1 几何校正的定义与重要性 · · · · · · 111
3.4.2 几何校正原理 · · · · · · 112
3.4.3 几何校正的类型 · · · · · · 113
3.4.4 几何校正的流程与步骤 · · · · · · 114
3.4.5 几何校正的精度评估 · · · · · · 122
3.4.6 几何校正的不确定性分析 · · · · · · 122
3.4.7 几何校正的发展趋势 · · · · · · 123
3.5 图像配准 · · · · · · 124
3.5.1 图像配准的定义与重要性 · · · · · · 124
3.5.2 图像配准原理 · · · · · · 125
3.5.3 图像配准的类型 · · · · · · 126
3.5.4 图像配准的流程与步骤 · · · · · · 126
3.5.5 图像配准的精度评估 · · · · · · 132
3.5.6 图像配准的不确定性分析 · · · · · · 133
3.5.7 图像配准的发展趋势 · · · · · · 133
3.6 图像镶嵌 · · · · · · 134
3.6.1 图像镶嵌的定义与重要性 · · · · · · 135
3.6.2 图像镶嵌原理 · · · · · · 135
3.6.3 图像镶嵌的类型与方法 · · · · · · 136
3.6.4 图像镶嵌的流程与步骤 · · · · · · 137
3.6.5 图像镶嵌的精度评估 · · · · · · 143
3.6.6 图像镶嵌的不确定性分析 · · · · · · 144
3.6.7 图像镶嵌的发展趋势 · · · · · · 145
参考文献 · · · · · · 146

第4章 高光谱遥感影像降维 · · · · · · 150
4.1 特征提取降维算法 · · · · · · 150
4.1.1 主成分分析 · · · · · · 150
4.1.2 特征提取实验步骤 · · · · · · 152
4.2 特征选择降维算法 · · · · · · 154

	4.2.1 基于信息熵的特征选择	154
	4.2.2 基于方差的特征选择	154
	4.2.3 特征选择实验步骤	155
4.3	降维结果精度评价	158
参考文献		165

第5章 高光谱遥感影像分类 166
5.1 非监督分类 166
5.1.1 K-均值 166
5.1.2 ISODATA 168
5.2 监督分类 171
5.2.1 样本标注 171
5.2.2 马氏距离 173
5.2.3 最大似然法 176
5.2.4 光谱角匹配 178
5.2.5 支持向量机 181
5.2.6 神经网络分类 183
5.3 分类后处理 186
5.4 精度评价 189
参考文献 190

第6章 高光谱遥感混合像元分解 192
6.1 端元数目估计 192
6.2 端元提取 195
6.2.1 基于几何学的端元提取 195
6.2.2 基于纯像元指数的端元提取 198
6.3 丰度估计 203
6.3.1 全约束最小二乘法 204
6.3.2 线性波谱分离 206
6.3.3 匹配滤波 207
6.3.4 混合调谐匹配滤波 209
6.4 混合像元分解的一体化模型 212
6.4.1 基于 SMACC 的混合像元分解 212
6.4.2 基于自动波谱沙漏的混合像元分解 214
参考文献 216

第7章 高光谱目标探测 218
7.1 目标探测概述 218
7.2 匹配目标探测 219
7.2.1 匹配目标探测算法原理 219
7.2.2 匹配目标探测流程 220

  7.3 异常探测·····229
    7.3.1 异常探测算法原理·····229
    7.3.2 异常探测流程·····231
  参考文献·····236
第 8 章 高光谱分辨率数据与高空间分辨率数据融合·····238
  8.1 主成分变换·····238
    8.1.1 同源数据融合·····240
    8.1.2 异源数据融合·····242
  8.2 Gram-Schmidt 变换·····244
    8.2.1 同源数据融合·····244
    8.2.2 异源数据融合·····247
  8.3 NNDiffuse 变换·····249
    8.3.1 同源数据融合·····250
    8.3.2 异源数据融合·····252
  8.4 融合结果评价·····255
    8.4.1 融合前分类结果与精度·····255
    8.4.2 融合后分类结果与精度·····257
  参考文献·····260
第 9 章 高光谱遥感应用·····262
  9.1 地质调查·····262
    9.1.1 高光谱地质调查实验目的·····262
    9.1.2 高光谱地质调查实验内容与原理·····262
    9.1.3 高光谱地质调查实验设备与数据·····262
    9.1.4 高光谱地质调查实验步骤·····263
  9.2 湿地精细分类·····269
    9.2.1 高光谱湿地精细分类实验目的·····269
    9.2.2 高光谱湿地精细分类实验内容与原理·····270
    9.2.3 高光谱湿地精细分类实验设备与数据·····270
    9.2.4 高光谱湿地精细分类实验步骤·····270
  9.3 伪装目标探测·····273
    9.3.1 伪装目标探测实验目的·····273
    9.3.2 伪装目标探测实验内容·····273
    9.3.3 伪装目标探测实验数据·····274
    9.3.4 伪装目标探测实验步骤·····274
  9.4 水质监测·····280
    9.4.1 高光谱水质监测实验目的·····280
    9.4.2 水质监测研究内容·····281
    9.4.3 水质参数反演原理·····282

9.4.4 目标区域实验设备与数据··283
9.4.5 高光谱水质监测实验步骤··283
参考文献··292

彩图资源扫码获取

第1章 导　　论

　　高光谱遥感（hyperspectral remote sensing）指具有高光谱分辨率的一种先进遥感科学与技术，与传统的多光谱遥感不同，高光谱遥感能够提供更为丰富的光谱信息。高光谱数据覆盖可见光到短波红外的数十至数百个连续窄波段，具有光谱分辨率高、特征维数高、信息冗余、图谱合一等优势，能够探测到像元的精确光谱信息，使得利用遥感信息反演地表细节成为可能（Goetz et al.，1982；童庆禧等，2006）。20 世纪 80 年代，成像光谱概念出现，标志着光学遥感进入了高光谱遥感阶段，并在国土监测、农林调查、灾害预警、生态环境评估、军事国防等领域得到了广泛应用（张良培等，2014；张兵，2016）。

　　高光谱遥感通过特殊的传感器获取地面物体在不同波长范围内的反射光谱（张良培和张立福，2005）。高光谱数据可以用来分析物质的成分、物理状态和其他特征，其应用的基本过程包括：①数据采集，使用高光谱成像仪器，从航空器、卫星或地面平台获取地物的光谱数据；②数据预处理，对原始数据进行辐射校正、大气校正等处理，以提高数据质量；③光谱分析，通过分析光谱曲线，可以识别不同材料的特征，提取相关信息；④分类与识别，利用机器学习和图像处理技术，对不同类别的地物进行分类与识别。

　　高光谱遥感的特点包括：①图谱合一，在获取数百个光谱图像的同时，可以显示图像中每个像元的连续光谱；②海量数据，高光谱的波段一般都是上百个，未来甚至能达到千个以上；③数据冗余度高，成像光谱仪采样间距一般都为纳米级，造成了相邻波段的高度相关性，冗余度也随之增加；④信噪比低，高光谱数据信噪比下降，噪声增加，提高了数据处理的难度（童庆禧等，2016；Chang，2003）。

　　作为遥感科学的新兴方向之一，尽管高光谱遥感比传统遥感方式具有诸多优势，但亦存在一些挑战。例如，获得高质量机载或星载高光谱影像数据比较困难，数据采集受到短凝视时间的影响造成信噪比下降等。此外，与常规全色影像和多光谱影像不同，高光谱影像波段数多难以生成可视化图像，在常规处理时需要特定算法进行信息提取和处理。现有方法在处理高光谱遥感影像的高维数据时算法复杂度较高，且数据冗余和相关性降低了算法性能，同时会遇到休斯现象（即在样本数一定的情况下，随着特征维数的增大，分类精度会出现"先增后降"的现象）。小样本情况下，为了在样本数目、数据维数和分类精度之间取得平衡，高光谱遥感影像的降维处理成为后续数据处理与分析的必要环节之一（Chang，2017）。高光谱遥感的应用需要对高光谱数据能够快速有效处理，因此，发展能够用以检测、分类、识别、量化和表征感兴趣目标及其特性的算法十分重要。高光谱遥感技术的最终目标是在与实验室光谱质量接近的遥感影像光谱中提取目标的理化信息，得到其他传统遥感方法难以获取的监测结果（Chang，2022）。

　　本章内容包括高光谱遥感数据采集、高光谱遥感数据预处理、高光谱遥感数据分析、高光谱遥感数据应用、高光谱遥感数据处理软件和高光谱遥感未来发展六个部分，系统阐述了高光谱数据采集过程、数据预处理步骤以及利用获取的高光谱信息提取和分析地物特征的过程，同时介绍了高光谱遥感的应用与未来展望。

1.1　高光谱遥感数据采集

高光谱遥感成像光谱仪（hyperspectral imaging spectrometer），也称为高光谱成像仪（hyperspectral imaging sensor），是一种能够同时获取空间信息和光谱信息的遥感仪器。成像光谱仪以获取大量窄波段连续光谱图像数据为目的，其光谱分辨率达到$10^{-2}\lambda$量级，在400～2500 nm的波长范围内分辨率一般小于10 nm。由于光谱分辨率高，在一定波长范围内相邻波段有光谱重叠区，也就是连续光谱成像（张良培等，2009；浦瑞良和宫鹏，2000；甘甫平和王润生，2007）。

20世纪60年代，科学家开始探索将光谱学与成像技术结合的可能性。到70年代时，随着光谱学和遥感技术的发展，研究人员开始尝试开发能够同时获取图像和光谱数据的仪器（陈述彭等，1998）。80年代初，美国加州理工学院学者Goetz等（1985）最早提出研究成像光谱仪的计划，并在美国国家航空航天局（National Aeronautics and Space Administration, NASA）的支持下，相继推出系列成像光谱仪产品。

1. 机载成像光谱仪

1983年的航空成像光谱仪（airborne imaging spectrometer, AIS）成为第一个成功运行的机载成像光谱仪，是专门设计用于从飞机平台上获取地表或目标物高光谱数据的遥感仪器。AIS的早期版本，如AIS-1和AIS-2，是成像光谱技术发展的重要里程碑，为后来的高光谱成像技术奠定了基础，并为科学家提供了宝贵的数据，被用于研究地物的光谱特性。AIS能够在飞行过程中收集地物的空间和光谱信息，为各种应用提供详细的数据支持，具有高光谱分辨率、高空间分辨率以及灵活实时的特点。

航空可见光与红外成像光谱仪（airborne visible/infrared imaging spectrometer, AVIRIS）自1987年首次飞行后，为提高性能和数据质量经历了多次升级和改进，包括提高光谱和空间分辨率、数据处理能力、仪器稳定性和可靠性等。AVIRIS的数据已经被广泛用于科学研究和实际应用，为高光谱遥感技术的发展和应用提供了宝贵的经验和数据支持。

20世纪90年代初期，高分辨率成像光谱仪（high resolution imaging spectrometer, HIRIS）的概念和设计被提出，旨在专门为地球观测任务提供高空间分辨率和高光谱分辨率数据，在提供详细的空间信息的同时，也能够获取精细的光谱特征，对于地物识别、分类和成分分析具有重要意义。然而，尽管HIRIS的概念和技术在理论上具有很大的潜力，但并未得到实际的卫星部署，其设计理念和技术特点还是已经被后续的成像光谱仪所继承和发展。例如，NASA的EO-1卫星上的Hyperion传感器，以及后续的其他高光谱成像传感器，都在一定程度上体现了HIRIS的设计目标和技术特点。

21世纪以来，Headwall公司提出设计小型化、轻量级、稳固牢靠的Hyperspec系列高光谱成像平台，提供高分辨率的高光谱成像，适用于环境监测、农业、食品安全等领域，其产品具有紧凑设计和高灵敏度的特点。芬兰SPECIM公司的AISA系统是针对航空遥感高光谱应用开发的专业解决方案,涵盖 VNIR(380~1000 nm)、SWIR(1000~2500 nm)和用于热成像的 LWIR(7.7~12.3 μm)光谱范围;其独有的一体式集成无人机高光谱系统 AFX 系列和同时采集 VNIR-SWIR(400~2500 nm)的 AisaFENIX 系列成像光谱仪,以优异的性能使 AISA 系统成为航空高光谱领域的佼佼者,已有近 200 套该系统在全球范围内投入使用。

我国机载成像光谱技术发展紧跟国际,包括:最早研制的模块化航空成像光谱仪(modular airborne imaging spectrometer, MAIS),是一种设计用于从飞机平台上获取地表或目标物高光谱数据的遥感仪器。MAIS 的特点在于其模块化的设计,这意味着它可以灵活地配置和升级,以适应不同的任务需求和环境条件。MAIS 的发展与特定国家或地区的科研项目相关,因此可能不像 AVIRIS 那样在国际上有广泛的知名度。然而,模块化的设计理念在遥感技术领域是非常有价值的,因为它允许仪器随着技术进步和应用需求的变化而升级和改进。在此基础上,科研人员研制出机载实用型模块化成像光谱仪 OMIS(operational modular imaging spectrometer)系列,OMIS 系列的设计理念是提供一种实用性强、模块化的成像光谱仪,以满足不同用户和应用场景的需求。

2. 星载成像光谱仪

EOS AM-1 卫星于 1999 年 12 月 18 日发射,是美国对地观测系统(Earth Observation System, EOS)计划中的第一星,其由美国国家航空航天局(National Aeronautics and Space Administration, NASA)、日本通商产业省(Ministry of International Trade and Industry, MITI)、加拿大空间局(Canadian Space Agency, CSA)与多伦多大学(University of Toronto)等共同研制,其发射成功标志着第一台星载成像光谱仪成功实现在轨运行。EOS AM-1 卫星搭载云与地球辐射能量系统测量仪(clouds and the earth's radiant energy system, CERES)、中分辨率成像光谱仪(moderate-resolution imaging spectroradiometer, MODIS)、多角度成像光谱仪(multi-angle imaging spectroradiometer, MISR)、先进星载热辐射与反射测量仪(advanced spaceborne thermal emission and reflection radiometer, ASTER)、对流层污染测量仪(measurements of pollution in the troposphere, MOPITT)五种载荷。其中,MODIS 具有 36 个波段,波谱范围为 400~14000 nm,实现了由可见光至热红外波段的全光谱覆盖,影像幅宽为 2330 km。2002 年 5 月 4 日,Aqua 卫星发射升空,其同样搭载有 MODIS 传感器,进一步拓宽了这一高光谱传感器的应用领域。

地球观测卫星-1(Earth Observing-1, EO-1)是美国国家航空航天局新千年计划(New Millennium Program, NMP)地球探测部分中第一颗对地观测卫星,其于 2000 年 11 月发射升空,目的是在 21 世纪接替 Landsat-7 卫星。EO-1 卫星轨道参数与 Landsat-7 较为近似,以期实现两颗卫星图像每天具有 1~4 景的重叠,从而进行二者的对比。EO-1 搭载了三种载荷,分别为高光谱成像光谱仪(hyperion)、高级陆地成像仪(advanced land imager, ALI)与线性标准成像光谱仪阵列大气校正器(the linear etalon imaging spectrometer array atmospheric corrector, LAC)。一般地,传统的陆地资源卫星只能提供为数不多的多光谱波段,并不能很好满足日常实际研究、运用的需要;而借助具有 242 个波段、光谱范围为 356~2578 nm 的 EO-1 高光谱传感器,可获得更具价值的高光谱数据。EO-1 已于 2017 年 2 月停止服役。

2019 年 3 月 21 日，运载火箭"织女星"（Vega）搭载意大利 PRISMA 地球观测卫星发射升空。PRISMA 卫星是一颗小型超光谱成像卫星，旨在利用小卫星的成像载荷，观测地球上的相关环境要素，其英文译名的意思是"完成任务的超光谱先驱"。卫星设计时考虑了意大利科学界的相关需求，拍摄的图像将帮助科学家对环境进行研究，并为土地利用、自然资源、水污染、土壤混合物和碳循环监测提供支持。PRISMA 卫星的同名传感器包含一个在 237 个可见光、近红外线和短波红外线波段下运行的超光谱成像仪，光谱分辨率可达 12 nm。传感器还可以在 30 m 分辨率下对地球表面实时成像。卫星还配有一个全色成像仪，可在相同范围内提供 5 m 分辨率的观测图像。这两个成像仪可以通过一个孔径为 21 cm 的三镜透镜观测地球。

德国 EnMAP 高光谱卫星于 2022 年 4 月 1 日发射，由德国航空航天中心（Deutsches Zentrum für Luft- und Raumfahrt，DLR）和凯瑟·瑟雷德公司（Kayser-Threde GmbH）联合开发研制，在全球范围内监测和表征地球环境。EnMAP 卫星具有 242 个波段，覆盖谱段 420~2450 nm，空间分辨率为 30 m，幅宽 30 km。EnMAP 卫星通过提取地球化学、生物化学和生物物理参数来测量和模拟地球生态系统的关键动态过程，这些参数提供了有关各种陆地和水生生态系统现状和演变的信息。EnMAP 卫星可以精确提供植被、土壤和水质等环境信息，在农业、林业和水资源等方面具有广阔的应用前景。

中国研制的第一台星载高光谱/多光谱传感器是中国国家航天局（China National Space Administration，CNSA）于 2002 年 3 月 25 日发射的神舟三号飞船上搭载的中国中分辨率成像光谱辐射计（CMODIS），CMODIS 传感器是为研究海洋、陆地和大气而设计的，在轨期间对地球进行连续的遥感观测。神舟三号飞船在轨运行时不仅开展了载人航天试验，同时也进行了光谱传感器的空间应用试验。搭载 CMODIS 的卫星完成了近 400 个轨道的观测，直到 2002 年 4 月 1 日神舟三号航天器结束任务。CMODIS 也是世界上第一台在可见光和近红外（VNIR）、短波红外（SWIR）和热红外（TIR）光谱范围内具有连续波段的星载高光谱成像仪。与传统的多光谱遥感数据相比，CMODIS 的光谱分辨率有了很大的提高。随后我国还成功发射了环境一号（HJ-1A）、天宫一号（TG-1）和 SPARK 等一系列对地观测高光谱卫星。

珠海一号卫星星座（指发射入轨、正常工作的卫星集合）是由我国珠海欧比特宇航科技股份有限公司（现珠海航宇微科技股份有限公司）发射并运营的商业遥感微纳卫星星座，由 34 颗卫星共同组成，包括视频卫星（OVS-1 视频卫星 2 颗与 OVS-2 视频卫星 10 颗）、高光谱卫星（OHS 高光谱卫星 10 颗）、雷达卫星（OSS 雷达卫星 2 颗）、高分光学卫星（OUS 高分光学卫星 2 颗）与红外卫星（OIS 红外卫星 8 颗）。其中，OHS（orbita hyper spectral）高光谱卫星于 2018 年 4 月 26 日，在酒泉卫星发射中心首次发射，由长征十一号固体运载火箭以"一箭五星"方式送入太空，5 颗卫星包括 4 颗 OHS 高光谱卫星（OHS-01/02/03/04）与 1 颗 OVS-2 视频卫星；这些是珠海一号 02 组卫星，与在轨的 2 颗珠海一号 01 组视频卫星（于 2017 年 6 月 15 日发射）形成组网；2019 年 9 月 19 日，再一次在酒泉卫星发射中心利用长征十一号运载火箭，采取"一箭五星"方式成功将珠海一号 03 组 5 颗卫星发射升空。珠海一号 03 组卫星同样包括 4 颗 OHS 高光谱卫星与 1

颗视频卫星。OHS 高光谱卫星搭载多个 OHS 互补金属氧化物半导体（complementary metal-oxide-semiconductor，CMOS）传感器，空间分辨率为 10 m，成像范围为 150 km×2500 km，在 400～1000 nm 波段范围内共有 256 个谱段，其中可任选 32 个作为最终产品中的波段信息。在 10 颗 OHS 高光谱卫星全部发射升空后，可实现 2 天的时间分辨率，对特定区域甚至可达 1 天内重访。目前，这一由中国首家民营上市公司建设并运营的高光谱卫星星座数据已达世界一流水平，具备对植被、水体、海洋等地物进行精准定量分析能力，已在军民融合、自然资源监测、环保监测、海洋监测、农作物面积统计及估产、城市规划等领域得到示范应用，受到部队、政府、行业等诸多用户好评。

高分五号卫星（GF-5）于 2018 年 5 月 9 日成功发射，是世界上第一颗同时对陆地和大气进行综合观测的卫星。GF-5 首次搭载了大气痕量气体差分吸收光谱仪、大气主要温室气体探测仪、大气多角度偏振探测仪、大气环境红外甚高光谱分辨率探测仪、可见短波红外高光谱相机、全谱段光谱成像，共 6 台载荷，可对大气气溶胶、二氧化硫、二氧化氮、二氧化碳、甲烷、水华、水质、核电厂温排水、陆地植被、秸秆焚烧、城市热岛等多个环境要素进行监测。高分五号卫星所搭载的可见短波红外高光谱相机是国际上首台同时兼顾广覆盖和宽谱段的高光谱相机，在 60 km 幅宽和 30 m 空间分辨率下，可以获取从可见光至短波红外（400～2500 nm）光谱颜色范围，330 个光谱颜色通道，颜色范围比一般相机宽了近 9 倍，颜色通道数目比一般相机多了近百倍，其可见光谱段光谱分辨率为 5 nm，可对内陆水体、陆表生态环境、蚀变矿物、岩矿类别进行有效探测，为环境监测、资源勘查、防灾减灾等行业提供高质量、高可靠的高光谱数据。

高光谱观测卫星（GF-5B 卫星）于 2021 年 9 月 7 日成功发射。GF-5B 卫星搭载 7 台载荷，包括可见短波红外高光谱相机（AHSI）、全谱段光谱成像仪（VIMI）、大气气溶胶多角度偏振探测仪（DPC）、吸收性气溶胶探测仪（AAS）、大气主要温室气体监测仪（GMI）、大气痕量气体差分吸收光谱仪（EMI）与高精度偏振扫描仪（POSP），涵盖紫外到长波红外谱段，融合了成像技术和高光谱探测技术，可实现空间信息、光谱信息和辐射信息的综合观测，是继高分五号卫星之后的又一颗实现对大气和陆地综合观测的全谱段高光谱卫星。高光谱观测卫星在地物精细分类、矿区矿物信息提取、矿山地质环境监测、矿山矿物信息精细提取与丰度定量等地质调查、植被生态分析、水环境监测、水质参数反演等方面具备突出的应用能力，将在识别地表成分、植被监测、农林变化、水域污染监测、矿藏勘测、遥感地质填图、国土监测、灾害监测等行业应用发挥更大的作用。

2022 年 12 月 9 日，我国在太原卫星发射中心用长征二号丁型运载火箭成功发射高光谱综合观测卫星。该星是高分专项天基系统的重要组成部分，是实现高分专项高光谱观测能力的重要标志，进一步提升了我国高光谱卫星遥感数据的自给率。高光谱综合观测卫星运行于高度 705 km 的太阳同步回归轨道，采用 SAST1000 平台，主要配备可见短波红外高光谱相机、大气痕量气体差分吸收光谱仪、宽幅热红外成像仪等有效载荷，可在生态环境动态监测、自然资源调查与监测、大气成分探测等方面发挥重要作用，为我国积极应对全球气候变化提供数据支撑。高光谱综合观测卫星的成功发射，标志着高分专项工程空间段建设任务已全面完成。

未来，成像光谱技术将向着集成化、智能化和便携化发展，开发更轻便、易于操作的高光谱成像设备，适应多种应用场景。将高光谱成像与其他传感器（如激光雷达）结合，实现更全面的数据采集，并利用人工智能和机器学习技术，提升数据分析和处理能力。

高光谱数据采集是高光谱遥感的核心环节，通过精确的传感器和合理的采集方式，可以获取丰富的光谱信息。这些数据经过处理和分析后，可以为科学研究和实际应用提供重要的支持。随着技术的发展，预计高光谱数据采集将在更多领域发挥更大的作用（郭华东，1996）。高光谱传感器通过将入射光分解为多个波长的光谱信息来获取高光谱数据，其工作原理通常包括光源、光谱分离、探测器和数据输出四个部分。光源指利用自然光（太阳光）或人工光源照射到地物上，地物表面能反射或发射光，从而传递信息；光谱分离指传感器内部的光学系统（如棱镜或光栅）将入射光按波长分解，使不同波长的光线分别聚焦到不同的探测器上；探测器（如CCD或CMOS）接收分离后的光谱信息，记录每个波段的光强度；传感器将收集到的光谱数据转换为数字信号，生成高光谱影像，通常以立方体形式存储（即每个像素具有多个光谱值），实现数据输出。

高光谱数据采集的基本流程一般包括5个步骤。

（1）选择采集平台。根据研究目标和地区特征，选择适合的采集平台，常见的平台包括：卫星平台，用于大范围长期监测，适合全球尺度的数据获取；航空平台，如无人机（UAV）、飞机等，适合小范围、高分辨率的数据采集；地面平台，通过手持式或车载设备进行局部区域的高光谱数据采集。

（2）传感器选择。选择合适的高光谱成像仪，考虑其光谱范围、空间分辨率和光谱分辨率。光谱范围一般覆盖可见光到近红外（400～2500 nm）；光谱分辨率指波段数目和带宽，通常高光谱传感器能够提供数十个到数百个波段。

（3）规划采集任务。制定采集计划，包括采集时间、飞行路径、飞行高度等，确保覆盖目标区域并最大化数据质量。

（4）数据采集。在选定的时间和地点进行数据采集，确保采集过程中的环境条件（如光照、天气）适宜，以减少噪声和干扰。

（5）数据存储和备份。在采集过程中，实时存储数据，并做好备份，以防数据丢失。

1.2　高光谱遥感数据预处理

高光谱传感器在获取数据时容易受到各种因素的影响，如大气条件、传感器噪声等，因此需要进行一系列的数据处理步骤，以确保数据的准确性和实用性。高光谱数据预处理是确保数据质量、提高分析精度的关键步骤，包括辐射校正、大气校正、光谱平滑、缺失值处理、波段选择与降维，以及图像配准等多个环节。通过合理的预处理，可以为后续的光谱分析、分类和应用奠定坚实的基础，从而在多个领域发挥重要作用。

在遥感传感器被发射至太空或安装在飞行器上之前，通常需要在实验室中进行光谱和辐射定标。在机载或星载传感器的运行过程中，不可避免地会存在诸如光学或电子部件老化以及机械振动导致的位置偏移等问题，从而使传感器性能发生改变，与其在实验室标定的状态产生偏差，产生光谱和辐射上的系统误差。对于任何高光谱传感器，系统误差可分为两种：①由非正常像元及辐射校正误差引起的图像条带噪声；②光谱和空间位置配准偏差问题。对第一种误差，会导致生成的图像出现明显的条纹，其同样包含有效信息，但需要通过校正使其具有与经过校准的同波段数据相同的辐射亮度水平。第二种误差是光纤老化、畸变以及推扫系统不完全配准导致的光谱和空间误差。除传感器自身外，传感器记录的辐射能量还受到大气以及地形等的影响，不能直接代表地物目标的特性。为减小或消除这些响应值引起的辐射测量误差，在使用高光谱数据进行各类研究应用之前，需要对图像数据进行校正。

1.2.1 辐射校正

辐射校正（radiometric calibration）是遥感图像处理中的一个重要步骤，主要是将传感器接收到的原始信号转换为物理量，如辐射亮度或反射率。辐射校正的目的是消除传感器自身特性、大气影响、太阳角度、地形等因素对遥感图像的影响，从而提高图像的质量和可用性。辐射校正通常包括传感器校正、太阳角度校正、地形校正以及标准化几个步骤。

传感器校正是指校正传感器自身的响应特性，包括传感器的灵敏度、非线性响应、暗电流、增益等因素，以上校正通常在数据获取后，由传感器制造商或数据处理中心完成。太阳角度校正考虑了太阳高度角和方位角对地表反射的影响，在不同的时间和地点，太阳的角度变化会影响地表接收到的太阳辐射量和遥感图像的亮度值。太阳角度校正主要通过将图像的辐射值转换为地表反射率来实现。地形校正考虑了地形起伏对太阳辐射的遮挡和反射的影响。在山区或地形复杂的地区，地形会影响地表接收的太阳辐射量，从而影响遥感图像的辐射值。地形校正可以通过数字高程模型（digital elevation model，DEM）和相应的校正算法来实现。标准化是将不同时间、不同传感器获取的遥感图像进行统一处理，使其辐射值具有可比性，通常涉及将图像的辐射值转换为标准化的反射率或辐射亮度。

辐射校正的方法有很多，包括：①基于模型的方法。使用大气传输模型（如 6S 模型、MODTRAN 模型）模拟大气的影响，并进行校正。②基于统计的方法。使用统计技术（如经验线性法）估计大气的影响，并进行校正。③基于实地测量的方法。通过实地测量地表反射率和大气参数进行校正。④基于图像的方法。使用图像中的暗目标（如水体、阴影）或已知反射率的目标（如校正场）进行校正。

辐射校正的准确性和效果直接影响遥感数据的应用价值，辐射校正技术的持续发展对于提高遥感数据的质量和应用价值至关重要。随着新技术的不断涌现和应用需求的不断增长，辐射校正正向更加自动化、智能化、多源融合、实时处理、精细化校正、标准化和用户友好化的方向发展，这将有助于推动遥感技术在环境监测、资源管理、灾害评估、城市规划等领域的广泛应用，为社会经济发展和环境保护提供强有力的支持。

1.2.2 大气校正

大气校正的目的是消除大气对太阳辐射和地面反射辐射的影响。大气中的气体、水蒸气、气溶胶等成分会吸收和散射太阳辐射，导致遥感图像中的辐射值偏离真实地表反射率。大气校正的目标是将遥感图像的辐射值转换为地表反射率,以便于后续的分析和应用。大气校正的方法有很多,大致可以分为基于模型的方法、基于统计的方法、基于实地测量的方法和基于图像的方法。

基于模型的方法使用大气辐射传输模型来模拟大气的影响,并进行校正。大气辐射传输模型通常需要输入大气参数,如气溶胶光学厚度、水蒸气含量、大气压强等。常见的大气辐射传输模型包括:①6S 模型,一种广泛使用的辐射传输模型,适用于多种传感器和波段;②MODTRAN 模型,一种高精度的辐射传输模型,适用于高光谱数据;③LOWTRAN 模型,一种简化的辐射传输模型,适用于较低分辨率的数据。基于统计的方法使用统计技术估计大气的影响,并进行校正,该类方法通常不需要详细的大气参数,而是依赖于图像中的统计特征。常见的统计方法包括:①经验线性法,通过图像中的暗目标(如水体)和亮目标(如校正场)估计大气的影响;②暗目标减法,通过图像中的暗目标(如深水体或阴影)估计大气的影响。基于实地测量的方法通过实地测量地表反射率和大气参数进行校正,该类方法通常需要专门的测量设备和实地工作,但可以提供较为准确的校正结果。基于图像的方法指使用图像中的特定目标或区域进行校正,该类方法通常依赖于图像中的已知特性,包括:①校正场法,使用已知反射率的校正场来进行校正;②水体法,使用水体的反射特性来进行校正。

大气校正面临一些挑战,包括大气参数的不确定性、大气条件的复杂性和地表特征的多变性。大气参数的准确测量和估计是大气校正的关键,直接影响遥感数据的质量和可靠性。大气参数往往需要通过地面观测站或气象卫星获取,但数据在某些区域可能缺乏;此外,大气条件在空间和时间上变化较大,在复杂地形或气候条件下单一观测点的数据无法代表整个区域;测量误差、模型假设和输入数据是否准确等也导致大气参数存在不确定性,这种不确定性会影响后续的遥感数据处理和分析。复杂的大气条件会显著影响遥感数据的质量。温度、湿度和气压等气象因素的变化会导致光的传播发生变化,从而影响遥感影像的辐射特征;气溶胶浓度和类型的变化会影响光的散射和吸收,多云天气条件下云层的存在也会导致遥感数据的不一致性。多变的地表特征对遥感数据的反射率有着重要影响,不同的地表类型具有不同的反射特性,导致同一波段的反射率差异很大。另外,植被覆盖度、土壤湿度和水体面积等地表特征会随季节变化,例如,冬季的植被覆盖减少会导致反射率增加。城市化、农业活动等人类活动和自然灾害也会改变地表特征,进而影响遥感数据的获取和分析。

针对大气校正面临的挑战,可以采取相应的应对策略。针对大气参数的不确定性问题,采用多源数据融合的方法,结合地面观测、气象模型和卫星遥感数据,可以提高大气参数的准确性;应用大气辐射传输模型(如 MODTRAN、6S 等)模拟大气条件,可以估计大气参数并进行校正;利用已知的地物光谱特征进行反演,可以从遥感数据中提取大气参数;在特定区域内设置多点观测,定期监测大气参数的变化,利用机器学习算法分析历史数据,预测大气参数的变化,可以减少不确定性。针对大气条件的复杂性问题,在特定区域内进行高频次的气象观测,可以及时获取大气条件的变化信息;对同一区域的遥感数据进行时间序列分析,可以识别和校正由于大气条件变化引起的系统性误差;利用多波段和多角度的遥感数据,结合不同波段的反射特性,能够更好地理解大气条件的影响。针对地表特征的多变性问题，利用高分辨率遥感影像捕捉地表特性的细微变化，能够提高反射率的估计精度。

1.2.3 光滑平滑

光滑平滑（smoothing）旨在减少数据中的噪声和随机波动，从而提高数据的质量和分析的准确性。高光谱数据具有数百甚至数千个连续的光谱波段，在采集过程中容易受到各种噪声的影响，如仪器噪声、大气噪声、散射噪声等。因此，进行有效的光滑平滑处理对于后续的分类、识别、定量分析等任务至关重要。

高光谱数据的光滑平滑方法有很多，常见的包括移动平均法（moving average）、Savitzky-Golay 滤波器、高斯滤波器（Gauss filter）、小波变换（wavelet transform）和傅里叶变换（Fourier transform）。移动平均法是一种简单且常用的光滑平滑技术，通过计算光谱数据在一定窗口内的平均值平滑光谱，窗口的大小决定了平滑的程度，窗口越大，平滑效果越明显，但同时也会损失更多的细节信息。Savitzky-Golay 滤波器（S-G 滤波器）是一种基于多项式拟合的平滑技术，通过在滑动窗口内拟合一个低阶多项式来平滑光谱，同时保留光谱的形状和细节。S-G 滤波器在平滑的同时还能保持光谱的导数信息，因此在高光谱数据处理中非常受欢迎。高斯滤波器是一种基于高斯函数的平滑技术，通过计算光谱数据与高斯核的卷积平滑光谱；高斯滤波器能够在平滑光谱的同时保持较好的边缘特性。小波变换是一种多尺度分析技术，通过在不同尺度上分解和重构光谱数据实现平滑；小波变换能够有效地去除噪声，同时保留光谱的细节信息。傅里叶变换是一种频域分析技术，通过将光谱数据转换到频域，然后去除高频噪声，再转换回时域来实现平滑，傅里叶变换适用于周期性噪声的去除。

高光谱数据的光滑平滑通常包括数据检查、选择平滑方法、确定参数、执行平滑、评估效果和平衡平滑与细节保留等步骤。首先，检查高光谱数据的质量，识别可能的噪声来源；其次，根据数据特性和应用需求选择合适的平滑方法，不同的光谱数据和应用场景可能需要不同的平滑方法；再次，确定平滑方法的相关参数，如窗口大小、多项式阶数等，参数的选择对平滑效果有重要影响，但通常需要根据经验和实验来确定；之后，应用选定的平滑方法对高光谱数据进行处理；最后，评估平滑后的数据质量，确保平滑处理没过度损失细节信息，过度平滑可能会损失光谱的细节信息，而平滑不足则可能无法有效去除噪声。

1.2.4 缺失值处理

缺失值处理（missing value imputation）是数据预处理中的一个重要步骤，特别是在高光谱数据分析中。高光谱数据由于其高维度和复杂性，可能发生传感器故障、数据传输错误、环境干扰等，往往包含大量的缺失值。缺失值的存在会影响数据分析的准确性和可靠性，因此需要进行适当的处理。

缺失值处理的方法有很多，常见的包括删除法（deletion）、均值/中位数填充（mean/median imputation）、众数填充（mode imputation）、回归填充（regression imputation）、K 近邻填充（K-nearest neighbors imputation）、插值法（interpolation）和多重填充（multiple imputation）。删除法是最简单的处理方法，直接删除包含缺失值的样本或特征，该方法适用于缺失值较少的情况，但在缺失值较多的情况下，可能会导致大量有用信息的丢失。均值/中位数填充是用特征的均值或中位数填充缺失值。该方法简单快速，但可能会引入偏差，尤其是在数据分布不均匀的情况下。众数填充是用特征的众数（出现频率最高的值）填充缺失值，该方法适用于分类变量，但同样可能会引入偏差。回归填充是使用回归模型预测缺失值，首先使用没有缺失值的样本训练回归模型，然后用该模型预测缺失值。该方法可以提供较为准确的估计，但依赖于模型的准确性。K 近邻填充是使用与缺失值样本最相似的 K 个样本估计缺失值，相似度通常基于特征之间的距离或相似性度量，该方法先在特征空间中寻找相似样本，然后使用这些样本的值来估计缺失值。插值法是使用已知数据点来估计缺失值，常见的插值方法包括线性插值、多项式插值、样条插值等，该类方法适用于时间序列数据或空间数据。多重填充是一种更为复杂的方法，它先通过多次模拟生成多个完整的数据集，然后对数据集进行分析，最后合并结果；该方法考虑了缺失值的不确定性，提供了更为稳健的估计。

缺失值处理通常包括识别缺失值、选择处理方法、执行处理和评估效果四个步骤。首先识别数据中的缺失值，了解缺失的模式和原因；根据数据特性和应用需求选择合适的缺失值处理方法，不同的数据和应用场景需要不同的处理方法，一些处理方法（如多重填充）较为复杂，需要更多的计算资源和专业知识，此外，处理方法需要对不同类型的缺失值模式具有稳健性；应用选定的处理方法对缺失值进行填充或估计；评估处理后的数据质量，确保处理方法没有引入显著的偏差或误差。

1.2.5 波段选择与降维

在高光谱数据分析中，波段选择（band selection）和降维（dimensionality reduction）是两个关键的预处理步骤，它们旨在从数百甚至数千个光谱波段中提取出最具信息量的波段或特征，以减少数据的维度、提高处理效率、降低噪声影响，并增强后续分析任务（如分类、识别、定量分析等）的性能（苏红军等，2008；杜培军等，2016）。

波段选择是指从高光谱数据的所有波段中选择一部分波段，这些波段包含了数据中的大部分有用信息，同时去除了冗余和噪声。波段选择的方法可以分为基于统计的方法和基于模型的方法两大类。基于统计的方法包括：①方差选择，选择方差较大的波段，因为方差大通常意味着信息量大；②相关性选择，选择与其他波段相关性较低的波段，以减少冗余信息；③信息增益，选择能够提供最大信息增益的波段，通常用于分类任务。基于模型的方法包括：①遗传算法，使用遗传算法搜索最优的波段组合；②粒子群优化算法，使用粒子群优化算法搜索最优的波段组合；③稀疏表示，通过稀疏表示模型选择最具代表性的波段。

降维是指将高光谱数据从高维空间映射到低维空间，同时尽可能保留原始数据的信息。降维的方法可以分为线性降维和非线性降维两大类。线性降维方法包括：①主成分分析（principal component analysis，PCA），通过正交变换将一组可能相关的变量转换为一组线性不相关的变量；②线性判别分析（linear discriminant analysis，LDA），在最大化类间距离的同时最小化类内距离，适用于分类任务。非线性降维方法包括：①t-分布随机邻域嵌入（t-SNE），通过在高维空间中模拟数据的概率分布，在低维空间中寻找相似的分布；②等距映射（ISOMAP），通过保持数据点之间的测地线距离实现降维；③局部线性嵌入（locally linear embedding，LLE），通过保持每个数据点与其邻域点的线性关系实现降维。

波段选择和降维都是为了减少数据的维度，但它们的侧重点和方法有所不同：波段选择更侧重于选择原始波段中的一个子集，而降维则是通过变换生成新的特征；波段选择通常保留了原始波段的物理意义，而降维生成的特征可能不再具有直观的物理意义；波段选择适用于那些希望保留原始波段信息的用户，而降维适用于那些希望简化数据结构并发现潜在特征的用户。

1.2.6 图像配准

图像配准（image registration）涉及将不同时间、不同传感器或不同条件下获取的高光谱图像对齐，以确保其在空间上对应于同一个场景。高光谱图像配准对于后续的数据融合、变化检测、分类和目标识别等任务至关重要。

高光谱图像具有高纬度、光谱相关性、噪声和变异性的特点，即高光谱图像通常包含数百个波段，每个波段都是一个二维图像；不同波段之间存在光谱相关性，可以用于提高配准的准确性；高光谱图像可能受到大气条件、传感器噪声和光照变化的影响，对配准提出了特殊挑战：①多波段对齐，需要确保所有波段在空间上对齐，这比单波段图像配准更为复杂；②光谱信息利用，利用光谱信息提高配准的精度和稳健性；③计算效率，由于高光谱图像的高维特性，配准算法需要高效且能够在计算资源有限的情况下运行。

高光谱图像配准的方法可以基于特征、基于区域或基于强度来设计，基于特征的方法有：①特征点检测，使用 SIFT、SURF、ORB 等算法检测特征点，并在不同波段间进行匹配；②光谱特征匹配，利用高光谱图像的光谱特征进行匹配，如使用光谱角映射（SAM）或光谱信息散度（SID）。基于区域的方法有：①互相关，在不同波段间计算互相关系数，找到最佳匹配区域；②模板匹配，在参考波段中寻找与待配准波段模板最匹配的区域。基于强度的方法有：①互信息，利用高光谱图像间的统计依赖性（如熵、互信息）作为相似性度量；②归一化互相关，通过归一化图像强度计算相似性。

高光谱图像配准通常包括预处理、特征检测与匹配、变换模型估计、变换应用和配准验证五个步骤。对高光谱图像进行去噪、辐射校正和大气校正等预处理操作；在不同波段间检测特征并进行匹配；根据匹配的特征点对，估计一个或多个变换模型；将估计的变换应用到待配准波段上，使其与参考波段对齐；通过视觉检查或定量度量验证配准的准确性。

1.3 高光谱遥感数据分析

高光谱遥感数据分析是利用高光谱遥感技术获取丰富光谱信息，提取和分析地物特征、成分和状态的过程，通常包括数据预处理、特征提取、分类与回归，以及结果验证与应用等多个步骤。

在进行高光谱遥感数据分析之前,首先需要对原始高光谱遥感数据进行预处理,以确保数据的质量和准确性。去除系统误差和噪声,将数字值转换为真实的表面反射率;去除大气影响,以获得更准确的地物光谱特征,确保多时相或多波段图像之间的空间是一致的;减少噪声并处理异常值,提高分析精度。

在高光谱遥感数据分析中,特征提取是识别和描述地物的重要步骤(高连如,2007),可以从光谱信息中提取有用的特征,以便用于后续分类和分析。特征提取方法主要包括光谱特征提取和空间特征提取。光谱特征提取即选择具有代表性的波段,剔除冗余波段,以降低数据维度;或者识别出具有特征性的波段(如吸收峰、反射峰),用于物质识别。空间特征包括纹理特征和形状特征,利用灰度共生矩阵、局部二值模式等方法可以提取影像的纹理信息,帮助区分不同地物类型,分析地物的形状特征,提高分类精度。

分类与回归是高光谱遥感数据分析的核心任务,旨在根据输入数据特征判断地物类别或预测其属性值,主要方法包括监督分类、非监督分类和回归分析。监督分类指利用已知样本训练分类器,常见算法包括:①支持向量机(support vector machine, SVM)(Guo et al., 2016),通过构建超平面区分不同类别;②随机森林(Ham et al., 2005),基于决策树的集成学习方法,适合处理高维数据;③人工神经网络(artificial neural network, ANN),模拟人类神经元的结构,通过训练学习复杂的模式。非监督分类无须标注样本,使用聚类算法进行分类,常见方法包括:①K均值聚类(Tu et al., 2018),根据样本之间的相似性将其划分为K个类别;②层次聚类,通过构建树状图来表示样本之间的聚类关系。回归分析则用于预测连续变量(如土壤含水量、作物产量等),常用方法包括:①线性回归,建立自变量与因变量之间的线性关系;②偏最小二乘回归(partial least squares regression, PLSR),适用于高维数据,通过提取潜在变量实现建模。

完成分类和回归后,需要对模型进行评估和验证,以确保结果的可靠性和准确性。主要方法包括:①精度评估,使用混淆矩阵计算分类精度,包括总体精度、平均精度、类别精度、Kappa 系数等指标;②交叉验证,将数据集划分为训练集和测试集,通过多次训练和测试来验证模型的泛化能力;③统计分析,使用统计指标(如均方根误差 RMSE、R^2 决定系数)评估回归模型的性能。

高光谱遥感数据分析的结果通常需要以可视化方式呈现,以便于理解和解释。常用的可视化方法包括:①伪彩色图,将不同波段组合成彩色图像,突出显示不同地物的特征;②光谱曲线图,展示特定地物的光谱特征,便于比较不同材料之间的差异;③地图输出,将分类结果或回归结果制成地图,便于空间分析和决策支持。

高光谱遥感数据分析是一个复杂而全面的过程,涵盖了从数据预处理到特征提取、分类与回归、模型评估与验证等多个环节。通过合理的方法和技术可以有效提取高光谱遥感数据中的有用信息,为各领域的科学研究和实际应用提供强有力的支持。随着技术的不断进步,高光谱遥感数据分析将在未来发挥越来越重要的作用。

1.4 高光谱遥感数据应用

高光谱遥感技术发展的最初动因是支持矿物识别研究,早期的实验也涉及一些植物遥感监测,自 1988 年,高光谱遥感技术成功地应用于其他学科,包括农林业、水质监测、地质调查、生态环境监测、气候监测、城市规划与管理,以及军事等多个领域,具有广泛的应用前景和重要的应用价值。现今,高光谱遥感技术的发展以及其与地理信息系统(geographic information system,GIS)、全球导航卫星系统(global navigation satellite system,GNSS)技术的结合为人们源源不断地提供高精度定位、高频度、多频谱不同级次的宏观影像,极大地拓宽了人类的视野和视觉能力,促使地学研究的范围、尺度、内容和研究方法发生革命性的变化。

1.4.1 农林业监测

高光谱遥感技术在农林业监测中的应用包括农作物监测、植被生物理化参数反演和森林健康监测。

1. 农作物监测

通过捕捉农作物在不同生长阶段和状态下的光谱特征,能够实现对作物类型、生长状况以及病虫害情况的精确监测。不同作物及其生长阶段在可见光、近红外及短波红外等波段的光谱反射率存在差异。这些差异为作物类型的识别和生长阶段的划分提供了依据。同时,当作物遭受病虫害侵袭时,其叶片结构、叶绿素含量等会发生变化,进而影响光谱反射特性。高光谱遥感技术能够捕捉到这些细微变化,从而有效识别作物的健康状态,为精准农业提供了重要数据支持,有助于农民和农业管理者根据作物实际生长情况,采取更加科学合理的灌溉、施肥和病虫害防治措施,提高农业生产效率和产量。

2. 植被生物理化参数反演

植被生物理化参数包括叶面积指数(leaf area index,LAI)、叶绿素含量、生物量等,对于评估植被生长状况、光合作用效率以及生态系统碳循环等具有重要意义。通过高光谱遥感技术,可以利用植被指数(如 NDVI、EVI 等)或建立光谱反射率与生物理化参数之间的统计或物理模型,反演植被关键参数。获取的参数不仅有助于深入理解植被的生理生态过程,还为植被生态学研究、全球变化监测以及农业资源管理等提供了重要依据。

3. 森林健康监测

森林的健康状况直接关系到生态系统的稳定性和人类的生存环境。高光谱遥感技术能够周期性、大范围地监测森林的冠层光谱特征,从而评估森林的生长状况、物种组成以及病虫害和火灾等威胁。通过对比不同时间段或不同区域的光谱数据,可以及时发现森林健康状况的变化,为森林管理提供决策支持。此外,高光谱遥感技术还可以与地理信息系统(GIS)和全球导航卫星系统(GNSS)等技术相结合,实现对森林资源的精确管理和保护。

1.4.2 水质监测

高光谱遥感技术在水质监测中广为应用,包括水质参数监测、水体污染监测等。

1. 水质参数监测

通过捕捉水体在不同光谱波段下的反射和吸收特性,能够实现对多种水质参数的监测。具体监测的水质参数包括:①叶绿素是藻类和其他水生植物进行光合作用的关键色素,其浓度的高低直接反映了水体的富营养化程度和初级生产力的强弱。高光谱遥感技术能够利用叶绿素在可见光和近红外波段的独特光谱特征,精确估算水体中的叶绿素浓度,为评估水体生态状况提供重要依据;②悬浮物主要包括泥沙、有机碎屑等微小颗粒物,它们的存在会影响水体的透明度和光合作用效率。高光谱遥感技术可以通过分析水体在特定波段下的反射率变化,反演水体中的悬浮物含量,为水质管理和治理提供数据支持;③溶解氧是评价水体自净能力和生物生存状况的重要指标,高光谱遥感技术直接监测溶解氧的浓度存在一定难度,但可以通过监测与水体中溶解氧浓度密切相关的其他参数(如水温、透明度等),结合经验模型或机器学习算法,间接估算溶解氧的浓度。

2. 水体污染监测

通过捕捉水体中污染物质的光谱特征,能够实现对多种污染物质的识别和定量监测。具体识别的污染物质包括:①油污在水体表面形成一层油膜,油膜会改变水体的光谱反射特性。高光谱遥感技术可以通过分析水体在特定波段下的反射率变化,识别出油污的污染区域和程度,为油污污染的应急处理提供重要信息;②重金属污染是水体污染中较为严重的一种类型,它们对水生生物和人类健康构成严重威胁。虽然重金属在水体中的浓度较低,但其独特的光谱特征仍可被高光谱遥感技术捕捉。通过构建重金属浓度与光谱特征之间的定量关系模型,能够实现对重金属污染的监测和预警。此外,高光谱遥感技术还具有监测范围广、监测频率高、监测成本低等优势,能够实现对大范围水体的实时监测和动态跟踪。这对于及时发现水体污染事件、评估污染程度和范围、制定污染治理措施具有重要意义。

1.4.3 地质调查

高光谱遥感技术在地质调查中也被广泛应用,包括矿产资源勘查、地质环境监测和矿产资源开发监测。

1. 矿产资源勘查

高光谱遥感技术基于不同矿物在光谱范围内具有独特的吸收、反射和发射特性,通过分析和解译这些光谱信息,可以准确识别地表矿物的种类和分布,为矿产资源的勘查提供精确指导,包括:①矿物识别,利用不同矿物在光谱特征上的差异,可以准确识别出多种矿物,如高岭石、白云母、蒙脱石、方解石、白云石等,对于矿产资源的初步勘探和潜力评估具有重要意义；②矿化带划分，通过分析不同矿化带中矿物的光谱特征，可以划分出不同的矿化带，进一步揭示矿产资源的分布规律和成矿规律；③储量估算，结合地质学知识和矿产资源勘查经验，可以对矿产资源的储量进行初步估算，为矿产资源的开发利用提供科学依据。

2. 地质环境监测

通过对地质环境的持续监测，可以及时发现地质灾害隐患，如滑坡、泥石流等，为地质环境保护和灾害防治提供技术支持。高光谱遥感技术在地质环境监测中的应用包括以下几个方面：①地质灾害预警，利用高光谱遥感技术可以监测地质灾害隐患区域的地质构造、地形地貌和植被覆盖等变化情况，通过数据分析和模型预测，提前预警可能发生的地质灾害；②生态地质环境监测，通过对地表植被、土壤和水体等生态地质环境要素的监测，可以评估其健康状况和变化趋势，为生态地质环境保护提供科学依据。

3. 矿产资源开发监测

在矿产资源开发过程中，高光谱遥感技术可以监测矿坑稳定性、地下水位变化等，为矿产资源的可持续开发利用提供技术支持。

1.5 高光谱遥感数据处理软件

高光谱遥感数据量大、数据维度高且相邻波段间相关性高，因此，有必要使用专门的软件工具进行数据处理，使得隐藏的数据信息可以被挖掘、提取、解译和利用。ENVI（Environment for Visualizing Images）是一款由美国 Exelis Visual Information Solutions 公司（后被 Harris 公司收购，现属于 L3Harris Technologies 公司）开发的专业遥感图像处理软件。ENVI 是一个完整的图像处理平台，集成了图像数据的输入/输出、定标、几何校正、正射校正、图像融合、镶嵌、裁剪、图像增强、图像解译、图像分类等多种功能，功能特点丰富。

（1）图像数据处理。①支持多种图像数据的输入/输出，包括全色、多光谱、高光谱、雷达、热红外等多种类型的数据；②提供几何校正、正射校正、图像融合、镶嵌、裁剪等处理功能；③多种图像增强技术，如对比度拉伸、直方图均衡化等，提升图像质量。

（2）图像分类与解译。①支持监督分类、非监督分类、基于知识的决策树分类、面向对象图像分类、深度学习图像分类等多种分类方法；②提供特征提取、目标识别等图像解译功能。

（3）三维信息提取与显示。①可以从卫星影像或航空影像的立体像对中快速获得DEM 数据，支持地形分析和特征提取；②支持三维场景构建，创建强大的 3D 场景，便于用户进行空间分析和可视化表达。

ENVI 已经广泛应用于地球科学、遥感工程、环境保护、农业、林业、国防安全、城市与区域规划等领域。在遥感领域高光谱方向，ENVI 处理和分析高光谱影像的模块包括了针对实地、机载和星载等不同场景下的数据可视化、处理和分析。

ENVI 高光谱数据处理的主要功能包括：

（1）数据导入和预处理。ENVI 支持多种高光谱数据格式的导入，包括常见的 ENVI 标准格式、HDF、GeoTIFF 等。提供辐射校正、大气校正、几何校正等预处理工具，以确保数据的质量和可用性。

（2）图像显示和分析。ENVI 提供直观的图像显示工具，可以同时查看多个波段或合成彩色图像。支持光谱剖面分析，用户可以查看和比较不同地物的光谱特征。

（3）光谱分析。提供光谱库匹配、光谱角匹配（spectral angle match，SAM）、连续小波变换（continuous wavelet transform，CWT）等高级光谱分析工具。支持创建和编辑光谱库，用于地物识别和分类。

（4）图像分类。提供监督分类和非监督分类工具，如最大似然分类、支持向量机、神经网络等。支持分类后处理，如分类结果的平滑和聚类。

（5）变化检测。可以比较不同时间获取的高光谱图像，检测地物的变化情况。提供多种变化检测算法，如差异图像、变化向量分析（change vector analysis，CVA）等。

（6）图像融合。支持高光谱数据与其他类型遥感数据的融合，如与多光谱、雷达数据的融合，以提高图像的空间和光谱分辨率。

（7）批处理和自动化。ENVI 提供批处理功能，可以自动化地重复数据处理任务，提高工作效率。通过 IDL 编程接口，用户可以编写脚本实现复杂的自动化工作流程。

（8）与其他地信软件的集成。ENVI 可以与 ArcGIS 等地信软件无缝集成，方便进行空间分析和地图制作。

ENVI 在高光谱数据处理方面提供了全面而强大的工具集，能够满足从数据预处理到高级分析的各个环节的需求。对于需要处理高光谱数据的科研人员来说，ENVI 是一个不可或缺的工具。随着遥感技术的不断进步，ENVI 也在持续更新和改进其功能，以适应新的数据处理挑战和用户需求。

此外，还有以模块化方式提供给用户的 ERDAS 软件，包括 IMAGINE Essentials、IMAGINE Advantage 和 IMAGINE Professional 三种级别。在高光谱遥感数据处理与分析方面，IMAGINE Professional 提供了高光谱分析工具（hyerspectral tools）模块和可扩展的亚像元分类器（sub-pixel clas-sifier）。该模块提供两种工作模式，一种模式是面向任务的向导式操作模式，先选择需要完成的任务（异常探测、目标探测、地物制图、项目向导），然后在引导之下逐步设置对数据的处理方法（坏波段剔除、波段选择、大气校正等），最后根据选择的分析方法（光谱角度填图、最小能量算法、正交子空间投影等）得到需要的结果（连续图或二值图）。另一种模式是完全的图形操作界面，即光谱分析工作站，用户可以在图形界面上灵活地选择需要仔细做的处理。

PCI Geomatica 软件是加拿大 PCI 公司开发的用于摄影测量分析、遥感影像处理、几何制图 CIS 分析、雷达数据分析以及资源管理和环境监测的多功能软件系统。PCI 软件的高光谱分析（hyperspectral data analysis）模块提供高光谱地物库，并为用户提供有限光谱波段的光谱库，即可由用户自行组合成有限光谱波段（如 10~20 个）的光谱曲线库。它同时为用户提供各种光谱分析能力，根据光谱特点进行自动地物判识。

在国家高新研究发展计划（863 计划）支持下，我国开发的高光谱图像处理与分析系统（HIPAS）是国内第一套具有完全自主知识版权、主要面向高光谱遥感图像数据的专业图像处理与应用软件系统，它基于业界主流集成开发工具 C++和 Windows 系列平台，具有强大的海量高光谱数据处理分析能力、直接面向用户的专业应用模块、一体化的数据处理流程和良好的可交互性，并为用户的二次开发提供了接口，是遥感工作者进行高光谱图像处理分析的有力工具。近年来，采用 QT 开发框架对 HIPAS 进行了升级，升级后软件系统具有跨平台运行的优势。HIPAS 已成功应用于 MAIS 和 OMIS 等航空高光谱数据的处理与分析。

1.6 高光谱遥感未来发展

当前国际高光谱遥感领域新观念、新技术飞速发展，中国高光谱遥感技术经过多年的发展也取得长足进步，在国民经济建设和社会发展的各个领域发挥着重要作用。未来在发展高光谱遥感方面需要系统规划，开展涉及天地一体化总体技术、智能观测与智能数据处理技术的前沿性科技攻关，实现中国高光谱遥感的跨越式发展。

1. 高光谱遥感数据智能处理

随着硬件技术的进步和成本的降低，高光谱遥感数据处理能力提升、信息获取更加准确，将在各个应用领域发挥更加重要的作用。在数据融合方面，将高光谱遥感数据与其他类型的遥感数据（如 LiDAR、SAR 等）进行融合，可以提供更全面的地表信息。LiDAR 能够提供高精度的地形数据，而 SAR 能在各种天气条件下获取数据，二者与高光谱遥感数据结合，有助于提高地物分类和特征提取的准确性。通过数据融合，可以整合不同传感器的优势，形成更为丰富的地理信息系统（GIS）数据库，为决策支持提供更为可靠的依据。

构建种类齐全、属性参数完备的地物光谱数据库，是遥感基础研究和应用研究中不可缺少的重要环节，对发展遥感信息处理新方法、提高遥感应用水平等起重要作用（童庆禧 等，2016）。随着人工智能技术的发展，机器学习模型可以从历史数据中学习，进一步提高对未来环境变化的预测能力，支持智能决策。利用深度学习等先进算法提升高光谱数据的处理效率和分类精度，尤其是在复杂场景下，深度学习能够自动提取特征，减少人工干预。

同时，开放数据和共享平台的建立将促进跨学科的合作与创新，未来有望实现高光谱数据的实时获取与分析，在环境监测、灾害响应和城市管理等领域能够提高反应速度，及时采取措施应对突发事件，如自然灾害、污染事件等，提高应急响应能力。

2. 高光谱智能遥感卫星

从 20 世纪末开始，国内外学者就智能遥感卫星问题展开了不同层次的讨论（童庆禧，2003），由于高光谱卫星的海量数据获取特点，以及快速信息提取的迫切需求，高光谱遥感卫星的智能化一直是智能遥感卫星系统发展的主流方向。在美国高光谱遥感技术计划（Hyperspectral Remote Sensing Technology Program, HRST）中，采用实时自适应光谱识别系统（optical real-time adaptive spectral identification system, ORASIS）进行星上数据实时处理和压缩，大大降低了高光谱数据的时空冗余度（Wilson and Davis, 1998）。NASA 的相关报告也对未来智能遥感卫星系统发展进行了展望，明确指出未来智能遥感卫星以用户需求为驱动的理念。李德仁院士和沈欣（2005）认为智能对地观测卫星系统应采用多层卫星网络结构，按照星座形式组成传感器网络协同工作，为全球各类用户实时提供对地观测数据和满足各个领域应用需求的信息。

智能卫星不以数据获取量为主要目的，而是针对某些专业应用、根据特殊需求而设计。例如：美国 NEMO 卫星搭载的超光谱成像仪和 5 m 分辨率的全色相机，主要用于海岸带环境快速分析；国际空间站上 FOCUS 平台用于自动火点探测，利用前视相机、高空间分辨率相机和傅里叶红外成像光谱仪实现潜在火点探测、太阳耀斑或云去除、暖地表去除、热点聚类等功能；德国宇航局的 BIRD 卫星主要用于森林大火、火山爆发、油田和煤矿着火等热异常探测与评估。星上数据实时处理是智能卫星最突出的特点之一，一些航天遥感大国已经开始研制开发具有智能特征的卫星，如欧洲的 COCONUDS 系统、欧空局的 PROBA 卫星等。相对于传统对地观测卫星，智能卫星系统普遍具有功能专用、成像模式可变、星上数据实时处理和数据实时下传特点。随着计算机、通信、光学器件等硬件技术的飞速发展和星上数据实时处理算法的深入研究，以应用需求为牵引进行智能遥感卫星系统研制将实现从现有遥感卫星"给什么要什么"的模式向"要什么给什么"的模式转变，提高遥感成像效率和数据利用效率（Zhang et al., 2022）。

3. 高光谱遥感大模型

高光谱遥感智能处理与大模型构建是未来遥感技术和人工智能领域的重要研究方向。SpectralGPT 是首次创建的通用遥感基础模型，专门使用新型三维生成式预训练变换器（3D generative pretrained transformer，3D GPT）处理光谱遥感图像。与基础模型相比。SpectralGPT 以渐进式训练方式适应不同尺寸、分辨率、时间序列和区域的输入图像，充分利用广泛的遥感大数据。未来 SpectralGPT 训练遥感数据的体积和多样性将得到扩大，包括各种模式、分辨率、时间序列和图像大小，将使模型转变为一个多功能的智能模型，具有自适应的泛化能力。

另外，2024 年全球首个专门为高光谱图像解译设计的十亿级基础模型——HyperSIGMA 也已面世。该模型为高光谱图像的高层与底层视觉任务提供了统一的解决方案，开创了高光谱图像解译领域的新纪元。HyperSIGMA 在涵盖图像分类、目标探测、异常探测、变化检测、高光谱解混、图像去噪和超分辨率等多个高层与底层任务上展现了出色的多功能性与卓越的表征能力。此外，模型还具有极强的可扩展性、稳健性和优异的跨模态迁移能力，在真实应用场景中展现了巨大的发展潜力。

参 考 文 献

陈彭述, 童庆禧, 郭华东, 1998. 遥感信息机理研究[M]. 北京: 科学出版社.

杜培军, 夏俊士, 薛朝辉, 等, 2016. 高光谱遥感影像分类研究进展. [J]. 遥感学报, 20(02): 236-256.

甘甫平, 王润生, 2007. 高光谱遥感技术在地质领域中的应用[J]. 国土资源遥感, (04): 57-60, 127-128.

高连如, 2007. 高光谱遥感目标探测中的信息增强与特征提取研究[D]. 北京: 中国科学院遥感应用研究所.

郭华东, 1996. 遥感新进展与发展战略[M]. 北京: 中国科学技术出版社.

李德仁, 沈欣, 2005. 论智能化对地观测系统[J]. 测绘科学, 30(4): 9-11.

浦瑞良, 宫鹏, 2000. 高光谱遥感及其应用[M]. 北京: 高等教育出版社.

苏红军, 杜培军, 盛业华, 2008. 高光谱遥感数据光谱特征提取算法与分类研究[J]. 计算机应用研究, 2: 390-394.

童庆禧, 2003. 高光谱遥感的现在与未来[J]. 遥感学报. 第七卷 增刊: 1-12.

童庆禧, 张兵, 张立福, 2016. 中国高光谱遥感的前沿进展[J]. 遥感学报, 20(5): 689-707.

童庆禧, 张兵, 郑兰芬, 2006. 高光谱遥感: 原理、技术与应用[M]. 北京: 高等教育出版社.

张兵, 2016. 高光谱图像处理与信息提取前沿[J]. 遥感学报, 20(5): 1062-1090.

张良培, 张立福, 2005. 高光谱遥感[M]. 武汉: 武汉大学出版社.

张良培, 杜博, 李平湘, 等, 2009. 基于最小噪声分离的约束能量最小化亚像元目标探测方法[J]. 中国图象图形学报, 14(9): 1850-1857.

张良培, 杜博, 张乐飞, 2014. 高光谱遥感影像处理[M]. 北京: 科学出版社.

Chang C I, 2003. Hyperspectral Imaging: Techniques for Spectral Detection and Classification[M]. New York: Kluwer Academic.

Chang C I, 2017. Real-Time Recursive Hyperspectral Sample and Band Processing[M]. New York: Springer.

Chang C I, 2022. Advances in Hyperspectral Image Processing Techniques[M]. Hoboken: Wiley.

Goetz A F, Rowan L C, Kingston M J, 1982. Mineral identification from orbit: initial results from the shuttle multispectral infrared radiometer[J]. Science, 218(4576): 1020-1024.

Goetz A F H, Vane G, Solomon J E, et al., 1985. Imaging spectrometry for earth remote sensing[J]. Science, 228(4704): 1147-1153.

Guo X, Huang X, Zhang L F, et al., 2016. Support tensor machines for classification of hyperspectral remote sensing imagery[J]. IEEE Transactions on Geoscience and Remote Sensing, 54(6): 3248-3264.

Ham J, Chen Y C, Crawford M M, et al., 2005. Investigation of the random forest framework for classification of hyperspectral data[J]. IEEE Transactions on Geoscience and Remote Sensing, 43(3): 492-501.

Tu B, Wang J P, Kang X D, et al., 2018. KNN-based representation of superpixels for hyperspectral image classification[J]. IEEE Journal of Selected Topics in Applied Earth Observations and Remote Sensing, 11(11): 4032-4047.

Wilson T, Baugh R, Contillo R, et al., 1997. Hyperspectral Remote Sensing Technology (HRST) program[C]//Defense and Space Programs Conference and Exhibit-Critical Defense and Space Programs for the Future. 23 September 1997－25 September 1997, Huntsville, AL. Reston, Virginia: AIAA, 3939.

Zhang B, Wu Y F, Zhao B Y, et al., 2022. Progress and challenges in intelligent remote sensing satellite systems[J]. IEEE Journal of Selected Topics in Applied Earth Observations and Remote Sensing, 15: 1814-1822.

第 2 章　地物光谱信息获取与分析

高光谱遥感技术通过获取"图谱合一"的高光谱影像数据，为覆盖广阔区域的连续光谱信息的采集提供了可能，使得研究者可以在更大范围内进行地表特征的监测和分析。然而，影像数据常受到大气散射、传感器特性等因素的影响，可能会导致光谱信息的偏差。因此，为了提高遥感数据的准确性，地面光谱数据的采集显得尤为重要。通过将高光谱影像与地面实测的光谱数据相结合，可以有效校正这些偏差，从而提高数据的准确性和可靠性（浦瑞良和宫鹏，2000；张良培和张立福，2005；童庆禧等，2006）。

地面光谱采集是获取地表真实光谱特性的直接方法，研究者通过使用地面光谱仪直接测量特定地物的光谱反射率，能够获得精确的地物光谱特征。地面光谱数据不仅为高光谱遥感影像的解译提供了基础的标准光谱，而且在高光谱遥感数据的校正、分类及监测中起到了关键作用。

本章将详细介绍地物光谱信息的获取与分析方法，包括地面光谱数据的采集技术、无人机高光谱遥感影像的获取方法，以及如何基于以上数据进行典型地物光谱特征的分析。本章还将探讨如何在 ENVI 软件中构建地物光谱库，并通过光谱特征的参数化方法，进一步提升高光谱数据分析的精度和效率。

2.1　地面光谱数据采集方法

地面光谱测量是获取地表物质精确光谱特性的基础方法，即使用专业光谱仪设备直接测量地物的反射率，从而精确捕获植被、土壤、水体等的光谱数据，光谱信息对理解地物的物理和化学属性至关重要（王润生，2009）。

地面光谱数据不仅为高光谱遥感影像的验证和校正提供基准，也是研究地表变化、监测环境条件及进行精确分类的重要基础（Du and Zare, 2017；Hu et al., 2023）。本节将详细探讨常用地面光谱仪的工作原理、操作方法和注意事项，为高质量的野外光谱采集提供技术保障。

2.1.1　地面光谱采集原理

地面光谱采集通过测量地物如植被、土壤和水体对不同波长电磁波的响应获取其详细光谱信息，即反射、吸收和透射特性。地物在连续波长区间上的响应构成了独特的光谱曲线。光谱曲线由 3 种观测值构成。

（1）数字量化值（digital number, DN）。DN 是传感器记录亮度的整数值，反映了地物的亮度或灰度级，但尚未转化为具有明确意义的物理量。DN 的大小受到设备的辐射分辨率和大气条件的影响。

（2）辐射亮度值（radiance）。辐射亮度值是度量某一面积内辐射能量的总量，反映了地物表面反射的能量。在遥感数据处理中，常将 DN 转换为辐射亮度值，其单位通常为微瓦特每平方厘米每微米每球面度[μW/（cm²·μm·sr）]。

（3）反射率（reflectance）。为了更深入地理解地物特性，辐射亮度值可进一步转化为反射率——即物体表面反射的辐射量与其接收的辐射量之比。反射率是一个介于[0, 1]的比值，它提供了一个标准化的视角来比较不同地物的光谱特性。对于地面光谱采集工作，接收辐射量通过测量已知反射率的标准白板获取。

在实际操作中，首先使用光谱仪测量标准白板的反射值，以获取仪器在当前环境条件下的接收辐射量。白板具有已知的高反射率，通过测量其反射率可以为其他地物的光谱测量提供校正基准，以便消除由于光源变化、大气条件或仪器自身特性所引起的测量误差，从而获得一致性更强、可靠性更高的光谱数据。

2.1.2 ASD 地物光谱仪

ASD 地物光谱仪由 Malvern Panalytical 公司生产，是一款高性能的全光谱范围光谱仪，覆盖从紫外（UV）到短波红外（SWIR）的波长，即 350～2500 nm。该款设备因其较好的便携性和高精度测量能力，在野外光谱数据收集领域被广泛认可和使用。其主要特点有两点。

（1）高光谱分辨率。ASD 光谱仪提供高达 3～10 nm 的光谱分辨率，能够精确分析地物的光谱特性，非常适合地质研究和环境监测。

（2）适合野外作业。ASD 光谱仪配备了便携背包，便于科研人员携带到偏远或难以接触的区域进行科学测量。

下面介绍 ASD 地物光谱仪的使用方法。

1. 仪器准备

如图 2.1 所示，从仪器箱中取出笔记本电脑、仪器和光纤电缆、电池及手枪式把手、远程触发器、白板等所需配件进行安装（表 2.1）。从黑色提包中取出背包及承载笔记本的透明腹板。

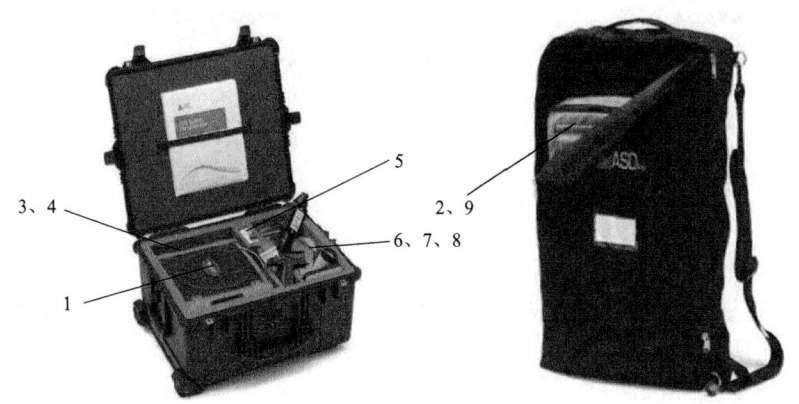

图 2.1 ASD 地物光谱仪及其便携背包

表 2.1　ASD 地物光谱仪主体及配件清单

序号	名称	数量
1	ASD 地物光谱仪	1
2	便携背包	1
3	笔记本电脑	1
4	光纤	1
5	电池	1
6	光纤手持握把	1
7	远程触发器	1
8	标准白板	1
9	透明腹板	1

2. 仪器组装

（1）仪器使用外接镍氢电池供电，电池放置于背包侧腰包中，连接线穿过腰包开孔，连接到仪器电源接口端，位置如图 2.2 所示，旋紧固定螺丝，去除电源端口时，将螺丝旋松，拔出时紧握前端。

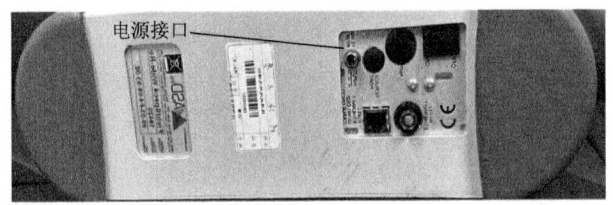

图 2.2　电源接口端位置

（2）打开仪器，电源开关位置如图 2.3 所示，预热一段时间（如果测量反射率，建议预热 5~15 min，如果测量辐射度，推荐预热 1 h）。

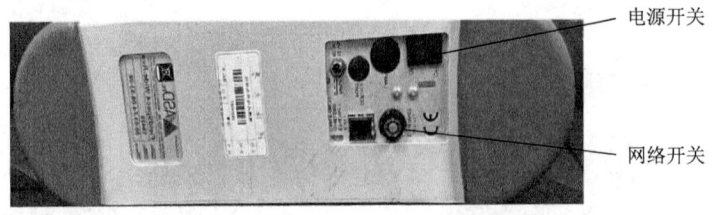

图 2.3　电源及网络开关位置

（3）预热完成后打开电脑，将仪器和电脑进行通信连接。打开仪器无线网络开关，位置如图 2.3 所示，使用无线网络连接，确定电脑右下角无线连接显示"connected"后，双击桌面上的图标启动 RS3 软件（室内使用彩色图标，室外使用黑白图标更加清晰）。

（4）光纤线缆前端可连接手枪式把手，位置如图 2.4 所示。将光纤前端插入穿过伸缩弹簧，继续伸入，直至发出咔嗒声停止，确保光纤顶端固定在枪口。

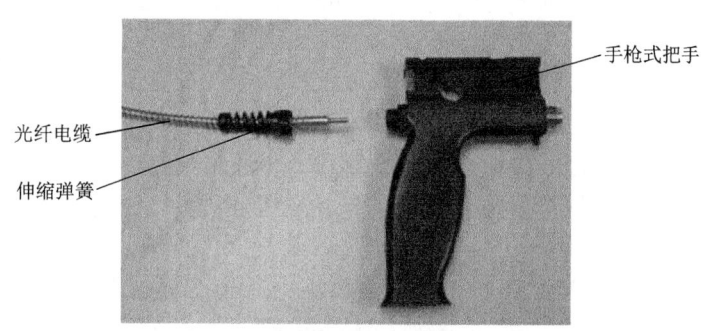

图 2.4　手枪式把手示意图

（5）安装远程触发器，如图 2.5 所示。将远程触发器电缆连接到仪器小孔，使用魔术贴将触发器贴在手枪把手的测端处。按压触发器相当于在笔记本键盘按空格键进行采集，便于单人作业。

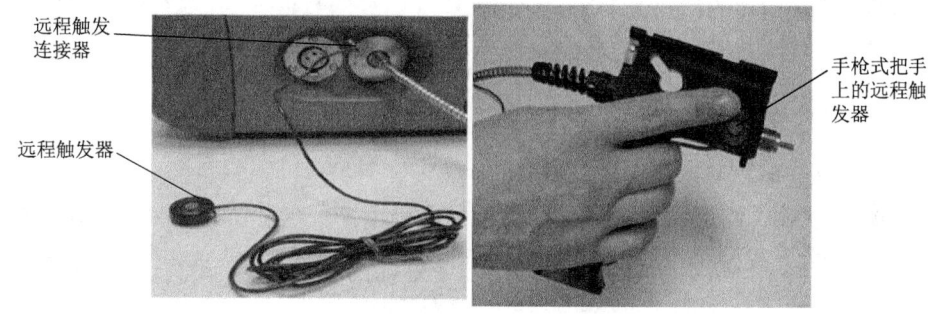

图 2.5　远程触发器安装示意图

3. 软件设置

（1）打开【RS3-control】菜单的【Spectrum Save】选项，输入信息如图 2.6 所示，所有存储文件等信息填完后单击【OK】保存此参数设置，关闭此窗口。

①Path Name: 设置存储路径名称，数据存储到指定的文件夹。

②Base Name: 光谱曲线的名称。

③Starting Spectrum Num: 光谱曲线的起始编号（默认从 0 开始）。

④Number of Files to save: 一次观测保存的曲线文件数量。

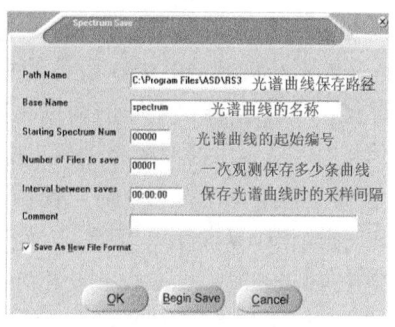

图 2.6　Spectrum Save 内容

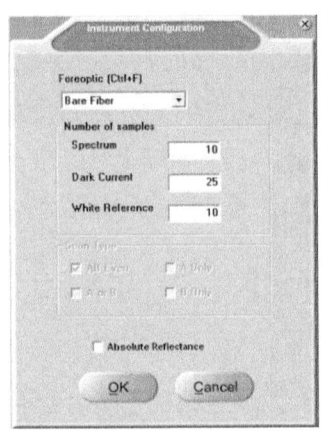

图 2.7　Instrument Configuration 内容

⑤Interval between saves：保存光谱曲线的采样间隔，光谱曲线无间隔采样，默认为 0。

⑥Comment：备注，选填，可记录天气条件等。

（2）打开【Control】菜单，选择【Adjust Configuration】，输入信息后，单击【OK】关闭此窗口，图 2.7 显示面板信息。测量绝对反射率需勾选【Absolute Reflectance】，表示 RS3 软件将加载定标白板的定标反射率文件，这样测量的反射率为样品的绝对反射率。

①Foreoptic：镜头类型选择 Bare Fiber。

②Number of sampels/Spectrum：样品光谱预平均次数，设置为 10。指光谱仪连续测量样品的 10 次 DN 数据，自动平均获得一条 DN 光谱曲线，然后将其显示在 RS3 软件的图区。因此在软件上看到的光谱曲线都是预平均后获得的。

③Number of sampels/Dark Current：暗电流预平均次数，保持默认即可。

④Number of sampels/White Reference：白板光谱预平均次数，一般设置为 10。表示光谱仪采集 10 次白板的反射光 DN，然后取 10 次曲线的数据平均，获得一条白板的 DN，并将其储存在软件中，标记为样品的入射光 DN。

4. 地物光谱测量

1）相对反射率测量

将白板放置在样品周围，确定白板与样品面处于同一水平位置（目的是保证白板与样品入射光环境一致），操作者面向太阳，伸展手臂，手持手枪式把手垂直对准白板，确定光纤采样高度，确定光纤视场域内充满白板且无阴影。

单击【OPT】图标优化光谱仪，让仪器根据当前的太阳光水平自动设置合适的积分时间（350～1000 nm）和增益值（1000～1800 nm，1800～2500 nm），从而使光谱仪获得的光谱数据信噪比最佳。

优化结束后（在 RS3 软件的右下底部显示"OPTCOMPLETED"，即表示优化结束），单击【WR】图标，光纤仍垂直对准白板，仪器开始执行 WR，仪器会自动重新采集暗电流，之后采集白板反射光 DN，几秒钟之后界面上显示一条反射率数值为 1.00 的平直线（当仪器采集完白板 DN 后，仪器自动开始采集样品的反射 DN，并将其与白板平均反射 DN 相比，计算样品反射率。因为自始至终，手持光纤一直对着白板，所以当看到反射率数值为 1.00 的平直线时，即表明正确采集了太阳的入射光 DN）。

这时即可将光纤瞄准样品（注意：应当与采集白板参比光谱时瞄准方位相同；根据样品面积控制采样高度，保证光纤视场域内覆盖待测样品），此时界面上稳定地显示样品的相对反射率光谱线。

按空格键或触控器按钮存储当前的光谱曲线。按下空格键后能够听到提示音提示数据保存结束。

2）绝对反射率测量

在【Control/Adjust configuration】菜单选中【Absolute Reflectance】，使用漫反射率校准的参考白板，其他测量步骤与相对反射率测量相同。

2.1.3 SVC HR-1024i 地物光谱仪

SVC HR-1024i 地物光谱仪是由 Spectra Vista Corporation 生产的高性能、便携式单束场地光谱仪（以下简称 HR-1024i），涵盖了从可见光到短波红外波长范围（350~2500 nm）。该设备具有高光谱分辨率、高光学质量和低噪音性能，适合于需要高质量数据的野外光谱实验研究。其主要特点有两个。

（1）高光谱分辨率。HR-1024i 提供细致的光谱解析能力，光谱分辨率在不同波长处的表现为 3.3~9.5 nm，有助于精确捕获各种地物的光谱特征。

（2）便携与自主操作。HR-1024i 配备内部存储和图形显示屏，可实现无须外接电脑的独立操作。此外，内置 GPS 和数字相机，可以记录每个数据文件的精确拍摄地点和环境条件，十分适合野外采集工作的需要。

下面介绍 SVC HR-1024i 地物光谱仪的使用方法。

1. 仪器准备

如图 2.8 所示，从仪器箱中取出仪器、锂电池、光纤、光纤握把等所需配件（表 2.2）。

2. 仪器组装

1）电池安装与开机

取出仪器，将已充电的电池组滑入位于仪器底部的电池槽，接通仪器电源（图 2.9）。控制 SVC 执行采集操作有两种方式。

（1）使用仪器本体独立采集。此模式下无须进行额外操作。

（2）连接电子手簿采集。若选用此模式，接通仪器电源后需打开电子手簿，通过 SVCScan 软件将仪器连接到电子手簿上。

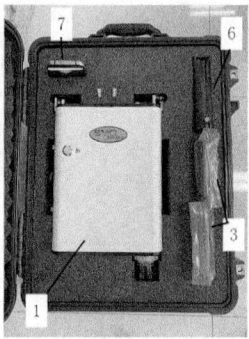
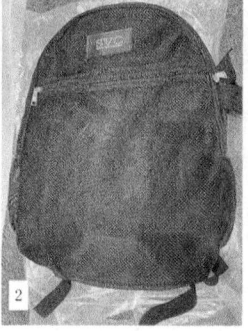

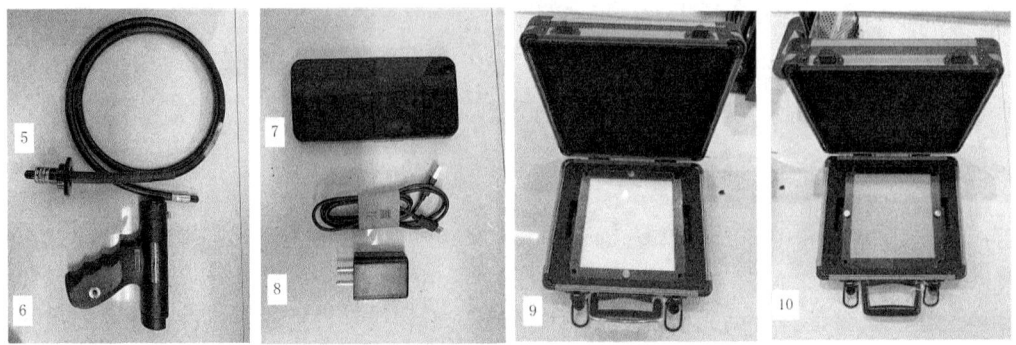

图 2.8　SVC HR-1024i 地物光谱仪及其配件

表 2.2　SVC HR-1024i 地物光谱仪主体及配件清单

序号	名称	数量
1	SVC HR-1024i 地物光谱仪	1
2	便携背包	1
3	锂电池	2
4	电池充电器	2
5	光纤	1
6	光纤手持握把	1
7	电子手簿	1
8	电子手簿充电器	1
9	标准白板	1
10	标准白板（灰色）	1

图 2.9　SVC HR-1024i 地物光谱仪电池与电池安装示意图

2）前视场镜头拆卸与光纤安装

SVC 可使用前视场镜头或光纤对地物光谱进行采集。在更换前视场镜头时，首先需要按照仪器标识旋转前视镜头固定环（图 2.10 中金属螺纹），在更换前视镜头时需对准卡扣，最后旋转固定环固定前视镜头。请注意避免灰尘进入更换下来的前视镜头。光纤探头安装时，注意光纤底端截面处凸起标识，将凸起标识物对准仪器上的匹配位置，将金属螺纹拧紧即可。

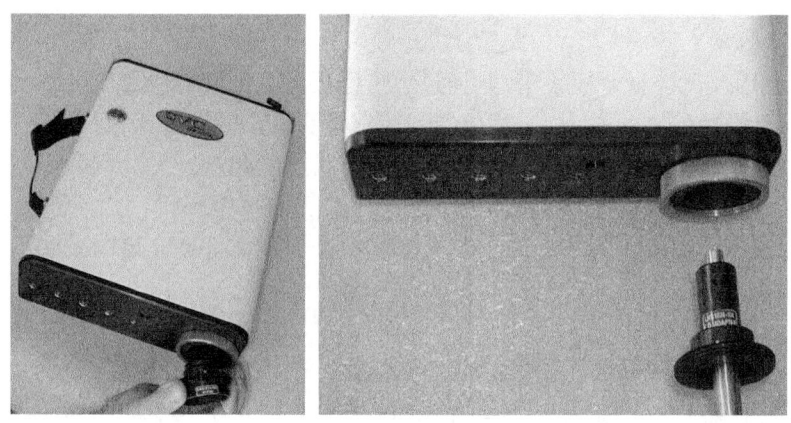

图 2.10　SVC HR-1024i 地物光谱仪前视场镜头拆卸与光纤安装示意图

3. 设置参数

设置参数量时，点击仪器操作面板右上角的【SETUP】按钮，进入参数设置界面（图 2.11）。

（1）FOREOPTIC，使用透视镜头作为前视镜头，选【LENS 4】选项；使用光纤作为前视镜头，选【FIBER】选项（图 2.12）。

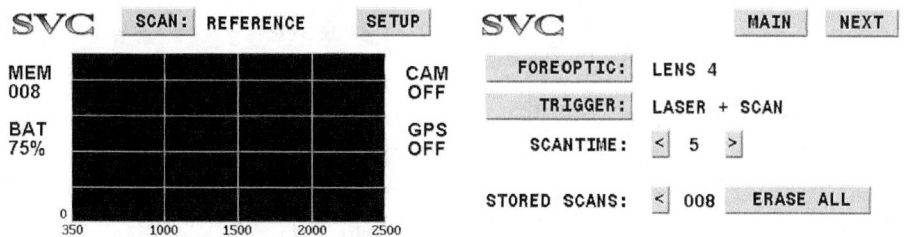

图 2.11　SVC HR-1024i 开机初始界面　　图 2.12　SVC HR-1024i 采样设置界面

（2）TRIGGER，选【LASER + SCAN】选项。

（3）SCANTIME，光谱采样的扫描时长（单位为 s），默认为 5，无须修改。

（4）STORED SCANS，仪器内部存储的采集记录数量，无须修改。

（5）ERASE ALL，删除仪器内部存储的所有记录，一般无须修改。单击【NEXT】进入下一页。

（6）CAMERA，选【HI】选项，在每次目标扫描时，位于前视镜头侧方的内部摄像头会拍摄高分辨率照片。单击【NEXT】进入下一页。

（7）GPS，此项选【ON】选项，记录采集点经纬度。单击【NEXT】进入下一页。

（8）此页参数默认，单击【MAIN】返回主菜单。

请注意，使用电子手簿采集可同样按照该方法进行参数设置，设置后仪器的参数与手簿的参数同步。

4. 地面光谱采集

1）参考测量

（1）若使用仪器控制面板采集，则通过单击面板首页的【SCAN】按钮进入【Reference】模式，将白板放置在阳光下，同时将仪器的前视镜头垂直放置在距离白板上方 10 cm 处，单击触发器按钮，待光谱曲线展示于面板上时完成参考测量。

（2）若使用电子手簿操作采集，则先将仪器的前视镜头垂直放置在距离白板上方 10 cm 处，再在应用程序的主界面单击【Reference】按钮，待光谱曲线展示于屏幕上时完成参考测量。

2）目标测量

（1）若使用仪器控制面板采集，通过单击面板首页的【SCAN】按钮切换到【Target】模式，同时将仪器的前视镜头垂直放置在距离目标地物上方 10 cm 处，单击触发器按钮，待光谱曲线展示于面板上时完成目标测量。

（2）若使用电子手簿操作采集，则先将仪器的前视镜头垂直放置在距离目标地物上方 10 cm 处，再在应用程序的主界面单击【Target】按钮，待光谱曲线展示于屏幕上时完成参考测量。

（3）请注意，在相同光照条件下连续进行 5 次目标测量后应重新进行参考测量；若光照条件突变，也应立刻重新进行参考测量，再开展后续目标测量工作。

（4）采集完成后，请及时盖上前视镜头保护盖、光纤保护盖，关机，电池卸下后将仪器装箱。

5. 数据导出

1）仪器控制面板采集的数据导出

通过仪器箱内的灰色连接线将仪器与电脑连接，并利用 SVC HR-1024i 软件导出采集到的光谱数据。打开 SVC HR-1024i 软件，如图 2.13 所示，选择【Control】—【Setup Instrument】打开设备链接窗口，选择仪器接入的信道连接。

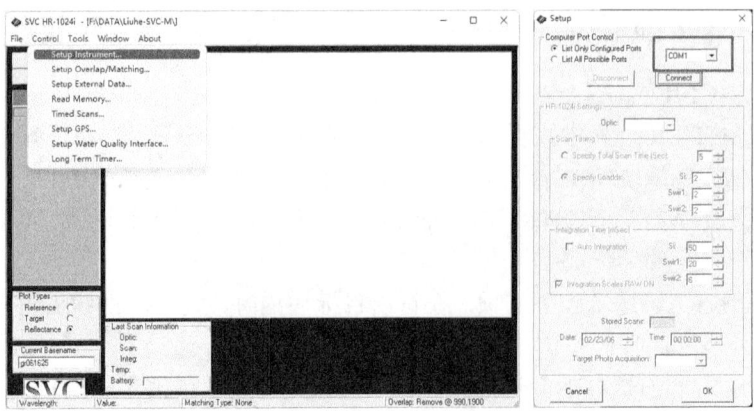

图 2.13　SVC HR-1024i 软件界面及设备连接窗口

2）电子手簿操作采集的数据导出

先通过 Type-C 数据线将电子手簿与电脑连接，然后在电子手簿存储目录下的【SVCScan】文件夹中查找并导出采集到的数据。

2.1.4 iSpecField-HH 地物光谱仪

iSpecField-HH 手持式地物光谱仪是莱森光学（LiSen Optics）推出的一款专为野外遥感环境监测设计的设备，该光谱仪在保持手持尺寸和重量的条件下，能以优于 0.3 nm 的光谱分辨率采集 300~1100 nm 的地物光谱。仪器同时配备 GPS 定位和摄像头，为野外采集带来便利。下面介绍其使用方法。

1. 仪器准备

如图 2.14 所示，从仪器箱中取出仪器、白板等所需配件（表 2.3）。

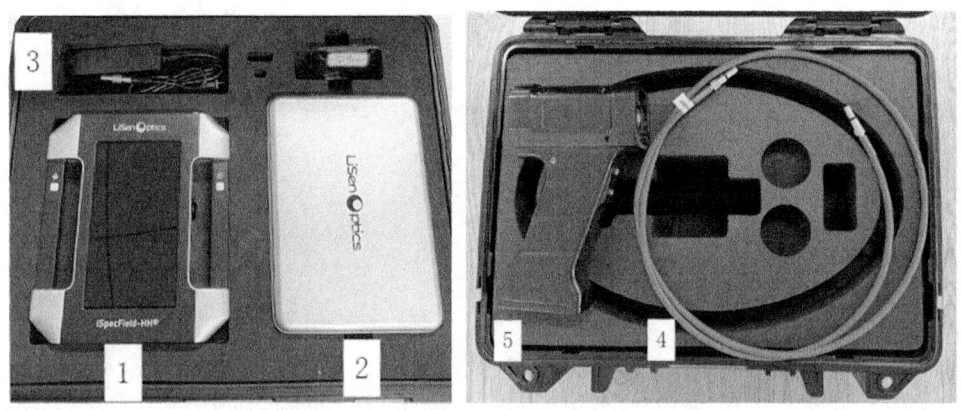

图 2.14　iSpecField-HH 地物光谱仪及其配件

表 2.3　iSpecField-HH 地物光谱仪主体及配件清单

序号	名称	数量
1	iSpecField-HH 地物光谱仪	1
2	标准白板	1
3	充电器	1
4	光纤	1
5	光纤手持握把	1

2. 仪器组装

该仪器使用前无须组装部件（光纤探头除外），仅需注意仪器内置锂电池可从仪器侧面拆卸，旋拧电池仓螺丝（图 2.15 箭头所指位置），打开电池盖。

3. 设置参数

（1）开机。按下设备上的【PWR】按键，主机屏幕亮起，等待大约 5 s，进入仪器启动界面（图 2.16）。注意，若按下【PWR】按键之后屏幕没有反应，可能是设备电量不足，请连接充电器给设备充电，待充电器上的指示灯变为绿色说明电已充满。

（2）进入【设置】界面，然后选择【硬件】，根据需要进行以下参数的设置。

①显示参考曲线，可以在【透/反射光谱】页面显示白板的反射率曲线。

②自动保存，开启后可以自动保存光谱数据。

③保存图像，开启后在保存光谱数据的同时保存摄像头拍摄的可见光照片。

④连续预览/指定次数，可以设定每次测量的扫描次数。

⑤点击"文件名"后面的输入框，可输入待测样品名称。

图 2.15　iSpecField-HH 地物光谱仪电池仓位置　　图 2.16　iSpecField-HH 地物光谱仪启动界面

4. 地面光谱采集

1）采集参考光谱

（1）自动参数设置，进入【设置】界面，然后选择【硬件】页面，单击闪电符号的【自动】按钮，并将光谱仪镜头对准标准白板，选择【确定】，仪器将根据当前光照条件自动设置测量参数（积分时间和平均次数）（图 2.17）。

（2）测量参数设置完成之后，保持瞄准标准白板，单击【○】按钮采集标准白板的参考光谱。

2）开始测量

（1）在【测量】界面（图 2.18），选择【Ⓡ透/反射光谱】，将地物光谱对准被测物。镜头与被测物直线距离控制在 0.5~1.2 m 的范围。

（2）单击【①】按钮可进行单次测量，并显示当前单次测量光谱。

（3）单击【▷】按钮可进行指定次数的连续测量。

（4）单击【□】按钮可停止测量。

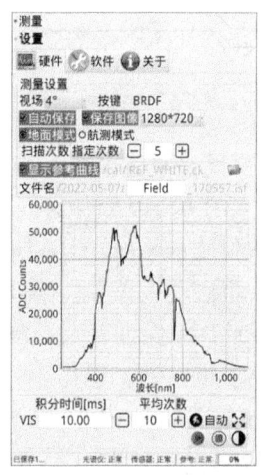 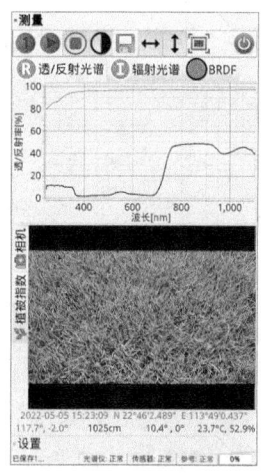

图 2.17　iSpecField-HH 地物光谱仪参考测量界面　　图 2.18　iSpecField-HH 地物光谱仪光谱采集界面

5. 数据导出

将 U 盘插入设备主机的【DATA】接口，软件将自动扫描并发现设备，单击【保存】按钮可将全部光谱数据下载到指定 U 盘（图 2.19）。

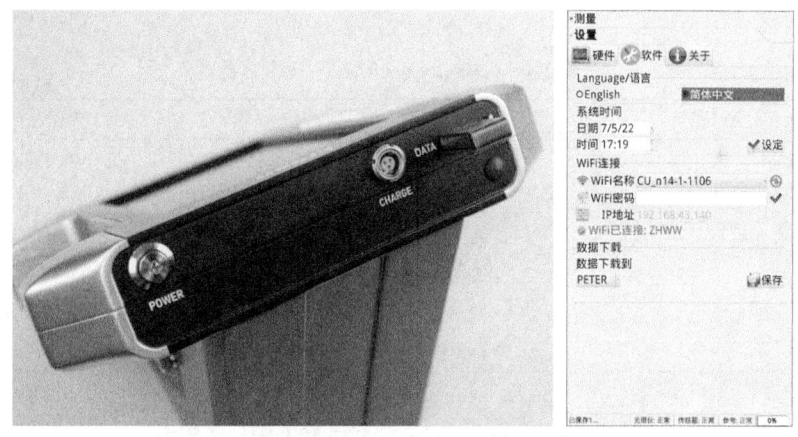

图 2.19　iSpecField-HH 地物光谱仪数据导出界面

2.2　无人机高光谱遥感影像采集方法

无人机高光谱遥感影像采集为现代遥感研究提供了一个高效的数据获取平台，研究人员能在短时间内收集连续且详尽的光谱数据。无人机高光谱遥感数据在分析植被覆盖、水质监测以及土壤特性等方面具有重要价值。

无人机系统的灵活性和低成本操作使其成为地物特征分析和环境监测的理想选择。此外，无人机成像光谱仪系统可以在不同的光谱波段进行数据采集，为地表变化的监测和精确分类提供了强有力的技术支持。本节将详细介绍无人机高光谱遥感系统的配置、飞行计划制定、数据采集及后处理等关键技术，以指导高效且高质量的光谱数据采集。

2.2.1 设备介绍

Gaiasky mini3-VN 机载高光谱成像仪可实现高分辨率高光谱遥感影像数据采集。如图 2.20 所示，该仪器安装于大疆 M300RTK 无人机，配备有基于大疆 Payload SDK 开发的专用三轴增稳云台系统。此系统优化了飞行过程中因无人机震动及偏航、俯仰、翻滚所引发的成像质量问题，保证了高信噪比、高空间分辨率及高精准度的数据输出。

Gaiasky mini3-VN 成像仪覆盖 400～1000 nm 的波长范围，具备 224 个光谱通道，光谱分辨率达到 5.5 nm，光谱采样率为 2.7 nm。在 500 m 的航高下，其空间分辨率可达 0.26 m。此外，该仪器还支持自动曝光、自动匹配扫描速度，并可通过辅助摄像头自动确定监测范围，极大地提升了操作的便利性和数据的实用性（表 2-4）。表 2.5 和表 2.6 列出了 Gaiasky mini3-VN 与大疆 M300RTK 主体及配件清单。

图 2.20 Gaiasky mini3-VN

表 2.4 Gaiasky mini3-VN 技术参数

序号	类别	参数
1	光谱范围	400～1000 nm
2	光谱分辨率	5.5 nm
3	光谱采样率	2.7 nm
4	光谱通道数	224/448
5	空间分辨率	0.26 m（航高 500 m）
6	单幅图像分辨率	1024×1.15

表 2.5 Gaiasky mini3-VN 主体及配件清单

序号	名称	数量
1	高光谱成像仪（含云台）	1
2	云台数据线	2
3	图传控制器	1
4	成像仪外接电源线	1
5	便携显示器	1
6	便携键鼠	1
7	固态移动硬盘	1
8	配套软件狗	1

表 2.6 大疆 M300RTK 主体及配件清单

序号	名称	数量
1	大疆 M300RTK 无人机	1
2	无人机机身电池（块）	4
3	无人机手柄电池	1
4	无人机野外防水箱	1
5	电池充电箱	1
6	大面积定标灰布	1

2.2.2 仪器组装

仪器组装包括无人机组装和高光谱相机云台接入。一般先组装无人机，后安装云台。

1）安装两侧起落架

插入起落架，滑动锁扣到底并转动约 90°，使锁扣上的凸点对准安装（图 2.21）。

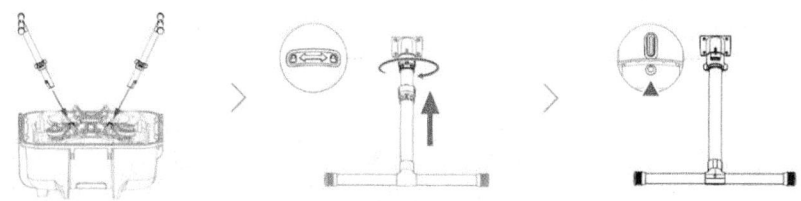

图 2.21 安装起落架

2）展开飞行器

先如图 2.22 所示，移除两侧桨叶折叠固定件并展开两侧机臂；然后，如图 2.23 所示锁紧机臂并展开螺旋桨。

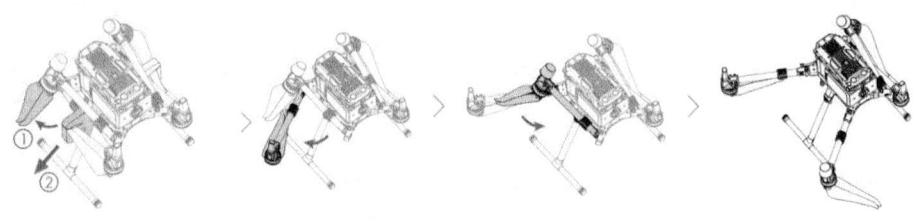

图 2.22 展开机臂

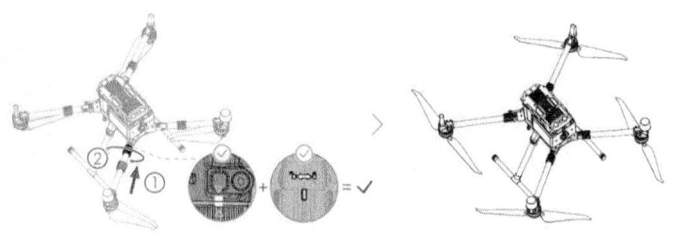

图 2.23 锁紧机臂并展开螺旋桨

3）安装云台相机（图2.24）
（1）锁住云台相机解锁按键，移除保护盖。
（2）对齐云台相机上的白点和接口红点，并嵌入安装位置。
（3）旋转云台相机快拆接口到锁定位置以固定云台。

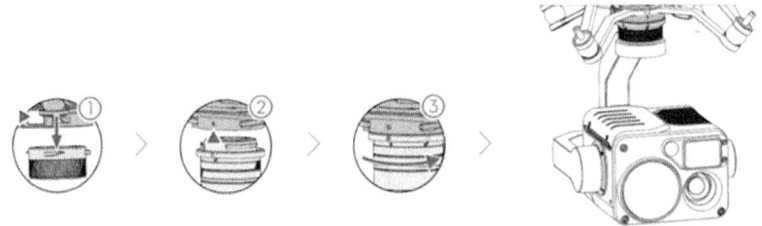

图 2.24　安装云台相机

4）连接相机与无人机

依次将图 2.25 中的接口按顺序插入对应位置；并如图 2.26 所示，将无线键鼠蓝牙接收器插到高光谱相机后的 USB 接口，同时将相机显卡启动器插到高光谱相机后的 HDMI 接口。

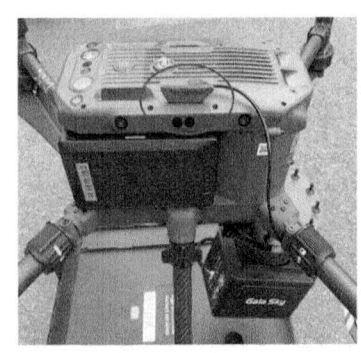  

图 2.25　无人机与云台接线　　　　图 2.26　高光谱相机与图传控制
　　　　　　　　　　　　　　　　　　　　　器连接（HDMI 接口）

5）依次开启无人机、无人机遥控器和高光谱相机

每个设备都需短按一次电源键，然后长按电源键至设备成功启动（图 2.27）。

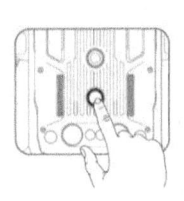 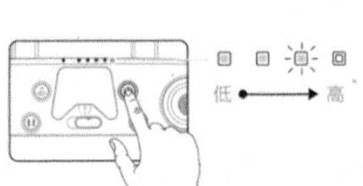 

图 2.27　无人机、无人机遥控器和高光谱相机电源键

2.2.3 手动航线规划

1. 创建航线

首先检查所有设备是否已正常启动并连接。单击图 2.28 中的航线界面,并根据图 2.29 指示,创建航线路径,确保覆盖目标区域。最后保存设置完成航线创建。

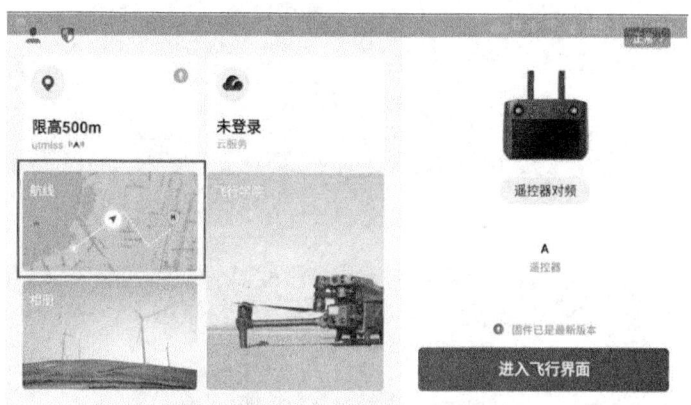

图 2.28 单击航线

图 2.29 单击创建航线

2. 航点添加

(1) 在遥控器显示界面,确定要执行高光谱相机采集的区域,如图 2.30 所示。

(2) 单击【+】不松手拖动进行新航点的添加,如图 2.31 所示。

(3) 根据航线间距设置航点数量,当最后一个航点规划完成后,单击【保存】,如图 2.32 所示。

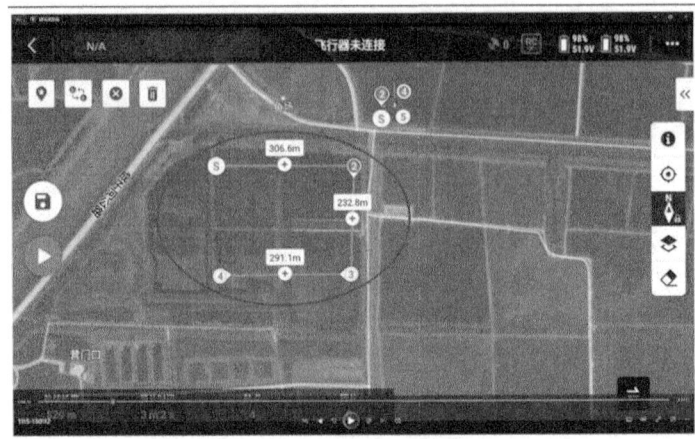

图 2.30　确定数据采集及飞行区域

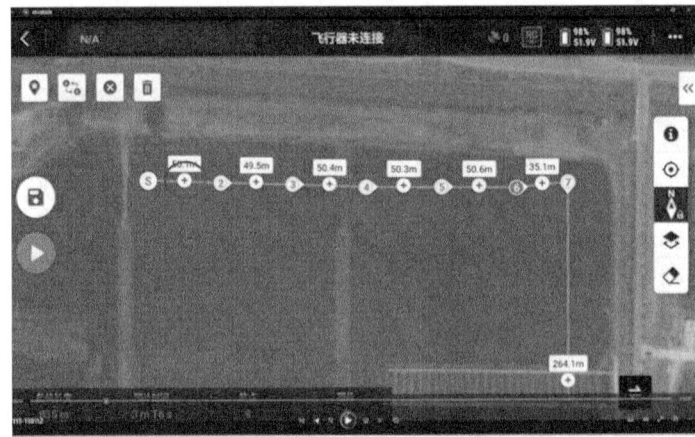

图 2.31　添加新航点

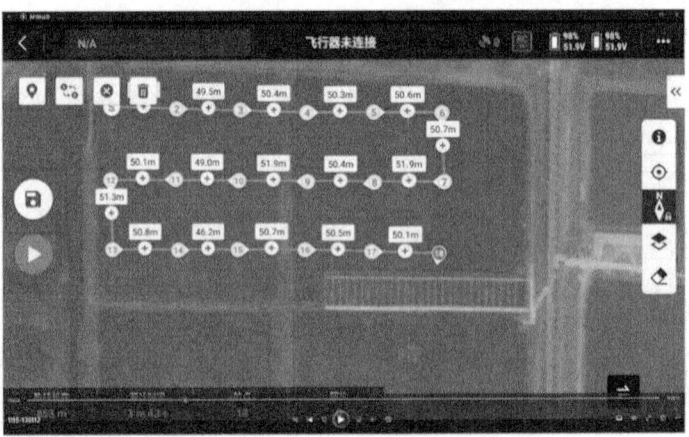

图 2.32　保存航线

3. 设置航点动作

依次单击图 2.33 和图 2.34 中的框内按键,进入航点动作设置界面设置航点动作。

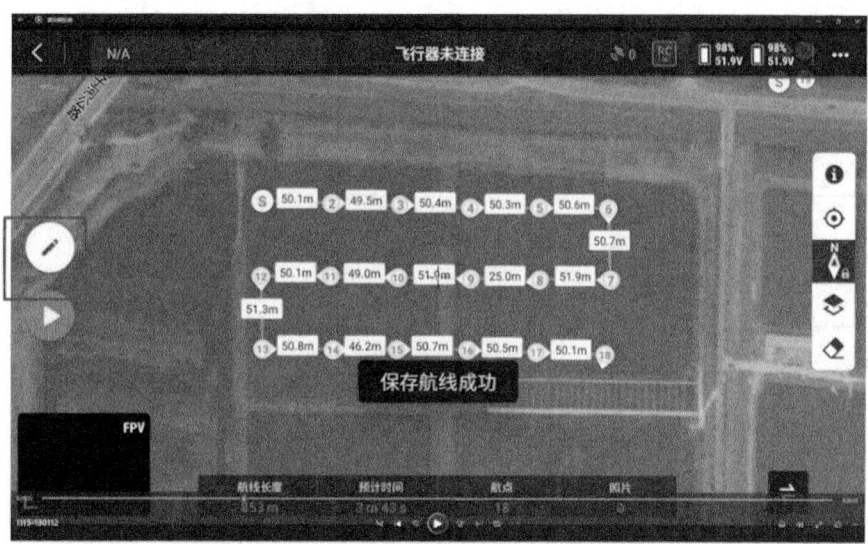

图 2.33　航点动作设置界面进入按键①

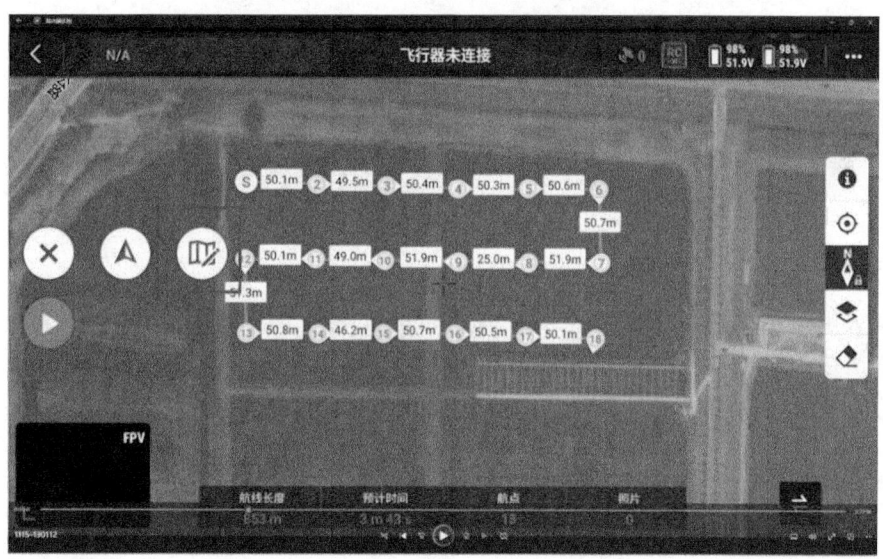

图 2.34　航点动作设置界面进入按键②

4. 航点飞行设置

在航点飞行中可以修改名称,飞行器类型选择其他,高度模式一般选择相对起飞点高度。

2.2.4 自动航线规划

实际使用中，手动绘制航线仅能应对小面积采集任务。对于较大测区，可使用自动航线规划软件——航点坐标计算器——生成自动航线。具体步骤如图 2.35 所示。

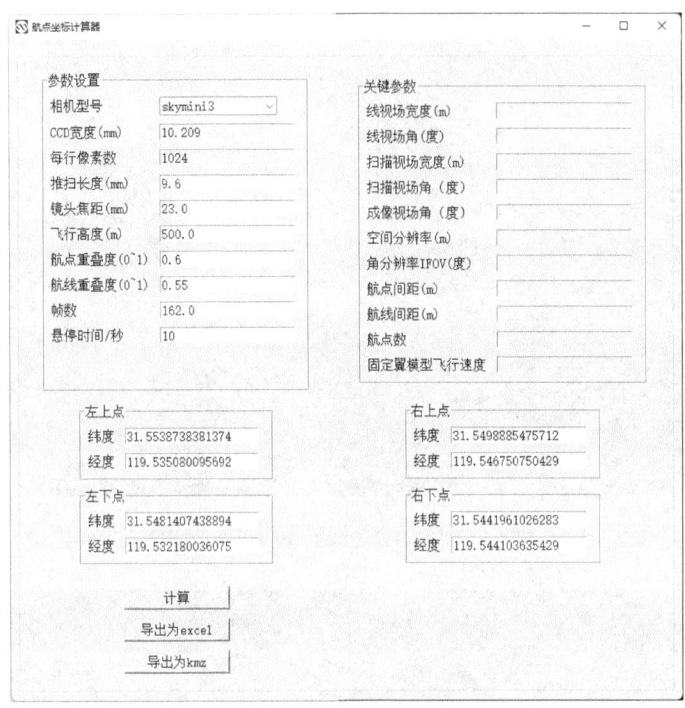

图 2.35 自动航线规划软件界面

1. 确定测区范围

在大疆司空 2、谷歌地球等平台上获取测区的四个顶点的地理坐标。注意，为了保证边缘拼接效果，通常要使规划测区略大于实际测区。

2. 相机参数设置

打开航点坐标计算器，进行设置。

（1）相机型号，skymini3。
（2）推扫长度（mm），9.6。
（3）镜头焦距（mm），23。
（4）飞行高度（m），根据任务设置。
（5）航点重叠度（0~1），0.6，即航向重叠度，一般为 60%~80%。
（6）航线重叠度（0~1），0.55，即旁向重叠度，一般为 50%~70%。
（7）帧数，162。
（8）悬停时间（s），10。

3. 输入测区坐标

依次输入测区范围的四点坐标。

4. 生成航线

依次单击【计算】、【导出为 kmz】得到规划后航线。计算结果参数显示在软件右栏。

5. 航线导入

将航线 kmz 文件通过 U 盘导入到无人机控制器中。

2.2.5 采集数据

1. 进入无人机控制器初始界面

出现图 2.36 所示界面，说明高光谱相机与无人机连接正常。单击进入飞行界面，打开高光谱相机采集界面，如图 2.37 所示。

图 2.36 飞控系统挂载高光谱相机识别正常

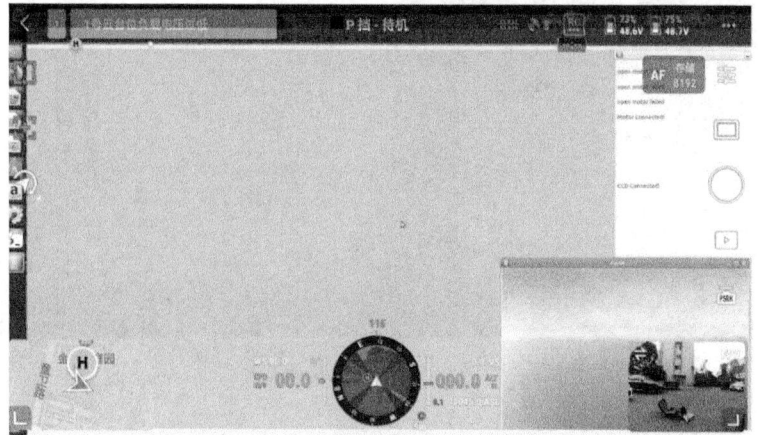

图 2.37 高光谱相机采集界面

2. 估计自动曝光时间

将灰布光面朝上平铺在地面上，无人机和高光谱相机按照图2.38所示放置，使得高光谱相机镜头拍摄的区域无阴影即可。在遥控器的光谱采集界面中，点开右上角三点按钮，如图2.39所示。

进入【Payload】设置界面，下滑至【PSDK】界面，找到【Auto Expostime】，轻触获得当前光照情况下的曝光时间，如图2.40所示。若自动曝光成功，即可在遥控器的高光谱软件采集界面提示框中显示采集成功，如图2.41所示。

图2.38　高光谱镜头对准灰布

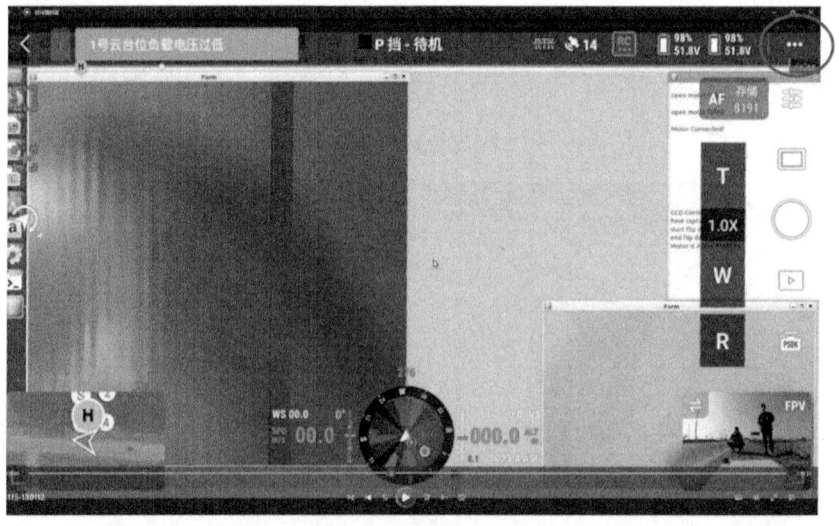

图2.39　三点按钮

第 2 章 地物光谱信息获取与分析

图 2.40　高光谱相机自动曝光

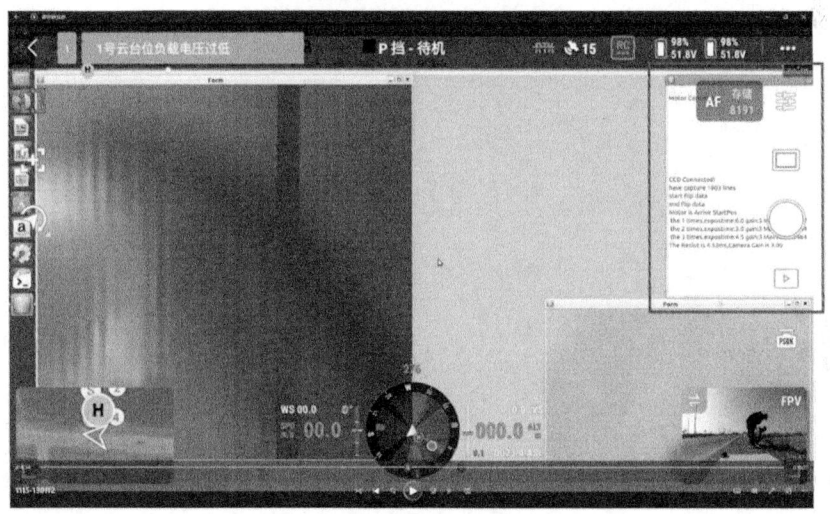

图 2.41　高光谱采集软件状态栏

3. 黑白帧拍摄

在相同曝光时间下轻触【PSDK】中的【White Frame】采集白帧，盖上相机镜头盖轻触【Black Frame】采集背景帧（图 2.42）。

4. 上传航线并执行航线

如图 2.43 和图 2.44 所示，执行航线，并重新铺设灰布。等待航高升至 90～100 m，采集一次灰布影像，用于后期计算反射率。

等待航线任务执行完毕，无人机回到起飞位置降落至地面，至此数据采集完毕。

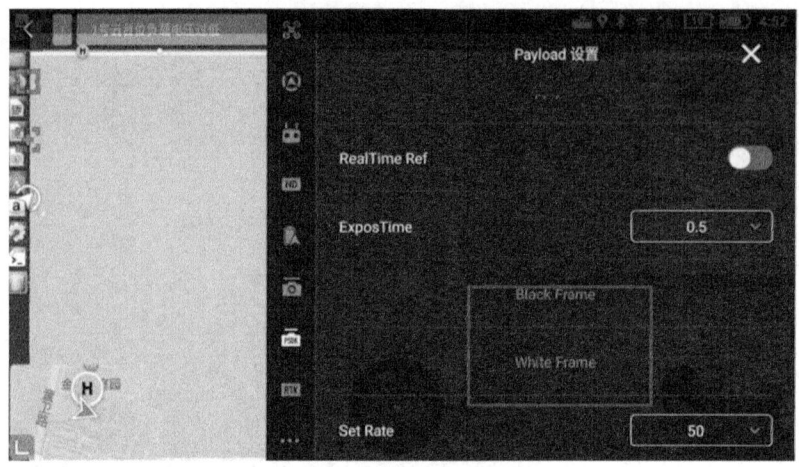

图 2.42 黑白帧界面

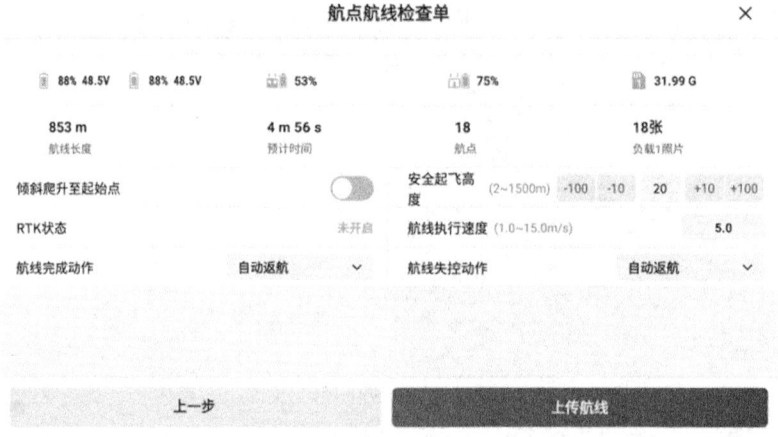

图 2.43 上传航线

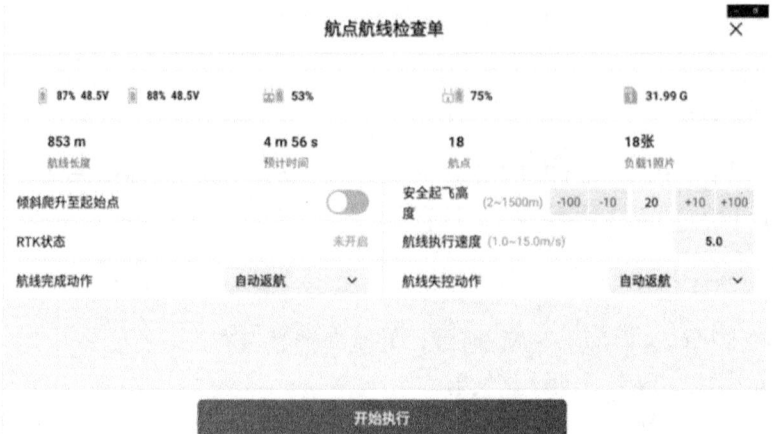

图 2.44 执行航线

2.2.6 数据导出

飞行任务完成后，取下高光谱成像仪，接入成像仪外接电源后开机，并接入便携显示器、便携键鼠、移动固态硬盘。开机后进入成像仪内置 Linux 系统的图形化界面，单击文件，复制 data 文件夹下的数据到移动固态硬盘中即可。

注意，为避免影响后续数据采集工作，当成像仪内置存储空间不足时，须在确保数据完好备份后，清空 data 文件夹。

2.3 光谱库构建

光谱库的构建是高光谱遥感应用中的核心环节。目前，国内外已有多个典型光谱库，例如美国地质调查局的光谱库（USGS Spectral Library Version 7）和中国科学院遥感所于 1998 年建立的面向对象的光谱数据库。这些光谱库包含了各种地物的标准光谱曲线，这些曲线是通过精确测量不同地物在特定条件下的反射率得到的（Kokaly et al., 2017）。构建全面和详细的光谱库，可以显著提高地物识别和分类的准确性，尤其是在复杂的地表环境中。

光谱库的构建主要涉及 4 个环节。

1）光谱采集

光谱库的构建首先需要从自然环境中采集各种地物的光谱数据，包括在不同的季节、不同的天气条件，以及不同的日照条件下对地物进行光谱测量，以确保数据的代表性和多样性。光谱采集应使用高精度的光谱仪，并严格控制测量的环境和操作条件，以获得准确可靠的光谱数据。

2）数据预处理

光谱数据收集后，需要进行必要的预处理，包括噪声去除、光谱平滑、大气校正等，以消除可能影响光谱数据质量的各种干扰因素。预处理的目的是提高光谱数据的信噪比和准确度，为后续的分析和应用奠定基础。

3）光谱库建立与管理

将预处理后的光谱曲线存入数据库，形成系统的光谱库。光谱库应具有良好的分类体系和检索机制，使用户能够根据需求快速找到所需的光谱数据。此外，光谱库应定期更新和维护，以反映环境变化对地物光谱特性的影响。

4）验证与应用

通过与实地验证数据的对比，检验光谱库的准确性和实用性。光谱库可以应用于实际的遥感分类和监测项目中，同时可以评估其在不同应用场景下的效果，以便持续优化光谱库的内容和结构。

本节以河海大学金坛校区为研究区，以 2.1.4 节中 iSpecField-HH 地物光谱仪的采集结果为例，说明如何构建地物光谱库。

2.3.1 数据预处理

图 2.45 SpecAnalysis 软件

（1）下载并安装 SpecAnalysis 处理软件，图标如图 2.45 所示。

（2）打开 SpecAnalysis（图 2.46）。

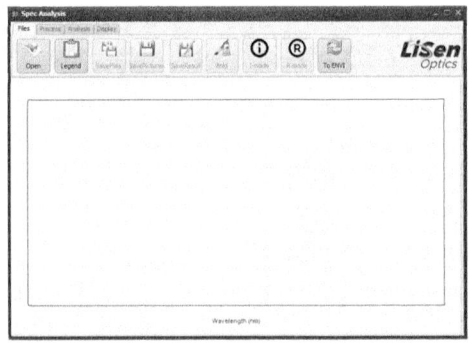

图 2.46 打开 SpecAnalysis 软件　　　　图 2.47 打开 ISF 数据

（3）点击【File】—【Open】打开野外采集到的 ISF 数据（图 2.47）。打开后的光谱曲线如图 2.48 所示。

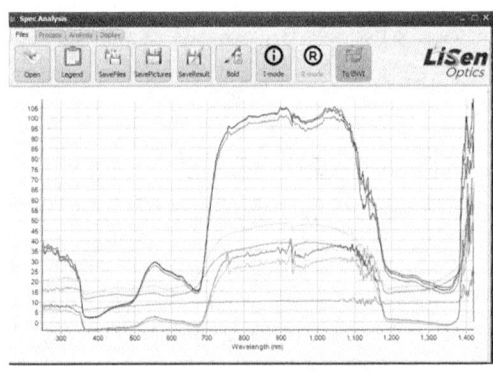

图 2.48 ISF 数据可视化　　　　图 2.49 导出数据

（4）单击【File】—【To ENVI】选择所需要的 txt 文件，将其转换为 ENVI 可处理的格式（图 2.49）。

2.3.2 数据类别标注

（1）单击【File】—【Legend】，查看光谱曲线对应的可见光照片，结合采集时间、地理坐标判断光谱曲线对应地物类型（图 2.50）。

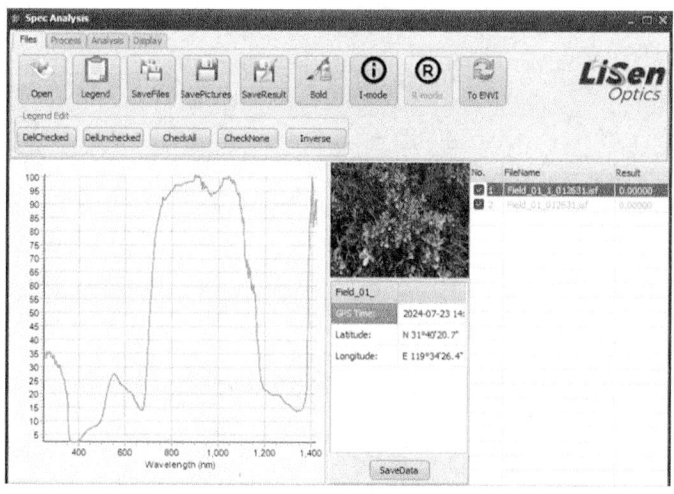

图 2.50 光谱数据查看

（2）打开对应*.txt 文件，在【Column2】的头文件字段修改类别标签，并修改文件名以便管理。

（3）整理、筛选所需的地物光谱*.txt 文件。

2.3.3 建立光谱库

（1）打开 ENVI 5.3，选择【Toolbox】—【Spectral】—【Spectral Libraries】—【Spectral Library Builder】，打开 Spectral Library Builder 对话框。

（2）选择【First Input Spectrum】，单击【OK】，打开 Spectral Library Builder 面板（图 2.51）。

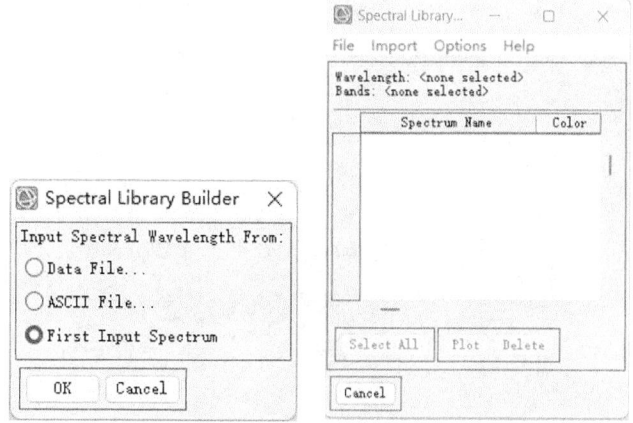

图 2.51 Spectral Library Builder 面板

（3）点击【Import】—【from ASCII file】导入数据源（图 2.52）。

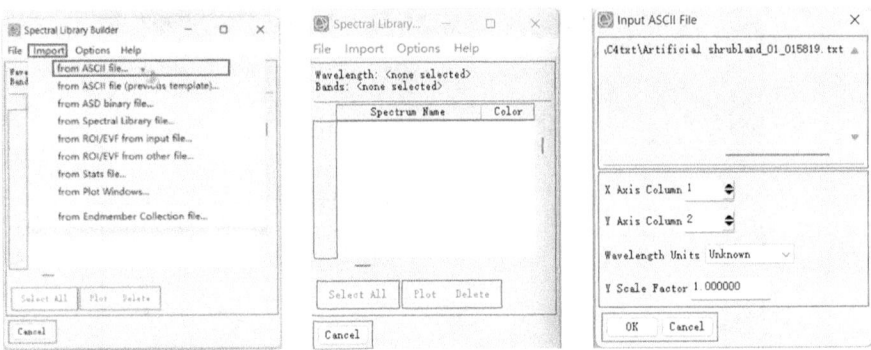

图 2.52　导入数据设置

（4）双击每条数据的名称可以进行修改，右击每条数据的颜色框可以进行颜色选择（图 2.53）。

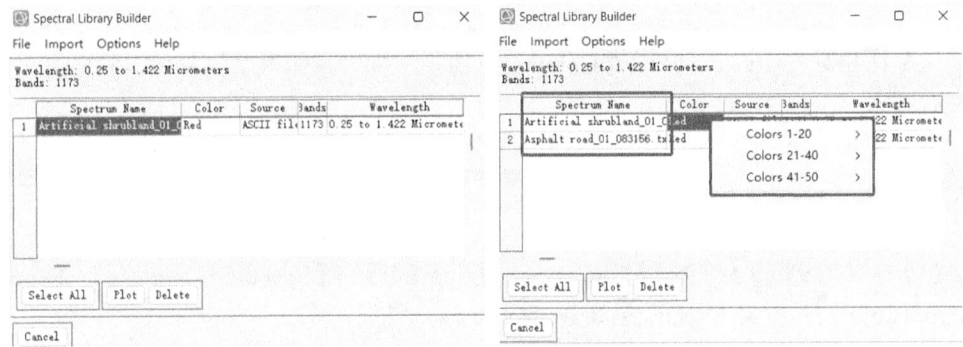

图 2.53　修改光谱名称

（5）单击【Select All】，将样本全部选中。单击【File】—【Save spectra as】—【Spectral Library file】，打开【Output Spectral Library】（图 2.54）。

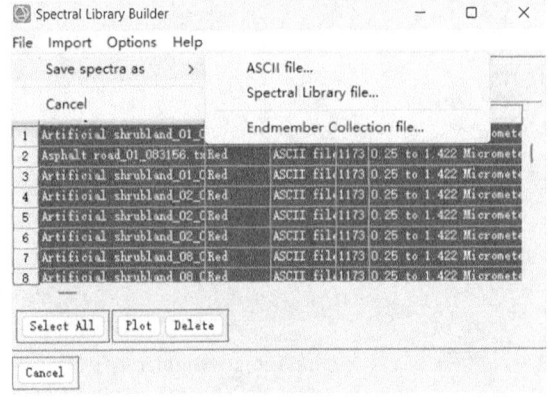

图 2.54　打开 Output Spectral Library 面板

（6）输入参数

① Z剖面范围（Z Plot Range），空白（Y轴的范围，根据波谱值自动调节）。

② X轴标题（X Axis Title），波长。

③ Y轴标题（Y Axis Title），反射率。

④ 反射率缩放系数（Reflectance Scale Factor），空白。

⑤ 波长单位（Wavelength Units），Nanometers。

⑥ X值缩放系数（X Scale Factor），1。

⑦ Y值缩放系数（Y Scale Factor），1。

⑧ 选择输出路径及文件名，单击【OK】，保存波谱库文件（图2.55）。

（7）此时，保存位置会出现一个无后缀的文件与一个*.HDR文件。它们仍需在光谱库查看器中转为光谱库文件的*.sli格式。具体做法为：【Import】—【Spectral Library...】—下拉找到上一步保存的光谱库—【Select All Items】—【OK】—【Export】—【Spectral Library...】—设置保存路径→【OK】。此时，自建光谱库将正式保存为*.sli格式（图2.56）。

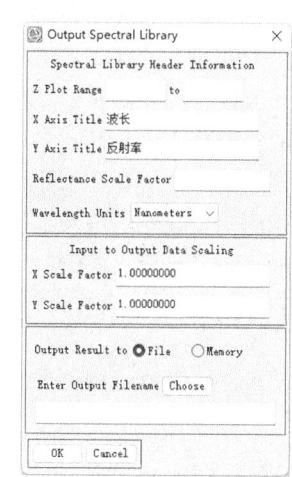

图 2.55　输出光谱库面板设置

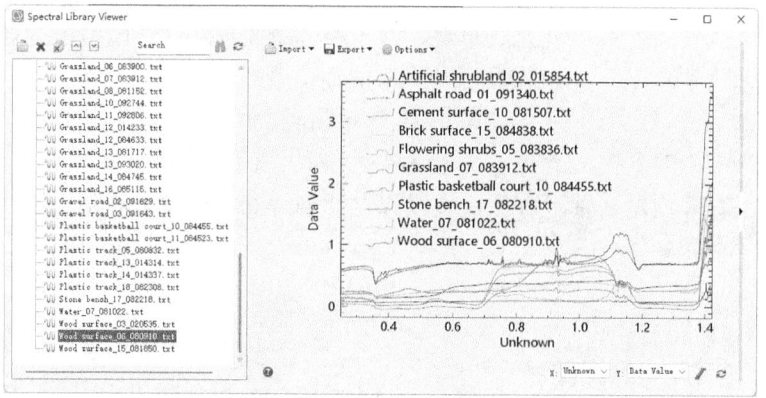

图 2.56　自建光谱库

2.4　典型地物光谱特征分析

典型地物光谱特征分析是理解和应用高光谱数据的关键一环。通过分析不同地物如植被、水体、土壤等的光谱曲线，可以揭示其独特的光谱特征，这些光谱特征是地物分类和识别的基础。精确的光谱特征分析有助于提升地表监测的准确性和环境评估的效率。

在可见光与近红外波段，地表物体自身的辐射几乎等于0。地物发出的电磁辐射主要以反射太阳辐射为主。太阳辐射到达地面之后，地表物体除了反射作用外，还有对电磁辐射的吸收作用。电磁辐射未被吸收和反射的其余部分则是透过部分（梅安新等，2001）。

一般而言，绝大多数物体对可见光都不具备透射能力，而有些物体如水，对一定波长的电磁波透射能力较强，特别是对 0.45~0.56 μm 的蓝绿光波段，一般水体的透射深度可达 10~20 m，清澈水体透射深度可达 100 m。对于一般不能透过可见光的地面物体，波长 5 cm 的电磁波却有透射能力，如超长波的透射能力就很强，可以透过地面岩石和土壤。健康的植被由于叶绿素的存在，在蓝光（约 0.45 μm）和红光（约 0.67 μm）波段有显著的吸收，而在绿光波段（约 0.55 μm）反射率较高。此外，植被在近红外区域（0.7~1.3 μm）表现出非常高的反射率，这与其叶内结构造成的光散射有关。在短波红外区域（1.3~2.5 μm），植被因其细胞内水分的存在而显示出吸收特征，可用于监测植被的水分状态。矿物的光谱曲线通常显示出与其化学组成和物理结构相关的明显吸收特征。例如，含铁矿物在 0.9 μm 附近有明显的吸收，而含水矿物在 1.4 μm 和 1.9 μm 的波段显示出水分吸收特征。

本节分别利用自建光谱库和 ENVI 内置的光谱库分析观察植物、水体、土壤、岩石等典型地物的光谱曲线并分析其特征。

2.4.1　自建光谱库特征分析

（1）主菜单—【Display】—【Spectral Library Viewer】，在对话框中显示 ENVI 自带的波谱库文件（图 2.57）。

（2）在波谱库中分别选择人造草坪、沥青路面、水泥面、花丛、草地、石子路、塑胶球场、塑胶跑道等城市场景典型地物显示其光谱曲线，观察并分析其特征。

（3）单击【Option】—【Legend】打开图例，并调整光谱库查看器大小，拖动图例至恰当位置。

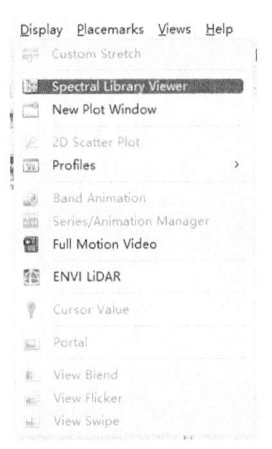

图 2.57　打开光谱库查看器

（4）如图 2.58 所示横轴下方可以设置 X 与 Y 轴范围，以此来观察光谱曲线中更感兴趣的部分。

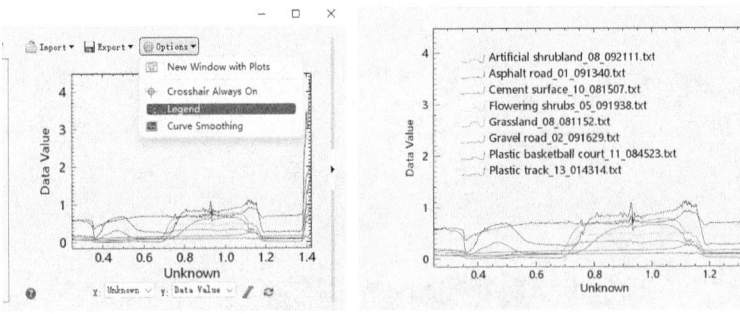

图 2.58　打开光谱图例

（5）右击空白区域打开查看器选项，可选择光谱平滑、自动缩放等功能（图 2.59）。

（6）单击【Curve Smoothing】进行光谱曲线平滑，并可以拖动【Option】左侧的滑动条调整平滑度。

（7）从图 2.60 可以观察砖块路面与沥青路面的光谱差异，沥青路面在 1120 nm 处有比较明显的反射峰，而在全谱

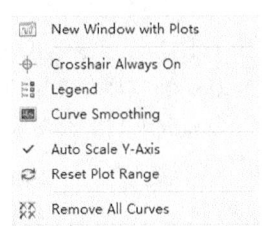

图 2.59　光谱库查看器选项

段上砖块路面的反射率始终高于沥青路面。

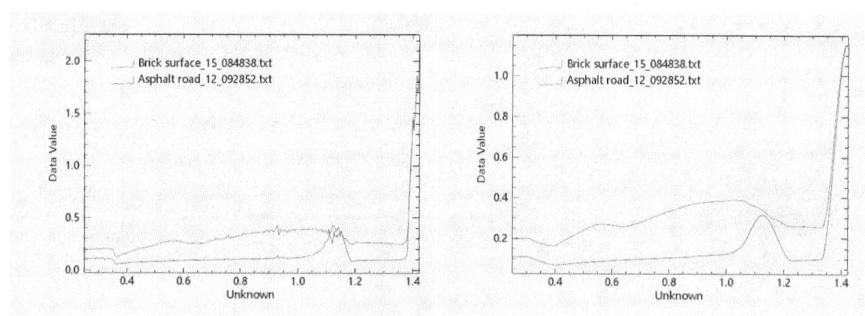

图 2.60 光谱平滑前（左）后（右）

2.4.2 内置光谱库特征分析

（1）主菜单—【Display】—【Spectral Library Viewer】，在对话框中显示 ENVI 自带的波谱库文件。

（2）在波谱库中分别选择植物、水体、土壤、岩石等典型地物并显示其光谱曲线，观察分析其特征；如图 2.61 所示右下角可以设置 X 与 Y 轴范围，以此来观察光谱曲线中更感兴趣的部分。

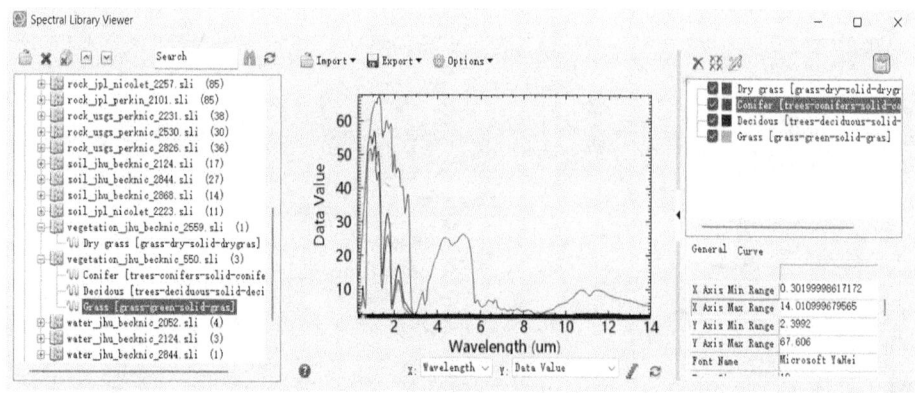

图 2.61 典型光谱曲线

图 2.62 为植物在波长 0～3 μm 内的光谱曲线。植物的光谱曲线呈现明显的双峰双谷特征。在可见光绿波段（0.5～0.6 μm）附近有一个反射峰，而蓝光波段（0.38～0.5 μm）和红光波段（0.6～0.76 μm）则呈现两个植物叶绿素的吸收带，形成光谱曲线的两个低反射谷；使得用肉眼观察植物时感知到的颜色为绿色。在近红外波段（0.76～1.1 μm），出现第二个反射峰，形成光谱曲线上的"陡坡"。此外，绿色植物含水量的吸收带也形成明显的低谷，如以 1.45、1.95 和 2.7 μm 为中心的吸收带。在中红外波段（1.3～2.5 μm），反射率总体趋势逐步下降。

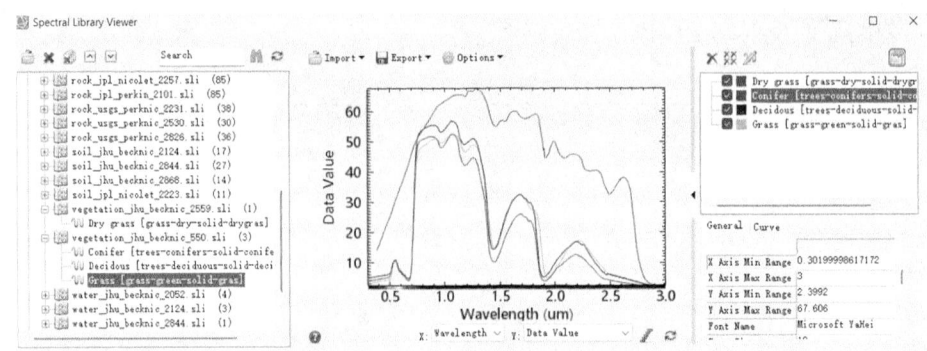

图 2.62　植物光谱曲线

图 2.63 为水体在波长 0~3 μm 内的光谱曲线。水体的反射率通常较低，小于 10%，远低于其他地物。因此，遥感图像上的水体或湿地呈现为深色调甚至黑色。在蓝绿光波段，清水有较强的反射，其他可见光波段吸收较强，而近红外波段吸收更强，导致反射率几乎为 0。当水体中含有其他物质时，如泥沙或叶绿素，光谱曲线会发生变化。含有泥沙时，可见光波段的反射率增加，反射峰值出现在黄红区；含有叶绿素时，近红外波段的反射率明显增加。以上特征是分析水体泥沙含量和叶绿素含量的重要依据。

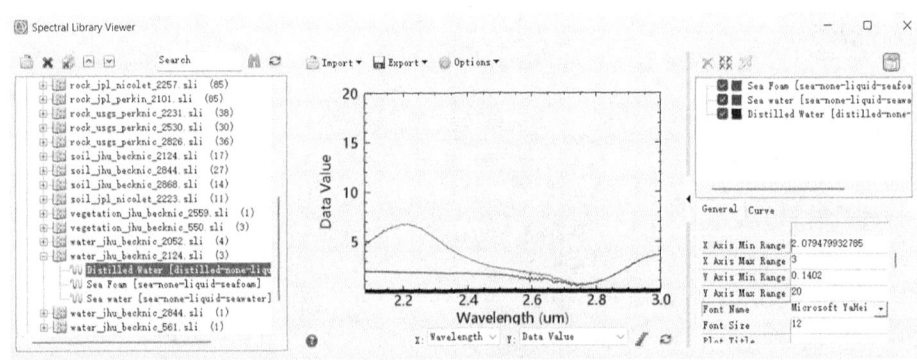

图 2.63　水体光谱曲线

图 2.64 为土壤在波长 0~5 μm 内的光谱曲线。土壤表面的光谱曲线通常比较平滑，没有明显的峰谷，因此在遥感图像上，土壤的色调区别不太明显。一般情况下，土壤的反射率与土质、有机质含量和土壤含水量等因素相关。细粒土壤的反射率较高，而有机质含量较高的土壤反射率较低，土壤含水量增加会导致反射率降低。通过对同种类型土壤的反射率变化分析，可以测定土壤的含水量和有机质含量等参数。

图 2.65 为岩石在波长 0~3 μm 内的光谱曲线。不同类型的岩石具有相对平缓的光谱曲线，没有明显的波段起伏，但反射率的值存在较大差异。岩石表面反射率的大小受多种因素影响，如矿物成分、矿物含量、风化程度、含水状况、颗粒大小、表面光滑度和色泽度等。总体而言，岩石在近红外波段（如 TM5 波段，1.55~1.75 μm 和 TM7 波段，2.08~2.35 μm）的区分能力较强，可用于识别不同岩石的不同性质。

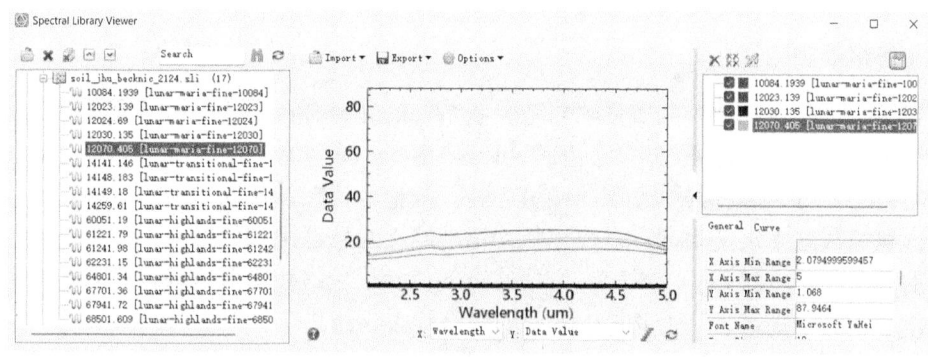

图 2.64 土壤光谱曲线

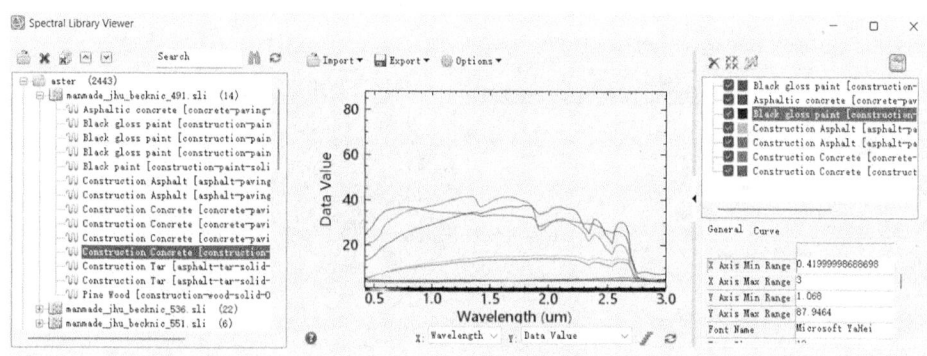

图 2.65 岩石光谱曲线

2.5 光谱特征参量化

光谱特征的参量化是将光谱曲线转换为具有物理或化学意义的数值指标或参量的过程。这些数值指标或参量有助于简化数据的解释过程,增强光谱特征对地物特性的描述能力。其中,包络线去除法通过突出光谱曲线中的吸收特征,将原始光谱数据与折线图(包络线)进行比较,以归一化光谱数据(Clarket and Roush, 1984)。光谱导数则通过计算光谱曲线的一阶或多阶导数增强曲线的局部变化,特别是微小的吸收特征,有助于提高光谱数据的分辨率和对地物特性的敏感度(Tsai and Philpot, 1998)。光谱吸收指数则是通过吸收谷点和肩端点的比值量化特定波长下的吸收强度,常用于矿物和植被识别(Kokaly and Clark, 1999)。光谱斜率和坡向通过描述光谱曲线在特定区间的斜率趋势,简单直观地区分地物的光谱(Demetriades-Shah et al., 1990)。光谱指数,如归一化植被指数(Tucker, 1979),通过特定波长的反射率计算,提供了快速评估地物状态的有效手段,如植被的健康状况和生物量。

以上的参量化技术不仅提升了物质识别和分类的准确性,还极大地提高了分析效率和操作便捷性。本节将对部分光谱特征参量化方法进行详细介绍。

2.5.1 包络线去除

包络线去除是一种有效增强感兴趣吸收特征的光谱分析方法,可以有效突出光谱曲线的光谱吸收和反射特征,并将反射率归一化为 0~1,光谱吸收特征也归一化到一致的光谱背景上,有利于与其他光谱曲线进行特征数值的比较,从而提取特征波段以供分类识别。包络线通常定义为逐点直线连接光谱曲线上那些凸出的峰值点,并使折线在峰值点上的外角大于 180°,以原始光谱曲线上的值除以包络线上对应的值,即为光谱去包络。本小节简单描述了基于 ENVI 平台的包络线去除法。

(1) ENVI 中选择【Toolbox】—【Spectral】—【Mapping Methods】—【Continuum Removed】,打开包络线去除对话框,选择自建光谱库(图 2.66)。

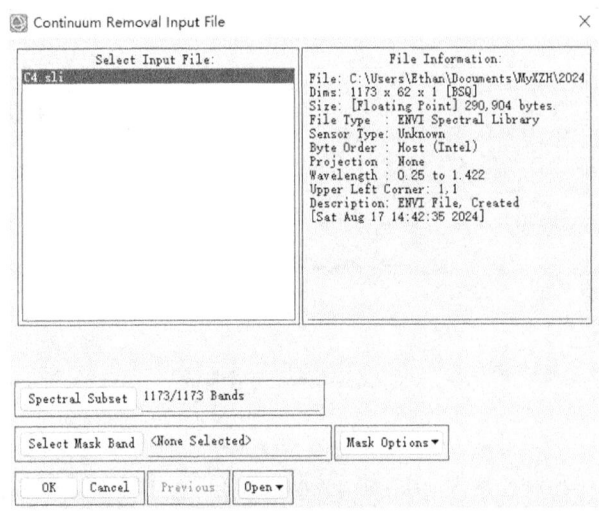

图 2.66　包络线去除对话框

(2) 单击【OK】确定,设置输出位置(图 2.67)。

(3) 输出完成后自动打开光谱库查看器,可以对比查看包络线去除前后的光谱曲线(图 2.68)。

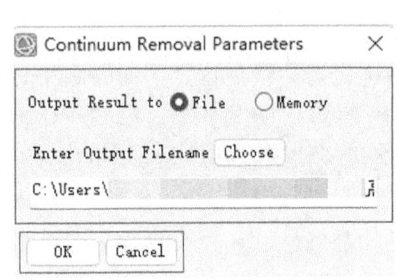

图 2.67　设置输出位置

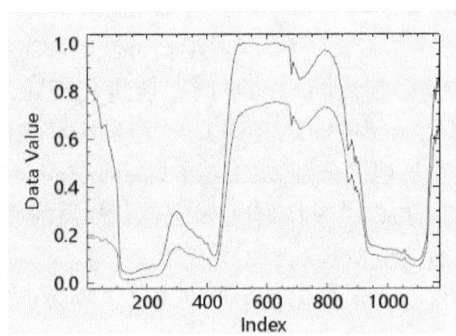

图 2.68　去包络线前(下)后(上)的灌木光谱曲线

2.5.2 光谱导数

光谱导数是通过计算光谱曲线在波长上的变化率而得到的数值,它能够突出光谱曲线在坡度上的细微变化。对植被来说,这种变化与植被的生物化学吸收特性有关。光谱导数波形分析能够消除部分大气效应,可能消除植被光谱中土壤成分的影响,反映植被的本质特征等。本小节基于 ENVI 拓展工具进行光谱导数的计算。该工具能对影像全图进行一阶、二阶、三阶三种导数计算,这里以一阶导数为例演示。

(1) 下载拓展工具 https://envi.geoscene.cn/appstore/fullderiv1。解压压缩包,将得到的 extensions 文件夹拷贝到 ENVI 安装路径下,覆盖同名文件夹即可。

(2) 启动 ENVI,打开河海大学金坛校区无人机高光谱影像,查看地物光谱曲线(图 2.69)。

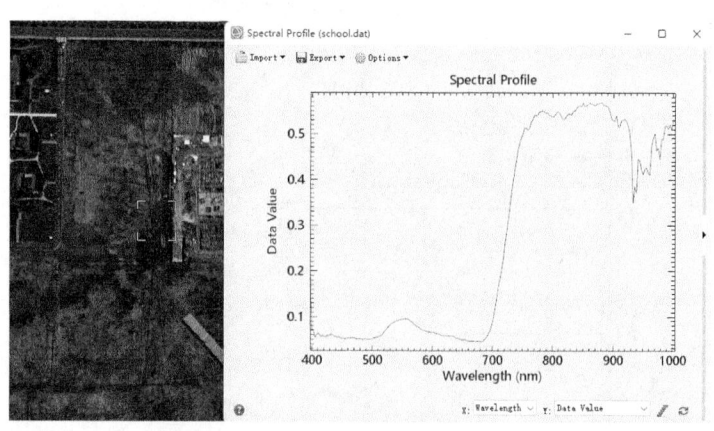

图 2.69 查看地物光谱

(3) 双击打开【Toolbox】—【Extensions】—【Image Derivative】工具,选取校区影像作为输入。注意,该工具只允许输入大于 3 个波段的影像文件。

(4) 由于全图输入计算量较大,可选择部分空间区块进行处理。操作方式为【Spatial Subset】—【Subset Using Image】,选取合适大小的候选区进行后续处理。

(5) 确认输入文件设置后,在弹出的对话框中选择导数计算方法(1st derivative, 2nd derivative, 3rd derivative)。

(6) 设定输出路径后,确认计算。计算完成后打开光谱导数影像(图 2.70),选定导数影像图层,重新打开一个光谱查看器。此时,可以查看相同位置的原始光谱曲线和一阶光谱导数。

2.5.3 光谱吸收指数

一条曲线的光谱吸收特征由光谱吸收谷点 m 与光谱吸收肩端 S_1、S_2 组成,两个肩端的连线称为非吸收基线(图 2.71)。吸收谷位置的反射率与相应基线反射率的比值可定义为光谱吸收指数(spectral absorption index,SAI)。本小节将介绍光谱吸收指数在 ENVI

中的计算方法。

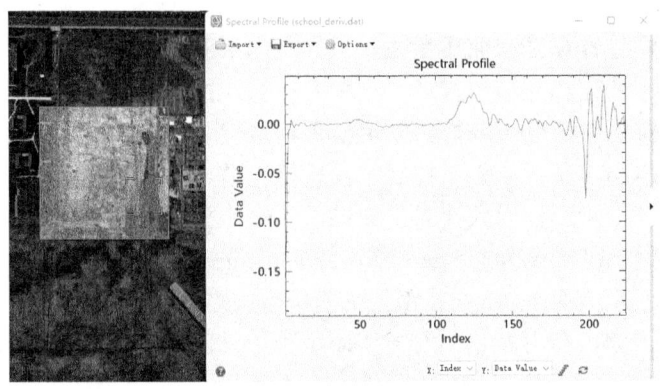

图 2.70　同一位置的光谱导数

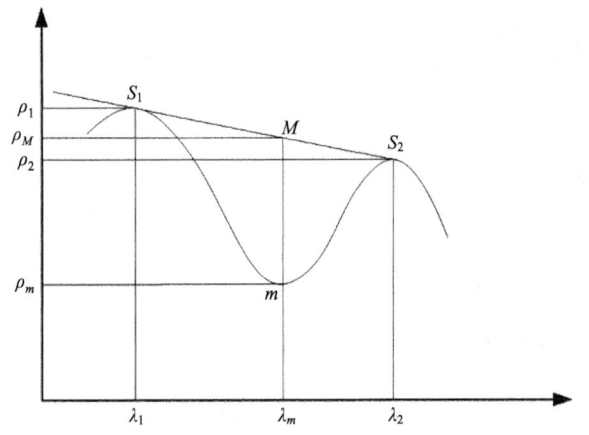

图 2.71　光谱吸收谷点 m 与光谱吸收肩端 S_1、S_2

（1）肩端与吸收谷的反射率值分别如图 2.72～图 2.74 所示。

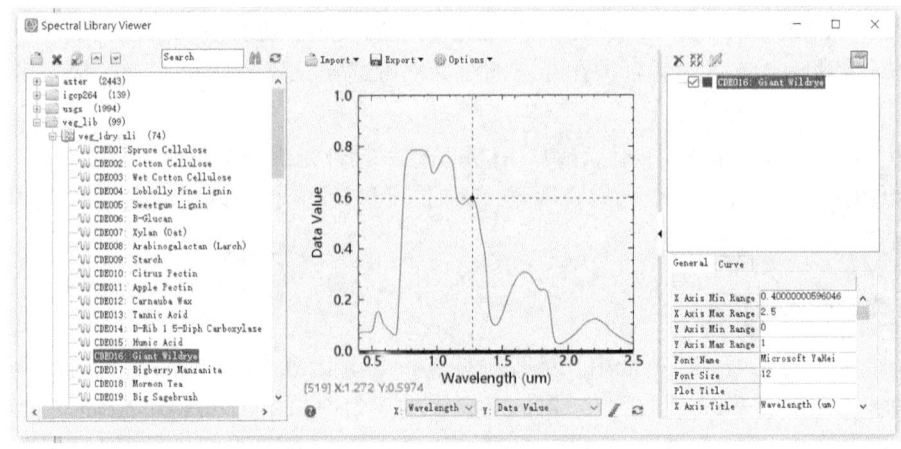

图 2.72　肩端 S_2 的反射率

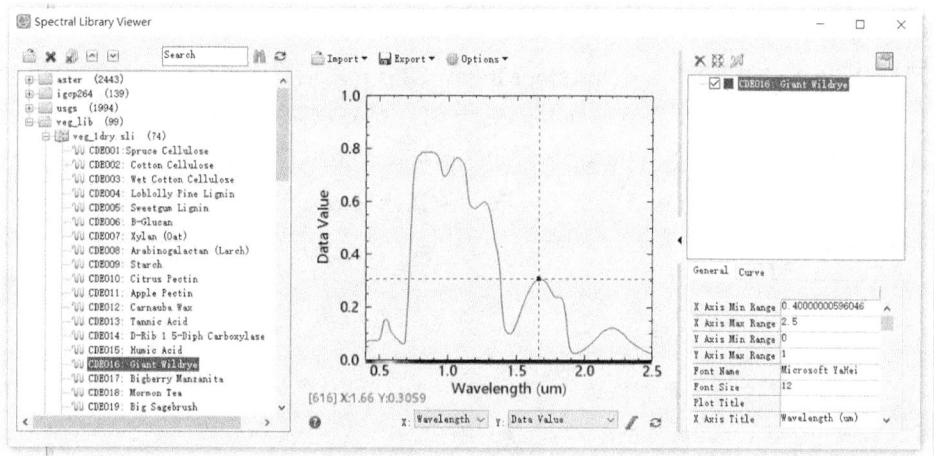

图 2.73　肩端 S_1 的反射率

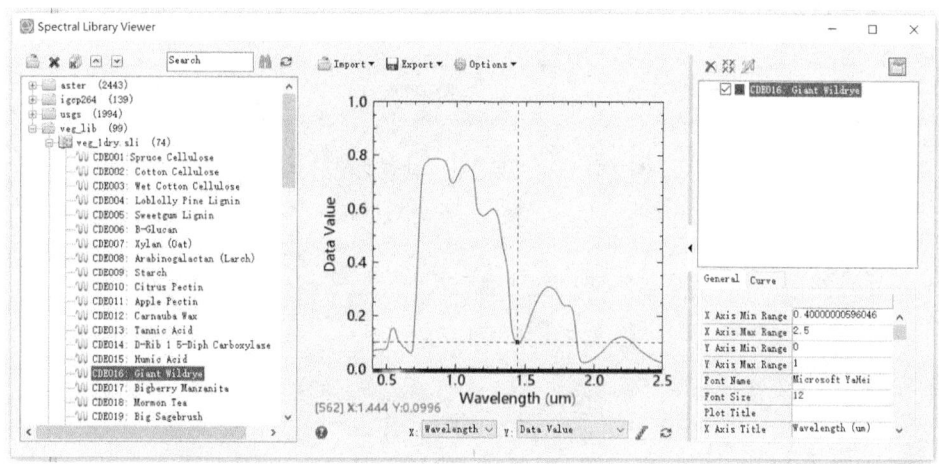

图 2.74　吸收谷点 m 的反射率

（2）从图 2.72～图 2.74 可知，λ_1=1.66，ρ_1=0.3059，λ_2=1.272，ρ_1=0.5974，λ_m=1.444，ρ_m=0.0996，则：

$$d = \frac{\lambda_m - \lambda_2}{\lambda_1 - \lambda_2} = 0.4433 \tag{2.1}$$

$$\mathrm{SAI} = \frac{\rho}{\rho_m} = \frac{d\rho_1 + (1-d)\rho_2}{\rho_m} = 4.7006 \tag{2.2}$$

光谱吸收指数为 4.7006。

2.5.4　光谱斜率和坡向

在某一个波段区间内，如果光谱曲线可以非常近似地模拟出一条直线段，该条直线段的斜率则被定义为光谱斜率。如果光谱斜率为正，则该段光谱曲线被定义为正向坡；如果光谱斜率为负，则该段光谱曲线被定义为负向坡；如果光谱斜率为 0，则该段光谱曲线被定义为平向坡。

可以用光谱坡向指数（spectral slope index，SSI）表示光谱坡向，当光谱曲线为正坡向时，SSI=1；当光谱曲线为负坡向时，SSI=−1；当光谱曲线为平坡向时，SSI=0。本小节以两个具体案例描述了基于 ENVI 平台的光谱坡向计算过程，并展示了对应的拟合直线。

（1）在 2～2.06 μm 的光谱范围里，取一条光谱曲线在区间端点的光谱值，对应反射率与拟合曲线如图 2.75～图 2.77 所示。

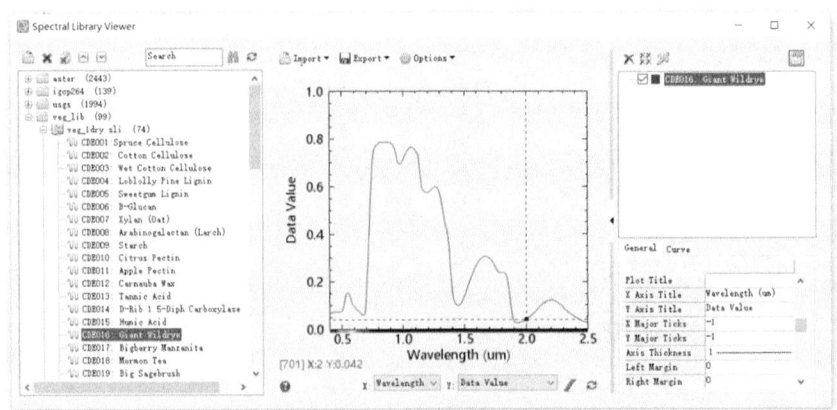

图 2.75　波长为 2 μm 对应的反射率

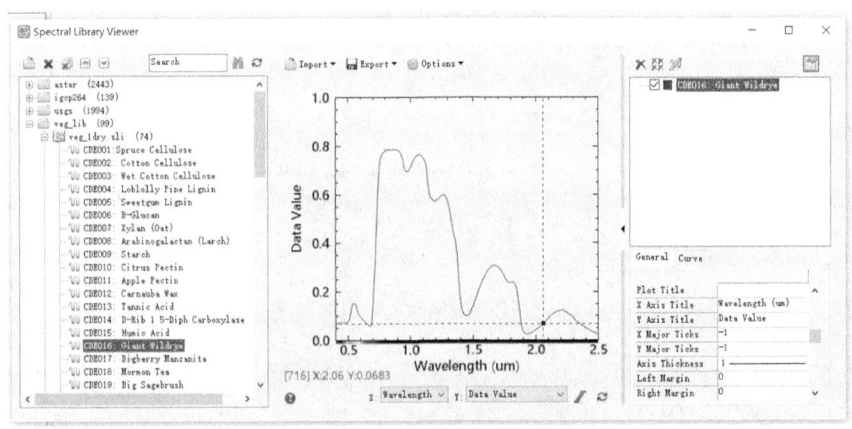

图 2.76　波长为 2.06 μm 对应的反射率

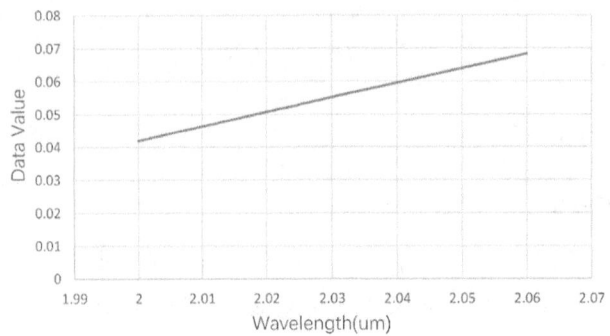

图 2.77　拟合曲线

第 2 章 地物光谱信息获取与分析 ·57·

$$\begin{cases} \rho_1 = a\lambda_1 + b \\ \rho_2 = a\lambda_2 + b \end{cases} \quad \begin{cases} a = 0.4383 \\ b = -0.8346 \end{cases} \quad (2.3)$$

$a > 0$，正坡向，SSI=1

（2）将波长范围拓展到 2.2～2.3 μm，对应反射率与拟合曲线如图 2.78～图 2.80 所示。

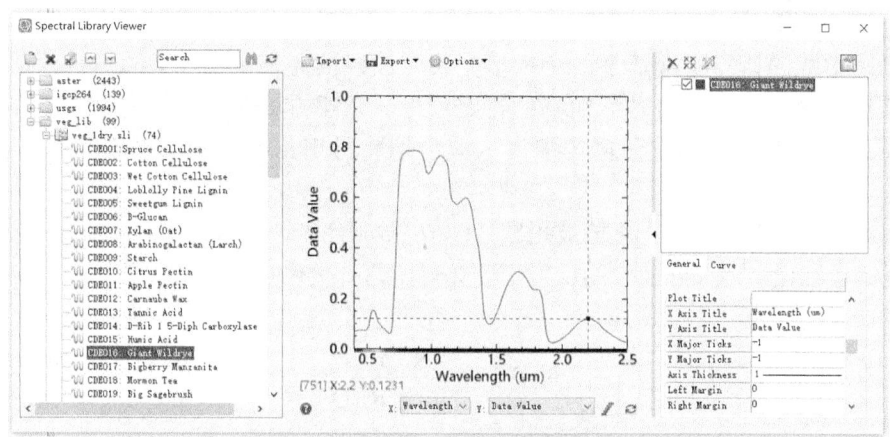

图 2.78 波长为 2.2 μm 对应的反射率

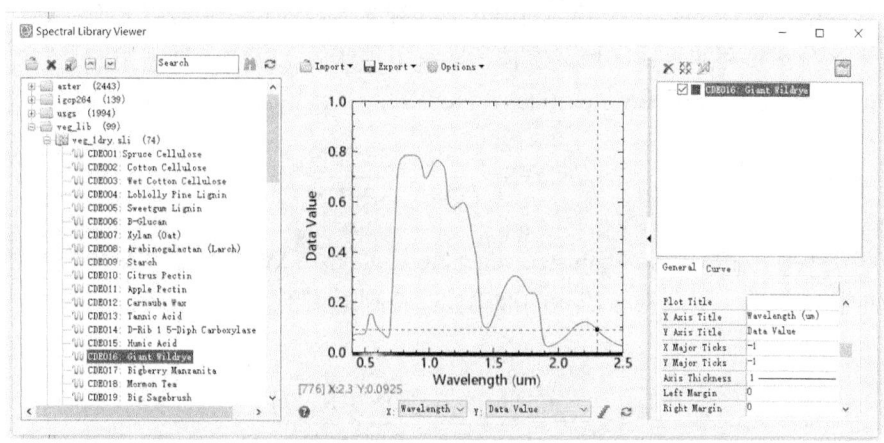

图 2.79 波长为 2.3 μm 对应的反射率

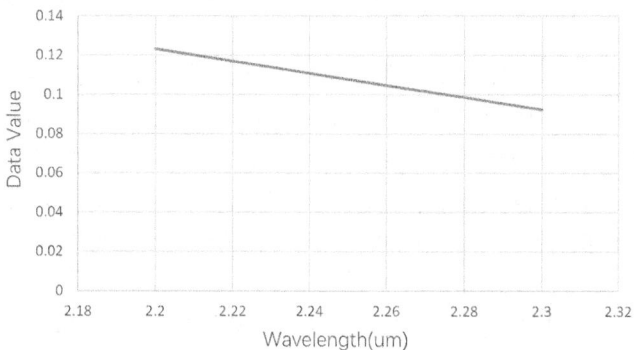

图 2.80 拟合曲线

$$\begin{cases} 0.1231 = 2.2a+b \\ 0.0925 = 2.3a+b \end{cases} \begin{cases} a = -0.36 \\ b = 0.7963 \end{cases} \quad (2.4)$$

$$a < 0，负坡向，SSI = -1$$

2.5.5 光谱指数

光谱指数的计算通常基于两个或多个特定波段的光谱反射率，通过构建比值、差值或其他数学关系，突出目标地物的特定属性。该类方法可以减少环境噪声的影响，增强对地物状态的敏感度和可辨识度。典型地物常用指数方法有植被指数、水体指数等。

例如，植被指数如归一化植被指数（normalized difference vegetation index，NDVI）是通过比较红光和近红外波段的反射率计算得出，有效地指示了植被的生长状况和生物量，其计算公式为

$$\text{NDVI} = \frac{\text{NIR} - \text{RED}}{\text{NIR} + \text{RED}} \quad (2.5)$$

其中，NIR 代表近红外波段的反射率；RED 代表红光波段的反射率。

水体指数（water index，WI），利用水体在绿光波段的反射率较低，而在近红外波段吸收强来区分水体和非水体区域。水体指数有多种变体，其中一种常用的是归一化水体指数（normalized difference water index，NDWI），其计算公式为

$$\text{NDWI} = \frac{\text{NIR} - \text{GREEN}}{\text{NIR} + \text{GREEN}} \quad (2.6)$$

土壤调整植被指数（soil adjusted vegetation index，SAVI）是通过减少土壤亮度影响而调整的植被指数，提高植被监测的准确性，特别适用于植被覆盖较低的区域，计算公式为

$$\text{SAVI} = \frac{(1+L) \times (\text{NIR} - \text{RED})}{\text{NIR} + \text{RED} + L} \quad (2.7)$$

其中，L 是一个调节因子，通常取值为 0.5，但可以根据具体的植被覆盖和土壤背景类型进行调整。

利用 ENVI 平台，可快捷实现多类地物的光谱指数计算，具体步骤如下。

（1）在 ENVI 工具箱中单击【Band Algebra】下的【Spectral Indices】，如图 2.81 所示，在打开的窗口中选择所处理的图像，并可以自由选择所处理波段与范围。

（2）确定图像波段与范围之后，如图 2.82 所示，在弹出的窗口中选择所要使用的指数，并选择输出文件保存位置与名字，单击【OK】即可进行图像指数计算，结果如图 2.83 所示。

从图 2.83 中可以看出，越亮的位置，有植被覆盖的可能性就越大。

第 2 章 地物光谱信息获取与分析

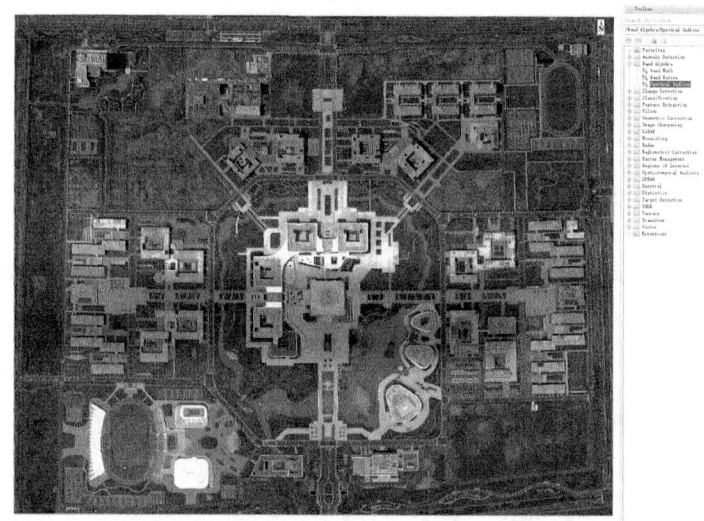

图 2.81 选择图像

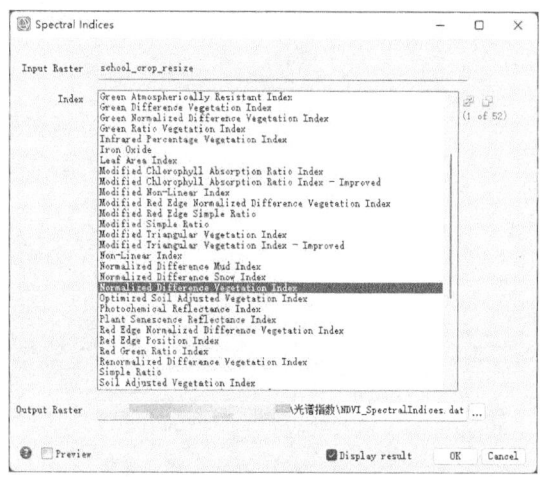

图 2.82 选择指数

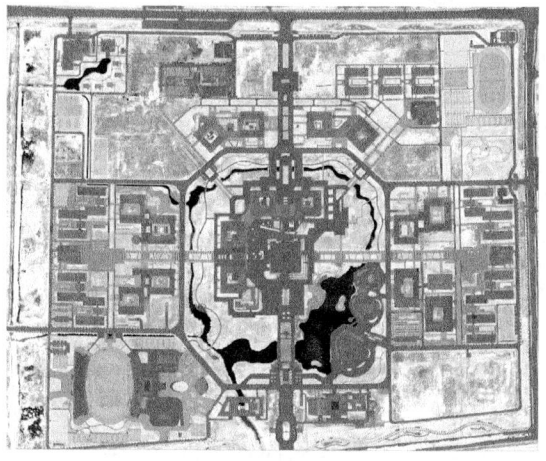

图 2.83 归一化植被指数处理结果

2.6　实验数据介绍

在高光谱遥感应用中，数据来源的多样性直接影响到业务范围和成果质量。例如，将低空间分辨率的高光谱数据与高空间分辨率的全色影像（panchromatic image）融合，将得到高空间、高光谱分辨率的"双高"影像，能够获得制图更为清晰、类别更加精细的分类结果图。在第 8 章中，本书将介绍高光谱数据融合方法，将用到模拟数据和星载多光谱数据。此外，本书的多个应用案例涉及河流、水质、矿坑等场景。

为方便读者，下面对本书使用的实验数据进行介绍。

2.6.1　校园地面光谱数据

地面光谱数据通过地面光谱仪直接测量地物的反射率，获取的光谱范围广泛、分辨率高。这些数据通常用于地面验证工作，以确保高光谱和多光谱遥感数据的准确性。

本书中使用的地面光谱数据采样自河海大学金坛校区校园内（图 2.84），由 iSpecField-HH 地物光谱仪采集。

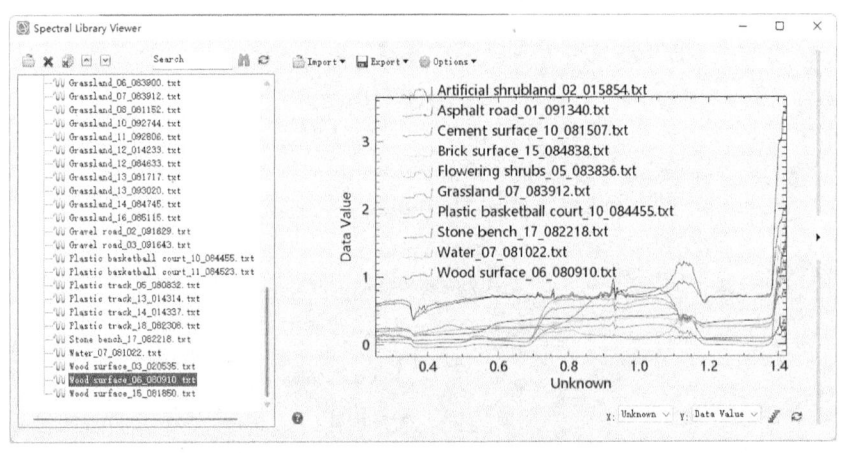

图 2.84　地面光谱数据

2.6.2　校园无人机高光谱数据

本书使用的校园无人机高光谱数据由 Gaiasky mini3-VN 机载式高光谱成像仪采集，飞行高度 500 m，实际地面分辨率约为 0.23 m。实验中，将原始数据裁剪、重采样至 0.5 m 分辨率后使用。

在第 8 章中，取高光谱数据第一波段模拟全色影像，同时将所有波段重采样至 5 m 作为模拟低分辨率高光谱数据（图 2.85）。

(a)河海大学金坛校区高光谱数据

(b)模拟全色影像　　　　　　（c)模拟低分辨率高光谱影像（真彩色合成）

图 2.85　校园无人机高光谱数据

2.6.3　校园星载多光谱数据

Sentinel-2 卫星提供的多光谱影像具有 10 m 的空间分辨率，并包含蓝、绿、红和近红外 4 个基本波段。图 2.86 为一景裁剪后的 Sentinel-2 多光谱影像。

由于星载数据受云层遮挡和大气条件的影响较大，因此需要进行一系列预处理步骤，如去云、辐射定标和几何校正等，以保证数据的准确性和一致性。这些预处理步骤在本书的后续章节中有详细介绍。

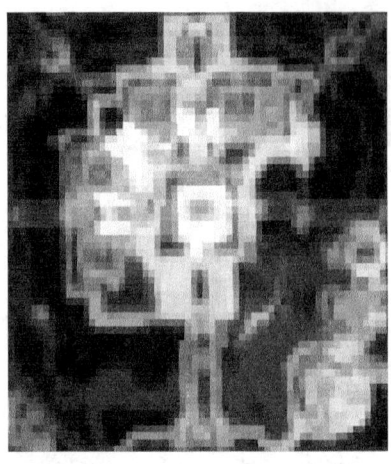

图 2.86 Sentinel-2 星载多光谱影像（假彩色合成）

2.6.4 河流无人机高光谱数据

河流无人机高光谱数据由 Gaiasky mini3-VN 机载式高光谱成像仪采集。采集时，无人船同步采集河段水质参数（图 2.87）。

图 2.87 河流无人机高光谱数据（真彩色合成）

2.6.5 矿坑无人机高光谱数据

矿坑无人机高光谱数据由 Gaiasky mini3-VN 机载式高光谱成像仪采集，地点位于江苏省溧阳市飞家山矿区，飞行高度 500 m（距起飞地面），地面分辨率为 0.23 m，矿坑区域地面分辨率为 0.23~0.32 m。

该数据地物类型独特且丰富，包含矿坑（花岗岩、灰岩）、矿湖、耕地、建筑、水塘等（图 2.88）。第 9 章地质调查实验中，将矿坑区域裁剪，单独使用。

图 2.88　矿坑无人机高光谱数据（真彩色合成）

2.6.6　伪装目标无人机高光谱数据

伪装目标无人机高光谱数据由 Gaiasky mini3-VN 机载式高光谱成像仪采集，地点位于河海大学金坛校区内稀疏草地，飞行高度 100 m，实际地面分辨率为 0.05 m。数据采集前，以牛津布、迷彩布包裹重物放置在试验区内，作为待检测的伪装目标。图 2.89 展示了伪装目标的近景实拍图和无人机高光谱影像。

图 2.89　伪装目标无人机高光谱影像（真彩色合成）

参 考 文 献

梅安新, 彭望琭, 秦其明, 等, 2001. 遥感导论[M]. 北京: 高等教育出版社.

浦瑞良, 宫鹏, 2000. 高光谱遥感及其应用[M]. 北京: 高等教育出版社.

童庆禧, 张兵, 郑兰芬, 2006. 高光谱遥感: 原理、技术与应用[M]. 北京: 高等教育出版社.

王润生, 2009. 高光谱遥感的物质组分和物质成分反演的应用分析[J]. 地球信息科学学报, 11(3): 261-267.

张良培, 张立福, 2005. 高光谱遥感[M]. 武汉: 武汉大学出版社.

Clark R N, Roush T L, 1984. Reflectance spectroscopy: quantitative analysis techniques for remote sensing applications[J]. Journal of Geophysical Research: Solid Earth, 89(B7): 6329-6340.

Demetriades-Shah T H, Steven M D, Clark J A, 1990. High resolution derivative spectra in remote sensing[J]. Remote Sensing of Environment, 33(1): 55-64.

Du X X, Zare A, 2017, Technical Report: Scene Label Ground Truth Map for MUUFL Gulfport Data Set[R]. Gainesville: University of Florida.

Hu J L, Liu R, Hong D F, et al., 2023. MDAS: A new multimodal benchmark dataset for remote sensing[J]. Earth System Science Data, 15(1): 113-131.

Kokaly R F, Clark R N, 1999. Spectroscopic determination of leaf biochemistry using band-depth analysis of absorption features and stepwise multiple linear regression[J]. Remote Sensing of Environment, 67(3): 267-287.

Kokaly R F, Clark R N, Swayze G A, et al., 2017. USGS Spectral Library Version 7[R]. Reston: US Geological Survey.

Tsai F, Philpot W, 1998. Derivative analysis of hyperspectral data[J]. Remote Sensing of Environment, 66(1): 41-51.

Tucker C J, 1979. Red and photographic infrared linear combinations for monitoring vegetation[J]. Remote Sensing of Environment, 8(2): 127-150.

第 3 章　高光谱遥感数据预处理

当前，高光谱遥感技术凭借其丰富的光谱信息和卓越的对地观测效能，在众多领域的研究与应用中已占据关键地位。然而，若要从原始高光谱数据中精准提炼出具有实用价值的信息，并在实际问题中发挥切实作用，数据预处理这一关键环节必不可少。

高光谱数据预处理是指在获取原始高光谱影像数据过程中，因数据在采集、传输以及存储等环节常受多重因素干扰，致使数据出现噪声、失真、缺失值等问题而进行的一系列处理操作（Goetz et al., 1985）。通过预处理，数据的质量和准确性能显著提升，也使后续的分类、目标识别、变化检测等分析工作更为可靠。倘若未进行恰当处理，将在极大程度上影响后续的数据分析与应用，导致研究成果出现偏差甚至错误。此外，预处理还能增强数据的一致性和可比性，使不同时间、不同传感器获取的数据能够相互比较和融合，从而更有力地支持多时相、多源遥感数据的综合分析与应用。

高光谱数据预处理仿若一座坚实的桥梁，紧密连接着原始数据与精确分析。其囊括了一系列严谨且繁杂的操作流程，包括但不限于辐射校正、几何校正、大气校正、坏波段去除、光谱平滑、数据压缩等。数据预处理旨在彻底消除数据中的不良因素，显著提升数据质量，从而为后续的特征提取、分类、定量分析等工作筑牢稳固根基。

本章将着重探讨一系列在高光谱影像预处理中至关重要的技术和方法，主要包括非正常像元处理、辐射定标、大气校正、几何校正、图像配准与图像镶嵌等。

3.1　非正常像元处理

非正常像元是指在高光谱遥感影像中，由于各种原因导致反射光谱信息异常或不准确的像素。异常像元可能源于传感器故障、环境干扰、气象条件变化等因素，最终影响影像的真实性和可靠性。处理非正常像元对于确保高光谱数据的准确性和可用性至关重要。如果不加以处理，异常数据可能会导致错误的分析结果，影响科学研究、资源监测、环境保护等领域的决策。因此，识别和修复非正常像元是高光谱遥感影像数据处理中不可或缺的一环。

本节主要介绍条纹修复、坏线去除、未定标波段去除、水汽影响波段去除、D_Streak处理和 Smile 效应校正等，并演示高光谱示例数据非正常像元处理的流程与步骤。

3.1.1　条纹修复

1. 条纹的定义、类型与特征

条纹通常是在高光谱遥感图像中出现的明显亮度或颜色变化，可能由传感器故障、观测条件变化或数据传输问题等原因造成。修复条纹的目的是消除图像中出现的条纹状噪声，提高数据的质量和准确性。

高光谱遥感影像中的条纹表现形式多样，常见的条纹类型包括水平条纹、垂直条纹和斜条纹。水平条纹通常呈现为在图像的水平方向上均匀分布的明暗带，其宽度可能有所不同，该类条纹可能是传感器在水平扫描过程中的不一致性或故障引起的。垂直条纹则是沿着垂直方向出现的明暗交替带，可能与传感器的垂直读取机制或数据传输问题有关。斜条纹相对较为复杂，可能是多种因素共同作用导致的，如传感器的倾斜、光照的不均匀等。此外，条纹的强度也有差异，有些条纹可能比较微弱，需要仔细观察才能发现；而有些则非常明显，严重影响影像的质量。

2. 条纹成因分析

高光谱遥感影像中条纹的产生原因较为复杂，主要包括 3 个方面。

传感器硬件问题是常见的原因之一。例如，传感器的感光元件老化、损坏或者制造缺陷，可能导致在特定位置或方向上的响应不一致，从而产生条纹。

环境因素的干扰也不可忽视。如不均匀的光照条件，可使不同区域的地物反射光强度差异较大，在影像中表现为条纹。

数据处理误差也可能引发条纹。在数据采集、传输和处理过程中，若出现数据丢失、编码错误或算法不当等情况，都有可能导致条纹的出现。

3. 条纹修复方法

高光谱遥感影像条纹修复技术在不断发展，从传统方法到现代技术，都为解决条纹问题提供了不同的思路和途径（Mateen et al., 2018）。

传统修复方法包括但不限于以下 3 种。

1）均值滤波法

均值滤波法是一种简单而常用的图像处理方法，其原理是将图像中每个像素的值替换为其邻域像素的平均值。在条纹修复中，通过对包含条纹的区域进行均值滤波，可以在一定程度上平滑条纹。对于宽度较窄、强度较弱的条纹，均值滤波能够取得较好的效果。但对于宽度较宽或强度较强的条纹，可能会导致图像细节的模糊。

2）中值滤波法

中值滤波法则是将像素的值替换为其邻域像素值的中值，该方法在去除椒盐噪声和一些孤立的异常值方面表现出色。在处理条纹时，中值滤波法能够较好地保留图像的边缘信息，对于具有一定随机性的条纹有较好的修复效果。然而，对于连续且规律的条纹，可能无法完全消除。

3）多项式拟合法

多项式拟合法通过建立一个多项式函数来逼近条纹的分布模式。通过对条纹区域的像素值先进行拟合，然后用拟合结果来修正原始像素值，从而达到修复条纹的目的。该方法适用于具有一定规律性的条纹，但对于复杂多变的条纹，拟合难度较大，可能会出现过拟合或欠拟合的情况。

现代修复方法包括但不限于以下 2 种。

1）基于深度学习的方法

深度学习模型，特别是卷积神经网络（convolutional neural networks，CNN），在高光谱遥感影像条纹修复中展现出了巨大的潜力。通过大量的训练数据，CNN 能够学习条纹的特征和规律，并自动生成修复后的图像。该方法对复杂的条纹模式和多种类型的条纹都能够进行有效的修复，同时可以较好地保留图像的细节和纹理信息。然而，基于深度学习的方法需要大量的计算资源和时间进行训练，并且对数据的质量和数量要求较高。

2）多模态融合修复

多模态融合修复方法结合了高光谱遥感影像的多个波段信息，以及其他辅助数据，如红外影像、雷达影像等。通过融合不同模态的数据，可以更全面地了解地物的特征，从而更准确地修复条纹。该类方法能够充分利用多种数据源的优势，提高修复效果的可靠性和准确性。

条纹修复方法的原理包括以下 6 个方面。

（1）频域分析。在频域中，条纹通常表现为图像中特定频率的周期性变化。通过对图像进行频域分析，可以检测到这些频率成分，并进一步针对性地去除条纹。

（2）滤波处理。基于频域分析结果，可以设计相应的滤波器消除条纹。常见的滤波方法包括均值滤波、中值滤波、高斯滤波等，用于平滑图像并去除条纹噪声。

（3）空间域处理。除了频域处理外，空间域处理也常用于条纹修复。通过在图像的空间域中对像素进行统计分析，识别和修复条纹。

（4）参考图像法。利用参考图像的信息来修复条纹。通过与已知光谱特征的参考图像进行比较，识别和消除条纹状异常。

（5）反射率校正。通过对图像进行反射率校正，将图像中的条纹状噪声与地物反射率特征进行对比，从而减轻条纹对图像数据的影响。

（6）数据插值。在某些情况下，可以利用数据插值方法来填补条纹区域，使条纹部分的数据更加平滑和一致。

4. 修复效果评估指标

在评估条纹修复效果时，常用的指标包括均方误差（mean squared error，MSE）、结构相似性指数（structural similarity index measure，SSIM）和峰值信噪比（peak signal-to-noise ratio，PSNR）等。

MSE 计算修复后的图像与原始无条纹图像之间像素值的差异平方的平均值。MSE 值越小，表明修复效果越好，但它对图像的整体亮度变化较为敏感。

SSIM 从图像的亮度、对比度和结构三个方面衡量修复后的图像与原始图像的相似性。SSIM 值越接近 1，说明修复效果越理想。

PSNR 通过计算信号的最大可能功率与噪声功率的比值来评估图像质量。PSNR 值越大，代表修复后的图像质量越高。

3.1.2 坏线去除

1. 坏线的定义与特征

坏线指的是高光谱遥感图像中传感器故障或数据损坏导致的线状异常,其特征通常表现为像素值与周围正常像素值呈显著差异,可能显示为过高或过低的强度,并且在影像中呈现出明显的线性分布。去除坏线的原理是识别并替换这些异常值,确保数据的完整性和准确性(Zhao et al., 2014)。

2. 坏线的成因分析

坏线的产生原因多种多样。传感器的硬件损坏,如探测器元件的失效,可能导致某一行或某一列的像素无法正常获取数据,从而形成坏线。数据在传输过程中受到干扰或丢失,也可能造成部分行或列的数据错误,表现为坏线。此外,图像处理算法的应用不当或系统错误有时也会引发坏线问题。

3. 坏线检测方法

1)基于阈值的检测

设定 1 个像素值的阈值范围,当某一行或某一列的像素值超出阈值范围的数量,并达到一定比例时,判定为坏线。该方法简单直接,但对于阈值的选择需要谨慎,否则可能导致误判或漏判。例如,如果阈值设置过高,可能会遗漏一些强度较弱但仍属于坏线的像素;阈值设置过低,则可能将正常像素误判为坏线。

2)基于邻域比较的检测

通过比较每个像素与其相邻像素的值,如果差异过大且在连续的行或列上出现,就认定为坏线。该方法能够更准确地检测出坏线,但计算量相对较大。在实际应用中,需要合理确定邻域的大小和比较的规则,以平衡检测的准确性和计算效率。

3)基于统计分析的检测

对影像的行或列进行统计分析,得到如计算均值、方差等统计量。当某一行或某一列的统计量与整体的统计特征显著不同时,判定为坏线。例如,如果某一行的像素值方差远大于其他行,可能意味着这一行存在坏线。

4)基于频率域分析的检测

将影像从空间域转换到频率域,通过分析频率分量检测坏线。在频率域中,坏线通常表现为特定方向和频率的异常分量。该类方法对于周期性的坏线检测效果较好,但需要进行复杂的频域变换和分析。

5)基于形态学操作的检测

利用形态学的开运算、闭运算等操作突出坏线的特征。例如,通过开运算可以去除较小的孤立亮点,从而使坏线更加明显。该方法适用于坏线与周围像素有明显形态差异的情况。

不同的坏线检测方法各有优缺点,在实际应用中,常常需要根据影像的特点和具体需求选择合适的方法，或者结合多种方法提高检测的准确性和可靠性。

4. 坏线修复方法

1）均值滤波修复

对包含坏线的区域进行均值滤波，用滤波后的像素值替换坏线像素的值。该方法计算简单，但可能会导致图像的细节丢失。

2）中值滤波修复

使用中值滤波处理坏线区域，以中值替代坏线像素值。对于存在孤立异常值的情况，中值滤波能够较好地保持图像特征。

3）曲线拟合修复

通过对坏线两侧的正常像素进行曲线拟合，根据拟合曲线估计坏线像素的取值。该方法适用于具有一定规律的图像数据。

4）小波变换修复

利用小波变换将图像分解为不同的频率分量，对坏线所在的分量进行处理和重构，从而实现坏线修复。在处理包含多种频率信息的图像时具有一定优势。

5）深度学习修复

借助深度学习模型，如CNN，学习正常图像的特征模式，从而预测和修复坏线像素。该类方法在处理复杂坏线时可能表现出色，但需要大量的训练数据和计算资源。

不同的坏线修复方法在效果、复杂度和适用场景上各有不同。实际应用中，需要根据具体的图像特点和需求选择合适的修复方法，或者结合多种方法以获得更好的修复效果。

坏线去除原理包括5个方面。

（1）异常值识别。坏线通常表现为图像中的异常值或断裂线条。通过像素值的异常性或空间连续性识别异常值，以便进行后续的处理。

（2）插值填充。利用插值技术（如线性插值、双线性插值等）对坏线位置的像素值进行估计和填充，从而消除坏线的影响。

（3）空间滤波。利用空间滤波技术，基于周围像素值的统计信息，对坏线区域进行平滑处理，使得坏线部分的数据更加连续和一致。

（4）数据修复算法。一些高级的数据修复算法也可用于坏线去除，这些算法综合考虑坏线周围的像素值信息，如基于邻域信息的坏线修复算法，对坏线进行更精确和自动化的修复。

（5）多尺度处理。多尺度处理方法对不同尺度下的图像进行分析和修复，以提高去除坏线的效果。

5. 坏线去除效果评估

坏线去除的效果评估是检验修复方法有效性和准确性的重要环节。以下是6种常见的评估方法和指标。

1）目视检查

目视检查是一种直观但主观的评估方法。通过直接观察修复后的高光谱遥感影像，判断坏线是否仍然可见，影像的整体视觉效果是否自然、连续，有无明显的修复痕迹或异常。

2）定量指标评估

可以利用 MSE、PSNR 和 SSIM 评估坏线修复的效果。

3）频谱分析

将修复前后的影像转换到频率域进行分析。如果修复后的影像频率分布与原始无坏线影像更接近，说明坏线去除没有引入过多的频率失真。

4）局部细节评估

重点观察影像中地物的边缘、纹理等局部细节。坏线去除后，局部细节应保持清晰、准确，不应出现模糊或变形。

5）对比不同修复方法

对相同的测试数据集，应用多种坏线去除方法，并对它们的修复效果进行比较。通过综合评估各项指标，确定哪种方法在特定情况下表现更优。

6）实际应用效果评估

将修复后的影像应用于具体的分析任务，如分类、目标检测等。如果修复后的影像能够提高后续分析的准确性和可靠性，那么可以认为坏线去除效果较好。

通过综合运用以上评估方法，可以全面、客观地评价坏线去除的效果，为选择合适的坏线修复方法和进一步优化提供依据。

3.1.3 未定标波段去除

1. 未定标波段的定义与特征

未定标波段指的是那些在数据获取和处理过程中，由于多种因素未能精确进行辐射定标的波段。未定标波段的存在可能给后续的数据分析和应用带来诸多不确定性和误差。

从特征上来看，未定标波段通常呈现明显的异常表现。在光谱响应方面，其可能与相邻波段的平滑过渡规律不符，出现突兀的峰值、谷值或异常的斜率变化。信号强度上，可能表现出较大的波动性，缺乏稳定和可重复性。此外，与其他已标定的波段相比，未定标波段在与地物特征的相关性上往往较弱，难以有效地反映真实的地物光谱特性。

2. 未定标波段的成因分析

未定标波段的产生并非偶然，而是由一系列复杂的因素共同作用所致。首先，传感器自身的设计与制造缺陷是一个常见的根源。在传感器的研发和生产过程中，可能由于材料的不均匀性、工艺的不完善或者某些部件的性能偏差，部分波段的响应特性未能达到预期的标准，从而无法准确进行辐射定标。其次，数据采集环节中的技术问题也可能引发未定标波段的出现。例如，光路中的杂散光干扰、探测器在不同位置的灵敏度不一致、电子设备的噪声影响等，都有可能使某些波段的测量值偏离真实值，进而无法完成有效的定标。此外，定标过程中的疏漏或错误也是不可忽视的因素。定标工作需要精确的标准光源、严格的实验条件和复杂的算法，如果在这一过程中存在操作不当、数据处理失误或者对某些特殊波段的忽视，就可能导致部分波段未能得到准确的定标。

3. 未定标波段的检测方法

1) 光谱特征分析

光谱特征分析是一种基于光谱曲线形态和特征的检测手段。通过对每个波段的光谱曲线进行细致的观察和分析，将其与已知的标准光谱库、已标定的波段或者理论地物光谱模型进行对比。重点关注曲线的形状、峰值和谷值的位置、带宽的宽窄以及曲线的平滑程度等特征。如果某个波段的光谱曲线明显偏离了正常的规律和模式，就可能被判定为未定标波段。

2) 相关性分析

相关性分析基于波段之间通常存在的内在联系，计算各个波段之间的相关系数，以评估它们之间的线性关系强度。对于大多数正常的波段，它们之间往往存在一定程度的相关性，反映了地物在不同波长下的光谱响应的一致性。而那些与其他大多数波段相关性较低，甚至呈现出负相关的波段，则很有可能是未定标波段。

3) 物理模型验证

利用物理学原理和已有的先验知识构建地物的光谱辐射物理模型。将待检测的波段代入模型中，计算其理论辐射值，并与实际测量值进行对比。如果实际测量值与模型预测值存在较大偏差，且无法通过合理的误差范围解释，那么该波段就可能被认为是未定标波段。

4. 未定标波段去除方法

一旦未定标波段被检测出来，就需要采取适当的方法将其去除，以提高数据的质量和可靠性（Meola et al., 2012）。

1) 直接删除

直接删除是一种最为直接和简单的方法。直接将检测出的未定标波段从原始数据集中删除，不再参与后续的分析和处理。该方法的优点在于操作简便，能够迅速消除未定标波段带来的不确定性。然而，其缺点也较为明显，直接删除可能会导致一定程度的光谱信息损失，尤其是在未定标波段数量较多或包含重要的地物特征信息时。

2) 插值替代

为了减少信息损失，可以采用插值的方法来估计未定标波段的数值。先通过利用相邻已标定波段的信息，运用线性插值、多项式插值等算法推测未定标波段的可能值。然后，再将插值结果从数据集中去除。该方法在一定程度上能够弥补直接删除带来的信息缺失，但插值结果的准确性很大程度上依赖于插值算法的选择和相邻波段的相关性。如果相邻波段的变化较为复杂或者相关性较弱，插值结果可能会引入新的误差。

5. 未定标波段去除效果评估

为了确保未定标波段去除的有效性和合理性，需要对去除效果进行全面而准确的评估。

1）光谱质量评估

对去除未定标波段前后的光谱曲线进行详细的对比分析。观察去除后的光谱曲线是否更加平滑、连续，是否符合地物光谱的正常变化规律。同时，通过计算光谱曲线的均方根误差、峰值误差等指标，定量评估去除操作对光谱质量的改善程度。

2）数据分析结果对比

将去除未定标波段前后的数据分别应用于常见的高光谱遥感数据分析任务，如分类、定量反演等。比较两种情况下分析结果的准确性、精度和可靠性。例如，在分类任务中，可以对比分类精度、混淆矩阵等指标；在定量反演中，可以比较反演结果与实际测量值之间的误差。

3）信息损失评估

通过计算去除未定标波段前后数据的信息熵、光谱维数等指标，评估信息损失的程度。同时，可以采用主成分分析等方法观察去除操作对数据主要成分和特征空间的影响，间接反映信息损失的情况。

3.1.4 水汽影响波段去除

1. 水汽影响波段的定义与特征

水汽影响波段是指在电磁波传播过程中，由于大气中水汽的强烈吸收和散射作用，光谱信号发生显著失真、衰减甚至扭曲的特定波长范围的波段。

从特征上来看，水汽影响波段往往展现出一系列独特且易于识别的表现。首先，在信号强度方面，水汽影响波段通常呈现出显著的弱化，表现为较低的能量值，这是因为水汽对特定波长的电磁波具有强烈的吸收能力，大量能量在传播途中被消耗。其次，噪声水平在水汽影响波段会大幅增加（Staenz et al., 2002）。水汽的散射效应使得光线传播路径变得复杂且无序，导致接收到的信号充满不确定性和干扰，从而增加了噪声的含量。再者，从光谱曲线的形态来看，水汽影响波段会出现明显的异常。可能会有尖锐的吸收峰，使光谱曲线在此处出现急剧的下降或剧烈的起伏，严重偏离了正常地物应有的平滑、连续的光谱特征（Yarbrough et al., 2014）。此外，与相邻波段相比，水汽影响波段的数据一致性和稳定性明显较差，难以与周边波段形成连贯、合理的光谱变化趋势。

2. 水汽影响波段的成因分析

深入探究水汽影响波段的形成机制，其根源主要在于大气中水汽分子与电磁波之间复杂而微妙的相互作用。

大气中的水汽分子在特定的波长区域展现出强烈的吸收特性，这是由其分子结构和能级跃迁所决定的。当电磁波的波长与水汽分子的吸收峰相匹配时,大量的能量被吸收,导致通过这一区域的电磁波能量急剧衰减。这种吸收作用并非均匀分布在整个光谱范围内,而是集中在某些特定的波长处,从而形成了明显的吸收带。与此同时,水汽的散射作用也不可小觑。水汽分子对电磁波的散射会改变光线的传播方向和能量分布,使得原本应直线传播到达传感器的光线发生偏折和分散,进而导致传感器接收到的信号强度减弱,质量下降(Sanders et al.,2001)。此外,气象条件的动态变化对水汽含量产生直接影响,湿度、温度和气压等因素的波动会导致大气中水汽含量的不稳定;这意味着在不同的时间和空间位置,水汽的浓度和分布可能存在显著差异,从而使得水汽影响波段在其表现上呈现出时空上的复杂性和不确定性。

3. 水汽影响波段的检测方法

1)光谱曲线分析

光谱曲线分析方法基于对高光谱遥感影像中每条光谱曲线的细致观察和深入研究。通过绘制和比较不同地物类型在各个波段的光谱响应曲线,能够敏锐地捕捉到出现明显异常吸收特征和剧烈波动的波段。尤其当在同一波段中,不同地物的光谱响应存在显著差异,且这种差异无法用地物自身的物理特性合理解释,有很大的可能是受到了水汽的影响。

2)大气辐射传输模型对比

借助先进的大气辐射传输模型,模拟不同水汽含量和大气条件下电磁波的传输过程和光谱变化。将实际观测到的高光谱遥感影像数据与模型预测的结果进行详细对比,得到的偏差较大、无法与模型拟合良好的波段,极有可能是受到了水汽的强烈干扰。

3)多光谱数据辅助检测

实际应用中,常常可以结合同期获取的多光谱数据辅助检测水汽影响波段。由于多光谱数据的波段设置相对较宽,对水汽的敏感性可能与高光谱有所不同。通过分析在相同地理区域、相同地物上不同传感器波段的响应差异,如果在高光谱中的某些波段与多光谱数据的一致性明显较差,出现了异常的信号差异,那么很可能是水汽的作用导致的。

4. 水汽影响波段去除方法

1)波段剔除

波段剔除是一种相对简单直接的方法。明确识别出水汽影响波段后,将其从整个数据集当中直接剔除,不再参与后续的数据分析和处理。该方法的优点在于操作简便,能够迅速消除水汽影响波段带来的不确定性和干扰。然而,其不足之处也较为明显。直接剔除波段可能会导致一定程度的光谱信息损失,特别是当剔除波段包含了对特定应用具有重要价值的地物信息时。

2)大气校正

采用先进的大气校正算法是另一种常见的处理手段,该类算法基于对大气物理过程的深入理解和建模,旨在对水汽影响波段的信号进行精确的校正和恢复。其中,基于物理模型的大气校正方法通过模拟大气的吸收、散射等过程,对光谱信号进行逆向推算和修正；而经验性的大气校正方法则基于大量的实测数据和统计分析，建立起经验性的校正关系，提高数据质量。

3）插值替代

对于水汽影响波段，还可以通过对相邻不受水汽影响的波段进行数学插值，估计水汽影响波段的合理值，并替换掉原始受到干扰的值。常见的插值方法包括线性插值、多项式插值等。该类方法在一定程度上能够弥补因剔除或校正带来的信息缺失，但插值结果的准确性很大程度上依赖于插值算法的合理性和相邻波段的相关性。

5. 水汽影响波段去除效果评估

为了确保水汽影响波段去除方法的有效性和可靠性，需要建立一套科学、全面的效果评估体系。

1）光谱恢复评估

通过直观地比较去除水汽影响波段前后的光谱曲线，细致评估其是否成功地恢复到更接近真实地物的光谱特征。还可以重点关注吸收峰是否得到有效消除或减弱，光谱曲线的连续性和一致性是否得到显著改善，以及与已知地物光谱库的匹配程度是否提高。

2）定量指标评估

引入一系列定量的指标来量化评估去除效果。例如，计算信噪比（signal-to-noise ratio，SNR）衡量信号质量的提升程度，计算均方根误差（root mean square error，RMSE）评估去除前后数据与真实值的偏差大小。定量指标能够提供客观、精确的评估结果，有助于不同去除方法之间的比较和优化。

3）应用效果评估

将去除水汽影响波段后的高光谱遥感数据应用于具体的分类、定量反演等实际应用任务中，通过对比去除前后的结果准确性和可靠性，直观地感受去除操作对实际应用性能的提升效果。例如，在植被分类任务中，观察分类精度的提高程度；在物质含量反演中，比较反演结果与实际测量值之间的误差减小情况。

3.1.5 D_Streak 处理

1. D_Streak 的定义与特点

D_Streak 通常指的是在影像中沿着某一特定方向连续分布的、具有显著可识别特征的像素条带。从外观上看，D_Streak 具有明显的方向性，可能呈现为水平、垂直或倾斜的形态。其强度分布在条带内部往往相对一致，但与周围正常像素区域存在较为显著的差异（Jung et al., 2009）。这种差异不仅体现在像素值的大小上，还可能表现在像素值的变化趋势和规律上。在光谱特征方面，D_Streak 可能在不同的波段中展现出相似的形态和强度特征，也可能因物质的光谱特性和成像条件的影响而有所变化。有时，D_Streak 会贯穿多个波段，对光谱信息的准确性和完整性产生干扰。

2. D_Streak 的形成机制

D_Streak 的形成是一个由多种因素相互作用导致的复杂过程。在硬件层面,传感器的探测器元件可能存在局部的损坏、老化或制造缺陷,导致在特定方向上的响应异常,从而形成 D_Streak。例如,某个探测器单元的灵敏度降低或完全失效,会使得该位置对应的像素在成像过程中产生连续的异常值(Kemker et al., 2018)。

数据采集过程中的环境因素也可能是诱因之一。强烈且不均匀的光照条件可能导致部分区域的反射光强度过高或过低,在影像中表现为具有特定方向的条带。此外,电磁干扰、温度变化等环境因素也可能影响传感器的正常工作,引发 D_Streak 现象。

数据传输和处理环节同样不容忽视。在数据从传感器传输到存储设备或进行初步处理的过程中,可能会出现数据丢失、编码错误或信号噪声的引入。以上问题如果在特定方向上集中出现,就可能形成类似 D_Streak 的特征(Pande-Chhetri and Abd-Elrahman, 2011)。

由于其形成机制的多样性和复杂性,准确识别和分析 D_Streak 的成因对于采取有效的处理措施至关重要。

3. D_Streak 的检测方法

1)基于图像分析的方法

图像分析方法通过对高光谱遥感影像的像素值进行深入统计和分析实现。例如,计算像素的梯度可以检测图像中强度变化剧烈的区域,而 D_Streak 通常会在梯度图中表现为明显的方向性特征。方差的计算则有助于发现像素值波动较大的区域,若这种波动呈现沿特定方向的连续性,就可能是 D_Streak 存在的迹象。此外,还可以通过形态学操作,如膨胀、腐蚀等,突出 D_Streak 的形态,以便于检测。

2)频谱分析方法

将高光谱遥感影像从空间域转换到频率域中进行分析。在频率域中,D_Streak 通常会表现为特定方向和频率的能量集中。通过对频谱图的分析,可以识别出异常的频率成分,并据此确定 D_Streak 在空间域中的位置和方向。该类方法对于具有周期性或规律性的 D_Streak 检测效果较为显著,但需要进行复杂的频域变换和分析。

3)模型拟合方法

模型拟合方法是通过建立数学模型来描述 D_Streak 可能的形态和特征。常见的模型包括线性模型、多项式模型等。将影像数据与模型进行拟合,计算拟合误差。当误差在某一区域较小且符合 D_Streak 的预期特征时,即可判定该区域为 D_Streak。该类方法对于具有较为明确数学特征的 D_Streak 检测较为有效,但模型的选择和参数调整需要一定的经验和先验知识。

4. D_Streak 的处理策略

1)去除策略

直接将检测到的 D_Streak 区域从影像中删除。该方法简单直接,但需要谨慎操作,因为过度删除可能会导致有用信息的丢失,尤其是当 D_Streak 与真实地物特征部分重叠时。在决定去除之前,需要对 D_Streak 的性质和对影像的影响进行充分评估。

2)修复策略

采用插值、滤波或基于模型的方法来估计和修复 D_Streak 区域的像素值。插值方法如线性插值、双线性插值等,利用 D_Streak 周边的正常像素值推测缺失或错误的值。滤波方法如中值滤波、高斯滤波等,可以平滑 D_Streak 区域的像素值,减少异常值的影响。基于模型的方法则通过建立地物的光谱模型或影像的生成模型,预测 D_Streak 区域的合理像素值。

3)融合策略

结合多幅具有相同场景的高光谱遥感影像或利用其他传感器的互补数据,通过数据融合减轻或消除 D_Streak 的影响。例如,对多幅影像中对应位置的像素值进行平均或加权平均,利用不同影像中 D_Streak 的差异和互补性,得到更接近真实情况的像素值。

5. D_Streak 处理效果评估

1)视觉评估

通过直观地观察处理后的高光谱遥感影像,肉眼可以判断 D_Streak 是否得到了明显的消除或减轻,影像的整体视觉效果是否自然、连续,有无残留的异常或失真。该评估方法虽然主观,但能够快速提供一个初步的印象和定性的判断。

2)定量指标评估

该类方法即计算一系列定量指标客观地衡量处理效果,可以利用 MSE、PSNR 和 SSIM 评估坏线修复的效果。以上指标能够提供精确的数值比较,有助于不同处理方法之间的定量评估和选择。

3)应用导向评估

将处理后的影像应用于具体的分析任务,如地物分类、目标检测、物质含量反演等,并比较处理前后的应用结果。例如,在分类任务中,评估分类准确率的提升;在物质含量反演中,比较反演结果与实际测量值之间的误差减小程度。该类评估方法能够直接反映处理方法对实际应用的价值和影响。

3.1.6 Smile 效应校正

1. Smile 效应的定义与表现

Smile 效应指的是在高光谱遥感图像采集过程中,由于多种因素的综合作用,不同波长的光线在探测器上的成像位置产生了细微但不可忽视的弯曲或偏移现象。

从表现形式上来看,Smile 效应在高光谱遥感图像中呈现出一种独特且具有规律性的特征。对于同一地物,在不同波长下进行观测时,其对应的像元位置并非保持严格的对齐和一致性,而是呈现出一种类似于微笑曲线的弯曲分布模式。Smile 效应意味着在沿光谱维度进行扫描时,地物的像元位置会随着波长的变化而发生有规律的空间偏移(Behmann et al., 2015)。

这种空间上的扭曲对光谱信息的准确性和可靠性产生了严重的影响。它不仅导致了光谱数据在空间上的不一致性，使得不同波长对应的地物特征位置出现偏差，还为后续的数据分析和应用带来了巨大的挑战。例如，在进行地物分类、物质识别或定量分析时，Smile 效应导致的光谱变形可能会引入错误的判断和不准确的结果。

2. Smile 效应的产生原因

Smile 效应的产生并非由单一因素所致，而是多个复杂因素相互作用的结果。

首先，光学系统中的像差是导致 Smile 效应的重要根源之一。在光学镜头的设计和制造过程中，由于技术限制和物理原理的约束，很难完全消除各种像差。这些像差包括色差、球差、彗差等，它们会导致不同波长的光线在通过光学系统时聚焦位置产生差异。当这些具有不同波长的光线最终到达探测器时，就会表现为成像位置的偏移，从而引发 Smile 效应。

其次，探测器本身的非均匀响应特性也对 Smile 效应的产生起到了推波助澜的作用。探测器的不同位置可能对不同波长的光线具有不同的灵敏度和响应特性。这种非均匀性使得在接收和转换不同波长的光信号时，产生了空间上的不一致性，进而导致了像元位置的弯曲和偏移。

最后，环境因素也不能被忽视。温度的变化是一个关键的环境变量。温度的波动可能会影响光学系统的折射率、镜头的膨胀系数以及探测器的性能参数。这些变化会进一步加剧光学系统的像差和探测器的非均匀响应，从而使得 Smile 效应更加明显和复杂（Lenhard et al., 2015）。

3. Smile 效应的检测方法

1）光谱曲线对比法

光谱曲线对比法是一种基于光谱分析的检测手段。首先，从高光谱遥感图像中选取具有代表性的同一地物区域。然后，提取该区域在不同波长下的光谱曲线。通过仔细对比这些光谱曲线的峰值位置在空间上的变化情况，可以直观地观察到是否存在 Smile 效应以及效应的大致程度。如果峰值位置随着波长的变化而呈现明显的空间偏移，那么就可以判定存在 Smile 效应。

2）特征点匹配法

特征点匹配法侧重于在高光谱遥感图像中选择具有明显且易于识别的特征点的地物。这些特征点可以分布在具有独特形状、颜色或纹理的区域，通过精确测量和计算比较这些特征点在不同波长图像中的位置差异，可以定量地评估 Smile 效应的大小和方向。如果特征点在不同波长下的位置发生了有规律的偏移，那么就表明存在 Smile 效应。

3）模型拟合分析法

建立一个关于波长和像元位置关系的数学模型是该类方法的核心。常见的模型包括线性模型、二次多项式模型或更复杂的非线性模型。将实际测量得到的像元位置数据代入模型中进行拟合，并分析拟合误差。如果拟合误差较大，且呈现出一定的规律性，那么就可以推断存在 Smile 效应。通过对拟合模型的参数分析，还可以进一步了解 Smile 效应的具体特征，如弯曲的程度、方向和非线性程度等。

4. Smile 效应的校正方法

1）硬件校正

在高光谱成像系统的设计和制造阶段，可以采取一系列措施从源头上减轻或消除 Smile 效应。主要包括优化光学镜头的设计，采用高精度的制造工艺减少像差；选择性能更均匀、一致性更好的探测器，降低探测器的非均匀响应；采用温度稳定装置控制光学系统和探测器的工作环境温度，减少温度变化对系统性能的影响。

2）软件校正

对于已经获取的存在 Smile 效应的高光谱遥感图像，通过后期的图像处理和光谱分析技术进行校正。

多项式拟合校正方法是一种常见的软件校正手段。首先，在图像中选择一些具有代表性的控制点，控制点在不同波长下的位置是已知且准确的。然后，建立像元位置与波长之间的多项式关系，通常采用二次或更高次的多项式模型。利用控制点的坐标数据进行多项式的拟合，确定模型的参数。最后，将整个图像中的像元位置代入拟合好的多项式中，计算出校正后的像元位置，从而实现图像的校正。

插值校正方法则是基于相邻波长的像元位置信息来进行校正。通过分析相邻波长图像中像元位置的变化趋势，采用线性插值、双线性插值或更复杂的插值算法，估计出校正后的像元位置。插值校正方法在处理数据时计算量相对较小，但校正精度可能受到插值算法选择和数据分布的影响。

5. Smile 效应校正效果评估

1）光谱一致性评估

光谱一致性评估是 Smile 校正效果评估的重要方法之一。通过对校正后的高光谱遥感图像进行分析，检查同一地物在不同波长下的光谱曲线是否具有更好的一致性。重点关注光谱曲线的峰值位置是否准确对齐，曲线的形状是否保持相似，以及光谱特征的细节是否有效地得到保留。如果校正后的光谱曲线在不同波长下表现出高度的一致性，没有明显的偏差和扭曲，说明校正效果较好。

2）空间准确性评估

对校正前后地物的空间位置精度进行比较和评估。可以采用高精度的地理参考数据或已知的地物位置信息作为标准，测量校正前后地物位置的偏差。如果校正后地物的空间位置更接近真实值，位置精度得到显著提高，那么说明校正方法有效地恢复了图像的空间准确性。

3）定量指标评估

引入一系列定量指标来客观地量化评估校正效果。常用的指标包括 RMSE，用于衡量校正前后像元位置的平均偏差；相关系数（correlation coefficient），用于评估校正后的光谱曲线与理想光谱曲线之间的线性相关程度；SSIM 等，用于综合评估校正前后图像在结构和内容上的相似性。通过计算这些定量指标，并与设定的阈值或参考值进行比较，可以更精确地判断校正效果的优劣。

3.1.7 非正常像元处理流程与步骤

1. 非正常像元处理实验设备与数据

1）非正常像元处理实验设备

硬件：PC 电脑（Windows 10 操作系统）。

软件：ENVI。

2）非正常像元处理实验数据

本次实验的高光谱遥感数据选择 EO1H1200382004031110PY_MTL.L1T（以下称为"data1.L1T"），数据获取时间为 2024 年 1 月 31 日，影像的空间分辨率为 30 m。影像整体为南北方向条带，位于南京市的中西部地区。西北点经纬度为 118°47′12.21″E 和 32°22′4.80″N；东北点经纬度为 118°51′54.56″E 和 32°21′10.03″N；西南点经纬度为 118°33′44.39″E 和 31°31′40.89″N；东南点坐标为 118°38′24.33″E 和 31°30′45.76″N。

2. 非正常像元处理实验步骤

Hyperion 常用的数据级别为 L1R 和 L1T。其中，L1R 数据产品包括 1 个元数据文件（.MET）、1 个 HDF 数据集文件（.L1R）、1 个 ENVI 格式的 hdr 文件（.hdr）、1 个辅助文件（.AUX）、1 个美国联邦地理数据委员会标准元数据文件（.fgdc）和 1 个 README.txt 文件。L1T 数据产品还包括 242 个 TIFF 格式的单波段文件、1 个元数据文件（.TXT）和一个 README.txt 文件。本节使用的数据为 Hyperion L1T 数据。

打开 ENVI 软件，加载所需的处理数据。单击【File】→【Open As】→【Optical Sensors】→【EO-1】→【Geo TIFF】，打开数据选择界面，如图 3.1 所示。选择需要进行非正常像元处理的数据，本节以 data1.L1T 数据为例进行加载，如图 3.2 所示。

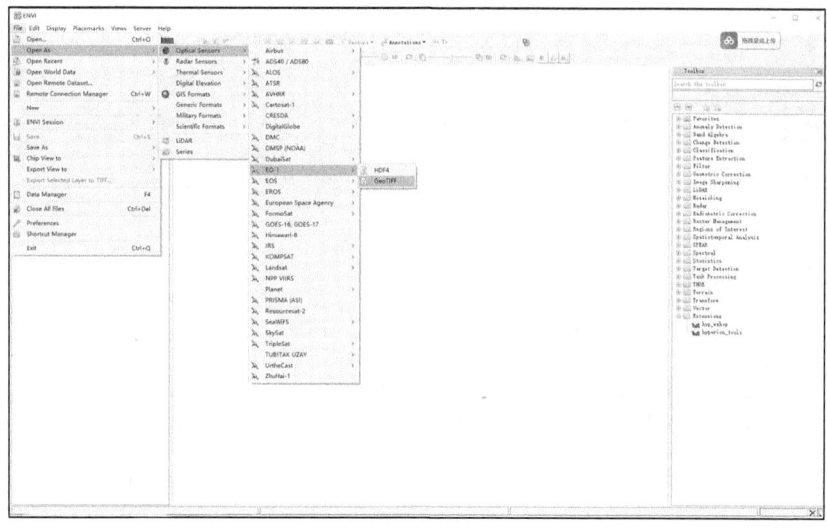

图 3.1　打开数据添加界面

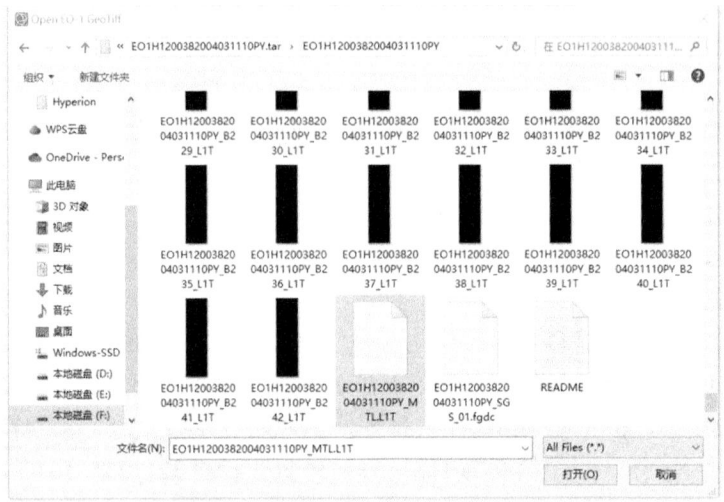

图 3.2　选择数据

数据添加成功后，打开【Data Manager】可看到正式分发的 Hyperion L1 级数据中部分波段已经被设置为零值，主要为 Band 1～Band 7、Band 58～Band 76、Band 225～Band 242，这些波段也称之为坏波段（bad bands）。ENVI 会自动识别这些波段并做出标识，如图 3.3 所示；此外，部分波段受水汽吸收影响比较严重，也需要将其以坏波段方式标识出来，以便后续处理和使用，主要为 Band 121～Band 126、Band 167、Band 180、Band 222～Band 224，如图 3.4 所示。

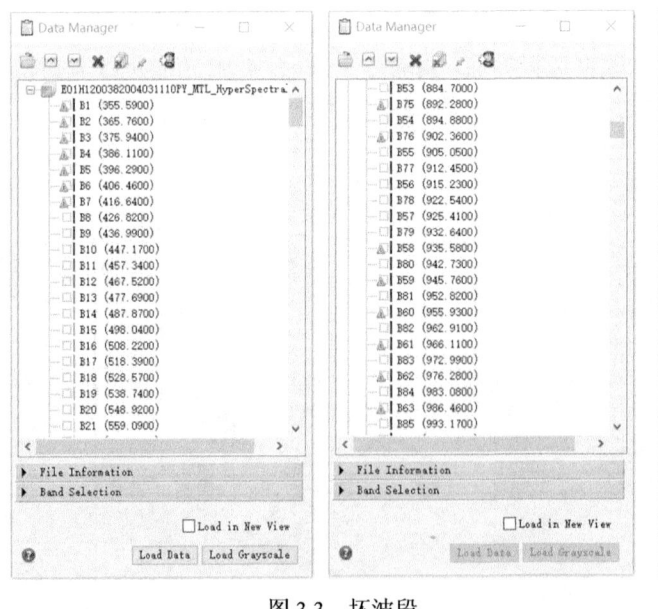

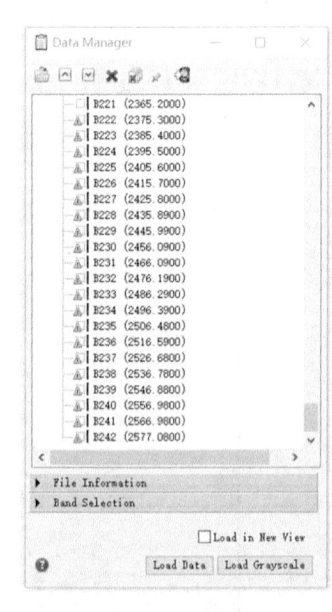

图 3.3　坏波段　　　　　　　　　图 3.4　受水汽吸收影响严重的波段

在【Toolbox】中，选择【Raster Management】→【Edit ENVI Header】，在弹出的【Data Selection】对话框中选择上一步打开的数据，单击【OK】，如图 3.5 所示。

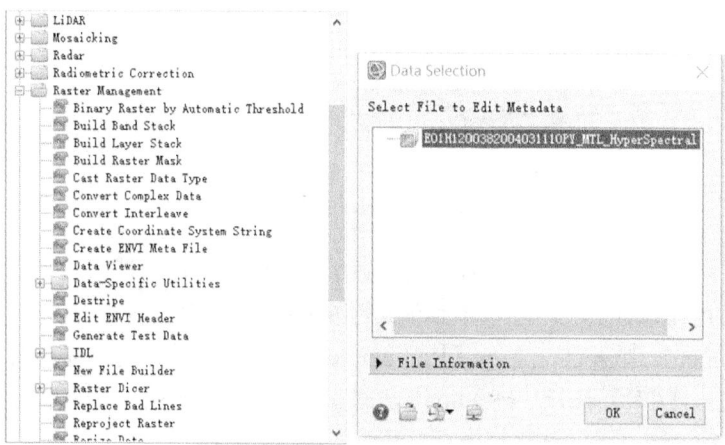

图 3.5　打开 Edit ENVI Header

可查看坏波段和水汽影响严重波段，并进行标识。选择相应波段，单击【OK】添加至【Bad Bands List】，共选择了 67 个波段，再次单击【OK】完成此步骤，如图 3.6 所示。等待数据处理，如图 3.7 所示。

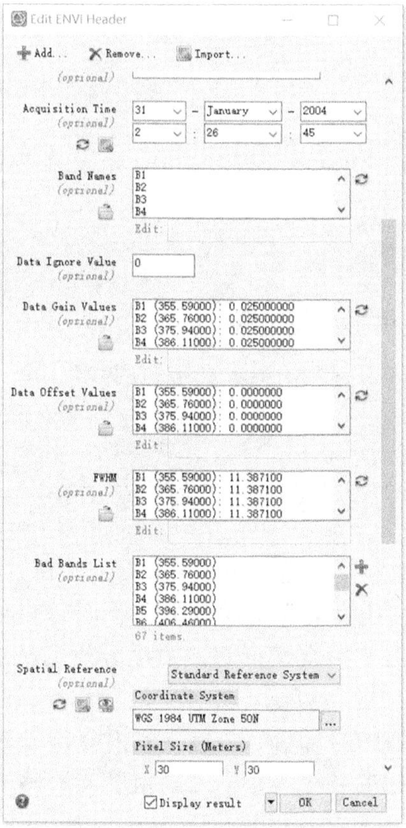

图 3.6　标识需要去除的波段

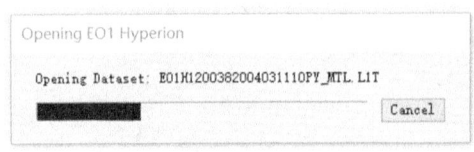

图 3.7 进行坏波段剔除

剔除完毕后进行检查,总共有 67 个波段被以坏波段形式被标识,原始波段数为 242,最终剩余的可用波段数为 175,本步骤为后续的辐射定标做准备,可在【Toolbox】中选择【Radiometric Correction】→【Radiometric Calibration】,文件选择对话框中选中高光谱数据,单击【OK】打开【Radiometric Calibration】面板,可查看波段数量,如图 3.8 所示。

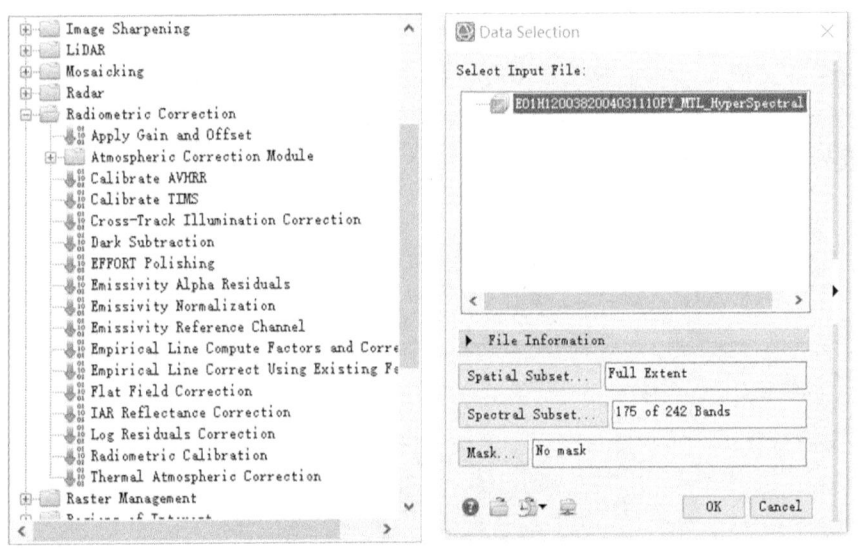

图 3.8 查看处理后的波段数量

3.2 辐射定标

在遥感数据处理中,辐射定标是一项至关重要的工作。本节将详细探讨如何通过一系列标准化的程序和技术手段,确保遥感仪器在不同时间和环境中所获取的辐射数据具有可比性和准确性。辐射定标直接影响到后续分析的精度和可靠性。本节将涵盖辐射定标的定义与重要性、原理与算法、类型、处理流程、精度评估、不确定性分析以及发展展望。此外,在发展趋势部分,将展望辐射定标领域的最新进展和未来发展方向。本节内容覆盖辐射定标的各个方面,为高精度的遥感数据处理提供坚实的理论和技术支持。

3.2.1 辐射定标的定义与重要性

1. 辐射定标的相关定义

辐射定标是遥感图像处理中的一个关键步骤,旨在将原始遥感数据中的数字值转换为物理量,通常是辐射亮度或反射率。通过辐射定标,原始数据能够被映射到具有实际物理意义的度量单位,从而使得不同时间、不同传感器和不同地区采集的数据具有可比性,保证数据在应用中的准确性和一致性(Dinguirard and Slater, 1999)。下文将介绍辐射定标的关键概念和原理。

(1)辐射度量值。传感器接收到的来自地球表面或大气的辐射,通常以数字形式表示,通常被称为数字计数、像素的灰度级别或数字值。辐射度量值反映了传感器接收到的辐射强度,但由于传感器的特性以及外部环境因素的影响,原始数值并不直接等同于实际的辐射能量。

(2)辐射度量单位。辐射定标的主要目标之一是将数字值转换为具有物理意义的度量单位,如辐射亮度或反射率。辐射亮度是指单位时间内通过单位面积的辐射能量,通常以瓦特每平方米微米($W·m^{-2}·\mu m^{-1}$)表示。反射率则是指物体反射的辐射能量占入射辐射能量的比例,反映了地物表面对不同波长辐射的反射特性。

(3)辐射校正常数。为了准确地将原始数据转换为物理量,辐射定标需要考虑传感器的辐射特性以及一系列影响辐射度量值的因素,如大气吸收、地表反射、传感器的光学系统响应和电子噪声等。辐射校正常数是用于调整这些原始数据的校正系数,使得处理后的数据能够更准确地反映地物的真实辐射特性。

(4)光谱波段。遥感传感器通常能够感知多个波长范围内的辐射,不同波段对不同地物特征有不同的敏感度。因此,辐射定标通常需要针对各个光谱波段分别进行,确保每个波段的数据都能够准确反映该波段的辐射特性。

(5)传感器响应函数。每个传感器对不同波长的辐射有不同的响应程度,称为传感器响应函数。辐射定标过程中需要考虑这一响应函数,确保在不同波段中的辐射度量值能够在相同的尺度下进行比较和分析。

(6)地球大气校正。由于遥感数据在获取过程中不可避免地受到地球大气层的影响(如大气吸收、散射和折射等),在辐射定标时有时还需要进行地球大气校正。该步骤的目的是减少大气对遥感数据的影响,从而提高地物辐射度量的准确性和一致性。

2. 辐射定标的重要性

通过辐射定标,遥感数据在不同时间、不同传感器和不同地区之间具有一致的辐射度量尺度,使得在科学研究、环境监测、资源管理等领域的应用中更加可靠和有用。辐射定标的科学性和精确性直接关系到遥感数据在实际应用中的价值,因此是遥感数据处理不可或缺的重要环节(Fougnie, 2016)。

在定量遥感分析领域,精确的辐射定标是获取可靠地物信息的基石。只有经过精细定标的数据,才能提供有关地表特征,如植被覆盖情况、土壤湿度、水体质量等的准确量化描述。辐射定标数据对于农业生产中的作物监测、精准灌溉策略的制定,以及资源管理中的土地利用规划、矿产资源探测等至关重要。在环境监测方面,辐射定标有助于将从卫星或航空遥感平台获取的辐射数据转化为具有实际价值的环境指标,进而精确测定大气污染物的浓度、温室气体的排放状况,以及监测生态系统的健康状态(Castillo-López et al., 2017),为环境保护政策的制定和实施提供有力的科学依据。对于气候变化研究,辐射定标更是不可或缺的;通过对地球辐射收支的精准测量和分析,能够更好地理解气候变化的驱动机制,预测未来的气候趋势,为全球应对气候变化的行动提供关键数据支持。

3.2.2 辐射定标的原理与算法

1. 辐射定标的原理

辐射定标的原理根植于辐射传输理论,综合考虑了众多复杂的因素,包括传感器的光谱响应特性、大气的吸收与散射作用、太阳的位置与角度,以及地物自身的辐射特性等。

传感器的光谱响应决定了其对不同波长辐射的敏感度。不同类型的传感器,由于设计和制造的差异,在光谱响应方面存在显著区别。因此,在辐射定标中,必须精确掌握传感器在各个波长的响应曲线,以便对测量数据进行准确校正。大气条件对辐射的传输有着不可忽视的影响。大气中的气体分子、水汽、气溶胶等会吸收和散射辐射,导致到达传感器的辐射量发生变化。为消除这种影响,需要进行大气校正,通常需要借助复杂的大气模型和气象数据实现。太阳角度的变化会引起地物接收的辐射强度不同,从而影响传感器的测量结果。在辐射定标中,必须对太阳角度进行准确的计算和校正,以确保测量数据的一致性和可比性。地物自身的辐射特性也是辐射定标中需要考虑的重要因素。不同的地物类型,如植被、土壤、水体等,具有不同的辐射发射和反射特性。在定标过程中,需要建立精确的地物辐射模型,以将传感器测量值与地物的真实辐射量联系起来。

2. 辐射定标的几种算法

实现辐射定标的方法有多种,具体选择取决于传感器的类型、数据的应用场景以及所需的精度(An et al., 2022)。以下是常用的辐射定标算法及其详细介绍:

1)线性辐射定标算法

线性辐射定标算法是遥感数据处理中最常用的一种辐射定标方法,尤其适用于大多数线性响应的传感器(Moon and Kim, 2015)。该算法的核心思想是将传感器测得的原始数字信号(digital number, DN)转换为物理量,如辐射亮度(radiance)或反射率(reflectance)。该转换通过一个线性关系来实现,线性关系的两个关键参数是定标增益(gain)和定标偏移量(bias)。其基本公式为

$$L_\lambda = G \times \mathrm{DN} + B \tag{3.1}$$

其中,L_λ 是在波长 λ 处的辐射亮度,单位为 $\mathrm{W \cdot m^{-2} \cdot sr^{-1} \cdot \mu m^{-1}}$;DN 是传感器测得的原始数字数;$G$ 是定标增益系数(gain),单位为 $\mathrm{W \cdot m^{-2} \cdot sr^{-1} \cdot \mu m^{-1}}$;$B$ 是定标偏移量(bias),

单位为 $W·m^{-2}·sr^{-1}·\mu m^{-1}$。

该公式表示传感器输出的 DN 与实际的辐射亮度之间的线性关系。通过应用增益系数 G 和偏移量 B，可以将数字值转换为对应的辐射亮度值。线性辐射定标的两个关键参数，通常由以下 3 种方法确定：①实验室定标，在传感器制造时，通过实验室测量，在已知辐射源（如黑体或标准灯）的条件下，确定传感器的增益和偏移量。②在轨定标，传感器发射到轨道上之后，可能会进行在轨定标，使用已知辐射量的自然目标（如沙漠、海洋或云层）来更新或修正增益和偏移量，以应对传感器随时间发生的变化。③现场定标，在实际应用中，还可以使用现场测量的数据（如地面辐射测量）来进一步调整增益和偏移量，确保遥感数据的准确性。

2）非线性辐射定标算法

非线性辐射定标算法适用于传感器响应与入射辐射量之间存在非线性关系的情况。当传感器在高辐射或低辐射条件下工作时，传感器的响应可能不再是线性的，此时采用非线性辐射定标算法可以更精确地描述传感器的响应特性。该算法通过引入高阶项（如二次项或三次项）调整辐射亮度与数字值之间的关系（Grundhöfer，2013），其公式为

$$L_\lambda = a \times DN^2 + b \times DN + c \tag{3.2}$$

其中，a、b、c 为定标系数，通常通过以下 3 种方式确定：①实验室定标，在实验室条件下，通过精确的辐射源和传感器测试数据，采用最小二乘法或其他回归方法拟合传感器的响应曲线，从而确定定标系数。②在轨定标，传感器发射到轨道后，通过观测自然目标（如大气辐射、月球或地面标准目标），可以重新拟合定标系数，以适应实际运行环境中的传感器性能。③现场定标，在实际应用中，结合地面实测数据，对遥感数据进行定标，以提高定标精度。该类方法特别适用于当传感器响应特性随着时间推移而变化的情况。

对于更加复杂的情况，可能还会加入三次项甚至更高阶项，以更精确地描述传感器的响应：

$$L_\lambda = a \times DN^3 + b \times DN^2 + c \times DN + d \tag{3.3}$$

其中，d 是常数项，用于调整定标曲线的整体偏移。其他符号含义同上。

3）绝对辐射定标

绝对辐射定标（absolute radiometric calibration）是一种高精度的辐射定标方法，其目的是将遥感传感器测得的 DN 转换为具有物理意义的辐射量（如辐射亮度或反射率）（Rudolf et al.，2015）。与相对辐射定标不同，绝对辐射定标直接使用已知辐射强度的标准源校准传感器，使得定标后的数据可以直接反映物理量，并能够在不同时间、不同传感器之间进行精确比较。辐射定标过程通常包括以下 4 个步骤：①选择一个已知辐射亮度或反射率的标准源，确保其辐射特性在校准过程中保持稳定，常用的标准辐射源包括实验室标准灯、太阳辐射和地面标准目标。②使用传感器对标准源进行观测，记录其 DN（Yu et al.，2014）。③根据标准源的已知辐射量和传感器测得的 DN，计算定标系数，用于将传感器测得的原始数据转换为实际的辐射亮度或反射率。④将定标系数应用于传感器采集的遥感数据，得到具有物理意义的辐射量。

绝对辐射定标的公式为

$$L_\lambda = \frac{L_r \times \mathrm{DN}}{\mathrm{DN}_r} \tag{3.4}$$

其中，L_λ是计算得到的辐射亮度；L_r是标准辐射源的已知辐射亮度；DN是目标物体的数字计数值；DN_r是标准辐射源的数字计数值。

4）相对辐射定标

相对辐射定标（relative radiometric calibration）是一种基于比较的方法，用于确保在不同时间、不同传感器或不同观测条件下获取的遥感数据具有一致的辐射响应。与绝对辐射定标不同，相对辐射定标不依赖于已知的标准辐射源，而是通过比较不同数据集之间的相对关系校准数据，通过调整不同数据集之间的DN关系，使得其在同一辐射尺度下具有一致性（Cai and Shen，2016）。该方法假设目标区域在不同观测条件下的辐射特性保持不变，因此可以通过比较和调整不同观测时段或不同传感器的响应来实现定标。该方法广泛应用于多时相数据的分析、跨传感器数据集的融合以及长期环境监测中。

其基本公式为

$$\frac{L_{\lambda,1}}{L_{\lambda,2}} = \frac{\mathrm{DN}_1}{\mathrm{DN}_2} \tag{3.5}$$

其中，$L_{\lambda,1}$和$L_{\lambda,2}$是在两个不同时间或条件下的辐射亮度；DN_1和DN_2是对应的数字计数值。

5）暗像元法

暗像元法（dark object subtraction，DOS）是一种常用的大气校正和辐射定标方法，主要用于减少遥感图像中由大气散射引起的加性噪声。该方法基于一个简单假设，即在遥感影像中存在一些理想的"暗像元"（如深水体、浓密的植被阴影等），其在理想条件下的辐射亮度应接近于0，但由于大气散射（特别是瑞利散射和米散射），其在影像中会表现为非零的数字数值。通过识别和扣除暗像元的DN，可以校正影像中由大气散射引起的加性噪声，从而得到更接近地物真实反射率的图像。暗像元法通常包括以下步骤：①识别暗像元，在遥感影像中找到具有最低DN的像元，该类像元通常位于深水体、浓密阴影或其他低反射率的区域。②确定暗像元的DN，提取暗像元的DN，假设DN主要由大气散射和系统噪声引起。③扣除暗像元的DN，将暗像元的DN从影像中所有像元的DN中扣除，得到校正后的影像（Yan and Li，2018）。④应用大气校正模型，根据影像的具体情况，结合大气校正模型（如6S模型）进一步修正辐射亮度或反射率，得到更精确的地物反射率。

暗像元法的定标公式为

$$L_\lambda = G \times (\mathrm{DN} - \mathrm{DN}_d) \tag{3.6}$$

其中，DN_d是暗像元的数字计数值。其他符号含义同上。该方法可以有效减少大气散射对图像的影响，提高图像质量。

6）时间序列定标

时间序列定标（time series calibration）是一种专门用于处理多时相遥感数据的辐射

定标方法。其目标是确保在不同时间获取的遥感数据具有一致的辐射响应,从而能够准确地监测和分析地表特征的长期变化(Kim et al., 2014)。该方法对于环境监测、气候变化研究和土地利用变化分析等具有重要意义。时间序列定标通常包括以下 5 个步骤:①多时相数据采集,获取相同区域在不同时间段的遥感影像。②初步定标,对各时间点的数据进行初步的辐射定标(如线性定标、暗像元法等)。③一致性分析,比较不同时间点的数据,识别不一致性,并确定其来源(如传感器漂移、观测条件变化)。④校正模型建立,通过统计分析或模型拟合,建立不同时间点之间的一致性校正模型。⑤应用校正模型,将校正模型应用于多时相数据,确保其在同一辐射尺度上。

时间序列定标公式较为复杂,通常涉及多元回归分析和时序模型,用于捕捉传感器响应的长期变化趋势。根据数据的特性和应用需求可以选择不同的策略。

1)基于稳定地物目标的定标

该方法利用影像中辐射特性稳定的地物(如沙漠、盐湖、城市区域)进行定标,假设这些地物的辐射特性在时间序列中保持不变。基本步骤如下:首先,选择稳定的地物目标作为参考;然后,比较地物目标不同时间点的 DN,识别出不一致性;再根据地物目标的变化趋势,校正其他地物的辐射值。该方法的优点是简单易行,适用于有稳定参考目标的区域;而局限性在于需要选择辐射特性稳定的目标,且假设这些目标在时间序列中保持稳定。

2)多元回归分析

多元回归分析方法通过对多个时间点的影像数据进行回归分析,建立辐射值之间的线性或非线性关系,用于校正时间序列中的不一致性。基本步骤如下:首先,对同一区域的多个时间点数据进行回归分析,建立时间序列中的辐射关系模型;然后,使用回归模型对时间序列中的数据进行调整,以保证其在同一尺度上。该方法的优点在于适用于复杂的时序数据,能够捕捉线性和非线性变化;而局限性在于回归分析需要大量的数据样本,且模型的准确性依赖于数据质量。

3)时间序列平滑与插值

时间序列平滑与插值方法通过对时序数据进行平滑处理或插值,减少随机误差和系统漂移。基本步骤如下:首先,对时间序列中的辐射值进行平滑处理,减少噪声和异常值的影响;然后,使用插值方法填补时间序列中的缺失数据,以提高一致性。该方法的优点在于可以减少噪声影响,特别适用于高频时序数据;而局限性在于平滑处理可能会使一些重要的细节信息丢失。

3.2.3 辐射定标的类型

1)实验室辐射定标

实验室辐射定标通常以光源校准为起始,在此过程中采用标准化光源,例如卤素灯或氙灯,此类光源具备显著特性,能够提供已知且精确的光谱辐射。卤素灯因结构相对简易且输出特性较为稳定,为辐射定标提供了可靠基础,其光谱在特定范围内呈现出良好的一致性,在定标进程中能够给予可预测且可重复的辐射输入;氙灯则凭借自身更宽泛的光谱范围以及较高的亮度优势,能够契合对更广泛波段进行定标的需求,其产生的已知光谱辐射涵盖众多重要波段，为精确的辐射测量与校准提供了有力支撑。鉴于实验室能够对各类环境参数予以严格把控，并运用最为先进的测量器具和精密的校准手段，该方法通常能够获取最为精准和可信的定标成果（狄宇飞等，2021）。

然而，应当明晰，纵使实验室定标能够达成极高的精度层级，但由于实验室所营造的理想化环境与传感器在实际观测中所遭遇的繁杂且多变的环境存在显著差别。实际观测时，大气条件的多变性、温度与湿度的变化以及各类电磁干扰等要素，皆有可能致使传感器的性能表现异于实验室中的状况。因此，将实验室定标的成果直接应用于实际观测时，可能会引入一定程度的偏差，进而对数据的准确性和可靠性产生影响。

2）场地定标

场地定标一般选取具有均匀且稳定辐射特性的地面目标作为专门的定标场，在贴近真实的实际观测条件下对传感器进行定标操作。该定标模式能够更真实地体现传感器在实际应用场景中的性能状态。通过在真实环境中开展定标，能够更好地考虑大气、光照、地形等多种实际因素对传感器测量结果的影响，从而使定标结果更具实用价值和适用性。

然而，要达成有效的场地定标绝非易事。为确保定标的准确性和可靠性，需要对定标场进行长期、持续监测并悉心维护，主要包括定期检测定标场的辐射特性有无变化、监测环境因素对定标场的影响，及时修复可能出现的任何损毁或干扰等。

3）交叉定标

交叉定标精妙地运用了多个传感器对同一目标的观测数据，通过对这些数据进行相互比对和精准校正，进而达成定标的目的。该定标方法有效地削减了对单一标准辐射源的过度依赖，强化了定标过程的灵活性和可靠性。

然而，要成功进行交叉定标，需要对不同传感器的性能特质和差异具备全面且深入的认知。不同的传感器可能具有各异的光谱响应范围、灵敏度、分辨率以及噪声特性等。只有充分掌握这些特性，并构建精确的模型描绘其关系，才能通过交叉比较和校正获取可靠的定标结果。否则，可能会由于对传感器性能的理解欠妥而引发定标误差，对最终数据的质量和可用性造成不良影响。

3.2.4 辐射定标的流程与步骤

1. 辐射定标的流程

1）数据采集

需广泛且系统地收集传感器在多样化条件下的观测数据，涵盖不同的地物类型，如茂密的森林、广袤的草原、规整的农田等；不同的光照条件，包括强光直射、弱光散射、阴影遮蔽等；不同的大气状况，例如晴朗无云时的通透大气、多云时的复杂大气、雾霾天气下的浑浊大气等。通过全面采集丰富多样的数据，为后续的辐射定标工作奠定坚实的数据基础。

2）标准辐射源测量

采用具有明确且已知辐射特性的标准辐射源，如能提供稳定均匀辐射的黑体、具备特定光谱特性的标准灯等，对传感器进行严谨细致的测量，获取精确的定标系数，为后续的校正工作提供关键的参数依据。

3）大气校正

充分考虑大气对辐射传输所产生的影响，对所获取的观测数据进行全面的大气校正。大气中的气体成分、颗粒物、水汽含量等因素会导致辐射的衰减和散射，通过大气校正，消除以上干扰因素的影响，以还原辐射的真实特性。大气校正通常使用大气辐射传输模型（如 MODTRAN 模型）进行计算，该模型可以提供大气透过率和路径辐射的精确估算：

$$I_T = I_s \times T_a + L_p \tag{3.7}$$

其中，I_T 为大气顶层辐射；I_s 为地表辐射；T_a 为大气透过率；L_p 为路径辐射。

4）建立定标模型

依据标准辐射源的测量数据以及大气校正的结果，构建传感器测量值与实际辐射量之间的精准数学模型。通常，模型可以采用线性形式来描述简单的线性关系，或采用非线性形式以适应复杂的辐射变化，也可能运用多项式形式拟合更为复杂的辐射特征。定标模型的选择应根据具体传感器特性和应用场景进行优化：

$$I_{cal} = f(I_m, T_a, L_p) \tag{3.8}$$

其中，f 为定标函数；I_m 为传感器测量值。

5）定标系数计算

通过对定标模型进行精确的拟合和优化处理，计算定标系数。定标系数将被应用于对实际观测数据的校正，以确保测量数据能够准确反映辐射的真实情况。定标系数的计算可以采用最小二乘法等数值优化技术，以最小化观测值与真实值之间的差异：

$$\min \sum_i (I_{cal,i} - I_{true,i})^2 \tag{3.9}$$

其中，$I_{cal,i}$ 为校准后的测量值；$I_{true,i}$ 为真实辐射值。

6）定标验证

运用独立且具有代表性的验证数据，对定标结果进行严格验证。通过将定标后的测量值与真实值进行对比，评估定标的准确性和可靠性，确保定标结果符合预期的精度要求。验证过程应包括不同条件下的数据，确保定标模型在场景中的适用性和稳定性。验证结果的统计分析可以使用相关系数（R）、RMSE 等指标。

通过严格的辐射定标流程，确保高光谱成像传感器的数据质量和测量精度，为科学研究和实际应用提供可靠的基础。

2. 辐射定标的步骤

1）辐射定标实验设备

硬件：PC 电脑（Windows 10 操作系统）。

软件：ENVI。

2）辐射定标实验数据

高光谱数据：data1.L1T。

3）辐射定标实验步骤

打开 ENVI 软件，加载所需的处理数据。单击【File】→【Open As】→【Optical Sensors】→【EO-1】→【Geo TIFF】，打开数据选择界面，如图 3.9 所示。选择需要进行辐射定标的数据，本节以 data1.L1T 数据为例进行加载，如图 3.10 所示。数据添加成功后如图 3.11 所示。

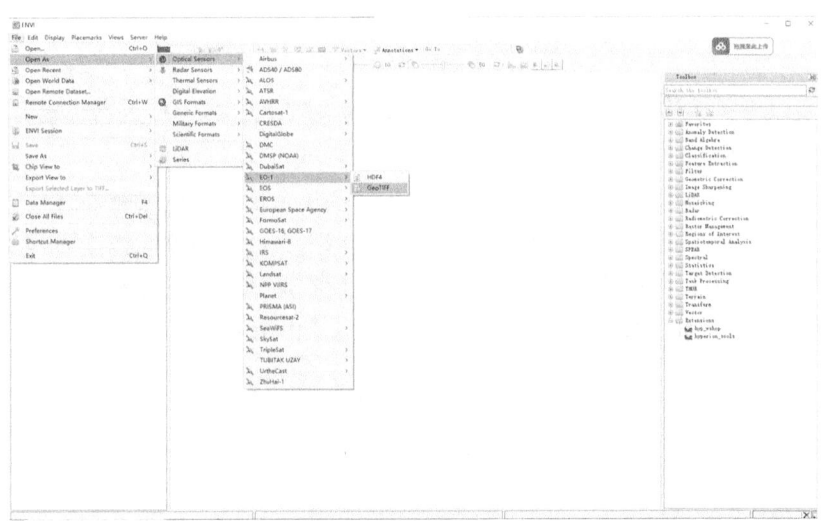

图 3.9　打开数据添加界面

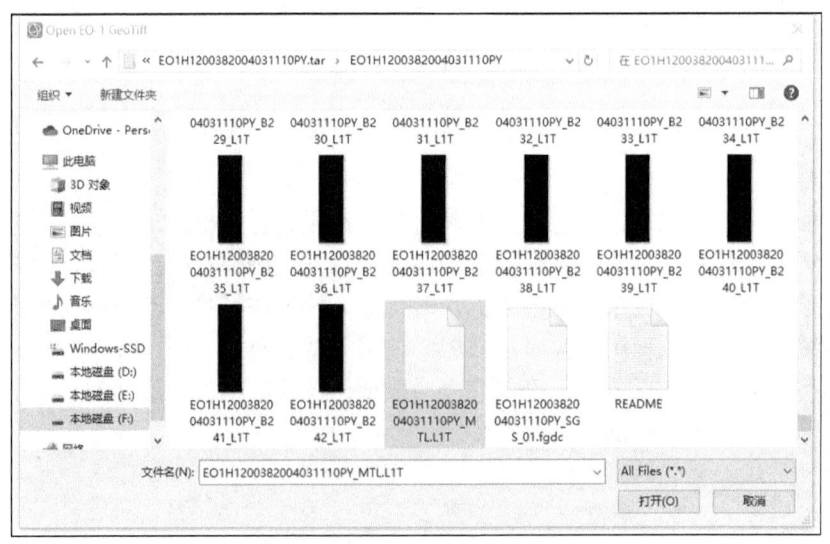

图 3.10　选择数据

第 3 章 高光谱遥感数据预处理

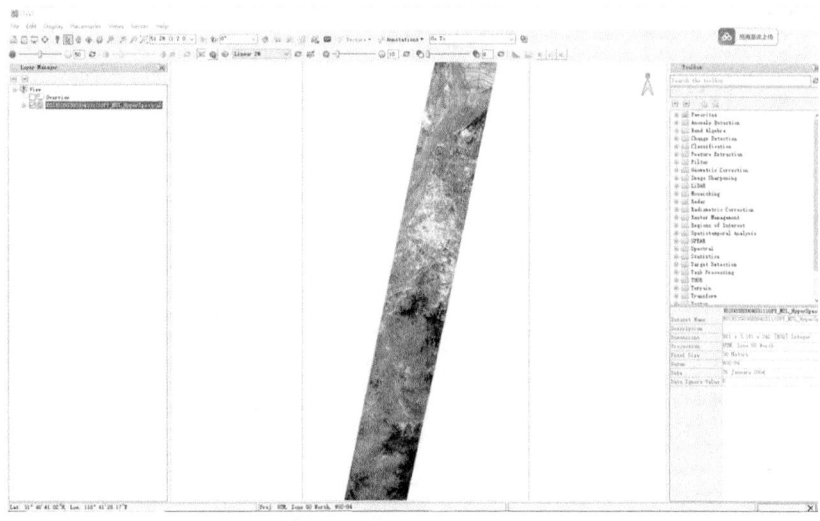

图 3.11 加载后的数据

在【Toolbox】中，选择【Radiometric Correction】→【Radiometric Calibration】，文件选择对话框中选中的高光谱数据，单击【OK】以打开【Radiometric Calibration】面板。如图 3.12 所示。

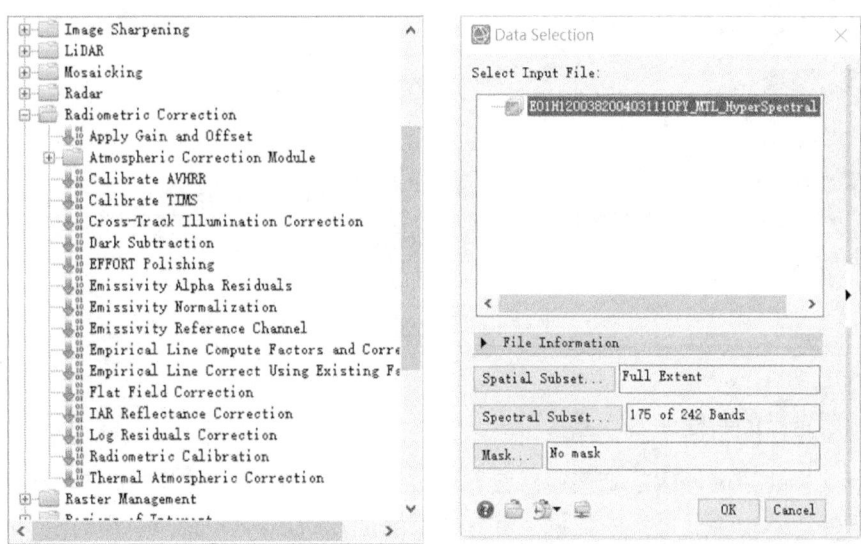

图 3.12 打开【Radiometric Calibration】面板

在【Radiometric Calibration】面板中进行参数设置。定标类型【Calibration Type】中辐射率数据选择【Radiance】，单击【Apply FLAASH Settings】按钮，即可自动设置 FLAASH 大气校正工具需要的数据类型，包括储存顺序【Output Interleave】设置为【BIL】；数据类型【Output Data Type】设置为【Float】；辐射率数据单位调整系数【Scale Factor】设置为 0.10。设置【Output Filename】的文件保存位置与文件名，单击【OK】运行。如图 3.13 所示。

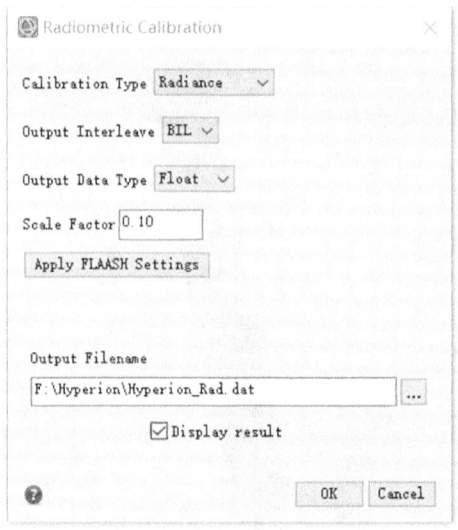

图 3.13 参数设置

查看源影像(左)与辐射定标后图像(右)的波谱曲线,如图 3.14 所示。

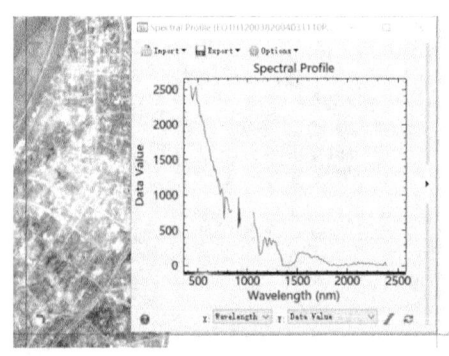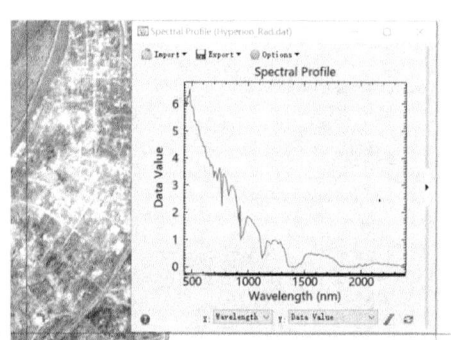

图 3.14 波谱曲线对比

3.2.5 辐射定标的精度评估

辐射定标的精度评估是确保遥感数据质量的关键步骤之一,用于验证定标过程的准确性,确保遥感传感器采集的数据能够真实反映地物的辐射特性。高精度的辐射定标是遥感数据定量分析的基础,直接影响后续的科学研究、环境监测和应用分析的可靠性。

辐射定标精度评估的必要性体现在 4 个方面:①确保数据一致性,多时相、多传感器的数据必须在同一辐射尺度上具有一致性,以便进行跨时间、跨空间的数据比较和分析;②减少系统误差,传感器的辐射响应可能受到多种因素的影响,如温度变化、传感器老化等,通过精度评估,可以识别和修正系统误差;③提高分析准确性,高精度的辐射定标是进行遥感数据定量分析(如植被指数计算、气候变化监测等)的基础,精度评估能够确保分析结果的可靠性;④验证定标方法有效性,评估定标精度有助于验证所使用的辐射定标方法是否适合当前的遥感数据和应用场景。

辐射定标的精度评估通常通过多种方法进行，每种方法具有不同的适用场景和评估指标。常用的精度评估方法有 4 种。

1）与地面实测数据比较

将遥感数据中的辐射值与地面实测的辐射数据进行比较，是最直接的精度评估方法。基本步骤如下：首先，收集与遥感影像对应的地面实测辐射数据；然后，对同一时间和位置的遥感数据和地面实测数据进行比较；最后，计算误差指标（如 RMSE、MAE 等）评估辐射定标的精度。该方法的优点在于地面实测数据通常具有较高的精度，能够提供真实的对比基准；而局限性在于地面实测数据的获取往往受限于时间、成本和空间分辨率，难以覆盖所有遥感数据。

2）与标准辐射源的比较

使用标准辐射源（如黑体、标准灯）进行定标，随后将定标结果与已知的标准辐射量进行比较。基本步骤如下：首先，使用标准辐射源对传感器进行定标；然后，将传感器测得的辐射亮度与标准辐射源的已知辐射亮度进行比较；最后，计算定标系数的精度，并评估误差。该方法的优点在于标准辐射源具有已知和稳定的辐射特性，能够提供高精度的对比基准；局限性在于标准辐射源的使用通常限于实验室或特定条件下，不易应用于实际遥感影像的全面评估。

3）内部一致性检验

通过分析遥感影像中已知特性（如稳定地物或特定波段间关系）的内部一致性评估定标精度。基本步骤如下：首先，选择影像中辐射特性稳定的目标（如沙漠、盐湖等），比较这些目标在不同波段或不同时间点的辐射值，分析其一致性；然后，计算误差指标，评估定标的一致性和稳定性。该方法的优点在于不需要外部数据，仅依赖影像内部信息进行评估；局限性在于内部一致性检验的结果依赖于所选目标的稳定性，如果目标不稳定，评估结果可能存在偏差。

4）与其他传感器数据比较

将一个传感器的定标结果与其他已知精度较高的传感器数据进行比较，以评估定标精度。基本步骤如下：首先，选择一个定标精度已知的参考传感器（如 Landsat-8）；然后，在相同时间和空间条件下，获取两个传感器的遥感数据；最后，比较两个传感器的辐射亮度值，评估差异。该方法的优点在于可以验证多传感器数据的一致性，特别适用于多源数据融合应用；而局限性在于不同传感器的光谱响应和空间分辨率可能不同，需要谨慎解释比较的结果。

为全面评估辐射定标的精度，通常采用 3 个关键指标。

1）均方根误差

通过计算定标后测量值与真实值之间的均方根误差，量化定标结果的偏差程度。RMSE 的数值越小，表明定标精度越高，测量值与真实值的吻合度越好。

2）相对误差

计算定标后测量值与真实值之间的相对误差，该指标反映了测量值相对于真实值的偏离比例。相对误差越小，意味着定标精度越高，测量结果的准确性和可靠性越强。

3）一致性检验

通过对比不同时间、不同地点、不同传感器所获取的定标结果，进行一致性检验。一致性越好，表明定标方法和过程具有较高的稳定性和可靠性，定标精度也越值得信赖。

3.2.6 辐射定标的不确定性分析

1. 辐射定标的不确定性来源

辐射定标的不确定性分析（uncertainty analysis in radiometric calibration）是评估遥感数据精度的重要步骤，用于量化辐射定标过程中可能引起的误差和不确定性。不确定性可能来自传感器的特性、大气条件、观测几何、定标模型及其他外部因素。了解并量化不确定性，有助于提高遥感数据的可靠性和应用的科学性。

辐射定标的不确定性通常来源于多个方面，主要包括 5 类。

1）传感器不确定性

（1）传感器噪声。传感器在光电转换过程中可能引入电子噪声，导致测量的不确定性。噪声通常以 SNR 的形式表示。

（2）定标系数的不确定性。传感器的定标系数（如增益和偏移量）通常通过实验室或在轨定标确定，但定标系数本身存在误差，导致辐射定标的不确定性。

（3）传感器老化。传感器的性能会随着时间的推移而退化，如探测器的灵敏度下降等会引入额外的不确定性。

2）大气不确定性

（1）大气散射和吸收。大气中的气溶胶、水汽和其他气体对辐射信号的散射和吸收效应是大气校正中遇到的最大挑战之一。大气散射和吸收效应受大气成分和观测条件的影响，其变化带来的不确定性较大。

（2）大气模型不确定性。大气校正通常依赖于辐射传输模型（如 6S 模型）模拟大气对辐射的影响；但模型参数的不确定性，如气溶胶光学厚度、大气水汽含量等，都会引起误差。

3）观测几何不确定性

（1）太阳角度和卫星观测角度。不同的太阳入射角和观测角度会导致地表反射特性发生变化，特别是在植被或复杂地形区域。几何效应的变化会引起辐射定标的不确定性。

（2）地表反射率的非均匀性。地表的空间非均匀性，如植被、土壤或水体的混合像元，可能导致测量的辐射信号不是单一类型地物的真实反射率，增加了不确定性。

4）定标方法的不确定性

（1）定标模型的不确定性。定标模型（如线性或非线性辐射定标模型）的选择和拟合精度会直接影响定标结果的准确性。模型拟合误差和模型假设的偏离都会带来不确定性。

（2）参考标准的不确定性。如果定标过程中使用的参考标准（如标准灯、黑体、地面实测数据）本身存在不确定性，则会影响最终的辐射定标结果。

5）数据处理不确定性

（1）图像预处理的不确定性。辐射定标前的图像预处理（如去噪、几何校正、重采样）可能会引入额外的不确定性，会影响最终的定标结果。

（2）定标数据的时间差异。在多时相定标过程中，不同时间点的数据可能由于观测条件的变化而引起不确定性，特别是在跨季节或长期监测的项目中。

2. 量化辐射定标不确定性的方法

量化辐射定标不确定性的方法多种多样，常用的方法包括 4 类。

1）误差传播分析

误差传播分析（error propagation analysis）是一种常用的定量方法，用于计算输入变量的不确定性如何通过定标过程传播到输出结果中。该方法基于泰勒级数展开，通过输入变量的不确定性和定标公式的偏导数，计算输出结果的不确定性。

假设定标结果 L 是输入变量 $x_1, x_2, ..., x_n$ 的函数 $f(x_1, x_2, ..., x_n)$，则输出不确定性 σ_L 为

$$\sigma_L = \sqrt{\sum_{i=1}^{n}\left(\frac{\partial f}{\partial x_i}\sigma_{x_i}\right)^2} \tag{3.10}$$

其中，σ_{x_i} 是输入变量 x_i 的不确定性；$\frac{\partial f}{\partial x_i}$ 是函数 f 对 x_i 的偏导数。

2）蒙特卡罗模拟法

蒙特卡罗模拟是一种基于随机采样的数值模拟方法，用于评估复杂系统的不确定性。通过大量随机采样，可以得到定标过程的输出分布，从而估计不确定性。基本步骤如下：首先，定义输入变量的概率分布（如正态分布）；然后，通过随机采样生成大量的输入变量组合；再使用定标模型计算每组输入变量的输出结果；最后，分析输出结果的分布，计算不确定性（如标准差、置信区间）。

3）敏感性分析

敏感性分析用于确定各个输入参数对定标结果的影响程度。通过逐一改变输入参数，观察其对定标结果的变化程度，可以识别出对定标结果最为关键的参数，从而有针对性地优化定标流程和方法。例如，通过调整大气模型中的气溶胶浓度，观察其对传感器输出的影响，找出最敏感的参数进行重点控制。敏感性分析可以帮助理解不同输入参数的变化对定标结果的影响，从而提高定标的准确性。

4）统计分析法

统计分析法通过对定标结果的多次重复测量或对多时相数据进行统计分析，估计不确定性。该类方法特别适用于长期监测项目中的系统误差分析。基本步骤如下：首先，对相同目标进行多次观测或测量，获得一组定标结果；其次，计算结果的均值和标准差；最后，标准差作为不确定性的度量。

3.2.7 辐射定标的发展趋势

随着遥感技术和应用的不断发展，辐射定标作为确保遥感数据精度和一致性的关键步骤，取得了较大进展。未来，辐射定标将继续向更高精度、更广泛适用性、更自动化和智能化的方向发展，以满足日益复杂的遥感需求。

1）高精度辐射定标

高精度辐射定标是未来发展的重要方向，特别是在定量遥感应用中，对辐射定标的精度要求越来越高。可以从 3 个方面推动高精度辐射定标的发展：①先进的校正模型，新型辐射传输模型（如高光谱辐射传输模型）的发展，将进一步提高大气校正和传感器定标的精度，能够更精确地模拟复杂大气条件和地表反射特性，从而提高定标的准确性；②精确的地面验证，越来越多的高精度地面测量设备和技术被用于验证和校准遥感数据，如多角度光谱辐射计和高分辨率成像光谱仪，提供了更精确的地面反射率和辐射亮度数据，为定标提供了可靠的参考；③高光谱与超高分辨率数据定标，随着高光谱和超高分辨率遥感数据的广泛应用，定标精度的要求也在提升，需要更精细的定标方法来处理复杂的光谱信息和高分辨率空间特征。

2）自动化与智能化辐射定标

随着遥感数据量的迅速增加，为提高定标过程的效率和一致性，自动化和智能化的辐射定标成为必然的发展趋势。有 3 个方向的发展趋势：①自动化定标流程，基于规则和算法的自动化定标系统能够在遥感数据的采集和处理过程中实时进行辐射定标，从而减少人工干预，确保大规模遥感任务的效率和一致性；②机器学习与人工智能定标，机器学习和人工智能（artificial intelligent，AI）技术正逐渐融入辐射定标领域，例如，AI 可以用于自动识别和校正影像中的大气干扰，优化定标模型，甚至自动选择合适的定标策略，显著提高定标的准确性和效率；③基于云计算的定标平台，随着云计算技术的发展，遥感数据处理逐步向云平台迁移，为自动化辐射定标提供了强大的计算资源支持，用户可以通过云平台进行大规模数据的自动定标和处理。

3）多传感器与多平台定标

随着遥感技术的发展，越来越多的遥感平台和传感器被用于同一地区的监测任务，需要确保不同平台和传感器之间的数据一致性。如跨传感器定标，发展跨传感器定标方法，确保来自不同传感器的数据在同一辐射尺度上具有一致性，这对于多传感器数据融合和联合分析至关重要；又如基于多平台的综合定标，在多平台观测（如卫星、无人机、地面平台等）的环境下，综合定标方法可以通过多源数据融合提高定标的可靠性，并利用不同平台的互补特性，提升整体定标精度。

4）实时与在轨定标

随着遥感任务的复杂性增加，在轨定标和实时定标技术的发展变得越来越重要，以确保数据的及时性和可靠性。例如新型在轨定标技术能够在传感器运行期间进行实时校准，持续监控传感器的性能，及时校正由传感器老化或环境变化引起的漂移；其主要技术包括使用天顶漫射辐射、月球反射率等作为标准源进行在轨定标；实时大气校正技术的发展使得在获取遥感数据的同时，能够根据当前大气条件进行辐射校正，减少大气对数据的影响，提高数据的实时性和准确性。

5）标准化与全球一致性定标

随着全球遥感应用的广泛开展，建立统一的辐射定标标准和全球一致性定标方法成为重要趋势。在全球辐射定标标准方面，建立全球统一的辐射定标标准和协议，确保来自不同国家和地区的遥感数据具有可比性，这对全球环境监测、气候变化研究等具有重要意义；而加强国际合作与数据共享，推动国际合作，通过数据共享和联合研究，提升全球遥感数据的定标精度和一致性，例如国际组织可以通过共享地面参考数据和定标模型，能推动全球一致性定标的发展。

6）应对气候变化的辐射定标

随着气候变化带来的影响日益显著，辐射定标的技术发展也在逐步变化。在气候变化加剧的背景下，研究如何在极端气候条件（如极地冰盖、热带风暴）下进行辐射定标。极端气候条件下的大气变化、地表反射率变化对辐射定标都提出了新的挑战；发展动态环境中的辐射定标方法，能够适应季节性变化、植被生长周期等动态因素，提高定标的稳健性。

7）多源遥感数据融合与定标

未来的遥感应用将越来越依赖多源数据的融合，要求定标技术能够在不同数据源之间保持一致性。首先是随着高光谱、雷达、LiDAR 等多种传感器的广泛应用，要发展能够跨光谱、跨平台的定标技术，以实现不同传感器数据的有效融合；其次是基于时空一致性的定标，针对长时间序列、多空间尺度的数据，发展时空一致性的辐射定标方法，以确保在长期和大范围监测中的数据一致性。

3.3 大 气 校 正

在遥感数据处理中，大气校正是一项至关重要的步骤。本节将详细探讨如何通过一系列标准化的程序和技术手段，消除大气对遥感数据的影响，从而获取更为准确的地表反射信息。大气校正直接影响遥感影像的真实性和分析的准确性，是遥感数据处理中的一个关键环节。本节将涵盖大气校正的定义与重要性、原理与算法、类型、处理流程、精度评估、不确定性分析以及如何在实际应用中实施这些方法。此外，在发展趋势部分，将总结大气校正领域的最新进展，并展望未来的发展方向。

3.3.1 大气校正的定义与重要性

大气校正指通过特定方法和技术手段，消除大气对遥感传感器所接收辐射信号的干扰与影响，进而获取地表真实反射或辐射信息的过程，在遥感数据的定量分析及实际应用中占据着无可替代的地位。

在定量遥感领域，大气校正是至关重要的一步，它确保所获取的遥感数据准确反映地表特征。大气中的气体分子、气溶胶和水汽等成分会对辐射信号产生显著的吸收、散射和折射影响，导致传感器接收到的信号与实际地表状况之间存在偏差。因此，通过大气校正，可以有效消除多种干扰因素的影响，从而准确提取植被覆盖度、土地利用类型以及其他地表参数。只有经过校正的数据，才能为生态监测、环境评估和资源管理等研究提供可靠的基础，推动定量遥感技术的应用和发展（Fuyi et al., 2013）。

在环境监测范畴，大气校正能够更为准确且清晰地辨析出污染物在大气中的分布态势和浓度水平。对于监测气候变化对生态系统所产生的细微且潜在的影响，大气校正能够提供更为真实、准确且可靠的数据，揭示气候变化压力下的生态系统响应机制和变化趋向，进而为制定科学合理、切实可行的气候变化应对策略提供极为关键且基础性的数据支撑，具有至关重要的意义和价值。

在资源勘查和农业生产领域，经大气校正后的遥感数据展现出更为显著且优越的性能与效能，能够更为精确且细致地反映土壤质地的微妙差异。同时，对于农作物的生长状况，例如生长阶段、健康程度、病虫害侵害情形等亦能够给予更精准的描述。

3.3.2 大气校正原理

1. 大气校正的相关概念

大气校正是遥感数据处理的关键步骤，旨在消除或减小大气对遥感影像的影响，使得影像数据更准确地反映地物的真实光谱特性。大气对遥感信号的影响主要表现为散射、吸收和反射，使得传感器接收到的辐射量不同于地物的实际辐射量。因此，在遥感影像分析之前，必须对影像进行大气校正，以确保数据的精度和一致性（Vibhute et al., 2015）。

大气对遥感信号的影响是一直存在的，在大气层中，光子从太阳发出后，经过大气层到达地物，然后反射或散射，再次穿过大气层进入传感器，该过程中，大气的散射、吸收和反射效应对遥感信号产生了重要影响。作为大气校正的基础，首先了解一些概念与原理。

（1）散射原理。当太阳辐射通过大气时，光子与大气中的分子、气溶胶和其他颗粒物发生相互作用，导致散射效应。散射使得部分辐射偏离原来的传播方向，其中主要的散射类型包括瑞利散射、米氏散射和非选择性散射。

（2）瑞利散射（Rayleigh scattering）。由大气中的小分子（如氧气和氮气）引起，散射强度与波长的 4 次方成反比，波长越短，散射越强。因此，在蓝色和紫色光谱区，瑞利散射较为显著。

（3）米氏散射（Mie scattering）。由气溶胶颗粒引起，散射强度与波长成正比。米氏散射在可见光和近红外波段较为显著，且对所有波长的影响相对均匀。

（4）非选择性散射（non-selective scattering）。由大气中的大颗粒（如水滴、灰尘）引起，对所有波长的光影响几乎相同，因此对遥感信号的影响不具波长选择性。

（5）散射影响。散射效应会导致传感器接收到的辐射量增加，因为除了直接来自地物的辐射，传感器还接收由大气散射引入的额外辐射。这种增加的辐射被称为路径辐射（path radiance），会导致遥感影像的对比度降低，特别是在短波长区（如蓝光区）更为明显。

（6）吸收原理。大气中的气体成分（如水汽、二氧化碳、臭氧等）对某些特定波长的太阳辐射有很强的吸收作用。吸收效应导致了特定波长的辐射强度显著降低，使得传感器接收到的辐射量减少。

以下介绍一些主要吸收带：

水汽吸收带。水汽是该吸收带最重要的吸收成分之一，主要在近红外和中红外波段（如 1.4 μm、1.9 μm 和 2.7 μm）表现强吸收特性。

臭氧吸收带。臭氧对紫外线有很强的吸收，主要集中在 0.3 μm 以下波段。

二氧化碳吸收带。二氧化碳主要在近红外波段的 2.0 μm 和 4.3 μm 处有强吸收。

（7）吸收影响。吸收效应会降低特定波段的辐射量，导致遥感数据出现"暗带"或信息丢失的现象。为了准确恢复地物的真实反射率，必须对其吸收效应进行校正。

（8）反射原理。大气反射主要由云层、气溶胶和地表反射引起。云层反射会将部分辐射直接反射回太空，导致传感器无法接收地表的辐射信息。气溶胶和地表的反射则会引起多次散射效应，使得遥感信号复杂化。

（9）反射影响。大气反射效应会导致传感器接收到的辐射信息更加混杂，尤其是有云或大气条件复杂的情况。大气反射需要通过大气校正模型精确估算和扣除。

综上，大气校正的目的是消除大气对遥感影像的散射、吸收和反射效应，从而获得地物的真实光谱反射特性。

2. 大气校正的基本原理

大气校正的基本原理可以通过以下 3 个步骤实现。

1）顶层大气辐射的分解

在进行大气校正时，首先需要将传感器接收到的顶层大气（top of atmosphere, TOA）辐射进行分解。TOA 辐射可以表示为地物反射辐射和大气路径辐射之和：

$$L_T = L_s \times T_a + L_p + L_r \tag{3.11}$$

其中，L_T 是传感器接收的顶层大气辐射；L_s 是地物的真实反射辐射；T_a 是大气的透过率；L_p 是路径辐射，由大气散射引起；L_r 是大气的反射辐射，大气校正的目标就是通过分离和消除路径辐射和反射辐射的影响，恢复地物的真实辐射亮度 L_s。

2）路径辐射的估算与扣除

路径辐射主要由瑞利散射和米氏散射引起，其估算通常依赖于大气辐射传输模型（如 6S、MODTRAN 等），或通过经验法（如暗像元法）直接从影像中扣除。

路径辐射的校正公式为

$$L_s = \frac{L_T - L_p - L_r}{T_a} \tag{3.12}$$

其中，L_p 和 L_r 可以通过模型计算或经验估算获得。

3）吸收效应的校正

大气吸收的校正通常需要考虑特定波段的大气吸收带。通过辐射传输模型，输入大气成分（如水汽、臭氧、二氧化碳等）和观测几何参数，计算大气的吸收光学厚度，并将其用于校正影像的辐射值。

吸收效应的校正可以表示为

$$L_c = \frac{L_s}{e^{-\tau(\lambda)}} \tag{3.13}$$

其中，L_c 是校正后的辐射亮度；$\tau(\lambda)$ 是波长 λ 处的吸收光学厚度。

3.3.3 大气校正的类型与方法

1. 大气校正的类型

1)基于物理模型的大气校正

基于物理模型的大气校正方法建立在对大气辐射传输过程的深入理解和精确描述之上，综合考虑了大气的成分、结构、物理过程以及辐射的传播规律等多个方面。通过求解复杂的辐射传输方程，模拟和预测大气对辐射的吸收、散射和发射等影响。该类方法通常需要详细的大气参数输入，如气溶胶光学厚度、水汽含量、气体浓度等，以及地表的反射特性。典型的物理模型包括 6S（second simulation of the satellite signal in the solar spectrum）模型和 MODTRAN（moderate resolution atomspheric transmission）模型等（Wang et al., 2011）。物理模型的优势在于其理论基础坚实，能够提供高精度的校正结果，尤其适用于对精度要求极高的研究和应用（Hu et al., 2014）。然而，其计算复杂度高，需要大量准确地输入参数，并且对模型的参数化和初始条件设置较为敏感。

2)基于经验模型的大气校正

基于经验模型的大气校正方法主要依赖于大量的实测数据和统计分析。通过建立遥感观测值与已知地表真实反射率或辐射值之间的经验关系实现大气校正。经验关系通常是通过在特定区域或条件下进行地面同步测量，并与相应的遥感数据进行对比分析而得出的（Adeline et al., 2013）。常见的经验模型包括线性回归模型、多项式模型等。经验模型的优点在于计算简单、效率高，适用于数据获取有限或对精度要求相对较低的应用场景。但由于其缺乏明确的物理机制，适用范围较窄，对于不同的地理区域、传感器和大气条件，可能需要重新建立模型或进行参数调整。

3)基于半经验模型的大气校正

基于半经验模型的大气校正方法融合了物理模型和经验模型的特点，一定程度上考虑了大气辐射传输的物理过程，同时结合了部分经验参数或统计关系来简化计算和提高适用性。

半经验模型通常利用一些物理原理来描述大气的主要影响，同时通过经验数据或统计方法确定部分难以直接测量或计算的参数。该类方法在保持一定物理合理性的基础上，降低了计算复杂度和对输入参数的要求（Raffy and Gregoire, 1998）。例如，一些半经验模型可能基于对大气散射特性的简化假设，结合地面实测数据来确定校正参数。

不同类型的大气校正方法各有优缺点，在实际应用中，需要根据数据特点、研究目的、精度要求以及计算资源等因素，选择合适的大气校正方法，或者综合运用多种方法来提高校正效果。

2. FLAASH 大气校正模型

FLAASH（fast line-of-sight atmospheric analysis of spectral hypercubes）大气校正模型是专门为处理高光谱遥感数据而设计的大气校正模型。该模型基于辐射传输理论，能够校正由于大气散射、吸收和反射引起的遥感影像失真，从而恢复地物的真实光谱特性（Pu, et al., 2015)。FLAASH 是基于 MODTRAN 辐射传输模型的简化版本,具有较高的计算效率和精度,广泛应用于高光谱遥感影像的大气校正。

FLAASH 模型通过模拟电磁波在大气中的传输过程,校正高光谱遥感影像中受到的大气影响,综合考虑了大气中的气体吸收(如水汽、二氧化碳、臭氧等)、气溶胶散射和路径辐射等效应,能够处理从可见光到近红外波段的高光谱遥感数据。

FLAASH 模型的大气校正基于以下辐射传输方程:

$$L_{\text{sensor}}(\lambda) = L_s(\lambda) \times T_d(\lambda) \times T_a(\lambda) + L_p(\lambda) + L_a(\lambda) \tag{3.14}$$

其中,$L_{\text{sensor}}(\lambda)$ 是传感器在波长 λ 处接收到的辐射亮度;$L_s(\lambda)$ 是地表的辐射亮度;$T_d(\lambda)$ 是大气直接透过率,表示太阳辐射直接穿过大气到达地物的部分;$T_a(\lambda)$ 是从地物反射到传感器的路径上的大气透过率;$L_p(\lambda)$ 是路径辐射,由大气散射引起;$L_a(\lambda)$ 是由大气散射和反射产生的大气自发辐射。

FLAASH 模型的主要功能包括 5 点:①气溶胶校正,FLAASH 模型通过输入气溶胶类型、光学厚度等参数,校正因气溶胶散射引起的影像失真。②水汽校正,通过分析高光谱影像中的水汽吸收带,FLAASH 模型能够有效地校正水汽对影像的吸收效应。③多波段支持,FLAASH 模型支持从可见光到近红外的多个波段,适用于各种类型的高光谱遥感数据。④光谱曲线恢复,FLAASH 模型校正后的影像保留了地物的真实光谱特性,适用于后续的定量分析和分类。⑤地形校正,FLAASH 模型能够结合地形信息,校正由于地形起伏引起的辐射变化,进一步提高校正精度。

FLAASH 的优点在于:①高精度,基于 MODTRAN 模型的 FLAASH 模型能够精确校正复杂的大气效应,恢复地物的真实光谱信息。②计算效率高,相比完整的 MODTRAN 模型,FLAASH 模型经过简化和优化,具有较高的计算效率,适合处理大规模高光谱数据。③多功能集成,FLAASH 模型集成了气溶胶校正、水汽校正和地形校正等多项功能,满足多种遥感应用需求。FLAASH 的缺点在于:①参数依赖性强,FLAASH 模型需要精确的输入参数,如大气成分、气溶胶类型等,不准确的参数设置可能导致校正结果的偏差。②计算复杂性,尽管 FLAASH 模型比 MODTRAN 模型快,但仍需要较多的计算资源,特别是在处理高分辨率影像时。

3. 快速大气校正模型

快速大气校正(quick atmospheric correction, QUAC)模型是一种用于多光谱和高光谱遥感影像数据的大气校正方法,其设计初衷是提供一个无须大量先验信息、处理速度快的大气校正工具。与传统的基于物理模型的校正方法(如 FLAASH 模型)相比,QUAC 模型的处理速度更快,非常适合大规模影像模型数据处理或时间敏感的任务(Bernstein et al., 2012)。

QUAC 模型的最大特点在于它不依赖外部大气数据,如大气模型或测量的大气参数,而是通过直接分析影像数据本身推断大气校正参数。这种影像驱动的方法使得 QUAC 模型特别适合在没有详细大气信息的情况下进行大气校正。具体来说,QUAC 模型通过分析影像中所有像元的光谱特性,估算影像的全局平均光谱特征,并基于此推断出大气透过率和气溶胶等参数,从而进行校正。

在实际操作中,QUAC 模型先通过计算影像中所有像元的光谱平均值,并认为平均光谱代表了地表的平均反射率。然后,利用经验模型将平均光谱与理想的地表反射率进行比较,从而推断出大气影响的校正系数。最后,QUAC 模型应用校正系数,对影像中每个像元的光谱数据进行校正,生成校正后的反射率影像。

QUAC 模型的优势主要在于其快速处理能力和无须外部数据的特性,非常适合在短时间内对大批量影像进行大气校正的应用场景。此外,它能够处理来自不同传感器的影像数据,尤其是高光谱遥感数据。然而,由于 QUAC 模型基于经验模型,校正结果在精度上可能不如更复杂的物理模型方法,如 FLAASH 模型。此外,QUAC 模型对影像质量有一定依赖,如果影像中地物类型过于单一,校正结果可能不准确。

总体而言,QUAC 模型为影像数据的大气校正提供了一种快捷且灵活的解决方案,特别适用于资源受限或需要快速处理的场景。

3.3.4 大气校正的流程与步骤

1. 大气校正的流程

1)数据准备

首先,获取具备高保真度和丰富信息的遥感影像数据,包括跨越不同频谱波段且具备多样化分辨率的影像。同时,全面搜集与大气物理状态紧密相关的各类参数数据,其中包括气溶胶光学厚度的精细测量值、水汽的含量数据、大气压强和温度的准确监测值等。此外,源自地面的实测数据构成了不可或缺的重要组成部分,例如在特定地理位置进行的精准地表反射率测量结果、大气成分的实地采样与监测数据等。

为确保数据的质量和可用性,需对所收集的数据进行严格的预处理和质量控制。主要包括对遥感影像的辐射校正、几何校正,以及对大气参数和地面实测数据的筛选、清理和一致性检验等。通过处理,旨在消除数据中的噪声、误差和不一致性,为后续的大气校正工作奠定坚实的数据基础。

2)选择校正模型

基于所获取的丰富而多源的数据特征,结合具体而明确的研究目标,以及对校正精度的严格要求,从众多可供选择的大气校正模型中筛选出最为适配的模型。常见且广泛应用的模型如 6S 模型、FLAASH 模型等,每种模型均依托其独特的理论架构和算法设计,具备特定的适用条件和优势领域。

在模型选择过程中,需考虑模型对大气成分、地表类型以及传感器特性的适应性。同时,模型的计算复杂度、所需输入参数的可获取性以及在类似研究中的应用效果等因素也需纳入综合评估的范畴。通过全面比较和权衡,确保所选模型能够最大限度地满足研究需求,并在精度、效率和可靠性之间达成理想的平衡(尹梅等,2016)。

3)输入参数设置

将收集和整理的大气参数、地面实测数据以及遥感影像相关信息,输入至选定的校正模型之中。该过程要求对输入参数的准确性、完整性和一致性进行把控和校验。参数误差、缺失或不一致性在后续的计算中可能被放大，从而显著影响大气校正结果的可靠性和精度。

为实现精准大气校正，需对输入参数进行标准化、归一化和格式转换等操作，并建立有效的数据验证和纠错机制，及时发现并纠正可能存在的参数错误，确保输入数据的质量和有效性能够满足校正模型的要求。

4）模型计算

启动选定的校正模型，触发其内部蕴含的算法和基于物理原理的计算机制。该过程通常涉及大量的数值运算、迭代求解和复杂的数学变换，旨在通过模拟大气对辐射的传输、吸收和散射等物理过程，精确求解经过大气校正后的地表反射率或辐射值。

在计算过程中，模型充分利用输入的参数和数据，结合先验知识和经验公式，对大气的影响进行逐步消除和校正。同时，通过不断地迭代和优化，使计算结果逐渐收敛至稳定且可靠的状态，以确保最终输出的校正结果能够准确反映地表的真实辐射特性。

5）结果验证

运用独立且具备权威性的验证数据集，通常涵盖额外的高精度地面实测数据或其他经过严格认证的参考数据，对校正结果展开全面的对比和验证工作。通过计算校正结果与验证数据之间的差异指标如 RMSE、MAE、相关系数等，对校正结果的精度、准确性和可靠性进行量化评估。

此外，还需进行可视化分析和空间分布比较，直观地展示校正结果与验证数据在空间上的一致性和差异。通过综合的验证手段，全面评估大气校正结果的质量，为进一步的优化和改进提供依据和指导。

6）优化与调整

倘若验证结果未能达到预先设定的精度要求或预期的性能标准，则需要对大气校正过程中的各个关键环节进行深入剖析和缜密检查。仔细探究可能存在的问题根源，主要包括数据质量的缺陷、模型参数设置的不合理性、模型本身的局限性，或者对研究区域和对象的特征理解不足等方面。

基于问题诊断的结果，可能需要重新审视和提升数据的质量，对模型的参数进行精细调整和优化，甚至考虑更换为更适宜的校正模型。通过持续的迭代和改进，不断优化大气校正的结果，直至其能够满足严格的精度和可靠性标准，为后续的科学研究和实际应用提供可信的数据支持。

2. 大气校正的步骤

1）大气校正实验设备

硬件：PC 电脑（Windows 10 操作系统）。

软件：ENVI。

2）大气校正实验数据

已经过辐射定标的高光谱遥感数据 Hyperion_Rad.dat。

3）大气校正实验步骤

打开 ENVI 软件，加载所需的处理数据。单击【File】→【Open As】→【Optical Sensors】

→【EO-1】→【Geo TIFF】，打开数据选择界面，如图 3.15 所示。选择需要进行大气校正的数据，本节以 Hyperion_Rad.dat 数据为例进行加载，如图 3.16 所示。数据添加成功后如图 3.17 所示。

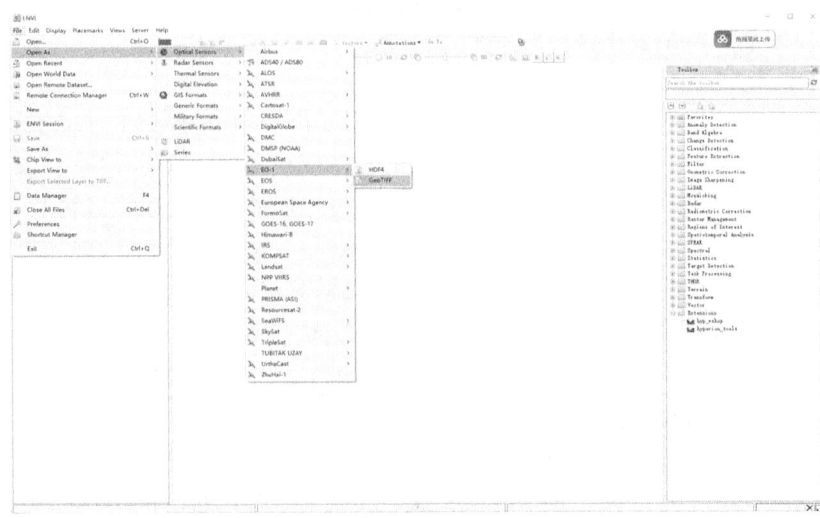

图 3.15　打开数据添加界面

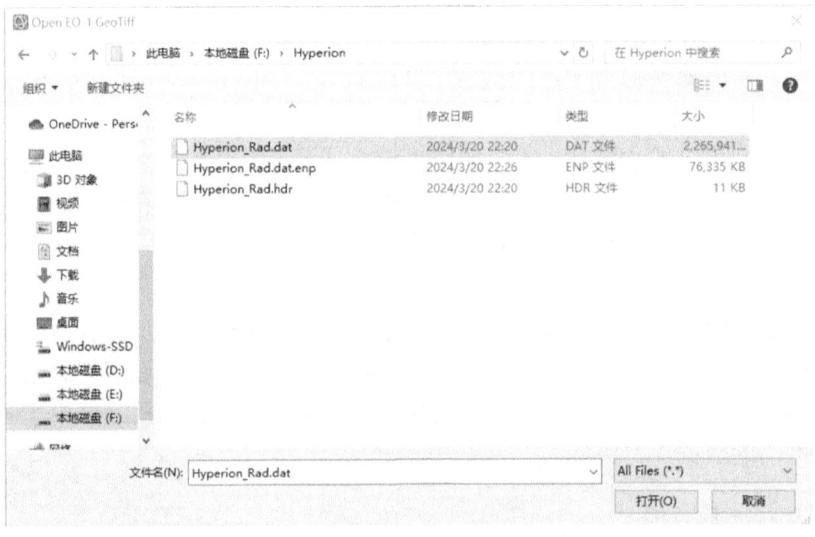

图 3.16　选择数据

在【Toolbox】中，选择【Radiometric Correction】→【Atmospheric Correction Module】→【FLAASH Atmospheric Correction】，启动【FLAASH Atmospheric Correction Module Input Parameters】面板，如图 3.18 所示。选择【Use single scale factor for all bands】，【Single scale factor】设置为 1，如图 3.19 所示。

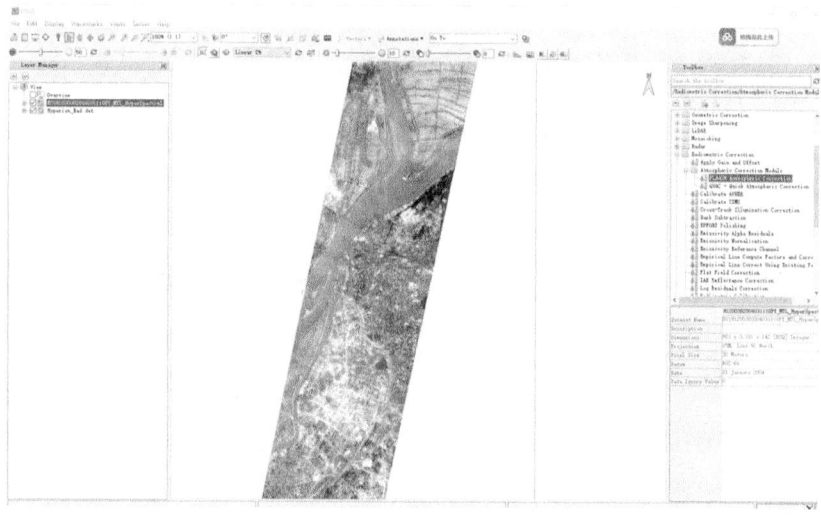

图 3.17　加载后的数据

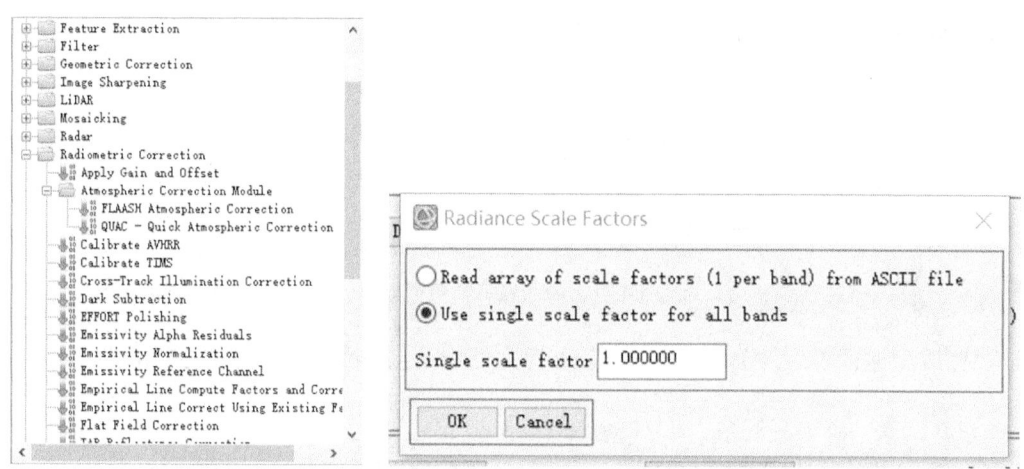

图 3.18　打开【FLAASH Atmospheric Correction Module Input Parameters】面板　　图 3.19　【Radiance Scale Factors】参数设置

进行传感器基本参数设置，其中，【Output Reflectance File】设置输出路径和文件名，【Output Directory for FLAASH Files】设置其他文件输出目录；HYPERION 的【Sensor Altitude】设置为 705，【Ground Elevation】根据研究区域的平均地面高程进行设置，这里设为 0.25。【Atmospheric Model】为大气模型参数选择，根据成像时间和纬度信息按规则选取，【Aerosol Model】为气溶胶模型，根据研究区域的类型来选择。所有设置如图 3.20 所示。

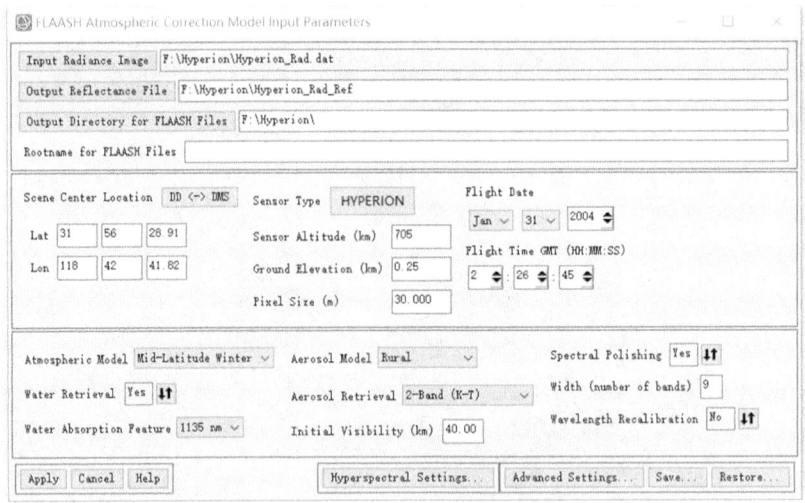

图 3.20　参数设置

单击【Hyperspectral Settings】，打开高光谱设置面板，选择【Automatic Selection】，单击【OK】完成设置，如图 3.21 所示。

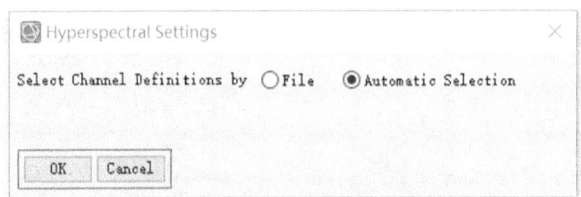

图 3.21　高光谱数据参数设置

完成上述设置后，单击【Apply】进行大气校正，校正结果如图 3.22 所示。

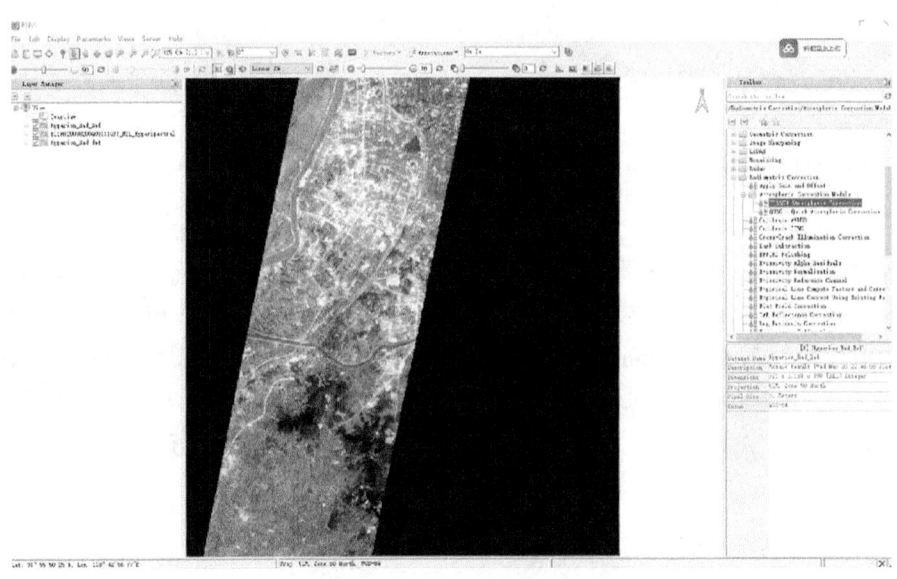

图 3.22　大气校正结果

校正后的数据存在黑边，可在校正后的数据上右击选择【View Metadata】→【Raster】→【Edit Metadata】，打开【Edit ENVI Header】，单击【Add Metadata Items】添加【Data Ignore Value】功能，并设置值为 0，单击【OK】即可，如图 3.23 所示。去除黑边后的影像如图 3.24 所示。

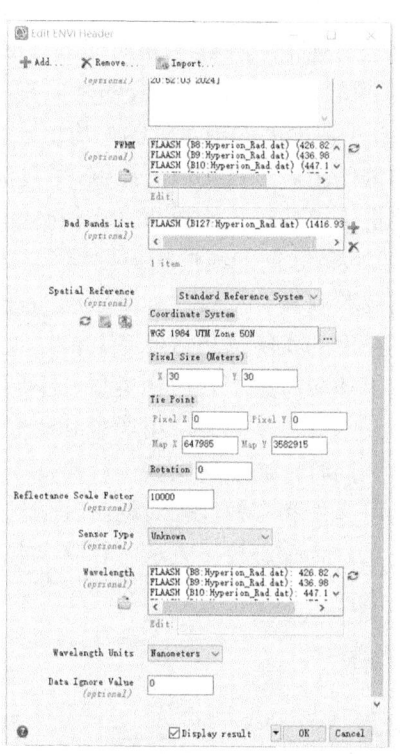

图 3.23　设置【Data Ignore Value】为 0

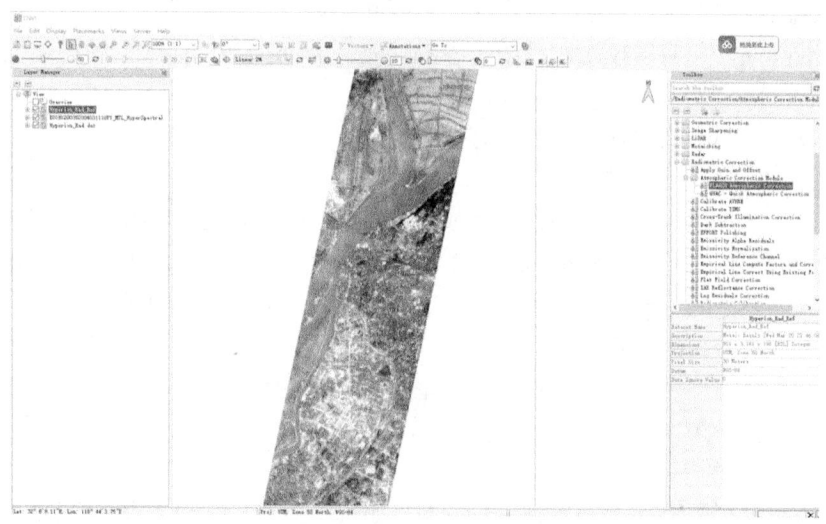

图 3.24　去除了黑边的大气校正结果

3.3.5 大气校正的精度评估

大气校正的精度评估是衡量大气校正效果和可靠性的重要环节，对于确保校正结果的准确性和可用性具有重要意义。精度评估通常基于一系列定量指标和方法，以客观、准确地反映大气校正结果与真实值之间的差异和一致性（Wang and Jiang, 2022）。

常用的精度评估指标包括 RMSE、MAE、相对误差（relative error, RE）等。RMSE 通过计算校正值与真实值偏差的平方和的平均值的平方根，综合反映了误差的大小。MAE 则直接计算校正值与真实值偏差的绝对值的平均值，侧重于误差的平均幅度。RE 通过计算校正值与真实值的偏差相对于真实值的比例，更直观地体现了误差的相对程度。此外，还可以采用相关性分析来评估校正结果与真实值之间的线性关系强度，相关系数越接近 1，表明校正结果与真实值之间的线性相关性越强，校正精度越高。

在实际评估过程中，需要获取具有代表性和高精度的真实值数据作为参考。真实值可以通过地面实地测量、高精度的实验室测量或者其他经过严格验证的数据源获取。为了全面评估大气校正的精度，还应考虑不同地物类型、不同波段、不同时间和空间条件下的校正效果（Pu et al., 2015）。针对不同的应用场景和研究目的，可能需要重点关注特定的地物类型或波段的精度。同时，通过交叉验证、对比不同校正方法的结果等手段，可以进一步增强精度评估的可靠性和有效性。对精度评估结果的深入分析，有助于识别大气校正过程中的问题和不足，为改进校正方法、优化参数设置提供有力依据，从而不断提高大气校正的精度和可靠性。

3.3.6 大气校正的不确定性分析

1. 大气校正的不确定性来源

大气校正是不确定性分析中极其重要的步骤，因为大气对遥感数据的影响复杂多样，不确定性分析能够量化和理解大气影响的来源和程度。通过不确定性分析，可以评估大气校正的准确性，并明确校正过程中引入的误差，从而提高遥感数据的可靠性和应用价值（Mélin et al., 2022）。

大气校正中的不确定性来源主要有 4 个方面。

1）大气模型的不确定性

大气校正通常依赖辐射传输模型（如 6S、MODTRAN、FLAASH 等模型），模拟大气对电磁波的影响。然而，辐射传输模型本身包含一定的假设和近似，可能导致不确定性。例如气体成分的假设，模型中对大气成分的假设（如气溶胶类型、浓度，水汽含量等）可能不准确，导致模拟结果与实际大气状况不符（Zhao et al., 2022）；再如大气层均匀性假设，许多模型假设大气层在水平和垂直方向上的均匀性，但实际大气分布可能是非均匀的，也会引入误差。

2）输入参数的不确定性

大气校正模型需要输入一系列大气参数，如气溶胶光学厚度、水汽含量、太阳角度、传感器观测角度等。这些参数通常通过现场测量、气象数据或遥感反演获得，但数据本身可能存在测量误差或时空分辨率不足，导致输入参数的不确定性。

（1）气溶胶光学厚度（aerosol optical depth, AOD）。AOD 是描述大气气溶胶浓度的重要参数，其不确定性来源于测量误差或反演方法的局限性。

（2）水汽含量。水汽是影响近红外和短波红外波段校正的重要因素，其垂直分布和时间变化对校正精度有显著影响。

3）观测条件的不确定性

观测条件包括太阳角度、卫星传感器的视角、地形起伏等，这些观测条件的变化会影响传感器接收到的辐射信号，进而影响大气校正的准确性。

（1）太阳角度和卫星观测角度。由于太阳的入射角和卫星的观测角度在一天中的不同时间以及地球各处的不同位置都有变化，会影响到地物的光照和反射特性，增加校正的不确定性。

（2）地形影响。在地形起伏较大的地区，地形阴影和坡度效应会导致辐射传输路径发生变化，从而增加大气校正的不确定性。

4）辐射传输过程的不确定性

辐射在大气中的传输涉及散射、吸收、反射等复杂过程，受多种因素的影响，如气溶胶粒径分布、分子散射强度等，这些变化和不确定性都影响大气校正的精度。

（1）瑞利散射和米氏散射。大气中的小分子（如氧气和氮气）引起瑞利散射，气溶胶颗粒等大分子引起米氏散射，散射效应的强度与大气条件密切相关，难以精确控制。

（2）吸收光谱带。不同气体在特定波段有明显的吸收光谱带，如水汽、臭氧、二氧化碳等。吸收带的强度和位置可能会因大气条件的改变而发生变化。

2. 大气校正中的不确定性量化

量化大气校正中的不确定性通常采用2种方法。

1）误差传播分析

误差传播分析是一种常用的量化方法，用于计算输入参数的不确定性如何通过大气校正模型传播到输出结果中。该方法基于泰勒级数展开，通过输入参数的不确定性和大气校正公式的偏导数，计算输出结果的不确定性。

2）灵敏度分析

灵敏度分析用于评估大气校正结果对不同输入参数变化的敏感性。通过系统地改变输入参数，观察校正结果的变化情况，从而识别和量化主要的不确定性来源。首先改变单个输入参数，保持其他参数不变，记录校正结果的变化；然后计算输入参数对校正结果的影响系数，通过影响系数和输入参数的变化范围，量化不确定性。

3.3.7 大气校正的发展趋势

随着遥感技术的持续快速发展以及在众多领域中应用的不断深化，如何从遥感数据中准确获取地表真实信息的需求愈发迫切，大气校正呈现一系列令人瞩目的发展趋势。

在精度提升方面，未来的大气校正工作将追求更高层次的校正精度，不仅要求对大气物理过程的描述达到更为精细和准确的程度，还需要深入研究大气中各种成分（如气溶胶、水汽、气体分子等）的相互作用及其对辐射传输的影响机制。通过改进现有的大气辐射传输模型，输入更多复杂但关键的物理过程和参数，如气溶胶的微观物理特性、大气的非均匀性等，从而更真实地模拟辐射在大气中的传输和衰减。同时，优化模型参数的估计方法也至关重要。利用先进的统计学和数学算法，结合大规模的实测数据和模拟数据，实现对模型参数的更精准推断和验证。此外，积极整合多源数据，包括不同类型的卫星遥感数据、地面观测数据、气象数据等，通过数据融合和同化技术，降低输入数据的不确定性，为大气校正提供更全面、可靠的基础信息。

多传感器融合无疑将成为未来大气校正发展的关键方向之一。不同类型的传感器，如光学传感器能够提供高空间分辨率和丰富的光谱信息，而微波传感器则对大气中的水汽和云层具有独特的探测能力。通过综合利用多传感器的数据，可以弥补单一传感器在某些方面的不足。例如，在大气水汽含量较高或存在云层遮挡的情况下，光学传感器的测量可能受到较大影响，此时微波传感器的数据能够提供有效的补充和校正。为了实现多传感器数据的有效融合，需要开发先进的算法和数据处理技术，解决不同传感器数据之间的时空配准、光谱匹配和数据权重分配等问题，从而充分发挥各类传感器的优势，实现更全面、准确的大气校正。

实时动态校正的需求在当前的科学研究和应用中变得越来越突出。随着卫星遥感技术的进步，数据采集的频率和及时性不断提高，同时数据传输技术的飞速发展使得大量的遥感数据能够迅速传送到地面处理中心，为实现实时获取大气参数（如气溶胶光学厚度、水汽含量等）并进行在线校正提供了可能。实时动态校正不仅能够满足对快速变化的地表和大气状况的及时监测，如灾害应急响应、气候变化的短期监测等，还能够为一些对时效性要求极高的应用，如精准农业中的作物生长监测、交通管理中的路况实时评估等，提供关键的信息支持。为了实现该目标，需要建立高效的数据处理和计算架构，结合云计算和边缘计算技术，实现对海量数据的快速处理和分析。同时，发展快速准确的大气参数反演算法和实时更新的大气模型，以确保校正结果的及时性和准确性。

大气校正模型的智能化和自动化水平将在未来得到显著提升。借助机器学习和人工智能技术，大气校正模型能够自动从大量的训练数据中学习和提取特征，识别不同的大气和地表条件，并自适应地调整校正策略和参数。例如，利用深度学习中的CNN和循环神经网络（recurrent neural network, RNN）等技术，对遥感影像的光谱、空间和时间特征进行自动分析和建模，实现对大气校正参数的智能估计和优化。此外，通过引入自动化的模型选择和超参数调整机制，减少人工干预和主观判断，提高校正过程的效率和一致性。同时，智能算法还能够对校正结果进行自动评估和质量控制，及时发现和纠正可能出现的问题，进一步提高大气校正的可靠性和准确性。

在应用领域，大气校正将与更多跨学科研究实现深度融合。在生态环境监测方面，通过与生物地球化学模型的结合，能够更准确地评估生态系统的生产力、碳循环和生态健康状况，为生态保护和可持续发展提供科学依据。在气候变化研究中，与气候模型的集成可以帮助更精确地理解气候变化对地表辐射平衡的影响，以及地表过程对气候变化的反馈机制。在城市规划领域，结合高分辨率的遥感数据和大气校正技术，能够更好地评估城市热岛效应、大气污染分布和城市景观的生态功能，为城市的可持续发展和生态宜居性提供决策支持。此外，大气校正还将在农业资源管理、水资源监测、地质勘查等众多领域发挥重要作用，为解决一系列复杂的现实问题提供不可或缺的技术支撑。

全球范围内的合作和数据共享在大气校正领域的发展中将扮演日益重要的角色。不同地区的研究机构和学者通过共享观测数据、先进的校正模型和处理算法，以及实际应用中的经验和教训，能够促进大气校正技术的共同进步和创新。国际合作项目的开展将有助于整合全球范围内的资源和力量，共同解决大气校正中的共性问题和挑战，如全球尺度的大气参数监测和建模、跨区域的遥感数据一致性校正等。同时，建立开放的数据共享平台和标准规范，促进数据的流通和互用，能够提高研究效率，避免重复工作，推动大气校正技术在全球范围内的广泛应用和发展。

综上所述，大气校正技术正朝着高精度、多源融合、实时动态、智能自动化以及跨学科应用和全球协作的方向发展，将为遥感技术在各个领域的深入应用和创新发展奠定坚实的基础。

3.4 几何校正

在遥感数据处理中，几何校正是一个不可或缺的环节。本节将详细探讨如何通过一系列标准化的程序和技术手段，校正遥感影像中由于传感器位置、姿态变化以及地形起伏等因素引起的几何畸变。几何校正旨在确保遥感影像的空间定位精度，使其与地理坐标系准确对齐，从而为后续的分析和应用奠定基础。该章节将涵盖几何校正的定义与重要性、原理与算法、类型、处理流程、精度评估、不确定性分析以及如何在实际应用中实施这些方法。此外，在发展趋势部分，将总结几何校正领域的最新进展和展望未来的发展方向。

3.4.1 定义与重要性

几何校正是高光谱数据预处理中的关键步骤之一，旨在消除和校正因传感器成像系统、平台运动、地形起伏等因素引起的影像几何畸变，使得影像的每个像素能够准确地对应地球表面上的特定位置（Devaraj and Shah, 2014）。高光谱遥感数据的几何校正不仅涉及对影像的几何形态进行调整，还包括将影像与地理坐标系统对齐，使其能够与其他地理信息系统（geographic information system, GIS）数据进行集成和分析。

几何校正的重要性体现在以下几个方面：

（1）数据的可比性与集成性。通过几何校正，可以确保不同时间、不同传感器、不同平台获取的数据在空间上具有一致性。因此，来自多个传感器或平台的数据可以进行集成、对比与分析，支持跨时空的研究与应用，如变化检测、数据融合等。

（2）空间精度的提高。未经过几何校正的影像往往会出现各种形式的几何变形，如缩放、旋转、剪切、平移等，几何变形会导致影像中的地物位置偏离其真实地理位置，从而影响影像的空间精度。此外，几何校正使得高光谱遥感影像能够与其他地理信息数据（如矢量地图、数字高程模型）进行精确配准，从而实现不同数据源的集成与叠加，为多源遥感数据融合提供了保障。

（3）地理信息系统的集成需求。在空间分析、地理信息系统应用以及环境监测等领域，遥感数据通常需要与已有的地理数据进行叠加和对比。通过几何校正，确保影像在地理坐标系中的精确定位，使其能够在 GIS 平台中与其他空间数据进行无缝集成，极大地提升了遥感数据在多领域应用中的可操作性和可靠性。

地形影响的消除：地形起伏会导致影像中的地物位置发生位移，特别是在山区或复杂地形区域。通过几何校正，可以有效消除地形对影像的影响，恢复地物的真实空间位置。

总之，几何校正是确保高光谱遥感数据空间精度和一致性的核心环节，是高光谱遥感数据在各种科学研究和应用中发挥作用的前提。无论是数据融合、多源分析，还是精确的地理信息集成，几何校正都为这些工作奠定了坚实的基础。

3.4.2 几何校正原理

几何校正的原理基于对影像中几何畸变的识别和校正。几何畸变通常是由成像系统的内在缺陷、平台运动、地形起伏等因素引起的。为了纠正几何畸变，几何校正通常采用数学建模的方式，通过建立精确的几何模型描述影像畸变的规律，并将畸变消除以得到影像的真实地理位置（Peng et al., 2023）。

首先，几何校正依赖于影像的成像模型，成像模型描述了影像中各个像素与其对应地球表面位置之间的几何关系。例如，仿射变换模型可以用于描述简单的线性变形，如平移、缩放和旋转；而投影变换模型则更复杂，适用于处理由于透视效应引起的影像畸变。成像模型的建立依赖于对传感器特性的了解，包括传感器的视场角、焦距、成像模式等参数（单小军等，2014）。

其次，地面控制点（ground control point, GCP）的使用是几何校正的核心。GCP 是在影像中具有已知地理坐标的特定点，通过这些控制点，影像的几何模型可以被精确拟合。控制点的选择与其空间分布对校正的精度具有重要影响，通常需要在影像中均匀分布 GCP，并确保其在地理坐标系中的精确定位。

另外，几何校正还涉及多种几何变换方法的应用，例如仿射变换、多项式变换、双线性插值、最近邻插值等，以上变换方法用于将原始影像进行重新投影，使其符合标准的地理坐标系统。通过几何变换，影像中的每个像素都能准确地映射到地球表面的特定位置。在 ENVI 的几何配准过程中，影像像素值的重新插值是不可避免的。ENVI 提供了几种常用的插值方法，包括最近邻插值、双线性插值和三次卷积插值。不同的插值算法会影响配准后影像的空间分辨率和细节保留。最近邻插值通常用于分类影像，可以保留原始像素值，但在几何变形较大的情况下可能引入锯齿效应。双线性插值适用于大多数情况，能够在平滑影像的同时保留一定的细节。三次卷积插值则具备更高的细节保留能力，适合用于高分辨率影像的配准，但计算量相对较大。在使用 ENVI 时，应根据影像的特点和后续应用需求选择合适的插值方法，以平衡处理速度和影像质量。

几何校正的原理是通过一系列精确的数学运算和几何模型，将影像中的几何畸变校正到最小，从而确保影像的空间精度和地理一致性，该过程为高光谱影像的精确定位和后续应用提供了不可或缺的支持。ENVI 提供多种几何变换模型，例如仿射变换、多项式变换、基于传感器模型的几何校正等。选择适合的几何模型对于成功配准至关重要。对于简单的线性变形，可以选择仿射变换模型；而对于更复杂的畸变，可能需要使用更高阶的多项式模型或基于传感器的专用校正模型。在 ENVI 中，如果影像涉及不同传感器的数据，或者影像具有复杂的几何畸变，建议通过试验不同的模型并比较配准误差，选择最适合的模型。此外，可以结合数字高程模型（digital elevation model, DEM）进行地形校正，以进一步提高复杂地形区域的配准精度。

3.4.3 几何校正的类型

高光谱遥感数据的几何校正主要包括 7 个方面。

1）几何畸变校正

几何畸变通常是由于传感器的光学系统和成像平台的运动引起的。几何畸变校正的目的是纠正由于光学系统中的像差、传感器的姿态变化、扫描机制等造成的影像几何变形，使得影像能够准确反映地表的真实几何形态。

2）地理配准

地理配准是将高光谱遥感影像与已有的地理参考影像或地图进行对齐，使得影像的每个像素都能对应到地球表面上的一个确切位置。该过程通常需要使用 GIS 中的工具，并利用 GCP 进行配准。地理配准的精度直接影响后续的多源数据融合与分析。

3）影像重投影

由于不同的高光谱传感器可能使用不同的成像投影方式（例如平面投影、地心投影等），需要对影像进行重投影，使其符合标准的地图投影系统（如 UTM、WGS-84 等）。重投影是为了统一数据格式，便于与其他地理数据进行集成和分析。

4）共线性校正

共线性校正是指对影像中由于平台运动或传感器视角变化引起的像元间共线性误差进行校正。特别是在航空或卫星平台上，传感器的姿态变化会导致影像中的物体位置发生平移、旋转、尺度变化等变形，因此需要通过共线性校正恢复影像的原始几何关系。

5）地形校正

地形校正是考虑地形起伏对影像几何精度的影响，尤其是在山区或复杂地形区域。地形的高低起伏会导致影像中的地物发生位移，特别是当影像拍摄角度不是垂直于地表时，地形校正通过使用 DEM 纠正位移，从而保证影像的几何精度。

6）传感器模型校正

传感器模型校正是根据传感器的成像模型进行几何校正。例如，推扫式传感器和框幅式传感器的成像模型不同，几何校正过程也会有所不同。传感器模型校正需要考虑传感器的成像几何、扫描模式、扫描角度、平台高度等参数，以精确恢复影像的几何结构。

7）条带效应校正

在高光谱遥感数据中，条带效应是由传感器的物理特性或数据传输过程中引起的，表现为影像中出现明显的条带状亮度差异。几何校正中，条带效应需要处理，以消除影像中因传感器扫描或数据传输而产生的条带状几何误差。

几何校正的最终目标是保证高光谱遥感影像与地理真实位置之间的准确对应,使得影像数据可以与其他地理信息数据进行集成、比较和分析,确保后续处理(如分类、变化检测、目标识别等)能够基于精确的几何位置进行。

3.4.4 几何校正的流程与步骤

1. 几何校正的流程

几何校正的流程通常包括 6 个步骤,每个步骤都对影像的最终校正结果有重要影响。

1)影像预处理

进行几何校正前,首先需要对影像进行预处理,主要包括辐射校正和大气校正,以确保影像数据的质量和一致性。辐射校正消除传感器响应的非均匀性,而大气校正则用于去除大气中的气溶胶、水汽等对影像的干扰。预处理步骤为后续的几何校正提供了更为精确的影像数据基础。

2)确定控制点

GCP 的选择是几何校正的关键,GCP 是影像中具有已知地理坐标的特定点,通过控制点,影像的几何模型可以被精确拟合。在 ENVI 中进行几何配准时,确保选择具有明显特征且在影像中易于识别的控制点至关重要。控制点应在影像中均匀分布,且其地理坐标应尽可能准确,以最大限度地减少校正误差。此外,ENVI 允许用户手动选择或从外部文件导入控制点。为了提高配准的精度,建议使用高精度的 GPS 数据或已知的地理参考影像作为控制点来源。在选择控制点时,应注意避免选取阴影、云层覆盖或不稳定区域的点,以防止不准确的配准。

3)建立几何模型

根据影像的几何畸变类型,选择适当的几何模型进行拟合。常用的几何模型包括仿射变换、多项式变换和投影变换等。仿射变换用于处理简单的线性变形,而多项式变换和投影变换则适用于更复杂的畸变校正。模型的选择应根据影像的畸变特性和校正精度要求进行优化。

4)模型拟合与配准

使用选定的几何模型和控制点进行模型拟合,将影像中的几何畸变进行校正,并使其与地理坐标系统对齐。在该过程中,配准算法(如最近邻插值、双线性插值)被用来将影像中的每个像素精确地映射到目标地理坐标系中。模型拟合的质量直接影响校正后影像的精度。

5)影像重投影

校正后的影像通常需要进行重投影,以便统一影像的投影系统,使其符合标准的地图投影系统(如 UTM、WGS-84 等)。影像重投影的目的是确保影像可以与其他地理数据进行一致性分析和集成,尤其在多源数据融合和空间分析中,该步骤尤为重要。

6)校正后处理

完成几何校正后,还需要对影像进行质量检查和后处理。包括评估校正的精度、检查影像是否存在残留畸变，或是否在校正过程中引入了新的误差。必要时，还需要对影像进行进一步调整，以确保其空间精度和一致性符合应用要求。

通过严格的几何校正流程，能够最大限度地消除影像中的几何畸变，确保影像的空间精度和地理一致性，从而为高光谱遥感数据的后续应用提供可靠的基础。

2. 几何校正的步骤

1）几何校正实验设备

硬件：PC 电脑（Windows 10 操作系统）。

软件：ENVI。

2）几何校正实验数据

高光谱数据：EO1H1200382004031110PY_MTL_HyperSpectral 数据（以下称为 data3）、EO1A1200382004031110PY_MTL_L1T_Panchromatic 数据（以下称为 data4）。

3）几何校正实验步骤

打开 ENVI 软件，加载所需的处理数据。单击【File】→【Open As】→【Optical Sensors】→【EO-1】→【Geo TIFF】，打开数据选择界面，如图 3.25 所示。选择需要进行几何校正的数据，本节以 data3 数据和 data4 数据为例进行加载，如图 3.26 所示。数据添加成功后如图 3.27 所示。

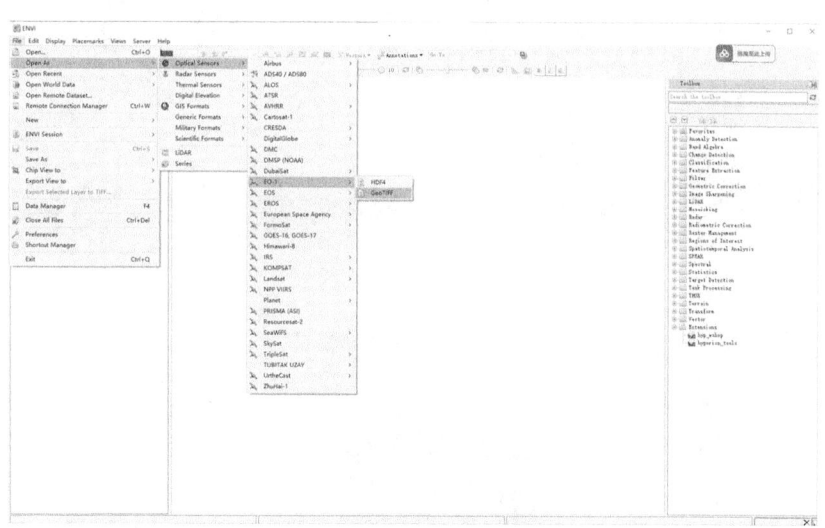

图 3.25　打开数据添加界面

在【Toolbox】中，选择【Geometric Correction】→【Registration】→【Registration: Image to Image】，如图 3.28 所示。启动【Select Input Band from Base Image】面板选择 data4 数据作为基准数据，单击【OK】后继续在【Select Input Warp Image】选择 data3 数据作为待校正的数据。如图 3.29 所示。

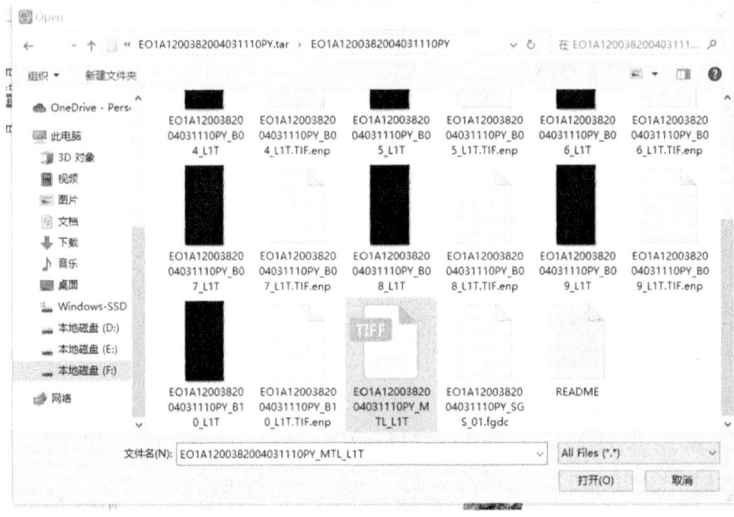

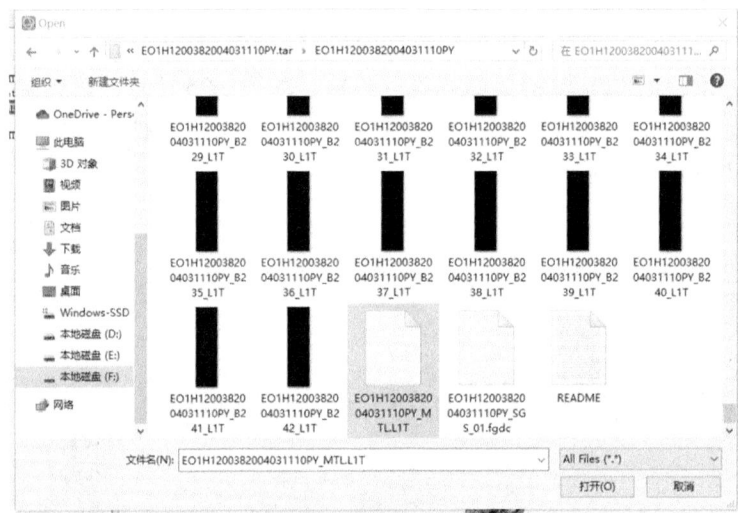

图 3.26　选择数据

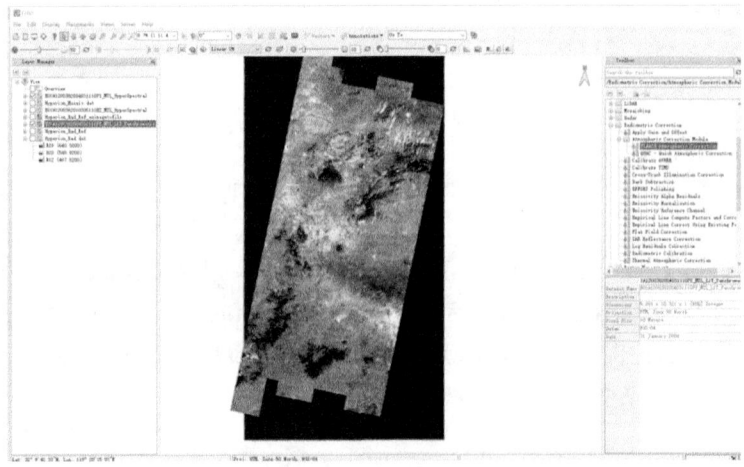

图 3.27　加载后的数据

第 3 章　高光谱遥感数据预处理

图 3.28　选择几何校正方法

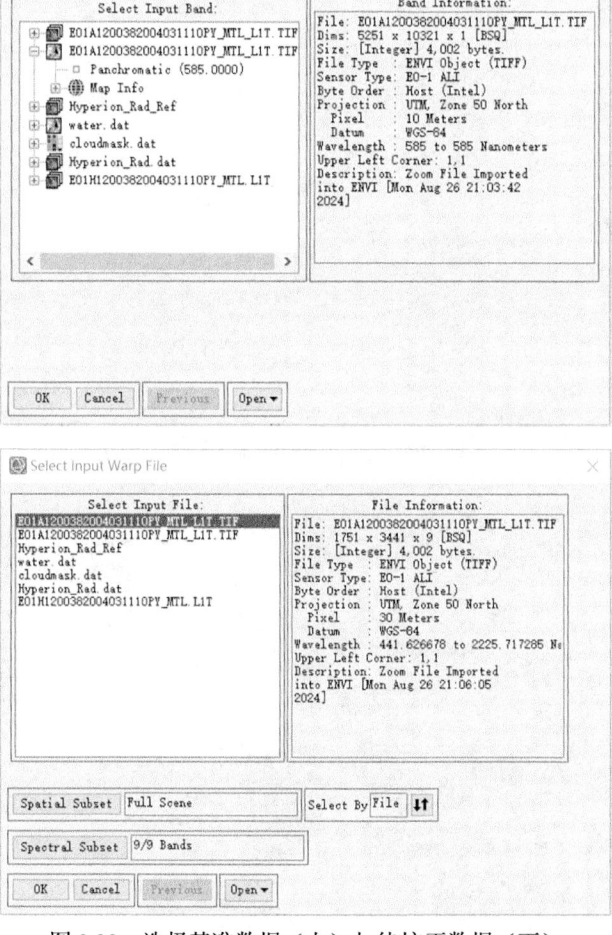

图 3.29　选择基准数据（上）与待校正数据（下）

数据选择之后出现【ENVI Question】面板，询问是否使用已存在的 Tie Points 文件，此询问的出现是因为电脑中有以往保存的 Tie Points 文件，选择"否"即可，如图 3.30 所示。若电脑中没有 Tie Points 文件则不会出现该询问。

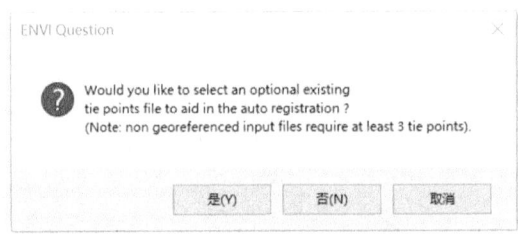

图 3.30 是否使用已存在的 Tie Points 文件

进入参数设置面板，根据默认值生成地面控制点。参数设置如图 3.31 所示。生成的地面控制点结果如图 3.32 所示。

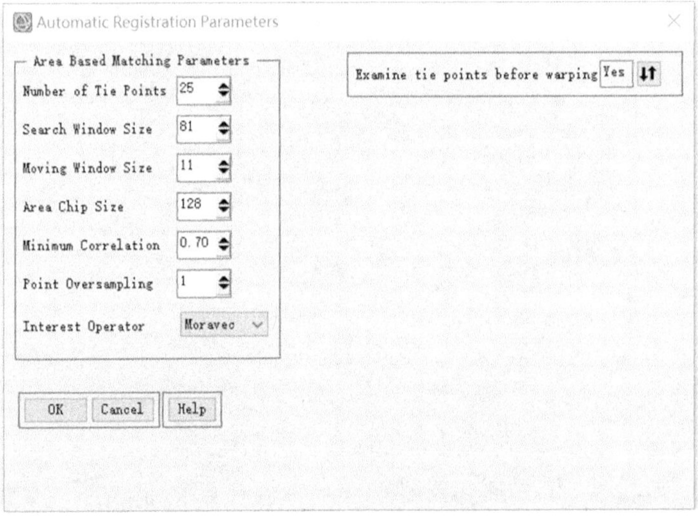

图 3.31 生成地面控制点

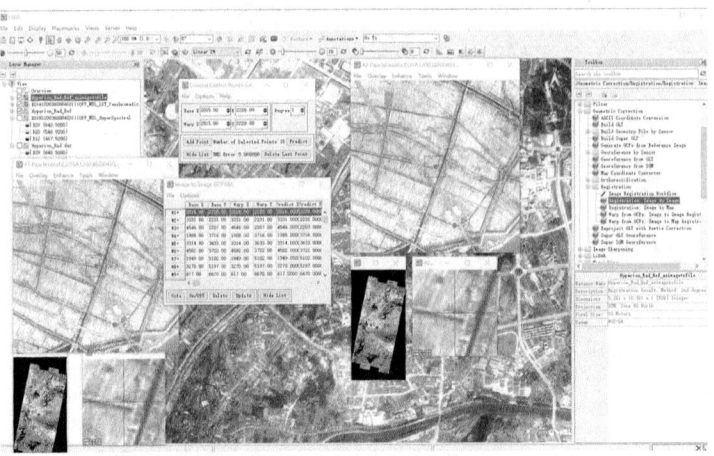

图 3.32 地面控制点生成情况

在【Ground Control Points Selection】面板右击【File】，单击【Save GCPs to ASCⅡ】保存地面控制点为文件，如图 3.33 所示

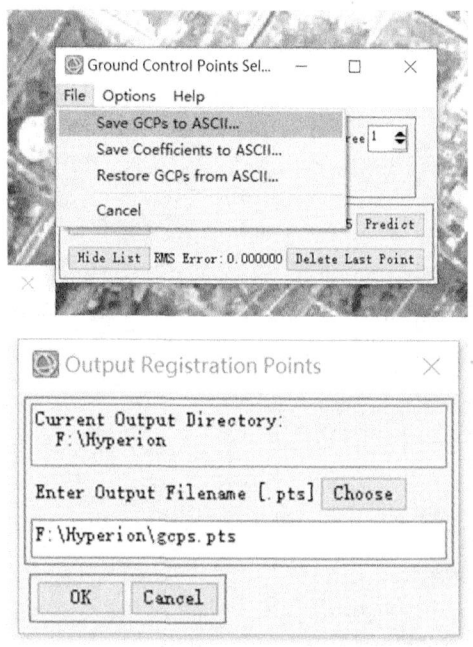

图 3.33　保存地面控制点文件

继续在该面板单击【Options】→【Warp File（as Image to Map）】，如图 3.34 所示。选择需要校正的文件 data3 数据，如图 3.35 所示。进行参数设置，如图 3.36 所示。设置完毕后单击【OK】运行即可得到校正结果。

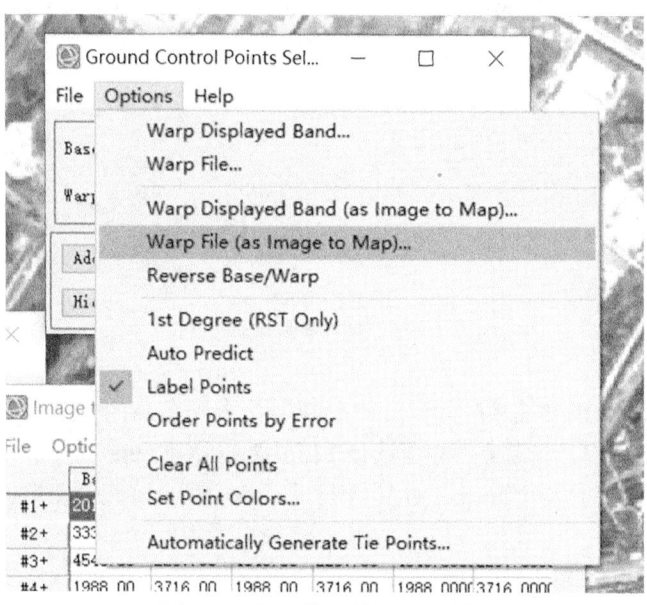

图 3.34　打开校正数据选择面板

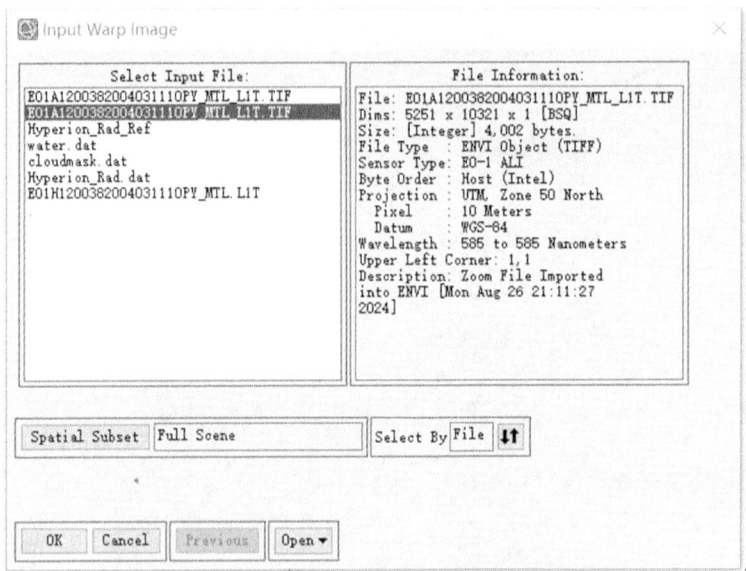

图 3.35 选择校正文件

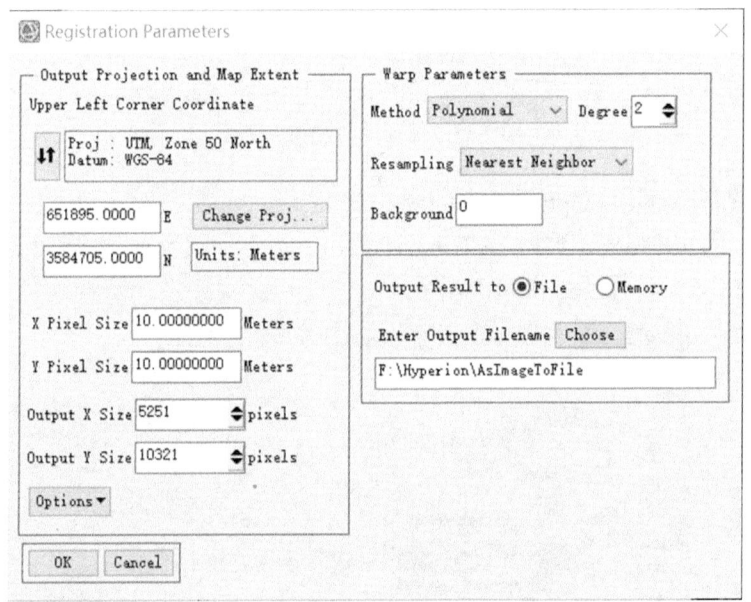

图 3.36 参数设置

通过打开地理连接功能【Geographic Link】检查同名点的叠加情况。在显示校正后结果的 Image 窗口中,右键【Tools】选择【Link】→【Geographic Link】命令,如图 3.37 所示。选择需要连接的两个窗口,如图 3.38 所示。打开十字光标进行查看,如图 3.39 所示。

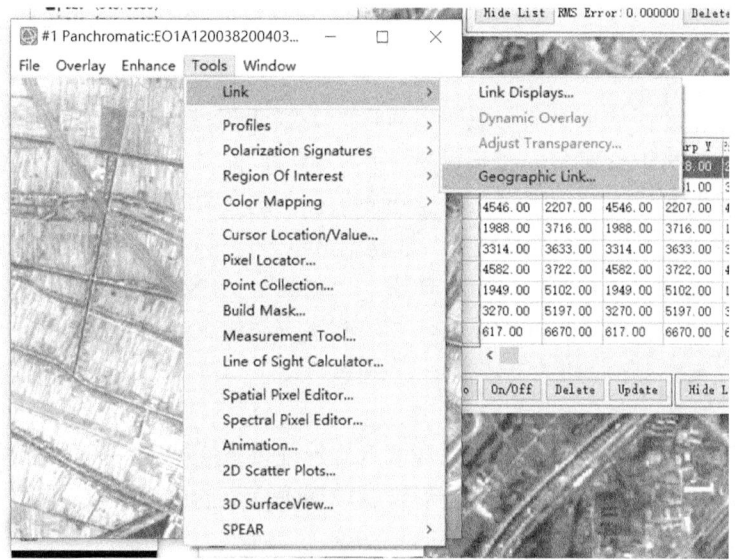

图 3.37　选择【Geographic Link】命令

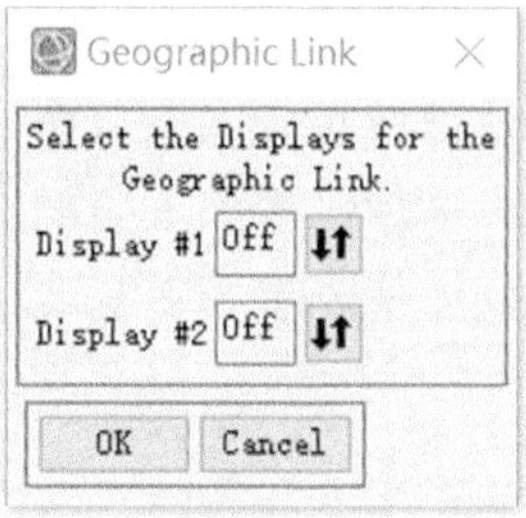

图 3.38　选择需要连接的两个窗口

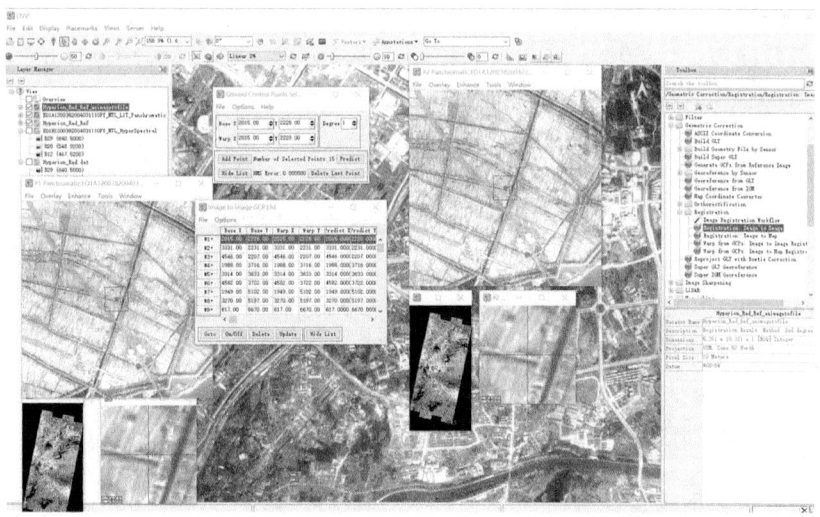

图 3.39　查看几何校正结果

3.4.5 几何校正的精度评估

几何校正精度评估是保证影像数据质量的关键环节，精度评估的结果直接影响到影像的实际应用效果。针对几何校正精度评估，ENVI 提供了相关工具评估校正后的影像精度。通常使用多种方法和指标，以全面衡量校正的效果，可以通过目视检查和对比校正前后的影像，特别是检查影像边缘、地物细节以及重叠区域，确保影像配准的准确性。在复杂地形区域或多源影像的融合处理中，可以结合 DEM 对影像进行进一步的精度评估，确保校正后的影像能够准确反映地物的真实空间位置。

1. 位置精度评估

位置精度是指影像中地物的位置与其真实地理位置之间的偏差。通过选择一组 GCP 或参考地图上的已知位置，测量校正后影像中地物点位的位置偏差。RMSE 是常用的评估指标，反映了校正后影像位置误差的平均水平。较小的 RMSE 值表明位置精度较高，影像中的地物能够准确对应其真实地理位置。

2. 影像配准精度

影像配准精度评估主要针对几何校正后影像与参考影像或地图之间的配准情况。通过分析影像重叠区域的误差，可以评估影像配准的准确性。配准精度通常使用偏差矢量或残差分析方法来量化，较小的偏差值表示影像配准精度较高，影像之间的空间一致性较好。

3. 局部细节精度

几何校正后，需要检查影像中的局部细节，如边缘、纹理等是否保持清晰、准确。该步骤可以通过目视检查或定量分析（如边缘检测、纹理分析）完成。局部细节的精度评估有助于发现校正过程中可能产生的模糊或失真问题，确保影像的空间细节在校正后仍能准确表达地物特征。

4. 地形影响评估

在复杂地形区域，地形校正的效果评估尤为重要。评估地形校正的精度可以通过比较校正前后影像中地物位置的变化，特别是在山地、丘陵等地形复杂的区域。结合 DEM 进行评估，可以更好地理解地形校正对影像几何精度的提升。

精度评估的结果不仅帮助验证几何校正的有效性，还可为影像的进一步使用提供可靠依据。通过精确的精度评估，能够确保校正后的影像在空间分析、地理信息系统集成以及科学研究中的高质量应用。

3.4.6 几何校正的不确定性分析

在几何校正过程中，不确定性分析旨在识别和量化可能影响校正结果精度的各种因素。不确定性来源广泛，包括传感器特性、控制点的准确性、地形校正误差等。通过对不确定性的分析，可以更好地理解几何校正的局限性，并采取相应措施来减小不确定性对最终校正结果的影响。

1）传感器不确定性

传感器的不确定性主要体现在成像过程中由于硬件特性引起的几何误差。几何误差主要包括传感器的像差、探测器的非均匀响应、视场角的变化等。硬件因素可能在不同波段、不同时间段表现不同的特性，导致几何校正过程中产生误差。例如，传感器老化可能导致光学性能下降，进而影响影像的几何精度。

2）地面控制点不确定性

GCP 的不确定性直接影响几何校正的精度。GCP 的定位误差、分布不均匀性、数量不足等都会导致校正模型拟合不准确，从而产生几何误差。GCP 的不确定性可以通过提高 GCP 的精度、增加 GCP 的数量以及优化 GCP 的分布来减小。

3）模型拟合误差

几何校正过程中使用的数学模型（如仿射变换、多项式变换）存在拟合误差，特别是在处理复杂畸变时，模型的简化假设可能导致拟合误差。模型拟合误差可以通过选择更适合的几何模型或引入更高阶的多项式拟合减小。然而，过度复杂的模型可能会引入过拟合问题，因此需要在模型复杂性和拟合精度之间找到平衡。

4）地形校正不确定性

地形校正的不确定性主要来源于 DEM 的精度和地形校正算法的准确性。DEM 的精度直接影响地物位置的校正结果，特别是在地形起伏较大的区域，低精度的 DEM 可能导致校正后影像仍然存在显著的几何误差。使用高分辨率 DEM 以及优化地形校正算法可以有效减少地形校正的不确定性。

通过对几何校正中的不确定性进行系统分析，可以识别出关键的不确定性来源，并采取相应的措施来减小其影响。

3.4.7 几何校正的发展趋势

随着遥感技术和应用需求的不断发展，几何校正技术也在不断演进，当前及未来呈现 5 个发展趋势。

1）自动化与智能化

未来几何校正将更加依赖于自动化算法和人工智能技术的发展。随着机器学习和深度学习在影像处理中的应用，几何校正的步骤，如控制点自动识别、模型自动选择等，将能够实现自动化。特别是在处理大规模遥感数据时，自动化校正显得尤为重要。

2）多源遥感数据融合

多源遥感数据融合是当前遥感领域的一个重要发展方向。通过结合不同传感器的数据（如 LiDAR、雷达、高分辨率光学影像等），可以显著提升几何校正的精度。例如，LiDAR 数据提供的高精度地形信息可以用于精细的地形校正，而雷达数据可以提供全天候的地表信息，数据融合有助于改进几何校正结果，特别是在复杂地形和多源数据集成应用中。

3）实时与在轨校正

随着对实时遥感数据需求的增加，几何校正技术正向实时与在轨校正方向发展。在轨校正技术能够在传感器运行期间进行实时的几何校正，持续监控传感器的性能变化，并及时修正由于传感器漂移或环境变化产生的误差。该技术对于空间任务中的实时数据处理和应用至关重要，能够显著提高数据的实时性和可靠性。

4）大数据与云计算支持

遥感数据的规模与复杂性与日俱增，传统的几何校正方法面临巨大的计算挑战。大数据与云计算技术的发展为几何校正提供了强大的计算资源支持。通过云计算平台进行大规模影像的几何校正处理，不仅能够处理海量数据，还能实现跨地域、跨平台的数据协同和共享，为遥感数据的广泛应用提供了坚实的技术基础。

5）增强的地形校正

随着 DEM 和地形校正算法的不断改进，地形校正技术正在变得更加精细化和智能化。未来的地形校正将能够更好地处理复杂地形区域的影像几何误差，特别是在高分辨率遥感数据和多源数据融合的背景下，增强的地形校正技术将进一步提升影像的空间精度和应用效果。

总体而言，几何校正技术正朝着更加精确、智能和高效的方向发展。随着新技术的不断涌现，几何校正将在遥感数据的空间分析、地理信息系统集成以及科学研究中发挥更加重要的作用。

3.5 图像配准

在遥感数据处理中，图像配准是一个关键的过程。本节将详细探讨如何通过一系列标准化的程序和技术手段，将多源、多时相的遥感影像精确对齐，以便进行后续的分析和解译。图像配准是确保多时相数据分析、变化检测以及多源数据融合的关键步骤，直接影响结果的准确性。本节将涵盖图像配准的定义与重要性、原理与算法、类型、处理流程、精度评估、不确定性分析以及如何在实际应用中实施这些方法。此外，还将总结图像配准领域的最新进展和展望未来的发展方向。

3.5.1 图像配准的定义与重要性

图像配准是遥感影像处理中的一个关键步骤，其目的是将多幅影像在空间上精确对齐，使得其能够在同一地理坐标系中进行比较和分析。无论是多时相影像的变化检测、多源数据的融合，还是复杂场景的三维重建，图像配准都起着至关重要的作用（Vakil et al., 2015）。

图像配准的重要性主要体现在 3 个方面。

首先，配准后的影像能够消除由于成像时间、传感器类型、观测角度等因素引起的空间偏差，从而确保多幅影像之间保持空间一致性。这种一致性是进行变化检测、时序分析和多源数据融合等高层次遥感应用的基础。

其次，图像配准为高精度的环境监测和资源管理提供了技术保障。在气候变化监测、灾害评估、城市规划等领域，准确的配准能够揭示多时相或多源数据中的细微变化趋势，为决策支持提供可靠的数据基础。

此外，在高光谱遥感中，图像配准有助于提高分类、反演等分析的精度。高光谱数据通常具有较高的光谱分辨率和空间分辨率，微小的空间偏差可能导致光谱特征的失配，进而影响分析结果的准确性。通过精确的配准，可以保证光谱和空间信息的一致性，从而提高数据分析的可靠性。

因此，图像配准不仅是遥感数据处理的关键技术之一，也是确保影像分析精度和实用性的基础步骤。在 ENVI 软件中，图像镶嵌的重要性体现在其提供的多种工具和流程，能够帮助用户高效、精确地完成这一复杂任务（Feng et al., 2021），主要包括自动化的几何校正、配准、颜色调整，以及无缝拼接功能，为用户提供了完整的图像镶嵌解决方案。

3.5.2 图像配准原理

图像配准的原理是将一幅影像中的地物与另一幅影像中的相同地物精确对齐（Dong et al., 2011）。该过程通常涉及两个关键步骤：特征提取和几何变换。

1）特征提取

特征提取是图像配准的第一步，即在影像中识别出一组具有代表性的特征点，这些点在不同影像之间应具有可识别性和稳定性。常用的特征包括角点、边缘、形状特征等。提取到的特征点在不同影像中对应于相同的地物，通过特征点的匹配，可以建立两幅影像之间的空间对应关系。

2）特征匹配

在特征提取之后，下一步是特征匹配，即在不同影像之间找到对应的特征点对。通常通过相似性度量函数（如互相关、欧几里得距离、相位相关等）实现。特征点的匹配精度直接影响配准的精度，因此在匹配过程中，通常采用一定的策略去除错误匹配点对，如随机样本一致（random sample consensus, RANSAC）算法。

3）几何变换

一旦特征点匹配完成，接下来就是几何变换，即先根据匹配的特征点对，计算出一组几何变换参数（如仿射变换、射影变换、多项式变换等），然后将一幅影像变换至另一幅影像的坐标系中。几何变换的复杂程度取决于影像间的空间变形类型。简单的变形如平移、旋转可以通过仿射变换校正，而更复杂的变形如透视畸变则可能需要使用高阶多项式变换或基于物理模型的几何变换方法。

4）影像重采样与重投影

几何变换之后，影像的像素位置会发生变化，这时需要对影像进行重采样和重投影，以确保配准后的影像在新的坐标系下仍然具有正确的空间分辨率和地理位置。常用的重采样方法包括最近邻插值、双线性插值和三次卷积插值等。重采样的选择会影响影像的空间细节保留和整体图像质量。

图像配准的原理是通过以上 4 个步骤将不同影像在空间上对齐，确保其能够在同一地理坐标系中精确地对应，从而为后续的分析和应用提供可靠的空间基础。

3.5.3 图像配准的类型

图像配准根据应用场景和影像类型的不同，可以分为多种类型，每种类型有其对应的配准方法。

1）基于特征的配准

该方法通过在影像中提取显著特征点，并在不同影像之间进行匹配，从而实现配准。常用的特征提取方法包括尺度不变特征变换（scale invariant feature transform, SIFT）、加速稳健特征（speeded up robust features, SURF）、Harris 角点检测等。特征匹配后，通过计算特征点之间的变换矩阵，完成影像的几何对齐。基于特征的配准方法适用于影像内容复杂、纹理丰富的场景，能够较好地处理大尺度的旋转、缩放和平移变换。

2）基于强度的配准

基于强度的配准方法利用影像灰度值或光谱信息的相似性进行配准。常见的方法包括互相关法、相位相关法等，该类方法通过直接比较影像的像素强度寻找最佳配准位置。强度配准通常用于影像纹理较少或特征点不明显的情况下，如医学图像配准或遥感影像的全局对齐。

3）基于物理模型的配准

该类方法利用传感器的成像几何模型或地形信息进行配准。对于航空遥感或卫星影像，常常采用基于物理模型的方法，通过建立影像的成像模型，结合 GCP 或 DEM，进行高精度的几何配准。该类方法在处理高分辨率影像或需要考虑地形影响时尤为有效。

4）多分辨率与多尺度配准

在实际应用中，常常需要对多分辨率或多尺度影像进行配准。多分辨率配准方法通过金字塔分解或多尺度分析，进行逐层配准，从而实现高效的影像对齐。该方法适用于高分辨率与低分辨率影像的融合、多时相影像分析等场景。

5）迭代配准方法

迭代最近点（iterative closest point, ICP）算法是常见的迭代配准方法之一，广泛用于三维点云数据的配准。对于二维影像，可以采用类似的迭代方法，通过不断调整变换参数，使得影像之间的误差最小化。迭代配准方法适合用于精细配准或初始对齐不精确的影像。

每种配准方法都有其特定的适用场景和优缺点，在选择方法时需要根据影像的特性和具体的应用需求进行权衡。

3.5.4 图像配准的流程与步骤

1. 图像配准的流程

图像配准的流程通常包括 6 个步骤，以确保影像在空间上的精确对齐。

1）影像预处理

在进行图像配准之前，首先需要对影像进行预处理。主要包括影像的去噪、增强对比度以及影像的几何校正等。预处理的目的是提高影像的质量，使得后续的特征提取和匹配更加精确。

2）特征提取

从预处理后的影像中提取特征点是配准的关键步骤。根据影像的类型和应用场景，选择合适的特征提取方法。特征点的质量和数量将直接影响配准的精度。对于高分辨率影像，通常需要提取更多的特征点以确保配准的稳定性。

3）特征匹配

在提取到特征点后，下一步是进行特征匹配。使用相似性度量方法匹配不同影像中的特征点，并去除错误匹配。对于复杂场景，可能需要结合多种匹配方法以提高匹配的精度。匹配后的特征点对将作为几何变换的基础。

4）几何变换与重采样

根据匹配的特征点对，先计算几何变换参数，将影像进行空间对齐。然后对变换后的影像进行重采样，以确保影像在目标坐标系中的空间一致性。此过程可能包括坐标系转换、投影变换等步骤。重采样的选择（如最近邻、双线性、三次卷积）会影响配准后影像的质量。

5）配准精度评估

配准完成后，需对结果进行精度评估。通过对比配准前后的影像位置偏差、计算 RMSE 等指标，评估配准的精度。还可以通过目视检查或对比已知参考影像，确保配准的准确性。

6）后处理

在完成配准后，可能需要进一步的后处理步骤，如影像融合、色彩调整等，以提高影像的整体质量和一致性。对于多源数据融合，还需要考虑不同数据源之间的光谱或空间分辨率差异，进行必要的调整。

通过严格执行这些步骤，图像配准可以达到较高的精度，为后续的分析和应用提供可靠的空间基础。

2. 图像配准的步骤

1）图像配准实验设备

硬件：PC 电脑（Windows 10 操作系统）。

软件：ENVI。

2）图像配准实验数据

高光谱数据：EO1A1200382004031110PY_MTL_L1T_Panchromatic 数据（以下称为 data5 数据）和 Hyperion_Rad_Ref.dat 数据。

3）图像配准实验步骤

打开 ENVI 软件，加载所需的处理数据。单击【File】→【Open As】→【Optical Sensors】→【EO-1】→【Geo TIFF】，打开数据选择界面，如图 3.40 所示。选择需要进行图像配准的数据，本节以经过了大气校正的高光谱数据 Hyperion_Rad_Ref.dat 数据和 data5 数据为例进行加载，如图 3.41 所示。数据添加成功后，选择【Portal】工具浏览两影像数据叠加情况，发现有一定的偏差，如图 3.42 所示。

在 Toolbox 中，打开【Geometric Correction】→【Registration】→【Image Registration Workflow】，启动自动配准的流程化工具，如图 3.43 所示。【Base Image File】选择基准影像 data5 数据，【Warp Image File】选择待配准影像 Hyperion_Rad_Ref.dat 数据，单击【Next】，如图 3.44 所示。

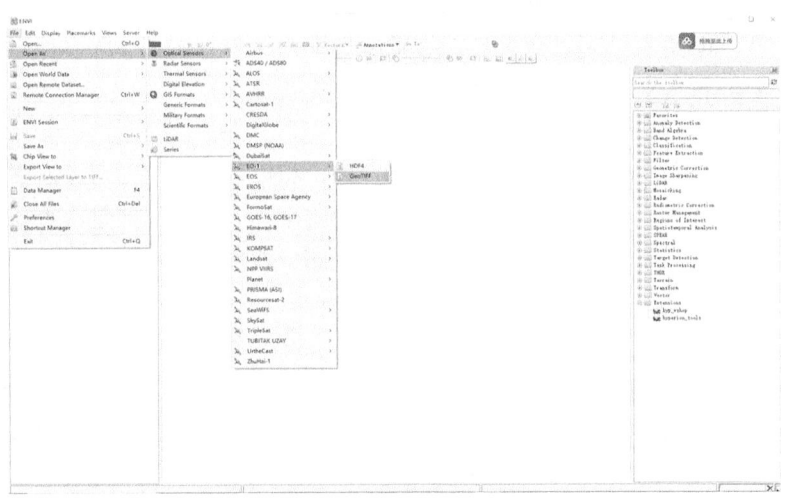

图 3.40　打开数据添加界面

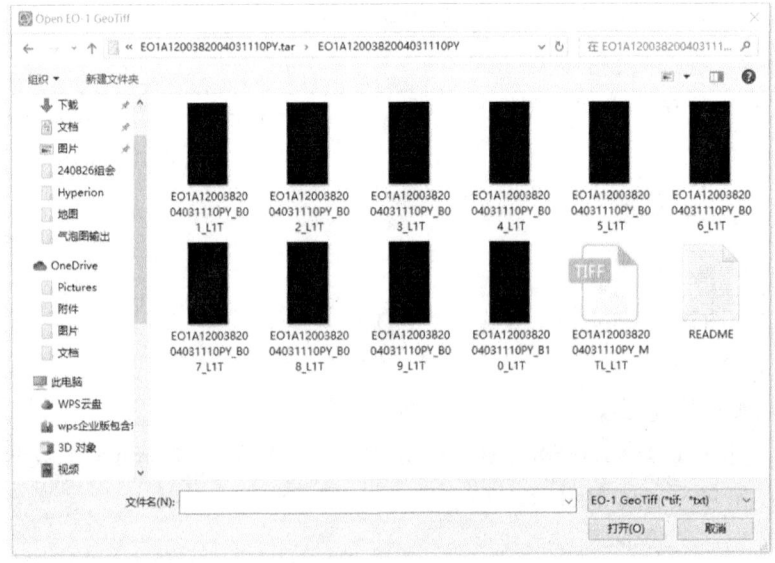

第 3 章 高光谱遥感数据预处理

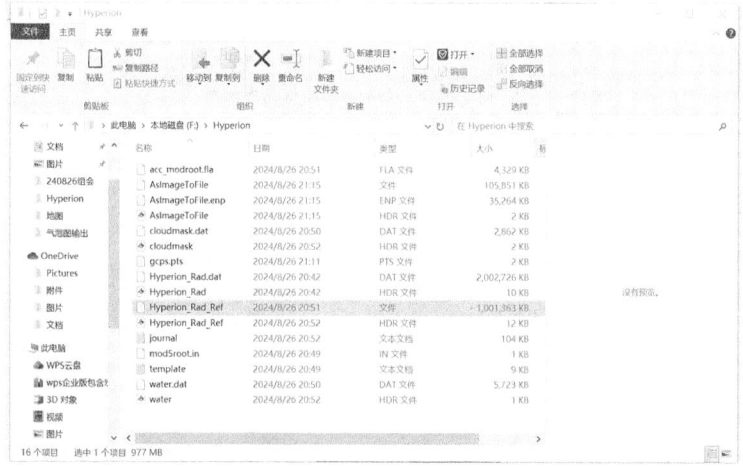

图 3.41 选择数据

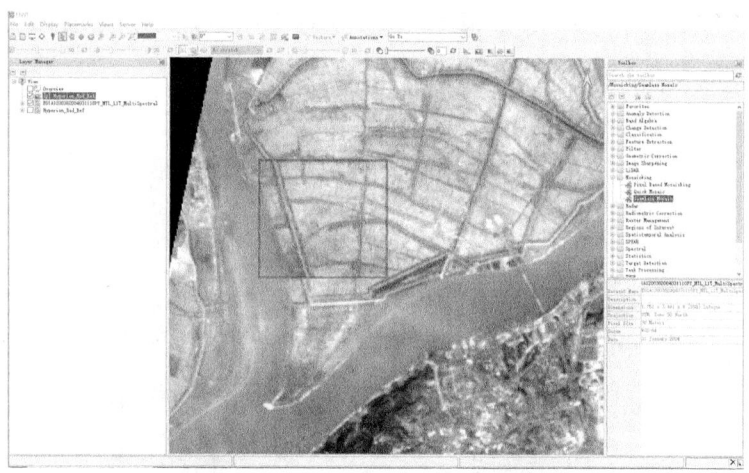

图 3.42 数据存在偏差

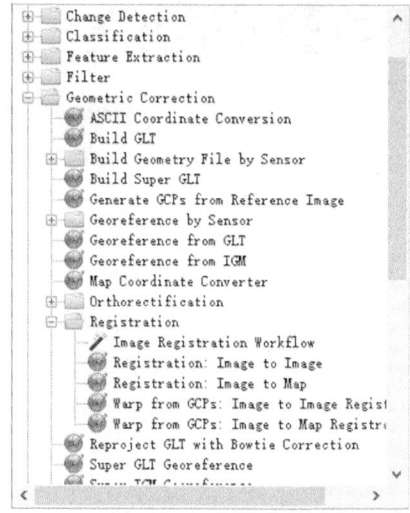

图 3.43 启动自动配准的流程化工具

图 3.44 选择数据

在【Tie Points Generation】面板中，分别进行【Main】和【Advanced】界面的参数设置，具体参数如图 3.45 所示。

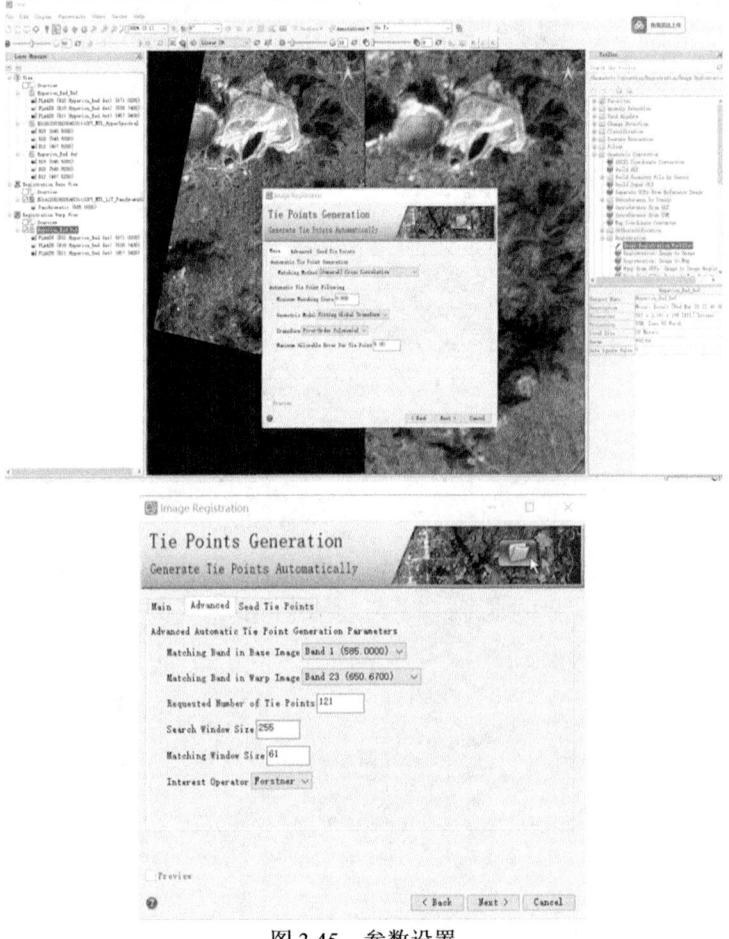

图 3.45 参数设置

在【Tie Points Generation】面板中，选择【Seed Tie Points】选项，实现对种子点（同名点）的读入、添加或者删除。首先，单击【Next】生成种子点。查看各点信息，如图 3.46 所示。删除误差较大的点，将【ERROR】中值较大的点删除，可提高配准的精度。

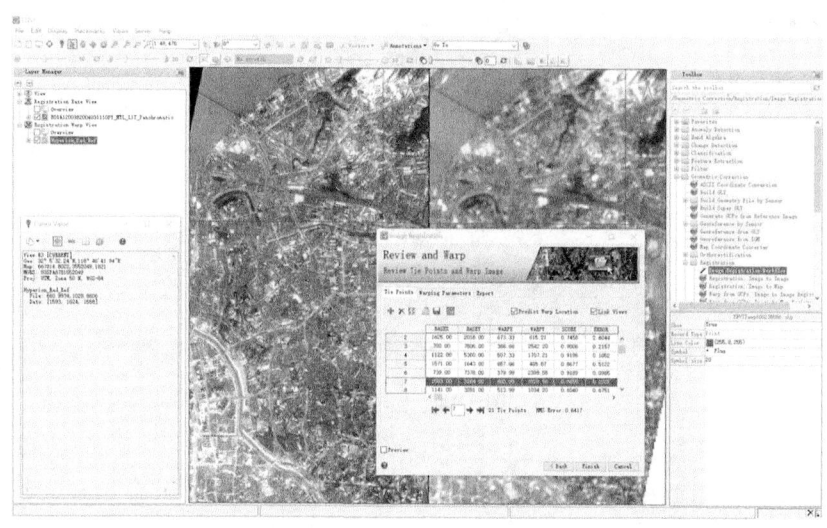

图 3.46　查看种子点信息

其余参数使用默认值，并进行数据保存，单击【Finish】完成配准，如图 3.47 所示。

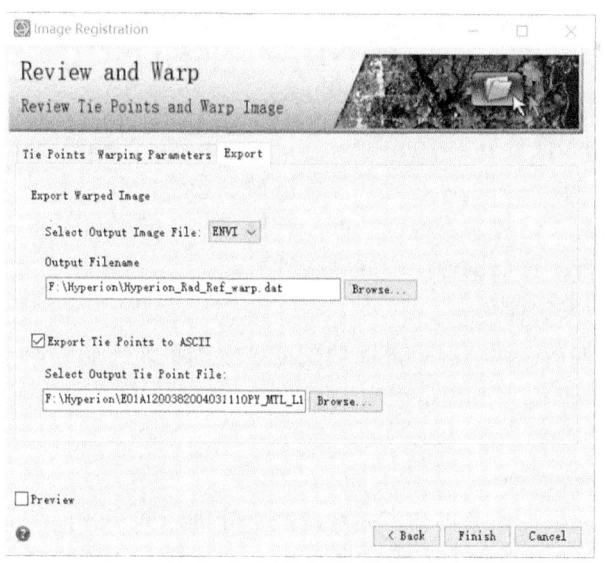

图 3.47　参数设置与数据保存

选择【Portal】工具查看配准结果，如图 3.48 所示。

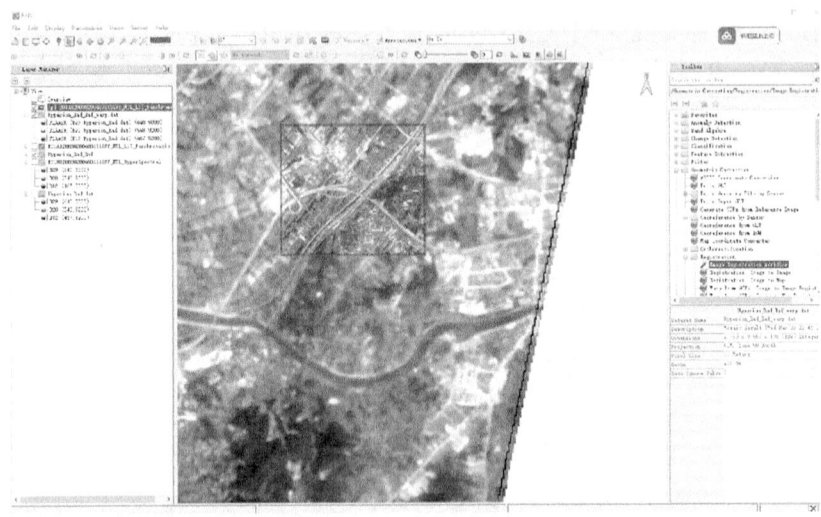

图 3.48　配准结果

3.5.5　图像配准的精度评估

图像配准的精度评估是确保配准效果的重要环节。精度评估不仅有助于验证配准的有效性，还为进一步的影像分析提供了数据质量的保障。

1）位置偏差分析

位置偏差是衡量配准精度的直接指标。通过对比影像中已知地理位置的控制点在配准前后的位置偏差，计算 RMSE，可以定量评估配准的精度。较小的 RMSE 值表明配准后的影像位置精度较高。

2）互信息与相关性分析

对于基于强度的配准，可以通过计算配准前后影像的互信息量或相关系数来评估配准效果。互信息量越大，表示影像间的匹配程度越高。相关性分析则通过衡量影像像素值之间的线性相关性，评估影像的空间一致性。

3）边缘与细节保留评估

配准后的影像细节保留情况也是评估配准精度的重要方面。通过对比影像的边缘、纹理等细节特征，判断配准过程是否产生了模糊或失真。常用的评估方法包括边缘检测、纹理分析等。

4）多源影像一致性评估

在多源数据融合中，需要评估不同数据源之间的空间一致性。通过对比多源影像在配准后的一致性，特别是关键地物的对齐情况，可以评估配准的整体效果。空间一致性差异可能需要进一步的校正或处理。

5）视觉检查

虽然定量评估方法提供了客观的精度指标，视觉检查仍然是必要的补充。通过直观地观察配准后的影像，特别是地物的边缘和复杂区域，判断配准是否符合预期。

通过综合使用这些评估方法，可以确保图像配准的精度和可靠性，为遥感数据的后

3.5.6 图像配准的不确定性分析

图像配准过程中的不确定性分析旨在识别和量化各种可能影响配准精度的因素。通过不确定性分析,可以深入了解配准过程中的潜在误差来源,并采取措施减少误差的影响。

1)特征点的不确定性

特征点的选择与匹配是配准精度的核心所在。

(1)特征点选择的准确性。若特征点的选择不够准确或具有歧义,则可能导致后续匹配错误,进而影响配准结果。

(2)特征点匹配的稳健性。由于影像之间的差异,特征点匹配可能受到影像噪声、光照变化或其他干扰的影响,从而引入误差。

(3)特征点数量与分布。特征点的数量和空间分布对配准的精度也有显著影响。若特征点分布不均匀或数量不足,则可能导致局部区域的配准精度下降。

2)几何变换模型的不确定性

配准过程中的几何变换模型选择直接影响配准精度。

(1)模型的适用性。简单的仿射变换可能无法准确描述复杂的空间变形,导致配准误差。

(2)模型参数的估计误差。几何变换模型的参数通过特征点匹配估计,若匹配精度不高,可能导致参数估计的误差,进而影响配准结果。

3)重采样过程中的不确定性

影像的重采样过程中,像素值的重新计算可能引入新的误差。

(1)插值算法的选择。不同的插值算法(如最近邻、双线性、三次卷积)会影响影像的空间细节和整体质量。插值的不确定性可能导致影像的空间分辨率下降或细节丢失。

(2)重采样后的精度。重采样后的影像需要与其他数据源进行配准,如果重采样过程中的误差较大,会影响最终的配准精度。

4)数据质量与环境因素的不确定性

影像数据本身的质量和成像环境也会对配准产生影响。

(1)影像噪声与分辨率。高噪声水平或低分辨率的影像会增加特征提取和匹配的难度,导致配准的不确定性增加。

(2)光照与阴影。成像时的光照条件、阴影效应等环境因素会影响影像的视觉一致性,增加配准的复杂性。

通过不确定性分析,可以识别配准过程中的关键误差来源,并通过优化特征点选择、调整几何变换模型、改进重采样方法等措施减少不确定性的影响,提升配准的精度和稳定性。

3.5.7 图像配准的发展趋势

随着遥感技术和图像处理技术的不断发展,图像配准技术也在不断进步,并呈现出

5个趋势。

1）自动化与智能化配准

自动化配准技术的发展是遥感影像处理的重要方向。随着深度学习和人工智能技术的进步，自动化图像配准正逐渐实现。通过 CNN 等先进的算法，图像特征提取和匹配的准确性得到了显著提高。同时，智能化配准算法能够自动适应影像的多样性，减少人工干预，提高配准效率。

2）多源、多时相影像配准

随着多源数据融合和时序分析的广泛应用，配准技术正向多源、多时相影像的方向发展。针对不同传感器、不同时间获取的影像进行高精度配准，能够更好地支持遥感数据的综合分析和应用。新兴的配准技术能够在考虑多种数据特征的基础上，实现更为复杂的配准任务，如雷达影像与光学影像、LiDAR 数据与多光谱影像的配准。

3）基于大数据与云计算的配准

遥感数据的快速增长要求配准技术具备处理大规模数据的能力。大数据与云计算技术为图像配准提供了强大的计算资源支持，使得大规模遥感影像的自动化配准成为可能。基于云计算平台的配准系统可以处理海量数据，并实现多用户协同操作，为全球遥感影像的实时处理和应用提供了技术基础。

4）实时与动态配准

随着对实时数据处理需求的增加，实时配准技术正在成为研究热点。特别是在无人机、卫星等移动平台的数据获取中，实时配准技术能够在数据采集的同时完成影像配准，确保数据的实时性和准确性。该技术在动态监测、应急响应等应用中具有重要的价值。

5）增强的配准精度与稳健性

配准精度的提高始终是技术发展的核心目标。未来的配准技术将更加注重精度的提升和稳健性的增强，特别是在复杂环境下，如高噪声、高动态范围的场景中。通过融合多种配准方法、改进配准算法的稳健性，将进一步提升配准的稳定性和适用性。

总体而言，图像配准技术正朝着更加精确、自动化、智能化和大规模应用的方向发展。以上 5 个发展趋势不仅提升了遥感数据处理的效率和精度，也为遥感技术在更广泛领域的应用提供了强有力的支持。

3.6 图像镶嵌

在遥感数据处理中，图像镶嵌是一个重要的操作步骤。本节将详细探讨如何通过一系列标准化的程序和技术手段，将多幅遥感影像无缝拼接成一幅覆盖更大区域的完整图像。图像镶嵌能够解决单幅影像覆盖范围有限的问题，确保生成的拼接图像在视觉上和数据上的连续性。本节将涵盖图像镶嵌的定义与重要性、原理与算法、类型、处理流程、精度评估、不确定性分析以及如何在实际应用中实施这些方法。此外，将总结图像镶嵌领域的最新进展和展望未来的发展方向。

3.6.1 图像镶嵌的定义与重要性

图像镶嵌是指将多幅遥感影像拼接成一幅无缝、连续的图像，从而形成一个覆盖更大区域的整体影像。该过程对于多源数据融合、区域性研究和大尺度遥感应用具有重要意义（Shi et al., 2023）。图像镶嵌的结果通常被用于制作高分辨率地理信息图、监测变化的基线影像，以及构建区域或全球尺度的遥感影像库。

图像镶嵌的重要性体现在 4 个方面。

首先，图像镶嵌能够消除由于成像时间、传感器类型、观测条件等差异引起的影像间接缝和不一致性，形成一个无缝的影像集成。无缝镶嵌对于需要大范围、高精度数据的应用场景尤为重要，如生态环境监测、城市规划、灾害管理等。

其次，图像镶嵌为多时相、多源影像的综合分析提供了基础。通过镶嵌技术，可以将不同时间和不同传感器获取的影像拼接在一起，从而形成一个统一的分析平台。这种统一性有助于提升时空分析的准确性，支持多维度、多尺度的遥感研究。

再次，图像镶嵌还在数据可视化和共享中发挥关键作用。镶嵌后的影像可以用于制作高分辨率的地理图层，便于在 GIS 中展示和分析（Vanegas et al., 2013），并可为政府、科研机构和公众用户提供直观、统一的数据来源。

最后，使用 ENVI 等遥感软件进行图像镶嵌时，用户可以利用其强大的图像处理功能，实现精确的影像配准和颜色平滑处理，确保最终的镶嵌影像具有高精度和一致性。这使得 ENVI 成为遥感图像镶嵌中广泛使用的工具之一，尤其是在处理大规模遥感数据时，其自动化和智能化的处理流程极大地提高了工作效率。

3.6.2 图像镶嵌原理

图像镶嵌的原理基于将多幅影像在空间上对齐并进行无缝拼接，以形成一个连续的影像。该过程通常涉及影像的几何校正、颜色平滑和拼接缝隙的消除与影像融合。

1）几何校正

图像镶嵌的第一步是将所有影像进行几何校正，使得其在相同的地理坐标系中精确对齐。几何对齐通常通过特征点匹配或基于地理参考的配准技术实现。通过对影像进行几何变换，确保在空间上无缝衔接，从而为后续的镶嵌奠定基础。

在 ENVI 中，几何对齐可以通过【Image Registration】工具完成。用户可以手动选择控制点或自动进行特征点匹配，确保影像之间的空间对齐。此外，ENVI 还提供了多种几何变换模型（如仿射变换、多项式变换等），以适应不同类型影像的校正需求。

2）颜色平滑

不同影像之间由于拍摄时间、光照条件、传感器特性等的差异，可能存在颜色或亮度上的不一致。为了确保镶嵌后的影像具有统一的视觉效果，通常需要对影像进行颜色平滑处理（Olmedo et al., 2019）。颜色平滑可以通过直方图匹配、亮度调整等技术实现，从而减少影像间的色差，增强镶嵌影像的整体一致性。

ENVI 中提供了【Histogram Matching】功能，可以将多幅影像的直方图进行匹配，使影像在亮度和颜色上更加一致。此外，ENVI 的【Brightness and Contrast Adjustment】

工具也可以用来调整影像的亮度和对比度，以确保镶嵌结果的视觉效果。

3）拼接缝隙的消除

在影像镶嵌的过程中，拼接缝隙的处理至关重要。拼接缝隙通常是由于影像边缘的匹配误差或光照条件变化产生的，为了消除这些缝隙，可以采用多种技术，如加权平均法、融合算法或无缝混合法（Holtkamp and Goshtasby，2009）。通过以上方法，可以在保持影像细节的前提下，实现平滑的过渡，从而消除拼接缝隙。

ENVI 的【Seamless Mosaic】工具是专门为消除拼接缝隙设计的，能够自动识别影像的重叠区域，并应用平滑过渡技术，使得最终的镶嵌影像在接缝处不会出现明显的亮度或颜色差异。此外，用户还可以手动调整拼接线的位置和权重，达到更好的镶嵌效果。

4）影像融合

为了进一步提高镶嵌影像的质量，有时需要对重叠区域进行融合处理。影像融合技术通过结合不同影像的优势，生成一个具有更高分辨率或更丰富信息的拼接影像（Duan et al.，2022）。融合方法包括多分辨率融合、光谱融合等，以上方法能够在不同层次上优化镶嵌影像的表现。

ENVI 中，影像融合可以通过【Image Fusion】工具实现。该工具允许用户选择不同的融合算法（如 IHS 变换、主成分分析、波段比等），以适应不同的应用需求。通过影像融合，可以确保最终的镶嵌影像在空间和光谱信息上达到最佳效果。

图像镶嵌的原理通过以上步骤实现了多幅影像的无缝拼接，从而为广泛的遥感应用提供了高质量的基础影像。

3.6.3 图像镶嵌的类型与方法

图像镶嵌根据影像的来源、处理方式和应用场景的不同，分为多种类型，每种类型有其对应的镶嵌方法。以下是 5 种常见的图像镶嵌类型及其方法。

1）基于几何校正的镶嵌

基于几何校正的镶嵌方法首先对所有影像进行精确的几何校正，使影像在相同的地理坐标系中对齐。ENVI 提供了丰富的几何校正工具，可以利用控制点、地理参考数据或外部 DEM 进行校正。在进行几何校正后，影像可以在同一坐标系中进行无缝拼接，适用于需要高精度空间对齐的应用，如 GIS 中的影像拼接和大范围遥感监测。

2）基于颜色调整的镶嵌

不同影像之间可能存在显著的颜色差异，基于颜色调整的镶嵌方法通过直方图匹配、亮度均衡和色彩调整等技术，减少影像间的色差，使得镶嵌后的影像在视觉上更为一致。ENVI 中的【Color Balancing】工具可以帮助用户平滑影像的颜色和亮度，使镶嵌结果更加统一和协调，常用于地图制作和环境监测影像拼接。

3）多源数据镶嵌

多源数据镶嵌涉及将来自不同传感器或不同分辨率的影像进行拼接。该类方法通常需要先对多源数据进行配准，然后再进行镶嵌。由于不同数据源的分辨率、光谱特性不同，镶嵌过程中需要特别注意数据的一致性和融合处理。多源数据镶嵌适用于复杂地形分析、生态环境监测等多维度遥感应用。ENVI 的【Data Fusion】工具支持多种传感器数据的融合,允许用户将光学影像、雷达影像、LiDAR 数据等不同类型的数据进行配准和镶嵌。多源数据镶嵌适用于复杂地形分析、生态环境监测等多维度遥感应用。

4）时序影像镶嵌

时序影像镶嵌是构建连续时空数据序列的重要手段,通过对不同时期获取的遥感影像进行拼接与整合,实现对地表变化的动态监测和趋势分析。该过程需兼顾空间配准与时间一致性,通常结合多时相影像配准技术与时序分析方法共同完成。ENVI 的【Time Series Analysis】模块支持多时相影像的配准和镶嵌,可以用于长期环境监测、气候变化分析等领域。该方法能够有效提升时序数据的利用效率,为大尺度、多时相的遥感应用提供技术支持。

5）自动化与智能化镶嵌

随着遥感影像数据量的增加,自动化和智能化的镶嵌方法逐渐成为趋势。该类方法通常基于机器学习或人工智能技术,能够自动识别影像特征,进行配准和拼接,减少人工干预,提高镶嵌效率和精度。自动化镶嵌适用于大规模数据处理,如全球遥感影像库的更新和动态监测系统。ENVI 通过提供自动化处理工具和脚本编写功能,允许用户定义镶嵌流程并自动执行。通过利用 ENVI 的【Batch Processing】功能,可以批量处理大规模影像镶嵌任务,减少人工干预,提高效率和精度。

每种镶嵌方法都有其特定的应用场景和技术要求,在实际应用中,需要根据影像的特性和任务需求选择合适的镶嵌方法,以达到最佳效果。

3.6.4 图像镶嵌的流程与步骤

1. 图像镶嵌的流程

图像镶嵌的流程通常包括 6 个步骤,确保影像在空间和光谱上的无缝拼接。

1）影像收集与预处理

第一步是收集需要拼接的影像,并对其进行必要的预处理。预处理步骤通常包括影像的几何校正、颜色调整和噪声去除。预处理的目的是确保影像之间的基础一致性,以便于后续的镶嵌操作。

2）几何校正与配准

在进行图像镶嵌之前,必须对所有影像进行几何校正和配准。通过对影像中的控制点进行匹配和计算几何变换参数,确保影像在同一坐标系下对齐。几何校正后的影像会被重新投影到一个统一的坐标系中,消除影像间的空间偏差。

3）颜色平滑与亮度匹配

几何校正之后,是进行颜色平滑和亮度匹配。通过直方图均衡、亮度调整等技术,使影像在颜色和亮度上保持一致,从而消除不同成像条件导致的色差。颜色平滑是图像镶嵌中至关重要的一步,直接影响拼接后的视觉效果。

4）拼接与无缝融合

完成颜色平滑后,开始实际的影像拼接。拼接过程需要特别注意影像之间的接缝处理。为了消除接缝,可以采用加权平均法或无缝融合算法,将重叠区域的影像进行平滑过渡，从而形成一个无缝的整体影像。无缝融合不仅消除了接缝，还能保持影像的细节和纹理一致性。

5）影像融合与后处理

在影像拼接完成后，通常需要对重叠区域进行进一步的融合处理。影像融合通过结合不同影像的优点，生成一个具有更高分辨率或信息量的拼接影像。最后，进行影像的整体调整和优化，包括锐化、去噪等，以提升最终影像的质量。

6）镶嵌影像输出与验证

镶嵌完成后，生成最终的影像产品。可以通过视觉检查、精度评估等手段验证镶嵌的效果，确保影像的空间一致性、颜色一致性和整体质量。验证通过后，镶嵌影像可以用于各种应用场景，如地图制作、环境监测和地理信息系统。

通过严格遵循以上 6 个步骤，图像镶嵌可以达到高质量的无缝拼接，为广泛的遥感应用提供可靠的数据基础。

2. 图像镶嵌的步骤

1）图像镶嵌实验设备

硬件：PC 电脑（Windows 10 操作系统）。

软件：ENVI。

2）图像镶嵌实验数据

高光谱数据：EO1H1200382004031110PY_MTL.L1T 数据（以下称为 data6 数据）和 EO1H1200382010305110KZ_MTL.L1T 数据（以下称为 data7 数据）。

3）图像镶嵌实验步骤

打开 ENVI 软件，加载所需的处理数据。单击【File】→【Open As】→【Optical Sensors】→【EO-1】→【Geo TIFF】，打开数据选择界面，如图 3.49 所示。选择需要进行图像镶嵌的数据，本节以 EO1H1200382004031110PY_MTL.L1T 数据和 EO1H1200382010305110KZ_MTL.L1T 数据为例进行加载，如图 3.50 所示。数据添加成功后如图 3.51 所示。

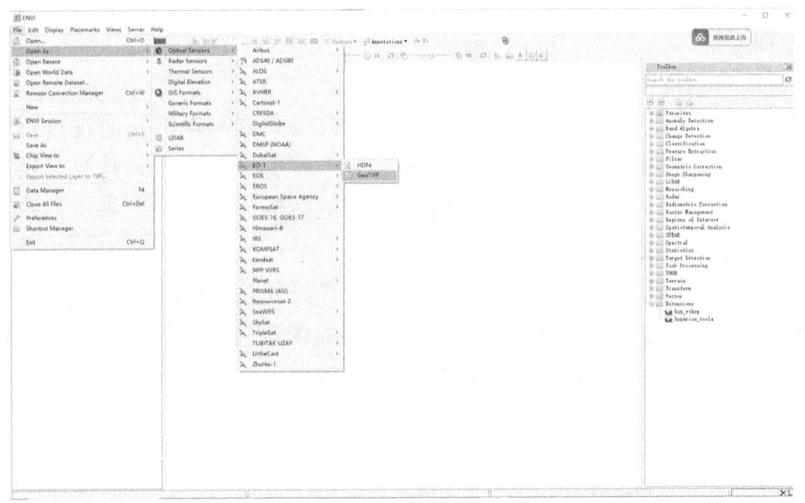

图 3.49　打开数据添加界面

第 3 章 高光谱遥感数据预处理

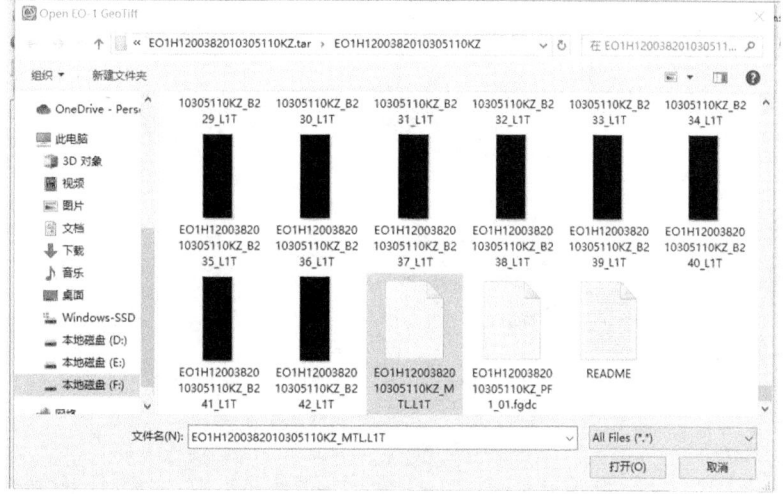

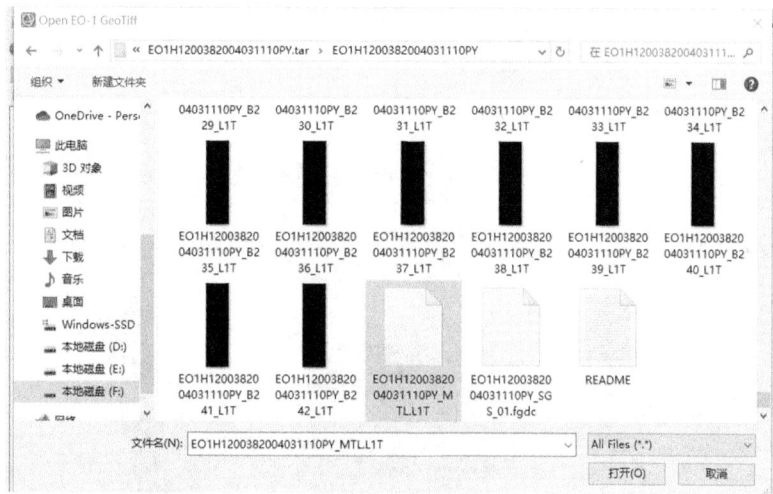

图 3.50 选择数据

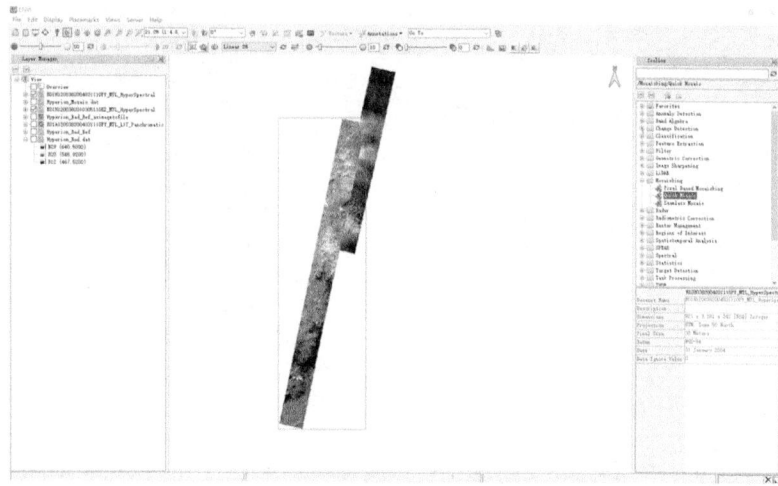

图 3.51 加载后的数据

在【Toolbox】中，打开【Mosaicking】→【Seamless Mosaic】，启动图像无缝镶嵌工具，如图3.52所示。

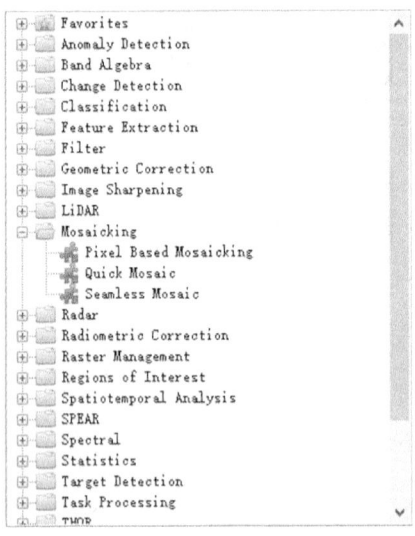

图 3.52　启动图像无缝镶嵌工具

单击 Seamless Mosaic 面板左上方，添加需要镶嵌的影像数据，如图 3.53 所示。

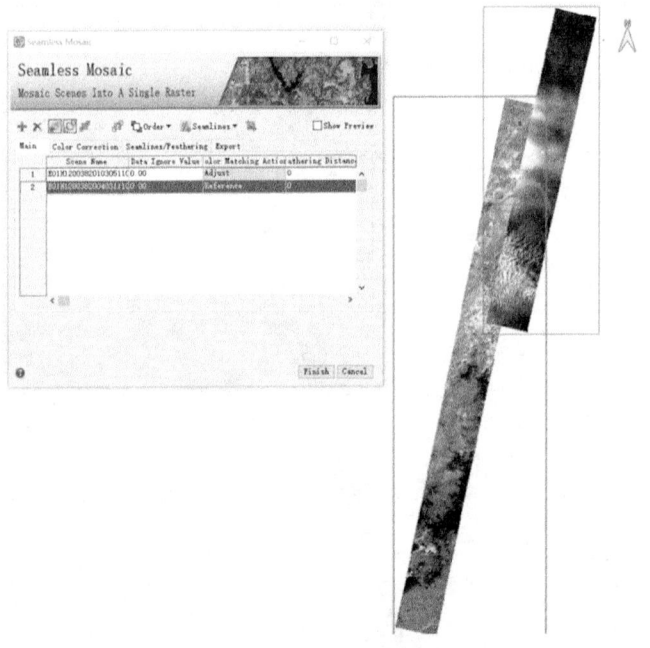

图 3.53　添加数据

进行参数设置，在【Color Correction】选项中，勾选【Histogram Matching】，选择【Overlap Area Only】，在两张影像的重叠区进行直方图匹配，如图 3.54 所示。边缘羽化设置见图 3.55 所示。

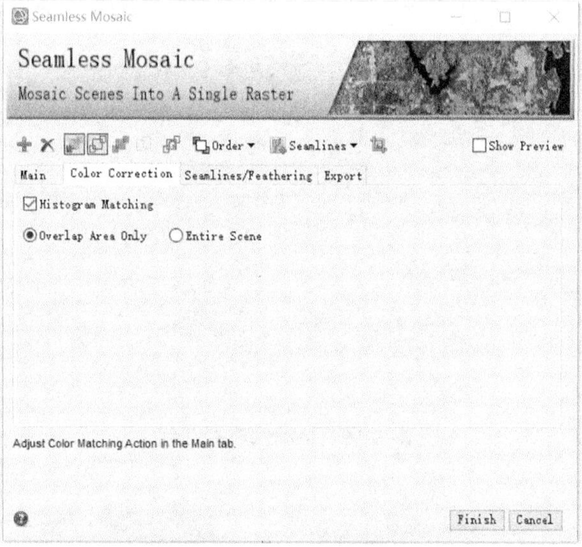

图 3.54 直方图匹配设置

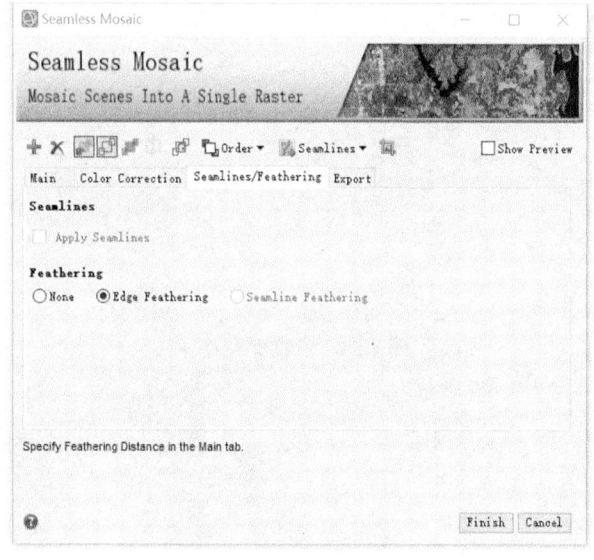

图 3.55 边缘羽化参数设置

选择下拉菜单【Seamlines】→【Auto Generate Seamlines】，自动绘制接边线，自动裁剪掉 Landsat TM 影像边缘的"锯齿"部分，如图 3.56 所示。完成后设置保存路径，【Data Ignore Value】设置为 0，其他参数设置如图 3.57 所示。最后，查看镶嵌结果，如图 3.58 所示。

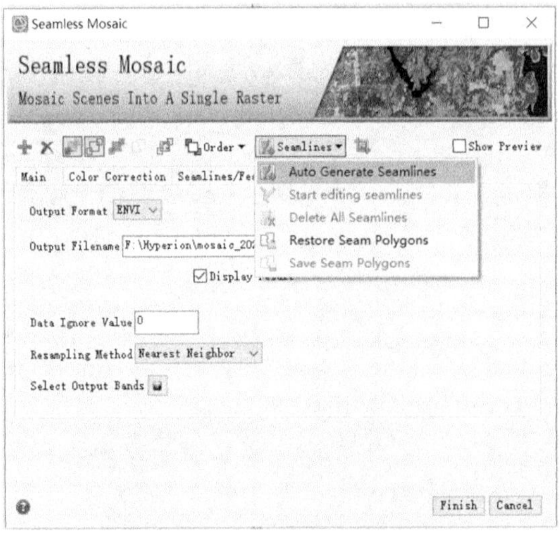

图 3.56 自动绘制接边线

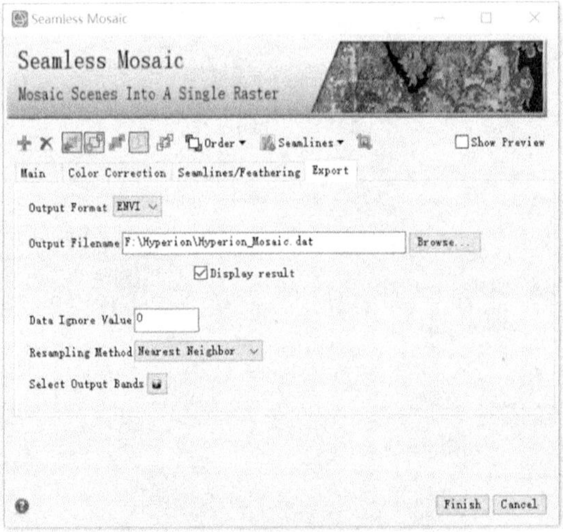

图 3.57 设置保存路径

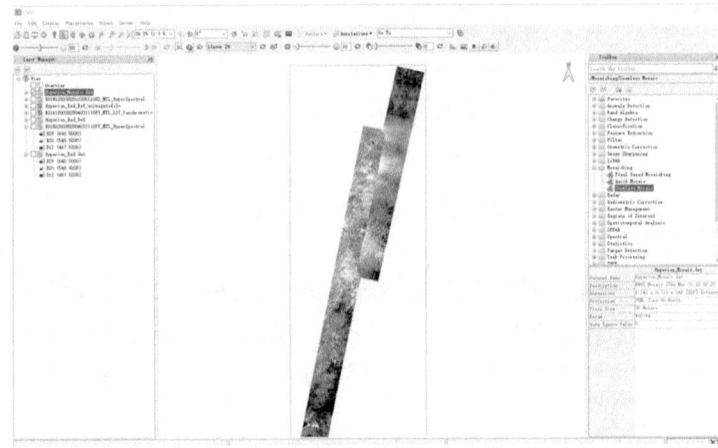

图 3.58 镶嵌结果

3.6.5 图像镶嵌的精度评估

图像镶嵌的精度评估是确保镶嵌效果的重要环节。精度评估不仅有助于验证镶嵌的有效性,还为后续的影像分析提供了数据质量的保障。

1) 空间一致性评估

空间一致性是图像镶嵌的基础指标。通过对比镶嵌前后影像中的控制点位置偏差,计算 RMSE,可以定量评估镶嵌的精度。RMSE 值越小,表明镶嵌后的影像位置精度越高。ENVI 的【Geometric Accuracy】工具允许用户通过对比镶嵌前后影像中的控制点位置,计算 RMSE。此外,用户可以通过检查影像重叠区域的空间一致性,确保影像拼接在空间上的无缝对齐。

2) 颜色一致性评估

颜色一致性评估通过对比镶嵌前后影像的颜色直方图或亮度值,检测镶嵌过程中是否引入了色差或亮度不均的现象,常用的评估方法包括直方图对比、色度差异分析等。ENVI 的【Color Analysis】工具可以自动生成颜色直方图,并对不同影像的颜色分布进行对比分析。用户可以通过直方图的重叠度和差异值,量化颜色平滑的效果,确保镶嵌影像的颜色一致性。

3) 拼接缝隙评估

拼接缝隙的存在直接影响镶嵌影像的质量。通过视觉检查和定量分析,评估镶嵌影像中是否存在明显的拼接缝隙。视觉检查可以直观地观察影像的接缝区域,而定量分析则可以通过测量接缝区域的亮度差异或纹理不连续性,评估拼接缝隙的消除效果。ENVI 的【Seam Detection】工具可以自动识别镶嵌影像中的拼接缝隙,并通过亮度差异分析、纹理变化检测等方法进行定量评估。此外,用户还可以通过视觉检查,对影像接缝区域的平滑度和一致性进行主观评估,确保最终影像的质量。

4) 影像细节保留评估

在影像镶嵌过程中,保持影像的细节和纹理一致性是重要的评估指标。通过对比镶嵌前后影像中的边缘、纹理等细节特征,判断镶嵌过程是否导致了细节丢失或模糊。边缘检测和纹理分析是常用的评估方法。ENVI 的【Edge Detection】工具允许用户对比镶嵌前后影像中的边缘和纹理特征,确保镶嵌过程未引起细节丢失或模糊。此外,用户可以通过高分辨率影像的细节对比,评估镶嵌过程对影像精细结构的保留情况。

5) 应用效果评估

镶嵌后的影像通常需要应用于具体的分析任务,如分类、目标检测等。通过对比镶嵌前后的分析结果准确性,评估镶嵌操作对实际应用的影响。例如,在分类任务中,可以对比分类精度、混淆矩阵等指标;在物质含量反演中,可以比较反演结果与实际测量值之间的误差。ENVI 的【Classification Accuracy Assessment】工具允许用户在进行分类分析后,生成混淆矩阵、计算分类精度等指标,评估镶嵌操作对实际应用的影响。例如,通过对比镶嵌前后影像的分类精度,可以判断镶嵌对数据一致性和分析精度的提升效果。

通过综合使用以上评估方法,可以确保图像镶嵌的精度和可靠性,为遥感数据的后续应用奠定基础。

3.6.6 图像镶嵌的不确定性分析

图像镶嵌过程中的不确定性分析旨在识别和量化各种可能影响镶嵌精度的因素。通过不确定性分析，可以深入了解镶嵌过程中的潜在误差来源，并采取措施减少这些误差的影响。

1）几何校正的不确定性

几何校正是图像镶嵌的关键前提，其精度直接决定了后续拼接效果的准确性。校正过程中的不确定性主要来源于控制点选取的精度、几何变换模型的合理性，以及投影转换过程中引入的误差。ENVI 的【Geometric Correction】工具允许用户选择不同的几何变换模型（如仿射、双线性、多项式等）进行校正，每种模型都有其适用范围和潜在误差。通过选择合适的校正模型、增加控制点数量，以及使用高精度的地理参考数据，可以减少几何校正过程中的不确定性。

2）颜色调整的不确定性

颜色调整的不确定性主要来自不同影像之间的光照条件、传感器特性差异。亮度变化、色调差异等都会影响镶嵌后影像的颜色一致性。可以通过改进颜色平滑算法、使用标准化光照模型等方法减少颜色调整的不确定性。ENVI 的【Color Balancing】工具提供了多种颜色平滑方法，用户可以根据影像特性选择合适的算法，降低颜色调整带来的不确定性。通过对颜色调整算法的参数优化，减少颜色平滑过程中可能引入的误差，确保镶嵌影像的色彩一致性。

3）重叠区域的融合不确定性

在图像镶嵌过程中，重叠区域的处理是一个关键步骤。不确定性可能来自不同影像之间的色差、纹理差异，或者融合算法的选择和参数设置，可以通过优化融合算法、调整权重分配来降低。ENVI 的【Seamless Mosaic】工具允许用户调整重叠区域的融合权重和方法，如加权平均、无缝融合等，以减少融合不确定性。通过优化融合算法，可以在消除接缝的同时，保留影像的细节和一致性。

4）数据质量与环境因素的不确定性

影像数据本身的质量和成像环境也会对镶嵌产生影响。影像噪声、光照条件、传感器性能等因素都会引入不确定性。可以通过预处理来降低数据噪声，通过选择适当的采集时机来减少环境因素的影响。ENVI 提供了多种数据预处理工具，如【Noise Reduction】【Radiometric Correction】等，可以在镶嵌前对影像进行处理，减少数据噪声和环境因素带来的不确定性。

通过不确定性分析，可以识别图像镶嵌过程中的关键误差来源，并通过优化几何校正、改进颜色调整和重叠区域融合等措施减少不确定性的影响，提升镶嵌的精度和稳定性。

3.6.7 图像镶嵌的发展趋势

随着遥感技术和影像处理技术的不断发展，图像镶嵌技术也在不断进步，并呈现出 6 个趋势。

1）自动化与智能化镶嵌

自动化镶嵌技术的发展是遥感影像处理的重要方向。随着深度学习和人工智能技术的进步，自动化图像镶嵌正逐渐实现。通过机器学习算法，图像特征提取、配准和镶嵌的准确性得到了显著提高。同时，智能化镶嵌算法能够自动适应影像的多样性，减少人工干预，提高镶嵌效率和精度。

2）高精度与高分辨率镶嵌

随着遥感影像分辨率的不断提升，高精度和高分辨率的镶嵌需求也在增加。未来的镶嵌技术将更加注重精度的提升和细节的保留，特别是在处理高分辨率影像时，镶嵌技术需要在保持空间细节和颜色一致性的同时，提供更精细的拼接效果。

3）多源、多时相影像镶嵌

多源数据融合和时序分析的广泛应用推动了多源、多时相影像镶嵌技术的发展。新兴的镶嵌技术能够在考虑多种数据特征的基础上，实现更加复杂的镶嵌任务，如将光学影像与雷达影像、LiDAR 数据与多光谱影像进行镶嵌。多源、多时相影像镶嵌将为生态环境监测、气候变化分析等应用提供更为丰富的数据支持。

4）基于云计算与大数据的镶嵌

随着遥感数据量的爆炸性增长，基于云计算与大数据的镶嵌技术正在成为主流。云计算为图像镶嵌提供了强大的计算资源，使得处理大规模遥感影像数据成为可能。基于云平台的镶嵌系统可以处理海量数据，并实现多用户协同操作，为全球遥感影像的实时处理和应用提供了技术支持。

5）实时与动态镶嵌

随着无人机、卫星等移动平台的普及，实时与动态镶嵌技术正在成为研究热点。实时镶嵌技术能够在数据采集的同时完成影像拼接，确保数据的实时性和准确性。该技术在动态监测、应急响应等应用中具有重要价值。

6）更高维度与多维数据的镶嵌

未来的镶嵌技术将不仅局限于二维影像的拼接，还将扩展到三维、四维数据的镶嵌与融合。随着遥感数据获取维度的增加，镶嵌技术需要应对更多维度的数据，提供全方位的空间信息，将为虚拟现实、地理模拟和三维建模等新兴领域开辟广阔的应用前景。

总体而言，图像镶嵌技术正朝着更高精度、自动化、多源融合和大规模应用的方向发展。这些发展趋势不仅可以提升遥感数据处理的效率和精度，也为遥感技术在更广泛领域的应用提供了强有力的支持。

参 考 文 献

狄宇飞, 胡德勇, 刘曼晴, 等, 2021. 城市区域几何效应的辐射校正及其温度遥感反演[J]. 遥感学报, 25: 1821-1835.

单小军, 唐娉, 胡昌苗, 等, 2014. 图像分层匹配的 HJ-1A/B CCD 影像自动几何精校正技术与系统实现[J]. 遥感学报, 18(2): 254-266.

尹梅, 田淑芳, 李士杰, 2016. AAC 算法的大气校正复合改进算法[J]. 遥感学报, 20(3): 450-458.

Adeline K R M, Paparoditis N, Briottet X, et al., 2013. Material reflectance retrieval in urban tree shadows with physics-based empirical atmospheric correction[C]. Sao Paulo: Joint Urban Remote Sensing Event 2013.

An Y H, Wu Y P, Wu F Z, et al., 2022. Review of calibration methods for asteroid optical cameras[C]. Bratislava: 2022 13th International Conference on Mechanical and Aerospace Engineering (ICMAE).

Behmann J, Mahlein A K, Paulus S, et al., 2015. Calibration of hyperspectral close-range pushbroom cameras for plant phenotyping[J]. ISPRS Journal of Photogrammetry and Remote Sensing, 106: 172-182.

Bernstein L S, Adler-Golden S M, Jin X M, et al., 2012. Quick atmospheric correction (QUAC)code for VNIR-SWIR spectral imagery: algorithm details[C]. Shanghai: 2012 4th Workshop on Hyperspectral Image and Signal Processing (WHISPERS).

Cai X W, Shen S H, 2016. Study on relative radiometric calibration of multi-temporal high resolution remote sensing image[C]. Hangzhou: 2016 8th International Conference on Intelligent Human-Machine Systems and Cybernetics (IHMSC).

Castillo-López E, Dominguez J A, Pereda R, et al., 2017. The importance of atmospheric correction for airborne hyperspectral remote sensing of shallow waters: application to depth estimation[J]. Atmospheric Measurement Techniques, Copernicus GmbH 10, 3919-3929.

Devaraj C, Shah C A, 2014. Automated geometric correction of landsat MSS L1G imagery[J]. IEEE Geoscience and Remote Sensing Letters, 11(1): 347-351.

Dinguirard M, Slater P N, 1999. Calibration of space-multispectral imaging sensors[J]. Remote Sensing of Environment, 68(3): 194-205.

Dong G, Khim N T, Kim P S, et al., 2011. Dense registration of push broom hyperspectral imageries[C]. Lisbon: 2011 3rd Workshop on Hyperspectral Image and Signal Processing: Evolution in Remote Sensing (WHISPERS).

Duan P H, Hu S S, Kang X D, et al., 2022. Shadow removal of hyperspectral remote sensing images with multiexposure fusion[J]. IEEE Transactions on Geoscience and Remote Sensing, 60: 1-11.

Feng R T, Shen H F, Bai J J, et al., 2021. Advances and Opportunities in Remote Sensing Image Geometric Registration: a systematic review of state-of-the-art approaches and future research directions[J]. IEEE Geoscience and Remote Sensing Magazine, 9(4): 120-142.

Fougnie B, 2016. Improvement of the PARASOL radiometric In-flight calibration based on synergy between various methods using natural targets[J]. IEEE Transactions on Geoscience and Remote Sensing, 54(4): 2140-2152.

Fuyi T, Mohammed S K, Abdullah K, et al., 2013. A comparison of atmospheric correction techniques for environmental applications[C]. Melaka: 2013 IEEE International Conference on Space Science and Communication (IconSpace).

Goetz A F H, Vane G, Solomon J E, et al., 1985. Imaging spectrometry for earth remote sensing[J]. Science, 228(4704): 1147-1153.

Grundhöfer A, 2013. Practical non-linear photometric projector compensation[C]. Orlando: 2013 IEEE Conference on Computer Vision and Pattern Recognition Workshops.

Holtkamp D J, Goshtasby A A, 2009. Precision registration and mosaicking of multicamera images[J]. IEEE Transactions on Geoscience and Remote Sensing, 47(10): 3446-3455.

Hu Y, Liu L Y, Liu L L, et al., 2014. A landsat-5 atmospheric correction based on MODIS atmosphere products and 6S model[J]. IEEE Journal of Selected Topics in Applied Earth Observations and Remote Sensing, 7(5): 1609-1615.

Jung M, Reichstein M, Bondeau A, 2009. Towards global empirical upscaling of FLUXNET eddy covariance observations: validation of a model tree ensemble approach using a biosphere model[J]. Biogeosciences, 6(10): 2001-2013.

Kemker R, Salvaggio C, Kanan C, 2018. Algorithms for semantic segmentation of multispectral remote sensing imagery using deep learning[J]. ISPRS Journal of Photogrammetry and Remote Sensing, 145: 60-77.

Kim W, He T, Wang D D, et al., 2014. Assessment of long-term sensor radiometric degradation using time series analysis[J]. IEEE Transactions on Geoscience and Remote Sensing, 52(5): 2960-2976.

Lenhard K, Baumgartner A, Gege P, et al., 2015. Impact of improved calibration of a NEO HySpex VNIR-1600 sensor on remote sensing of water depth[J]. IEEE Transactions on Geoscience and Remote Sensing, 53(11): 6085-6098.

Mateen M, Wen J H, Nasrullah, et al., 2018. The role of hyperspectral imaging: a literature review[J]. International Journal of Advanced Computer Science and Applications, 9(8): 51-62.

Mélin F, Colandrea P, De Vis P, et al., 2022. Sensitivity of ocean color atmospheric correction to uncertainties in ancillary data: a global analysis with SeaWiFS data[J]. IEEE Transactions on Geoscience and Remote Sensing, 60: 1-18.

Meola J, Eismann M T, Moses R L, et al., 2012. Application of model-based change detection to airborne VNIR/SWIR hyperspectral imagery[J]. IEEE Transactions on Geoscience and Remote Sensing, 50(10): 3693-3706.

Moon N W, Kim Y H, 2015. Temperature drift compensation using multiple linear regression for a W-band total power radiometer[J]. IEEE Sensors Journal, 15(8): 4612-4620.

Olmedo E, Gonzalez-Gambau V, Turiel A, et al., 2019. Empirical characterization of the SMOS brightness temperature bias and uncertainty for improving sea surface salinity retrieval[J]. IEEE Journal of Selected Topics in Applied Earth Observations and Remote Sensing, 12(7): 2486-2503.

Pande-Chhetri R, Abd-Elrahman A, 2011. De-striping hyperspectral imagery using wavelet transform and adaptive frequency domain filtering[J]. ISPRS Journal of Photogrammetry and Remote Sensing, 66(5):

620-636.

Peng H, Sun C, Wang P, 2023. The design and implementation of the lookup table in distortion correction for the optical system[J]. IEEE Access,11: 44335-44342.

Pu R L, Landry S, Zhang J C, 2015. Evaluation of atmospheric correction methods in identifying urban tree species with WorldView-2 imagery[J]. IEEE Journal of Selected Topics in Applied Earth Observations and Remote Sensing, 8(5): 1886-1897.

Raffy M, Gregoire C, 1998. Semi-empirical models and scaling: a least square method for remote sensing experiments[J]. International Journal of Remote Sensing, 19(13): 2527-2541.

Rudolf D, Raab S, Doring B J, et al., 2015. Absolute radiometric calibration of the novel DLR "Kalibri" transponder[C]. Nuremberg: 2015 German Microwave Conference.

Sanders L C, Schott J R, Raqueño R, 2001. A VNIR/SWIR atmospheric correction algorithm for hyperspectral imagery with adjacency effect[J]. Remote Sensing of Environment, 78(3): 252-263.

Shi L K, Zhao R Y, Pan B, et al., 2023. Unsupervised multimodal remote sensing image registration via domain adaptation[J]. IEEE Transactions on Geoscience and Remote Sensing, 61: 1-11.

Staenz K, Secker J, Gao B C, et al., 2002. Radiative transfer codes applied to hyperspectral data for the retrieval of surface reflectance[J]. ISPRS Journal of Photogrammetry and Remote Sensing, 57(3): 194-203.

Vakil M I, Megherbi D B, Malas J A, 2015. An efficient multi-stage hyper-spectral aerial image registration technique in the presence of differential spatial and temporal sensor uncertainty with application to large critical infrastructures & key resources (CIKR)surveillance[C]. Waltham: 2015 IEEE International Symposium on Technologies for Homeland Security (HST).

Vanegas M C, Bloch I, Inglada J, 2013. Alignment and parallelism for the description of high-resolution remote sensing images[J]. IEEE Transactions on Geoscience and Remote Sensing, 51(6): 3542-3557.

Vibhute A D, Kale K V, Dhumal R K, et al., 2015. Hyperspectral imaging data atmospheric correction challenges and solutions using QUAC and FLAASH algorithms[C]. Bhubaneswar: 2015 International Conference on Man and Machine Interfacing (MAMI).

Wang F, Wang S X, Zhou Y, 2011. A study of 6S model used for atmospheric correction of MODIS image over Taihu Lake[C]. Hangzhou: 2011 International Conference on Multimedia Technology.

Wang Z, Jiang J, 2022. Refraction surface-based stellar atmospheric refraction correction and error estimation for terrestrial star tracker[J]. IEEE Sensors Journal, 22(10): 9685-9696.

Yan L, Li J, 2018. A case study of dark-objects subtraction based atmospheric correction methods for GF-1 satellite images[C]. Xi'an: 2018 Fifth International Workshop on Earth Observation and Remote Sensing Applications (EORSA).

Yarbrough A W, Mendenhall M J, Martin R K, et al., 2014. Hyperspectral-based adaptive matched filter detector error as a function of atmospheric water vapor estimation[J]. IEEE Transactions on Geoscience and Remote Sensing, 52(4): 2029-2039.

Yu X J, Sun Y H, Fang A P, et al., 2014. Laboratory spectral calibration and radiometric calibration of hyper-spectral imaging spectrometer[C]. Shanghai: The 2014 2nd International Conference on Systems and

Informatics (ICSAI 2014).

Zhao D, Feng L, Sun K, 2022. Development of a practical atmospheric correction algorithm for inland and nearshore coastal waters[J]. IEEE Transactions on Geoscience and Remote Sensing, 60: 1-15.

Zhao R, Du B, Zhang L P, 2014. A robust nonlinear hyperspectral anomaly detection approach[J]. IEEE Journal of Selected Topics in Applied Earth Observations and Remote Sensing, 7(4): 1227-1234.

第 4 章 高光谱遥感影像降维

高光谱遥感影像具有高维特征、信息冗余、不确定性显著、小样本、空谱合一等特点，对其进行数据处理面临巨大挑战。由于高光谱遥感影像的每个像素都包含大量波段信息，尽管这些数据可以提供丰富的地物信息，但也带来了"维数灾难"的问题。维数灾难指的是随着数据维度的增加，计算复杂度和存储需求呈指数增长，进而影响分析效率，甚至导致模型在高维空间中的泛化性能下降。因此，在处理高光谱遥感影像数据时，必须通过有效的降维方法减少数据冗余，降低数据复杂性，同时尽量保留关键信息（苏红军和杜培军，2006）。

本章主要介绍高光谱遥感影像的降维方法，旨在提升数据分析和处理的效率，同时最大限度地保留有用的地物信息。在降维的过程中，常用的方法可分为两大类：特征提取和特征选择。特征提取是降维的关键技术之一，目标是通过数学变换，将原始高维数据压缩为低维空间中的表示形式。而特征选择则更加注重从原始波段中挑选出对特定任务最有意义的子集（苏红军，2020）。

本章将详细介绍高光谱遥感影像降维的方法原理及在 ENVI 软件中的具体操作流程。本章介绍的特征提取方法主要有主成分分析（principal component analysis，PCA）（姜鑫维等，2016），PCA 通过最大化方差确定最具代表性的主成分，实现数据的有效压缩。本章主要介绍的特征选择方法有基于信息熵的特征选择和基于方差的波段选择，这些方法能够筛选出对特定应用最有价值的波段（窦世卿等，2022）。

4.1 特征提取降维算法

高光谱遥感影像特征提取是通过特定的运算和变换，将高维数据投影到低维子空间中，从而尽可能保留对后续分类、压缩等应用有"价值"的地物信息。PCA 是最经典的高维数据降维算法，其核心思想是通过最大化方差确定最优的投影成分，即主成分。PCA 的主要目标是将数据映射到一个新的坐标系中，使得数据在新坐标系中的方差最大化，从而实现数据的降维，同时保留尽可能多的信息。本节将重点介绍 PCA 算法的原理和应用（Zhang et al.，2022）。

4.1.1 主成分分析

PCA 是一种统计方法，通过少数几个主要特征描述事物。尽管每个事物可以通过多个特征进行表达，但这些特征之间往往存在交叉和冗余。通过主成分分析，原始特征可以被转换为一组彼此独立且无冗余的新特征（Jiang et al.，2018; Uddin et al.，2021）。

PCA 的核心任务是在原始 K 维空间中依次寻找一组相互正交的坐标轴（Schölkopf et al.，1998），而新的坐标轴的选择与数据的分布密切相关。首先，选择的是原始数据中方差最大的方向作为第一个新坐标轴。接下来，在与第一个坐标轴正交的平面内，选择使方差最大的方向作为第二个坐标轴。然后，在与前两个坐标轴正交的平面内，选择方差最大的方向作为第三个坐标轴。如此反复，最终可以得到 n 个相互正交的坐标轴。假设高光谱遥感数据有 n 个样本，m 个光谱特征，则构成样本矩阵：

$$\boldsymbol{X} = \begin{bmatrix} x_{11} & x_{12} & \cdots & x_{1m} \\ x_{21} & x_{22} & \cdots & x_{2m} \\ \vdots & \vdots & & \vdots \\ x_{n1} & x_{n2} & \cdots & x_{nm} \end{bmatrix} = [x_1, x_2, \cdots, x_n]^{\mathrm{T}} \tag{4.1}$$

对数据进行处理。

1）标准化处理

计算每个特征的均值和标准差：

$$\overline{x_j} = \frac{1}{n} \sum_{i=1}^{n} x_{ij} \tag{4.2}$$

$$S_j = \sqrt{\frac{\sum_{i=1}^{n} x_{ij} - \overline{x_j}}{n-1}} \tag{4.3}$$

将每个样本的所有特征进行标准化处理，得到标准化数据 $X_{ij} = \dfrac{x_{ij} - \overline{x_j}}{S_j}$，原始样本经过标准化变为

$$\boldsymbol{X} = \begin{bmatrix} X_{11} & X_{12} & \cdots & X_{1m} \\ X_{21} & X_{22} & \cdots & X_{2m} \\ \vdots & \vdots & & \vdots \\ X_{n1} & X_{n2} & \cdots & X_{nm} \end{bmatrix} = [x_1, x_2, \cdots, x_n]^{\mathrm{T}} \tag{4.4}$$

2）计算标准化样本的协方差矩阵

$$\boldsymbol{R} = \begin{bmatrix} r_{11} & r_{12} & \cdots & r_{1m} \\ r_{21} & r_{22} & \cdots & r_{2m} \\ \vdots & \vdots & & \vdots \\ r_{m1} & r_{m2} & \cdots & r_{mm} \end{bmatrix} \tag{4.5}$$

式中，对角线上的元素是每个光谱特征的方差，非对角线元素是特征之间的协方差。其中，$r_{ij} = \dfrac{1}{n-1} \sum_{k=1}^{n} (X_{ki} - \overline{X_i})(X_{kj} - \overline{X_j}) = \dfrac{1}{n-1} \sum_{k=1}^{n} X_{ki} X_{kj}$。

3）计算矩阵 $\boldsymbol{R}$ 的特征值与特征向量

计算矩阵 $\boldsymbol{R}$ 的特征值，并按照大小顺序排列 $\lambda_1 \geqslant \lambda_2 \geqslant , \cdots, \geqslant \lambda_m \geqslant 0$，计算对应的特征向量 $l_1 = [l_{11}, l_{12}, \cdots, l_{1m}]^{\mathrm{T}}, \cdots, l_m = [l_{m1}, l_{m2}, \cdots, l_{mm}]^{\mathrm{T}}$，并进行标准化。

得到特征值后,通过 $\dfrac{\lambda_i}{\sum_{k=1}^{m}\lambda_k}(i=1,2,\cdots,m)$ 与 $\dfrac{\sum_{k=1}^{i}\lambda_i}{\sum_{k=1}^{m}\lambda_k}(i=1,2,\cdots,m)$ 计算主成分的贡献率与累计贡献率。一般来说,取累计贡献率超 80%特征值所对应的第一,第二,…,第 $d(d\leqslant m)$ 个主成分。

4.1.2 特征提取实验步骤

启动 ENVI,单击左上角【File】→【Open】,按照数据的存储地址打开待分类的河海大学高光谱遥感影像 HHU-Jintan-Campus .tif,以 Band 92(红)、Band 59(绿)、Band 29(蓝)波段组合显示,如图 4.1 所示。

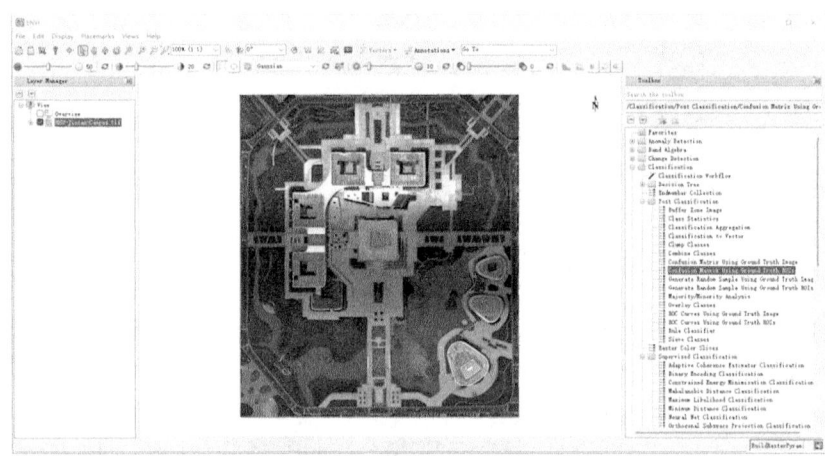

图 4.1 导入待分类影像

在右侧【Transform/PCA Rotation】中选择【Forward PCA Rotation New Statistics and Rotate】,选择待降维影像 HHU-Jintan-Campus.tif,弹出如图 4.2 所示的 PCA 参数设置界面。

【Output Stats Filenames [.sta]】为输出文件的路径,文件的内容为 PCA 的分析结果,主要包括各波段的特征值、协方差、相关性、特征向量等。

【Enter Output Filename】为降维后的影像输出路径与命名。

【Number of Output PC Bands】为保留的主成分,本实验保留 100 个主成分,其他参数默认。

单击【OK】,进行特征提取。

图 4.3 展示了每个波段对应的特征值。

在右侧【Statistics】中选择【View Statistics File】打开之前保存的[.sta]文件,各波段的特征值、协方差、相关性、特征向量如图 4.4 所示。

对 HHU-Jintan-Campus.tif 执行 PCA,保留 100 个主成分后的图像如图 4.5 所示。

第 4 章 高光谱遥感影像降维

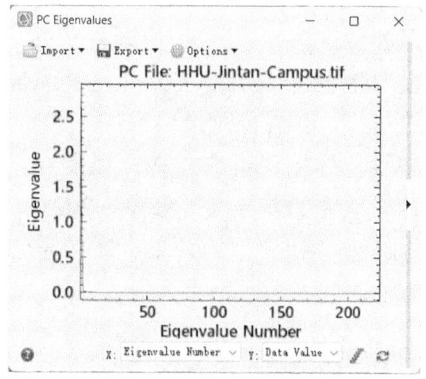

图 4.2 PCA 参数设置   图 4.3 每个波段的特征值

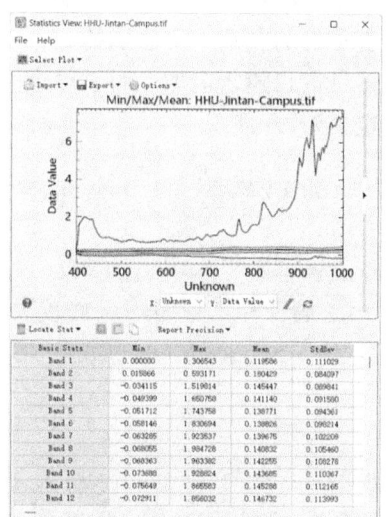

图 4.4 PCA 统计信息

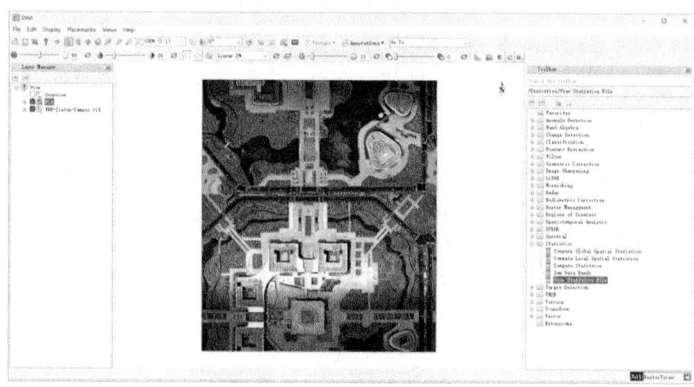

图 4.5 PCA 特征提取结果

4.2 特征选择降维算法

高光谱遥感数据特征（波段）选择是从所有原始波段中挑选出针对后续应用最有效的波段子集，并可有效保留原始波段数据的物理特性。选择波段组合时，应根据高光谱遥感数据的特点，考虑 3 个原则：首先，应优先选择信息量较大的波段组合，确保选出的波段对地物的识别和区分有足够的信息支持。其次，选择波段时应尽量避免相关性过高的波段，以减少冗余信息的影响，并提高模型的泛化能力。最后，各类地物之间的光谱曲线差异应尽可能显著，以提高不同地物之间的可分性，确保特征选择能够有效反映各类地物的差异（苏红军，2021）。综合以上准则，可以更好地利用高光谱遥感数据，提高分类和识别的效果。本节重点介绍基于信息熵的特征选择和基于方差的特征选择方法。

4.2.1 基于信息熵的特征选择

香农（Shannon）在 1948 年首次提出了用熵来表征信息量（Shannon，1948），并指出熵与信号值出现的概率有着密切的联系。信息熵的大小直接影响图像的质量，随着熵值的增大，图像质量提升，信息量也随之增加。对于每个波段，可以通过计算像素值的信息熵衡量信息量，其公式定义为

$$H(X) = -\sum_{i=1}^{n} p(x_i) \log_2 p(x_i) \tag{4.6}$$

其中，假设为灰度图像，$H(X)$ 是随机变量 X 的信息熵；$p(x_i)$ 为随机事件 X 为 x_i 的概率。通过对所有的波段进行信息熵计算，保留信息熵较大的波段实现降维（Klüver，2011）。

4.2.2 基于方差的特征选择

方差是衡量数据变化程度的重要指标（Francl，2005；Barber，2005）。当某个特征的方差较大时，说明该特征的取值在数据集中有较大的波动范围，因此可能包含更多信息。在分类或回归等任务中，方差较大的特征可能更有助于区分不同类别或解释目标变量的变化。如果某个特征的方差接近零，意味着该特征的取值在整个数据集中几乎没有变化，可能是冗余的。通过移除方差较低的特征，可以减少数据维度，消除冗余信息，从而简化模型并提高计算效率。

假设高光谱遥感数据有 n 个样本，m 个光谱特征，对于每个波段，计算其所有像素值的平均值 $\mu = \frac{1}{n}\sum_{i=1}^{n} x_i$，使用平均值计算每个像素与平均值之间的偏差，并对这些偏差进行平方求和，最后除以像素数得到方差。公式为

$$\sigma^2 = \frac{1}{n}\sum_{i=1}^{n}(x_i - \mu)^2 \tag{4.7}$$

通过计算所有波段的方差，保留方差较大的一些波段实现降维。

4.2.3 特征选择实验步骤

由于 ENVI 没有自带基于信息熵与方差的特征选择降维方法，因此本实验使用 ENVI 自带的 IDL 工具进行二次开发。

1. 基于信息熵的特征选择

使用 IDL 打开已经写好的 entropy_bandselection.pro 文件，更改好文件导入与输出的文件的位置。单击编译-运行按钮，最后将降维后的数据输出为 entropy.tif。编译代码如下所示。

```
pro entropy_bandselection
  ;加载影像
  file_path = "C:/HHU-Jintan-Campus/HHU-Jintan-Campus.tif"
  ;加载影像并压缩数据值为 0-255
  data = read_tiff（file_path,geotiff = proj）
  min_val = MIN（data）
  max_val = MAX（data）
  data_norm = （data - min_val）* （255 / （max_val - min_val））
  n_bands = data_norm.DIM
  n_bands=n_bands（0）

; 要保留的波段数
  n_selected_bands = 100
  ;计算每个波段的信息熵
  info_gain = fltarr（n_bands）
  for i = 0, n_bands - 1 do begin
    band_data = data_norm[i, *, *]
    info_gain[i] = calc_info_gain（band_data）
  endfor
  print, info_gain
  ;对信息熵进行降序并获得索引值
  sorted_indices = reverse（sort（info_gain））
  ;选择前 100 个波段
  selected_bands = data[sorted_indices[0:n_selected_bands-1], *, *]
  ;输出影像
  WRITE_TIFF, "C:/HHU-Jintan-Campus/Result/entropy.tif", selected_bands,DOUBLE=1, geotiff = proj
```

```
end
function calc_info_gain, band_data
  ;计算每个波段的信息熵函数
  ;波段数
  n_pixels = n_elements（band_data）
  ;计算直方图
  histogram = histogram（band_data, min=0, max=255, reverse_indices=ri）
  ;归一化为概率
  total_pixels = TOTAL（histogram）
  probabilities = histogram / total_pixels
  ;处理概率为 0 的情况
  valid_prob_indices = WHERE（probabilities GT 0）
  valid_probabilities = probabilities[valid_prob_indices]
  ;计算信息熵
  entropy = -total（valid_probabilities * alog2（valid_probabilities））
  return, entropy
end
```

将降维后的影像导入 ENVI，结果如图 4.6 所示。

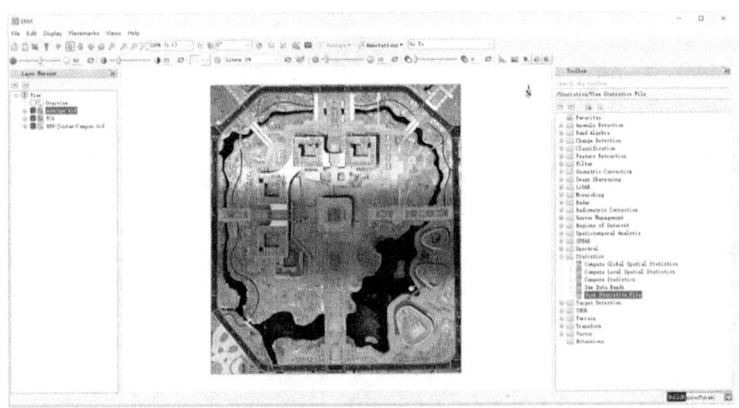

图 4.6　基于信息熵降维后的影像

2. 基于方差的特征选择

使用 IDL 打开已经写好的 variance_bandselection.pro 文件，更改好文件导入与输出的文件的位置。单击编译-运行按钮，最后将降维后的数据输出为 variance.tif。编译代码如下所示。

```
pro variance_bandselection
  ; 加载影像
  file_path = "C:/HHU-Jintan-Campus/HHU-Jintan-Campus.tif"
  data = read_tiff（file_path,geotiff = proj）
  size_data = data.DIM
  n_bands = size_data（0）
  ; 保留多少波段
  n_selected_bands = 100
  ; 创建一个数组来存储每个波段的方差
  stddev_per_band = FLTARR（n_bands）
  variance_per_band=FLTARR（n_bands）
  ; 循环计算每个波段上的方差
  FOR i = 0, n_bands-1 DO BEGIN
    band_data = data[i,*, *]
    stddev_per_band[i] = STDDEV（band_data）
    variance_per_band[i] = VARIANCE（band_data）
  ENDFOR

;计算方差
  std_dev = stddev_per_band
  variance_band=variance_per_band
  print, variance_band
  ;计算相关系数矩阵
  ; corr_matrix = CORRELATE（data）
  ; Sort bands based on information gain in descending order
  sorted_indices = reverse（sort（variance_band））
  ; Select the top 'n_selected_bands' bands
  selected_bands = data[sorted_indices[0:n_selected_bands-1], *, *]
  ;输出影像
  WRITE_TIFF, "C:/HHU-Jintan-Campus/Result/variance.tif", selected_bands,DOUBLE=1 , geotiff = proj

end
```

将降维后的影像导入 ENVI，结果如图 4.7 所示。

图 4.7 基于方差降维后的影像

4.3 降维结果精度评价

为了验证降维后影像的质量，需要进行评价，具体通过支持向量机（support vector machine, SVM）对降维后的影像进行分类，并使用混淆矩阵进行精度验证。

1. 基于主成分分析的特征提取精度验证

添加训练集。在图 4.1 中新建感兴趣区域，在【File】→【Open】中选择已经建好的训练集 Training.xml，添加到降维后的影像如图 4.8 所示。

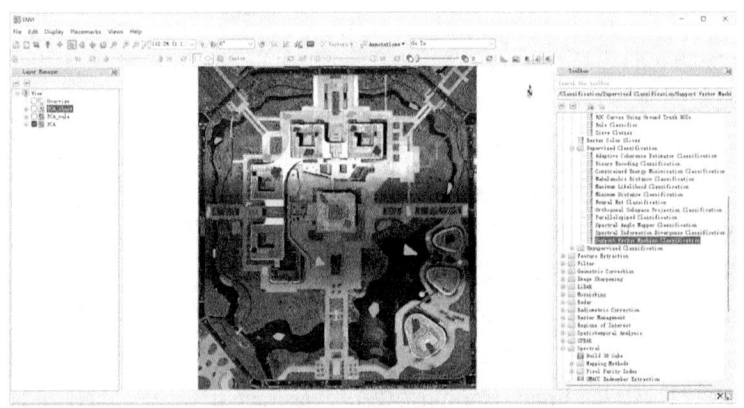

图 4.8 添加训练集

（1）支持向量机分类。在【Toolbox】中选择【Classification】→【Supervised Classification】→【Support Vector Machine Classification】，选择待分类影像 PCA.tif，单击【OK】，选择 6 类样本，其他参数默认如图 4.9 所示。SVM 的分类结果如图 4.10 所示。

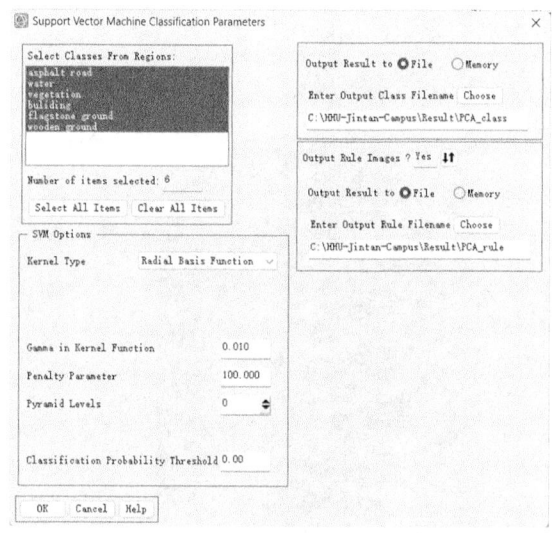

图 4.9　SVM 参数设置

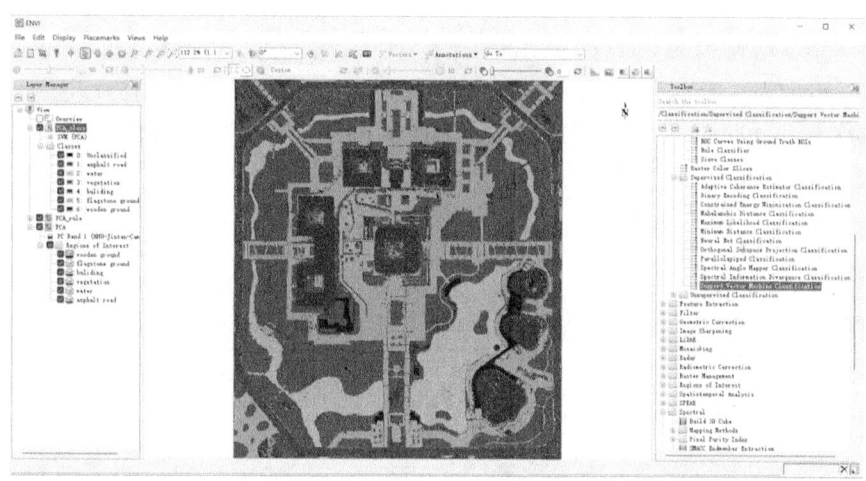

图 4.10　SVM 分类结果

（2）精度验证。对高光谱遥感影像分类结果进行精度评定时，最常用的是计算混淆矩阵实现。计算混淆矩阵时真实参考源可以使用两种方式：一是标准的分类图，二是重新选取感兴趣区（验证样本区）。两种方式可以通过在【Toolbox】中选择【Classification】→【Post Classification】→【Confusion Matrix】实现。

真实的感兴趣区验证样本的选择可以在高分辨率影像上选择，也可以通过野外实地调查获取，原则是获取的类别参考源的真实性。本实验把原分类的影像作为高分辨率影像，通过实地考察与目视解译相结合，重新选取感兴趣区得到真实参考源。

（1）在【Data Manager】中，选中分类样本 Training.xml，右键选择【Close】，将分类样本从软件中移除。

（2）在图 4.1 中新建感兴趣区域，在【File】→【Open】中选择已经建好的训练集

Testing.xml，添加到降维后的影像，如图 4.11 所示。

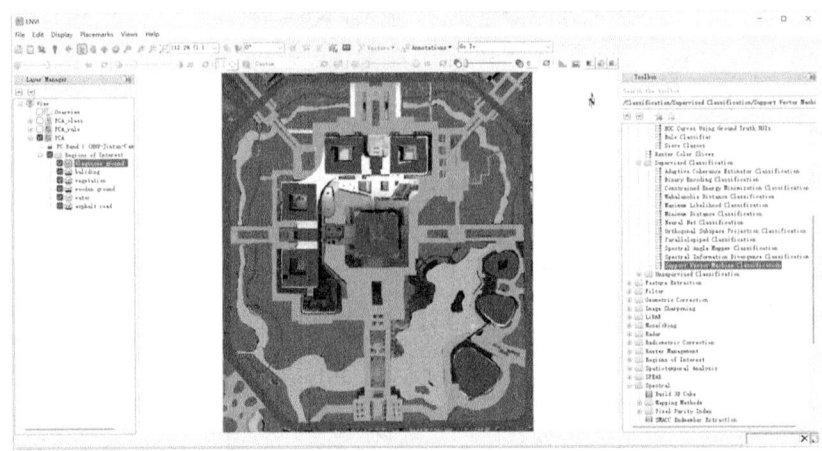

图 4.11 选择验证集

(3) 在 Toolbox 中，选择【Classification】→【Post Classification】→【Confusion Matrix Using Ground Truth ROIs】，选择任一分类结果，软件会根据分类代码自行选择报表的表示方法（像素和动匹配，如不正确可以手动更改）。图 4.12 给出验证操作面板，单击【OK】，就可以得到精度报表，图 4.13 给出了支持向量机分类结果的精度报表，其中包含总体精度、Kappa 系数、两种混淆矩阵（像素和百分比）等。当混淆矩阵尺寸过大时，矩阵在面板中以两行显示。

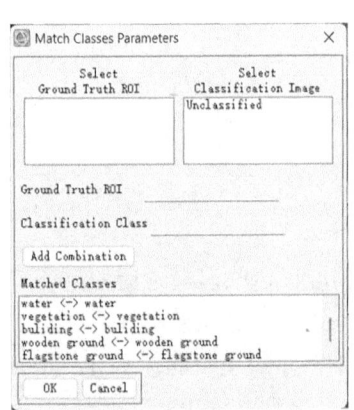
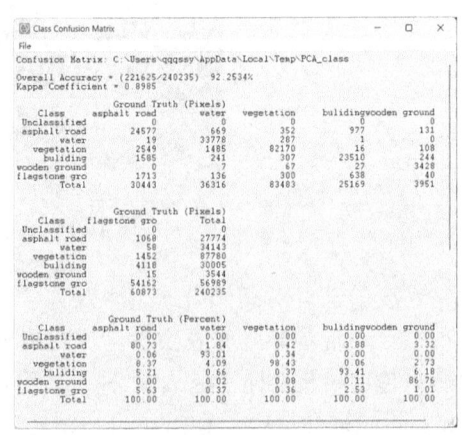

图 4.12 验证操作面板　　图 4.13 支持向量机分类精度报表

根据支持向量机分类精度报表，将原来含有 224 个特征的 HHU-Jintan-Campus.tif 数据降至 100 个特征，其总体分类精度可达到 92.25%，证明 PCA 的降维效果较好。

2. 基于信息熵的特征选择精度验证

（1）添加训练集。在图 4.1 中新建感兴趣区域，在【File】→【Open】中选择已经建好的训练集 Training.xml，添加至降维后的影像，如图 4.14 所示。

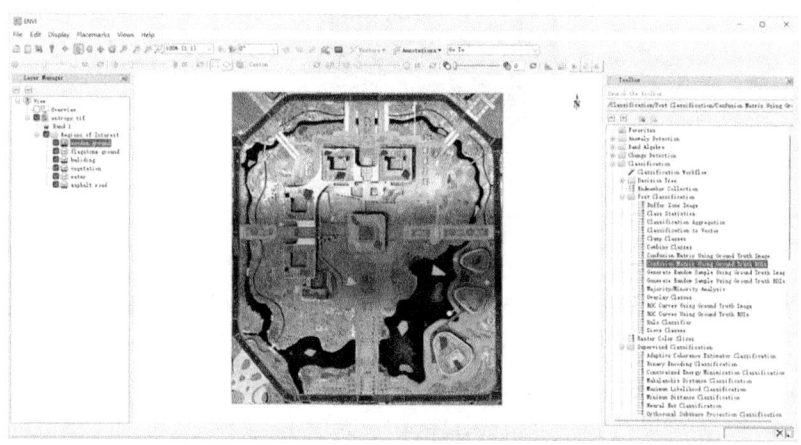

图 4.14　添加训练集

（2）使用支持向量机进行分类。在【Toolbox】中选择【Classification】→【Supervised Classification】→【Support Vector Machine Classification】，选择待分类影像 entropy.tif，单击【OK】，选择 6 类样本，其他参数默认，如图 4.15 所示。

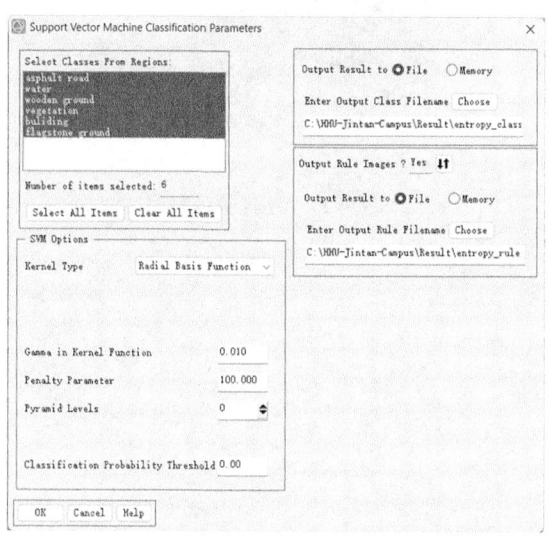

图 4.15　SVM 参数设置

SVM 分类结果如图 4.16 所示。

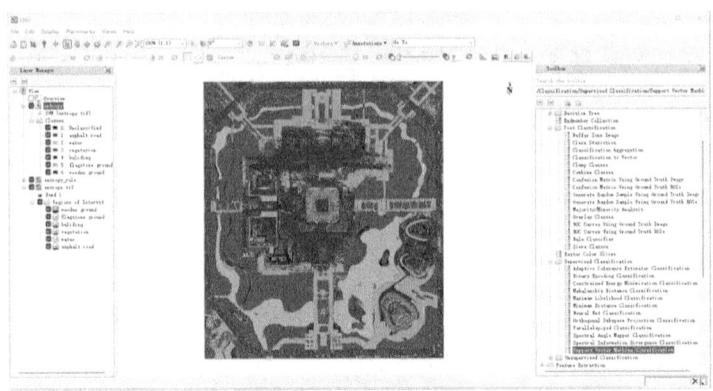

图 4.16　SVM 分类结果

（3）精度验证。①在【File】→【Open】中选择已经建好的训练集 Testing.xml，添加到降维后的影像，如图 4.17 所示。②在 Toolbox 中，选择【Classification】→【Post Classification】→【Confusion Matrix Using Ground Truth ROIs】，图 4.18 给出验证操作面板，单击【OK】，就可以得到精度报表，图 4.19 给出了支持向量机分类结果的精度报表。

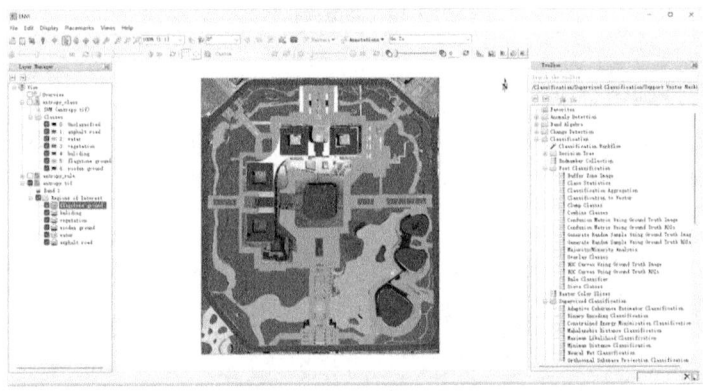

图 4.17　选择验证集

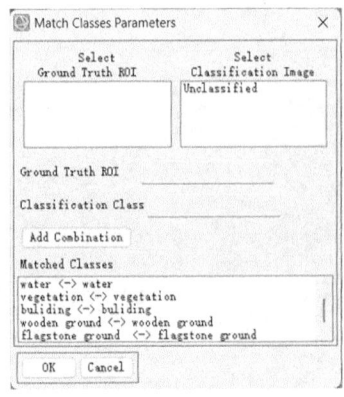

图 4.18　验证操作面板

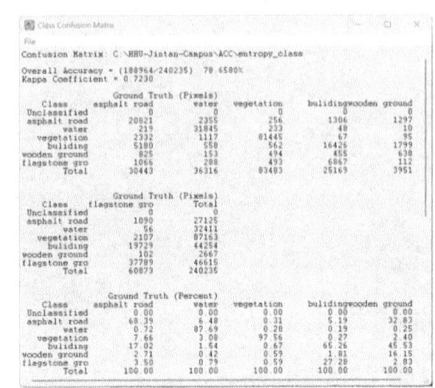

图 4.19　支持向量机分类精度报表

根据支持向量机分类精度报表,将原来含有 224 个特征的 HHU_DR 数据降至 100 个特征,其总体分类精度可达到 78.66%,证明基于信息熵的特征选择能够获得较好的效果。

3. 基于方差的特征选择精度验证

(1)添加训练集。在图 4.1 中新建感兴趣区域,在【File】→【Open】中选择已经建好的训练集 Training.xml,添加至降维后的影像,如图 4.20 所示。

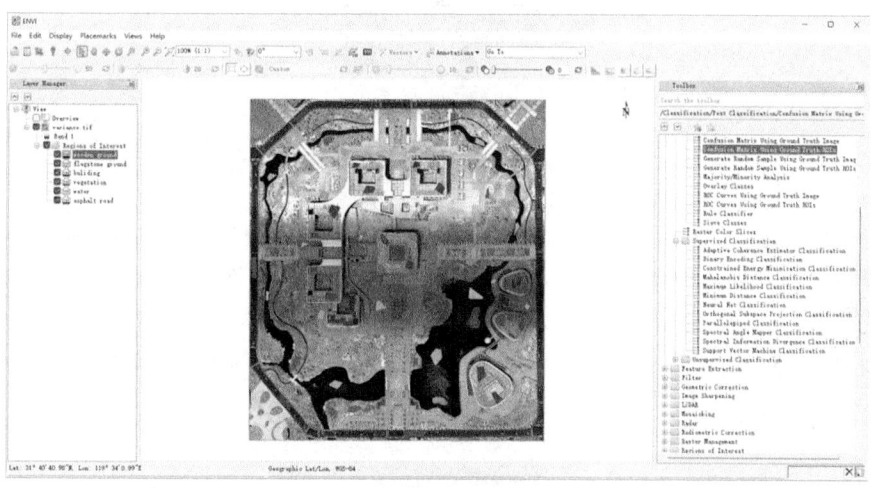

图 4.20　添加训练集

(2)支持向量机分类。在【Toolbox】中选择【Classification】→【Supervised Classification】→【Support Vector Machine Classification】,选择待分类影像 variance.tif,单击【OK】,选择 6 类样本,其他参数默认,如图 4.21 所示。SVM 分类结果如图 4.22 所示。

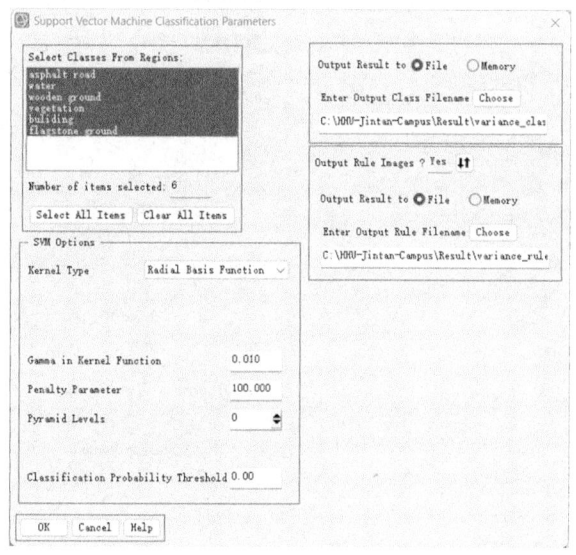

图 4.21　SVM 参数设置

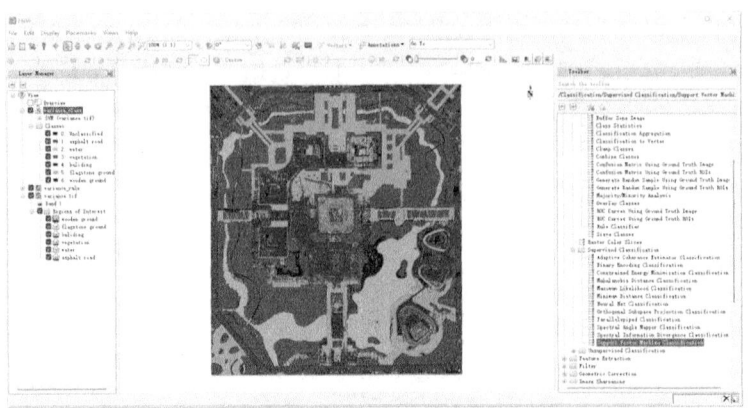

图 4.22　SVM 分类结果

（3）精度验证。①在【File】→【Open】中选择已经建好的训练集 Testing.xml，添加到降维后的影像，如图 4.23 所示。②在 Toolbox 中，选择【Classification】→【Post Classification】→【Confusion Matrix Using Ground Truth ROIs】，图 4.24 给出验证操作面板，单击【OK】，就可以得到精度报表，图 4.25 给出了支持向量机分类结果的精度报表。

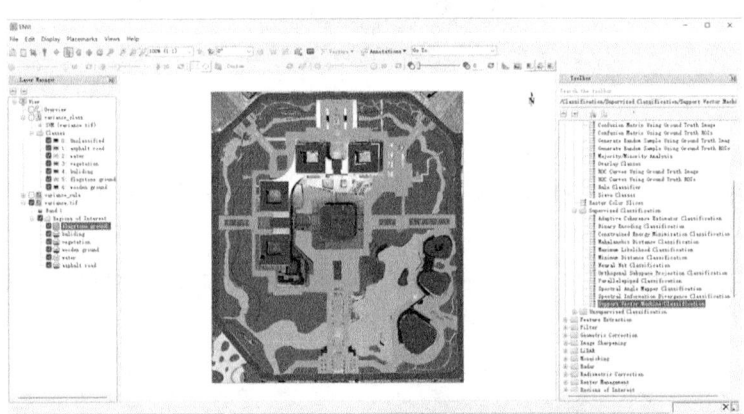

图 4.23　选择验证集

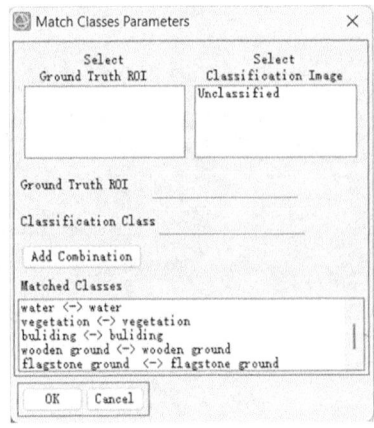

图 4.24　验证操作面板

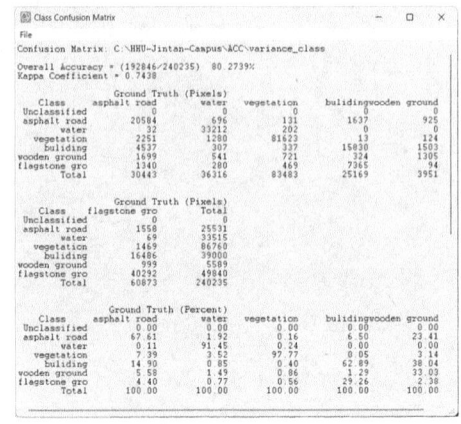

图 4.25　支持向量机分类精度报表

根据支持向量机分类精度报表，将原来含有 224 个特征的 HHU-Jintan-Campus .tif 数据降至 100 个特征，其总体分类精度可达到 80.27%，证明基于方差的特征选择能够获得较好的效果。

参 考 文 献

窦世卿, 陈治宇, 徐勇, 等, 2022. 基于多特征融合与典型降维方法的高光谱影像分类[J]. 测绘通报, 4: 32-36, 50.

姜鑫维, 李程俊, 刘然, 等, 2016. 高光谱遥感数据降维与分类[M]. 武汉: 中国地质大学出版社.

苏红军, 2021. 高光谱遥感影像降维方法与应用[M]. 北京: 科学出版社.

苏红军, 2022. 高光谱遥感影像降维: 进展、挑战与展望[J]. 遥感学报, 26(8): 1504-1529.

苏红军, 杜培军, 2006. 高光谱数据特征选择与特征提取研究[J]. 遥感技术与应用, 4: 288-293.

Barber S, 2005. All of statistics: a concise course in statistical inference[J]. Journal of the Royal Statistical Society Series A: Statistics in Society, 168(1): 261.

Francl M M, 2005. An introduction to statistical mechanics[J]. Journal of Chemical Education, 82(1): 175.

Jiang J J, Ma J Y, Chen C, et al., 2018. SuperPCA: a superpixelwise PCA approach for unsupervised feature extraction of hyperspectral imagery[J]. IEEE Transactions on Geoscience and Remote Sensing, 56(8): 4581-4593.

Klüver J, 2011. A mathematical theory of communication: meaning, information, and topology[J]. Complexity, 16(3): 10-26.

Schölkopf B, Smola A, Müller K R, 1998. Nonlinear component analysis as a kernel eigenvalue problem[J]. Neural Computation, 10(5): 1299-1319.

Shannon C E, 1948. A mathematical theory of communication[J]. Bell System Technical Journal, 27(3): 379-423.

Uddin M P, Al Mamun M, Afjal M I, et al., 2021. Information-theoretic feature selection with segmentation-based folded principal component analysis (PCA) for hyperspectral image classification[J]. International Journal of Remote Sensing, 42(1): 286-321.

Zhang X, Jiang X W, Jiang J J, et al., 2022. Spectral–spatial and superpixelwise PCA for unsupervised feature extraction of hyperspectral imagery[J]. IEEE Transactions on Geoscience and Remote Sensing, 60: 1-10.

第5章 高光谱遥感影像分类

高光谱遥感影像以细粒度的光谱分辨率,在遥感领域具有独特优势。通过获取地物在数百乃至数千个连续、窄波段范围内的光谱反射率,高光谱遥感影像能够提供比传统多光谱影像更为丰富、精细的光谱信息(浦瑞良和宫鹏,2000;张良培和张立福,2005;童庆禧等,2006)。高光谱遥感影像分类旨在将高光谱遥感影像中的每个像素点准确地分配到其所代表的地物类别,从而实现对地物类型的精细识别和定量分析(杜培军等,2016;He et al.,2018)。

根据对样本信息的依赖程度,高光谱遥感影像分类可进一步分为监督分类和非监督分类(Ji et al., 2014)。非监督分类通过挖掘图像数据内在的统计特征,将光谱相似性高的像素聚合为同一类,无须先验知识,可用于发现未知类别。然而,非监督分类的分类精度相对较低,且分类结果的语义解释较为困难。利用 ENVI 对高光谱遥感影像进行非监督分类,主要方法包括 K-均值算法和 ISODATA 算法。监督分类则以已知类别样本为基础,建立分类模型,实现对未知样本的精确分类。监督分类具有较高的分类精度和良好的可解释性,但依赖大量高质量的训练样本。在实际应用中,监督分类适用于对分类精度要求较高,且具有充足标注样本的场景,如精准农业、城市规划等(童庆禧等,2016)。而非监督分类更适用于对数据分布有初步了解,但缺乏先验知识的场景,如遥感影像的初步分析。利用 ENVI 对高光谱遥感影像进行监督分类,主要方法包括马哈拉诺比斯距离分类、最大似然分类、光谱角度匹配分类、支持向量机分类和神经网络分类等。

5.1 非监督分类

5.1.1 K-均值

1. 聚类原理

K-均值算法的基本思想是通过迭代运算,不断移动各个基准类别的中心,直至得到最好的聚类结果为止(陈华等,2000;Zhang et al., 2016)。该算法可使聚类域中所有样本到聚类中心的距离平方和最小,具体计算步骤如下。

(1)任选 K 个初始聚类中心,即 $Z_1^1, Z_2^1, \cdots, Z_K^1$(上角标记为寻找聚类中心的迭代运算次数)。一般可选定样本集的前 K 个样本作为初始聚类中心,也可以根据常用的类别中心选择方法进行初始聚类中心的选择,如最大或最小距离选择法。

(2)设已进行到第 t 轮迭代运算,若对某一样本 X 有 $|X - Z_j^t| < |X - Z_j^{t-1}|$,则 $X \in S_j^t$。其中,S_j^t 是以 Z_j^t 为聚类中心的样本集。以此方法将全部样本分配到 K 个类中。

(3)重新计算各聚类中心,即

$$Z_j^{t+1} = \frac{1}{n_j} \sum_{X \in S_j^t} X \tag{5.1}$$

其中，n_j 为 S_j^t 中所包含的样本数，$j=1,2,\cdots,K$。

（4）若 $Z_j^{t+1} \neq Z_j^t$，则转为第二步，将全部样本重新分类，重复迭代计算。若 $Z_j^{t+1} = Z_j^t$，则结束运算。

K-均值算法受到所选聚类中心个数 K 及初始聚类中心影响，也受到样本的几何性质及排列次序影响，实际需测试不同的 K 值和选择不同的初始聚类中心。如果样本的几何特性表明能形成几个相距较远的小块孤立区，则该算法更容易实现收敛。

2. K-均值实验操作

选择【File】→【Open】打开待分类影像 HHU-Jintan-Campus.dat。工具栏选择【Toolbox】→【Classification】→【Unsupervised Classification】→【K-Means Classification】，如图 5.1 所示，选择待分类影像，单击【OK】，弹出如图 5.2 所示的 K-均值参数设置界面。

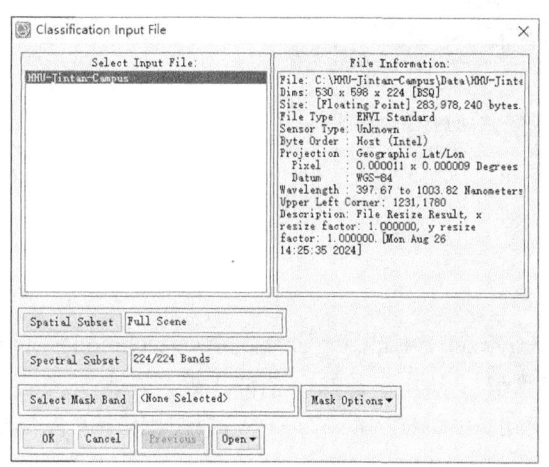

图 5.1　选择待分类影像　　　　图 5.2　K-均值聚类参数设置

（1）Number of Classes 为类别数 K，将影像进行目视解译，确定类别数。

（2）Maximum Iterations 为最大迭代次数，迭代次数越大，结果越精确，运算时间也越长。

（3）Change Threshold 为变换阈值，变化像元数小于阈值时，迭代结束。阈值越小结果越精确，运算量也越大。

（4）Output Result to 是结果输出类型设置；Enter Output Filename 为文件输出地址与命名设置。所有参数设置可根据 K-均值聚类原理进行最优设置。

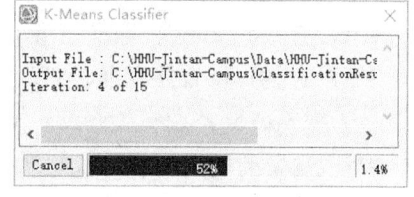

图 5.3　K-均值聚类迭代过程

本次实验将 Number of Classes 设为 6；Maximum Iterations 设为 15；结果输出为 File，

输出文件保存为 C:\HHU-Jintan-Campus\ClassificationResults\Unsupervised\K-Means；其他参数保持默认设置。单击【OK】，如图 5.3 所示，进行 K-均值分类迭代过程，完成所预设的迭代次数后，获得如图 5.4 所示聚类结果。

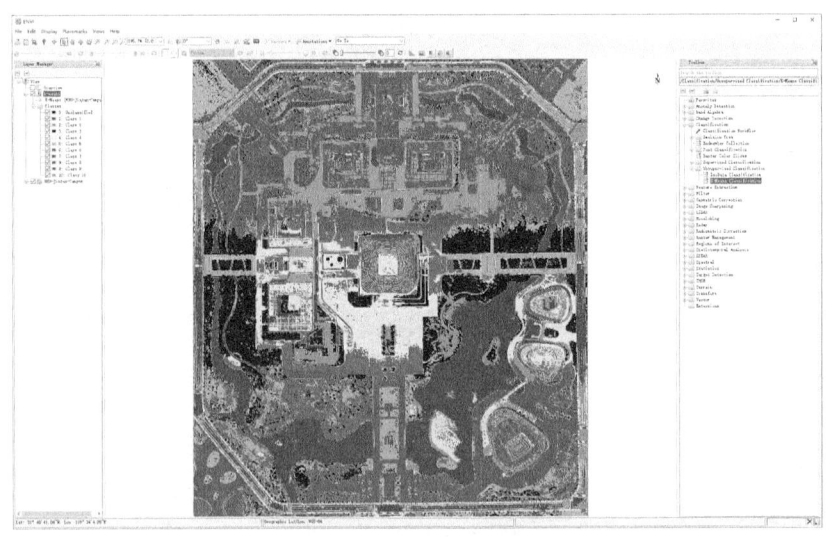

图 5.4　K-均值聚类结果

5.1.2　ISODATA

1. 聚类原理

迭代自组织的数据分析算法（iterative self organizing data analysis techniques algorithm，ISODATA）。(Khan et al., 2016)。该算法与 K-均值算法有相似之处，即聚类中心也是通过样本均值的迭代运算来决定，但 ISODATA 算法加入了一些试探性步骤和人机交互功能，能吸取中间结果所得到的经验，在迭代过程中可将一类一分为二，也可将两类合二为一，所以称为"自组织"。该算法的具体步骤如下：

1）指定算法控制参数

（1）N 为所指定的类别数（实际类别数目设为 N_l）。

（2）I 为允许迭代的次数（实际已迭代的次数设为 l）。

（3）T_n 为每类集群中样本的最小数目。

（4）T_s 为集群分类标准，每个类的分散程度的参数（如最大标准差）。

（5）T_c 为集群合并标准，即两个类中间的最小距离。

2）聚类处理

在已选定的初始类别参数的基础上，按任一种距离判别函数进行分裂判别，从而获得每个初始类别的集群成员。同时，对每一类集群累计其成员总数 n_i、总亮度 $\sum x_{ij}$，以及总亮度平方 $\sum x_{ij}^2$，并计算各类的均值 M 和方差 σ^2，即

$$\left.\begin{aligned}M_{ij} &= \frac{1}{n_i}\sum_{k=1}^{n_i} x_{ijk} \\ \sigma_{ij}^2 &= \frac{n_i\sum_{k=1}^{n_i} x_{ijk}^2 - \left(\sum_{k=1}^{n_i} x_{ijk}\right)^2}{n_i(n_i-1)}\end{aligned}\right\} \quad (5.2)$$

其中，下标 j 为波段序号。

3）类别的取消处理

对上次趋近后的各类成员总数 n_i 进行检查，若 $n_i < T_n$，表示第 i 类不可靠，应将其从搜索表中删除，同时修改类别数 $N_i < N_i - 1$，返回第二步。

4）判断迭代是否结束

若当前迭代次数 l 已经达到指定的次数 I，或者该次迭代所算得的各类中心 M_i 与上次迭代的结果差别很小（可预先给定一个阈值），则趋近结束。此时搜索表中的有关参数将作为基准类别参数，并用于构建最终的判别函数；否则，继续进行以下步骤。

5）类别的分裂处理

对搜索表中的每一类进行考核。判断其最大的标准差分量，即

$$\sigma_{i_{\max}} = \max\{\sigma_{i_1},\sigma_{i_2},\cdots,\sigma_{i_n}\} \quad (5.3)$$

判定 $\sigma_{i_{\max}}$ 是否超过限值 T_s，若 $\sigma_{i_{\max}} < T_s$，并满足下列条件之一，则第 i 类需要进行分裂处理。

条件一：

$$N_i < \frac{N}{2} \quad (5.4)$$

条件二：

$$\overline{\sigma_i} > \sigma \quad (5.5)$$

$$\overline{\sigma_i} = \frac{1}{n}\sum_{j=1}^n \sigma_{ij}^2, \quad \sigma = \frac{1}{N}\sum_{i=1}^{N_I} \overline{\sigma_i} \quad (5.6)$$

进行分裂处理。定义两个新类别用于取代被分裂的类别，其均值和方差分别定义为

$$\left.\begin{aligned}M'_{ij} &= M_{ij} + \frac{1}{3}\sigma_{ij} \\ M''_{ij} &= M_{ij} - \frac{1}{3}\sigma_{ij} \\ \sigma'_{ij} &= \sigma''_{ij} - \frac{2}{3}\sigma_{ij}\end{aligned}\right\} \quad (5.7)$$

同时，修改类别总数 $N_i = N_I + 1$，并修改搜索表。注意每次允许分裂的类别数一般不超过已有类别数的一半。分裂处理后返回第二步进行下一次迭代。若本次迭代没有一个类别需要分裂，则转入下一步进行合并处理。

6）类别合并处理

首先对已有的类别计算每两类（i 与 k）中心间的距离 D_{ik}，即

$$D_{ik} = \sum_{j=1}^{n} \left| M_{ij} - M_{kj} \right| \tag{5.8}$$

其中，$i = 1,2,\cdots,N_l-1$；$k = i+1, i+2, \cdots, N_l$。

然后将所有 D_{ik} 与限值 T_c 相互比较，若 $D_{ik} < T_c$，则把这两类 i、k 合并为一类 m。合并后新类别的均值和方差为

$$\left. \begin{array}{l} M_{mj} = \dfrac{n_i M_{ij} + n_k M_{kj}}{n_i + n_j} \\ \sigma_{mj}^2 = \dfrac{1}{n_i + n_j} \left\{ n_i \left[\sigma_{ij}^2 + (M_{ij} - M_{mj})^2 \right] + n_k \left[\sigma_{kj}^2 + (M_{kj} - M_{mj})^2 \right] \right\} \end{array} \right\} \tag{5.9}$$

同时修改类别总数 $N_l = N_l - 1$，并把搜索表中的相应内容进行更新。在迭代过程中，每次合并后的类别总数不应小于指定的类别数 N 的半数。并类处理结束后返回第二步进行下一次迭代。

ISODATA 算法实质上是以初始类别为"种子"进行自动迭代聚类的过程，可以自动地进行类别的"合并"和"分裂"，其各个参数也在不断地聚类调整中逐渐确定，并最终构建所需要的判别函数。因此，可以说基准类别参数的确定过程，也正是利用光谱特征本身的统计性质对判别函数的不断调整和"训练"的过程。

2. 实验操作

导入影像 HHU-Jintan-Campus.dat，选择【Toolbox】→【Classification】→【Unsupervised】→【IsoData Classification】，选择待分类影像，单击【OK】，弹出如图 5.5 所示的 ISODATA 参数设置界面。

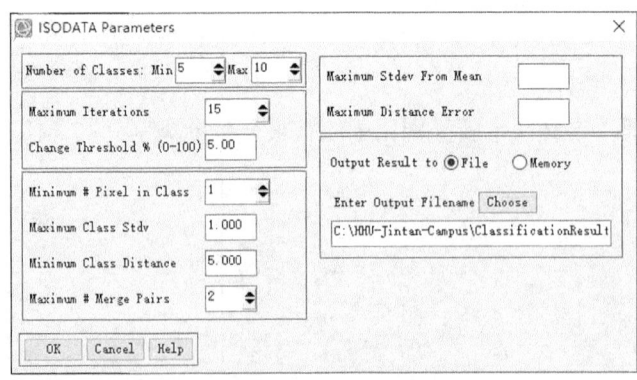

图 5.5 ISODATA 参数设置

（1）Number of Classes 中 Min 设置最小类别数量、Max 设置最大类别数量，将影像进行目视解译，确定相应的类别数。

（2）Maximum Iterations 为最大迭代次数，迭代次数越大，结果越精确，运算时间也

越长。

（3）Change Threshold 为变换阈值，每当一类的变化像元数小于阈值时，迭代结束。阈值越小结果越精确，运算量也越大。

（4）Minimum # Pixel in Class 为形成一类所需的最少像元数。即某类小于最少像元数，该类将会被拆分。

（5）Maxium Class Stdev 为最大分类标准差，以像素为单位，如果某一类的标准差比该阈值大，该类将分成两类。

（6）Minimum Class Distance 为类别均值之间的最小距离，以像素值为单位，如果类均值小之间的距离小于输入的最小值，则类别将合并。

（7）Maxium # Merge Paris 为合并类的最大值。

（8）Output Result to 是结果输出类型设置。

（9）Enter Output Filename 为文件输出地址与命名设置。

所有参数设置可根据 ISODATA 算法原理进行最优设置，本实验将 Number of Classes 设为 Min=5、Max=10；Maximum Iterations 设为 15；结果输出为 File；输出文件保存为 C:\HHU-Jintan-Campus\ClassificationResults\Unsupervised\IsoData 其他参数默认。单击【OK】，进行分类，获得聚类结果如图 5.6 所示。

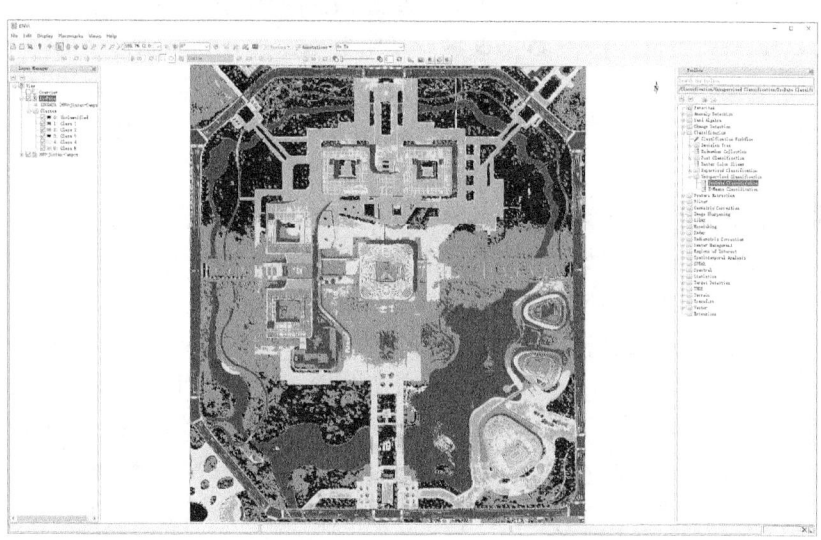

图 5.6　ISODATA 聚类结果

5.2　监督分类

5.2.1　样本标注

1. 类别定义

根据分类目的、影像数据自身的特征和研究区收集的样本信息确定分类器系统，对影像进行特征判断，评价图像质量，决定是否需要进行影像增强等预处理（如增强、去噪等）。导入影像 HHU-Jintan-Campus.dat，通过经验进行目视解译并结合实地观测数据，将影像大致划分为 6 类不同地物，包括水体（water）、柏油路（asphalt road）、植被（vegetation）、建筑（building）、木板地面（wooden ground）、石板地面（flagstone ground）。

2. 样本选择

样本的选择是监督分类成功的关键一步，其目的是为分类器提供具有代表性的、已知类别标签的训练数据，以建立准确可靠的分类模型。

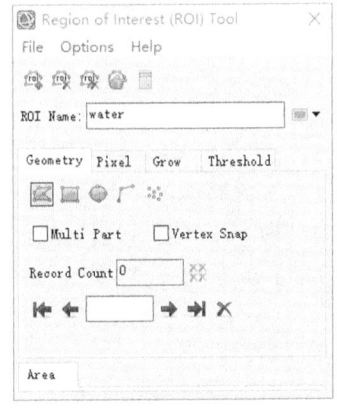

图 5.7 感兴趣区域面板设置样本参数设置

（1）在图层管理器 Layer Manager 中，HHU-Jintan-Campus.dat 图层上右键，选择【New Region Of Interest】，打开如图 5.7 所示的【Region of Interest （ROI）Tool】参数设置窗口，下面以水体为例，介绍样本选择过程。

首先，在【Region of Interest（ROI）Tool】面板上，【ROI Name】设置为 water（为防止 ENVI 报错，所有名称尽量为全英文），【ROI Color】设置为蓝色（颜色选择尽量美观且具有可区分性）。

然后，默认 ROIs 绘制类型为多边形，在影像上辨别草地区域并单击鼠标左键开始绘制多边形样本，一个多边形绘制结束后，双击鼠标左键或者单击鼠标右键，选择【Complete and Accept Polygon】，完成一个多边形样本的选择。

此外，以同样方法在图像别的区域绘制其他样本，样本尽量均匀分布在整个图像上，该过程是为分类算法提供训练样本，样本的数量可根据需求确定。

最后，完成水体样本选择。

注意：①如果要对某个样本进行编辑，可将鼠标移到样本上单击右键，选择【Edit record】是修改样本，单击【Delete record】是删除样本；②一个样本 ROI 里面可以包含 n 个多边形或者其他形状的记录（record）；③如果不小心关闭了【Region of Interest（ROI）Tool】面板，可在图层管理器【Layer Manager】上的某一类样本（感兴趣区）双击鼠标。

（2）在图像上右键选择 New ROI，或者在【Region of Interest （ROI）Tool】面板上，选择工具。重复上述水体的样本选择方法，完成所有类别的样本选择；此外，也可通过【File】→【Open】操作打开所提供的 Training.xml 文件以加载每个类别的训练样本，图 5.8 给出了所有样本选择完毕后的结果。

（3）计算样本的可分离性。在【Region of Interest（ROI）Tool】面板上，选择【Option】→【Compute ROI Separability】。如图 5.9 所示，在【Choose ROIs】面板勾选需要计算可分离性的样本类别，单击【OK】，可查看不同类别样本的可分离性报告。

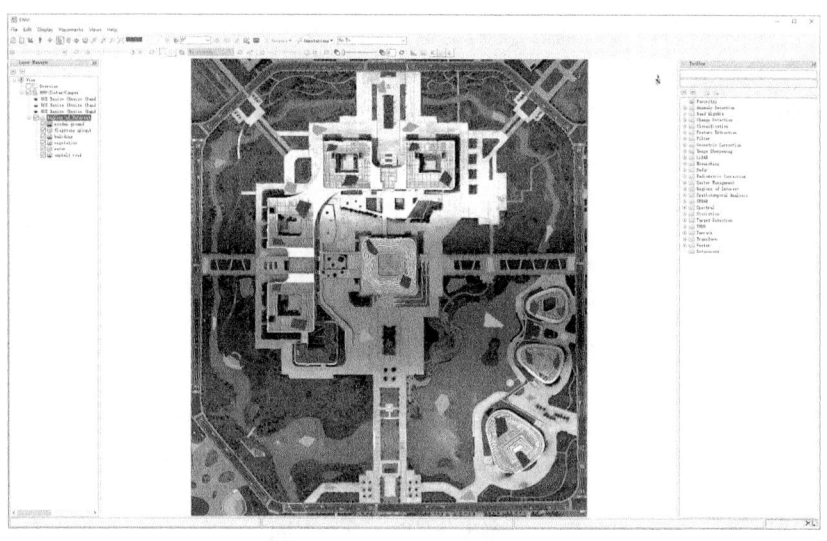

图 5.8 训练样本选择结果

在报告中样本的可分离性用 Jeffries-Matusita 和 Transformed Divergence 表示,这两个参数的取值范围为 0~2.0,大于 1.9 说明样本之间可分离性好,属于合格样本;小于 1.8,需要编辑样本或者重新选择样本;小于 1,可考虑将两类样本划分成一类。

(4) 在图层管理器中,选择【Region of interest】,单击右键 save as,保存为 .xml 格式的样本文件。本实验将其命名为 Training.xml。

注意:

(1) 早期版本的感兴趣文件格式为 .roi,新版本的为 .xml,新版本完全兼容 .roi 文件,在【Region of Interest (ROI) Tool】面板上,选择【File】→【Open】打开 .xml 或 .roi 文件。

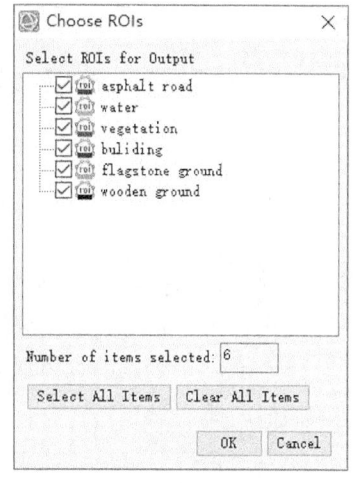

图 5.9 计算可分离性类别选择

(2) 新版本的 .xml 样本文件(感兴趣区文件)可以通过【File】→【Export】→【Export to Classic】菜单保存为 .roi 文件。

3. 分类器选择与分类

ENVI 中有多种监督分类方法,下面将分别介绍马哈拉诺比斯距离、最大似然法、光谱角度匹配、支持向量机和神经网络 5 种方法的分类原理与实验操作过程。

5.2.2 马氏距离

1. 分类原理

马哈拉诺比斯(Mahalanobis)距离分类法是最小距离分类法的一种,最小距离分类法是利用训练样本中各类别在各波段的均值，根据各像元和训练样本的某种距离判别函数的大小，并决定其类别（Zhong et al., 2014）。距离判别函数的建立以地物光谱特征在特征空间中按照集群方式分布为前提，假设某个像元属于特定类别，则与该类别中心（均值向量）的距离一定比其他类别中心的距离小。因此，在类别中心已知的情况下，以每个点与集群中心的距离作为类别判定的准则，就可以完成分类工作。马哈拉诺比斯距离就是距离判别函数的一种，其表达式为

$$d_i(x_k) = (x_k - m_i)^T (\Sigma_i)^{-1} (x_k - m_i) \tag{5.10}$$

其中，m_i（均值）为各类别集群的中心位置，为

$$m_i = \begin{bmatrix} m_{i1} & m_{i2} & \cdots & m_{in} \end{bmatrix}^T \tag{5.11}$$

$$x_k = \begin{bmatrix} x_{k1} & x_{k2} & \cdots & x_{kn} \end{bmatrix}^T \tag{5.12}$$

$$\Sigma_i = \begin{bmatrix} \sigma_{11} & \sigma_{12} & \cdots & \sigma_{1n} \\ \sigma_{21} & \sigma_{22} & \cdots & \sigma_{2n} \\ \vdots & \vdots & \ddots & \vdots \\ \sigma_{m1} & \sigma_{m2} & \cdots & \sigma_{mn} \end{bmatrix} \tag{5.13}$$

其中，Σ_i 为第 i 类别的协方差矩阵，其协方差为

$$\sigma_{jl} = \frac{\sum_{k=1}^{n_i}(x_{kj} - m_{ij})(x_{kl} - m_{il})}{n_i(n_i - l)} \tag{5.14}$$

其中，k 为像元序号；n_i 为第 i 类像元个数；j、l 分别表示波段序号。

假定初始分 c 个类别，分别是 $\omega_1, \omega_2, \cdots, \omega_c$，则马哈拉诺比斯距离分类的步骤如下。

（1）取 c 个类别的训练区域，第 i 个类别训练区域 T_i 的样本个数为 N_i，计算每个类别的均值，即

$$m_i = \frac{1}{N_i} \sum_{x \in T_i} x \tag{5.15}$$

具体地，若样本 x 有 K 个波段组成，则均值 m_i 是 K 维向量，每个分量是训练区域相应波段的像素均值。

（2）扫描图像，分别计算每个像元 x 到每个类中心的马哈拉诺比斯距离，即

$$D_i = (x - m_i)^T (\Sigma_i)^{-1} (x - m_i) \tag{5.16}$$

若 $D_i = \min_{j \in [1,c]} \{D_j\} \leq D_T$，则 $x \in \omega_i$，$i \in [1, c]$；否则，x 属于拒绝类。其中 D_T 为距离阈值，其值的选择与各特征波段的标准差有关，一般根据专业知识和经验考虑阈值的设置。

（3）对图像上的每个像素而言，比较它到每个类中心的距离，距离哪个区域的中心值最近，就将该像素归为该区域，获得最终分类结果。

2. 实验操作

导入影像 HHU-Jintan-Campus.dat，并加载 Training.xml 文件。选择【Toolbox】→【Classification】→【Supervised Classification】→【Mahalanobis Distance Classification】，选择待分类影像 HHUClassification.dat，单击【OK】，显示如图 5.10 所示的参数设置面板。

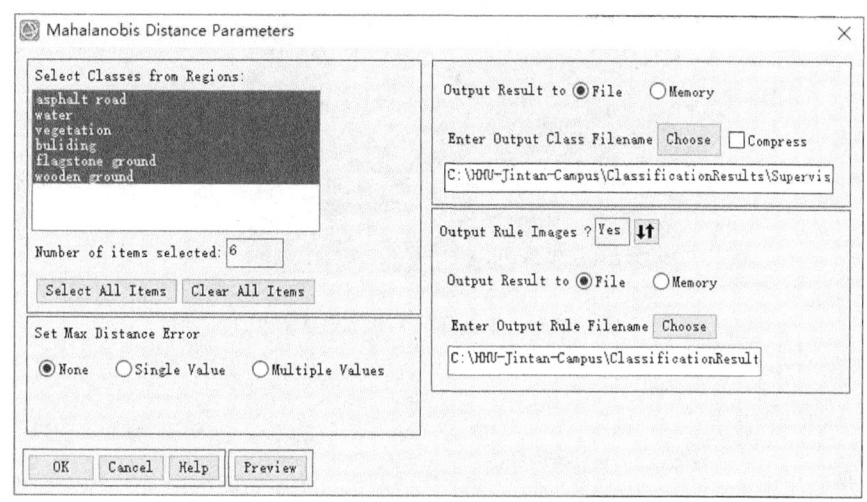

图 5.10　马哈拉诺比斯距离分类参数设置

（1）【Select Classes from Regions】列表，单击【Select All Items】按钮，选择全部的训练样本。

（2）【Set Max Distance Error】选项，设置最大距离误差，以 DN 方式输入 1 个值，距离大于该值的像元不被分入该类，如果不满足所有类别的最大距离误差，就不会被归为未分类（unclassified）。有 3 种类型，这里选择【None】。

（3）【Preview】选项，可以在右边窗口中预览分类结果，单击【Change View】可以改变预览区域。

（4）【Output Result to】为选择分类结果的输出类型。

（5）【Enter Output Class Filename Choose】为选择分类结果的输出路径及文件名，本实验将输出文件保存为 C:\HHU-Jintan-Campus\ClassificationResults\Supervised\Mahalanobis。

（6）【Output Rule Images】为是否输出规则影像选项，本实验设置 Yes。

（7）【Enter Output Rule Filename Choose】为选择规则图像输出路径及文件名，本实验规则文件保存为 C:\HHU-Jintan-Campus\ClassificationResults\Supervised\MahalanobisRule。

单击【OK】执行分类，输出图 5.11 所示马哈拉诺比斯距离分类结果。

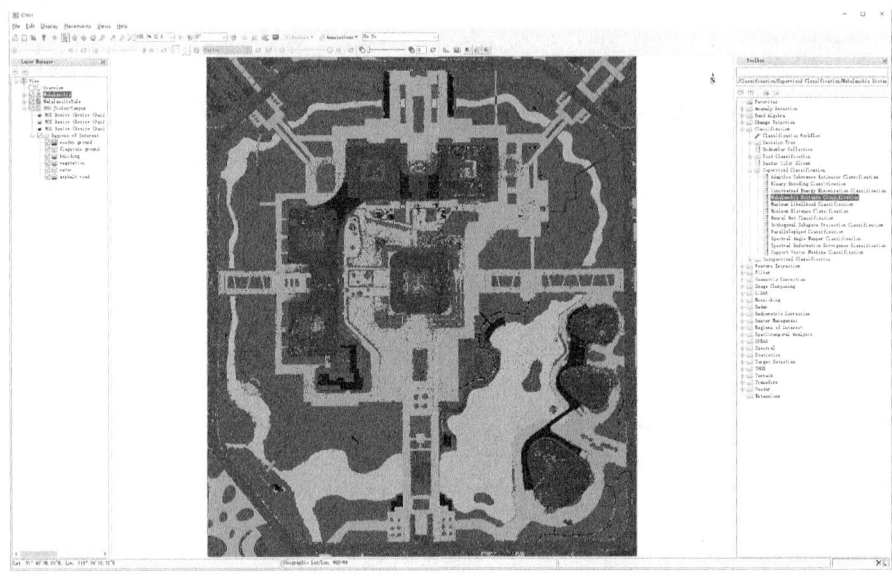

图 5.11　马哈拉诺比斯距离分类结果

5.2.3　最大似然法

1. 分类原理

最大似然法（maximum likelihood classification，MLC）是经典的分类方法，主要根据相似的光谱性质和属于某类的概率最大的假设来指定每个像元的类别（骆剑承 等，2002；Peng et al.，2019）。MLC 最大优点是能快速将被分类像元指定到若干类中的某一类中去。

从概率统计分析，要想判别某位置的向量 X 属于哪一个类别，判别函数要从条件概率 $P(\omega_i | X)(i = 1, 2, 3, \cdots, m)$ 决定，ω_i 代表第 i 个类别，P 表示在模式 X 出现的条件下，X 为 ω_i 类的概率等于多少。由于这个特定的类别是未知的，只有找到属于每一类的可能性，然后比较它们的大小，哪一种类别出现的概率大，就把该位置的像元归于哪类，即如果 $P(\omega_i | X) > P(\omega_j | X)$，对于 $i \neq j, j = 1, 2, 3, \cdots, m$ 成立，则 $X \in \omega_i$。由于概率是建立在统计意义上的，因而当使用概率判别函数实行分类判别时，不可避免地会出现错分、漏分的现象，人们希望以错分概率或风险最小为准则建立所需要的判别规则。根据概率理论中的贝叶斯公式，即

$$P(\omega_i | X) = \frac{P(X | \omega_i) P(\omega_i)}{P(X)} \tag{5.17}$$

其中，$P(\omega_i)$ 为先验概率，也就是在被分类的图像中类别 ω_i 出现的概率。$P(X | \omega_i)$ 为似然概率，它表示在 ω_i 这一类中出现像元 X 的概率。知道所有属于 ω_i 的像元出现的概率密度后，就可以画出 ω_i 的概率分布曲线，有多少类别就有多少分布曲线。由此可知，只要有一个已知的训练区域，用这些已知类别的像元做统计就可以求出平均值及方差、协方差等特征参数，从而可以求出总体的先验概率。在未知情况下，也可以认为所有的

$P(\omega_i)$ 相同。$P(\omega_i|X)$ 为 X 属于 ω_i 的概率,也称后验概率。$P(X)$ 表示任意类别 X 出现的概率,即

$$P(X) = \sum_{i=1}^{m} P(X|\omega_i)P(\omega_i) \tag{5.18}$$

$P(X)$ 与类别 ω_i 无关,对各类来说是一个公共因子,在比较大小时不起作用,因此作判别时可将 $P(X)$ 去掉。应用最大可能性判别规则,再加上贝叶斯使平均损失最小的原则,都表明

$$g_i(X) = P(X|\omega_i)P(\omega_i) \tag{5.19}$$

是一组理想的判别函数。判别规则若为

$$P(\omega_i)P(X|\omega_i) > P(\omega_j)P(X|\omega_j) \tag{5.20}$$

则 $X \in \omega_i$。在最大似然法的实际计算中,常采用经过对数变换的形式,即

$$g(X) = \ln P(\omega_i) - \frac{1}{2}\ln \Sigma_i - \frac{1}{2}(X-m_i)^T \sum_i^{-1}(X-m_i) \tag{5.21}$$

其中,$P(\omega_i)$ 是每一类 (ω_i) 在图像中的概率,在事先不知道 $P(\omega_i)$ 是多少的情况下,可以认为所有的 $P(\omega_i)$ 都相同,即 $P(\omega_i) = 1/m$,m 为类别数;Σ_i 为第 i 类的协方差矩阵;m_i 为该类的均值向量。这些数据来源于由训练组所产生的分类统计文件。对于任何一个像元 X,其属于 $g_i(X)$ 最大的类别。最大似然法分类的基本前提是认为每一类的概率密度分布都是正态分布(即高斯分布)。最大似然法分类的精度一般比基于距离的分类方法要高,但分类过程更复杂,计算时间较长。

2. 最大似然法实验操作

导入影像 HHU-Jintan-Campus.dat,并加载 Training.xml 文件。在使用最大似然法进行分类之前,可先通过主成分分析算法对影像进行特征提取,并选取前 30 个主成分作为输入数据。也可直接读取所提供的 HHU-Jintan-CampusPCA.dat 文件,选取前 30 个主成分作为输入数据。在【Toolbox】中选择【Classification】→【Supervised Classification】→【Maximum Likelihood Classification】,选择待分类影像 HHU-Jintan-CampusPCA.dat,单击【OK】,显示如图 5.12 所示的参数设置面板。

(1)【Set Probability Threshold】为似然度的阈值。如果选择【Single Value】,则在【Probability Threshold】文本框中,输入一个 0~1 之间的值,似然度小于该阈值不被分入该类。这里选择 None。

(2)【Data Scale Factor】为比例系数。该比例系数是 1 个比值系数,用于将整型反射率或辐射率数据转化为浮点型数据。

其他参数设置与前述方法相同,单击【OK】执行最大似然法分类,图 5.13 为最大似然分类结果。

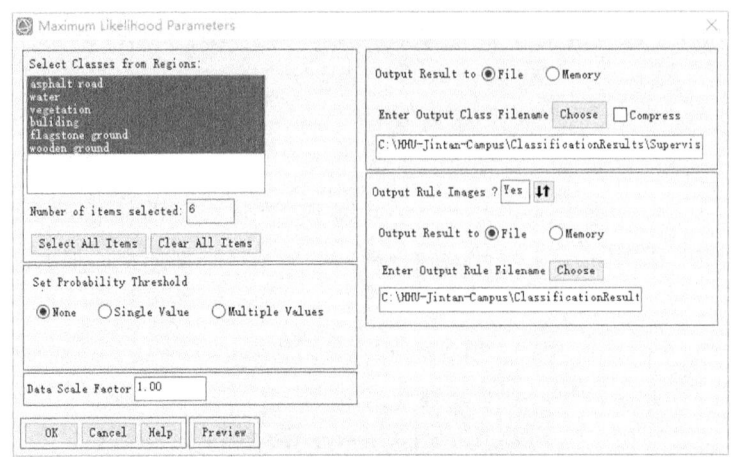

图 5.12　最大似然分类参数设置

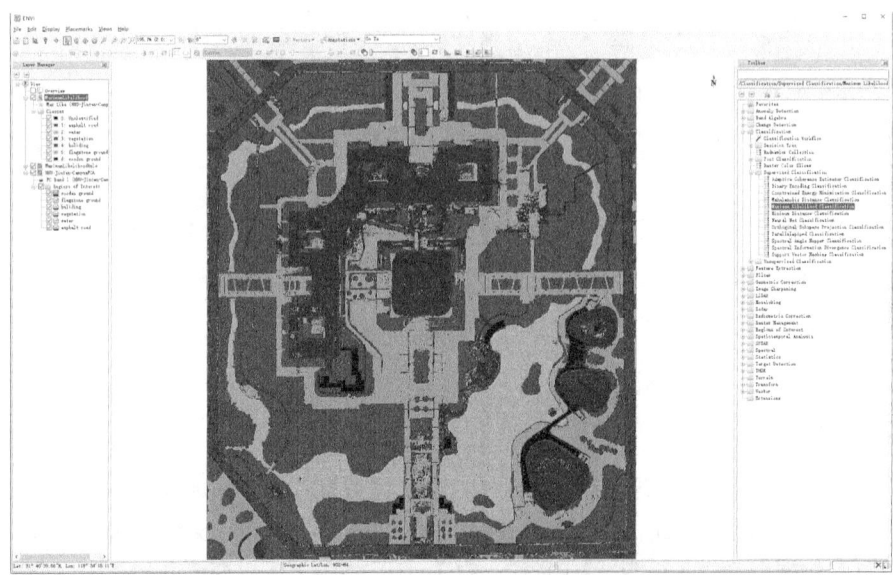

图 5.13　最大似然分类结果

5.2.4　光谱角匹配

1. 分类原理

光谱角度匹配（spectral angle mapping，SAM）分类是光谱匹配分类（spectral match classifier）的主要方法之一，该方法主要是利用光谱库中的参考光谱识别未知地物光谱（Tarabalka et al., 2010）。根据参考光谱和未知光谱之间的相似程度判别未知光谱的地物类型，进而达到地物识别的目的。

SAM 是指用像元的 n 个波段光谱响应值作为 n 维空间的向量，可以通过计算它与最终单元的光谱间的广义夹角来确定每类地物的归属。广义夹角定义为

$$\cos\alpha = \frac{\boldsymbol{X}\cdot\boldsymbol{Y}}{|\boldsymbol{X}||\boldsymbol{Y}|} \tag{5.22}$$

即

$$\alpha = \cos^{-1}\frac{\sum_{i=1}^{n}(x_i y_i)}{\sqrt{\sum_{i=1}^{n}x_i^2}\sqrt{\sum_{i=1}^{n}y_i^2}} \tag{5.23}$$

其中，$\alpha \in \left[0,\dfrac{\pi}{2}\right]$；$\boldsymbol{X}=(x_1,x_2,\cdots,x_n)$，$\boldsymbol{Y}=(y_1,y_2,\cdots,y_n)$ 均为不为 0 的光谱向量。

光谱角 α 值越小，代表 $\boldsymbol{X}$ 与 $\boldsymbol{Y}$ 的相似性越大。用测试光谱与参考光谱比较时，需要将参考光谱按照测试光谱的波长进行重采样，使得两个光谱具有相同维数。由于两个向量间角度不受向量模的影响，所以光谱角度这一光谱间相似性度量与增益系数无关。由于光谱角度匹配只利用了角度唯一的参数，只有当待识别像元的类内方差较小，类间方差较大，且向量模中的信息对分类影响不大时，才能得到较高的分类精度。

2. 光谱角匹配实验操作

导入影像 HHU-Jintan-Campus.dat，并加载 Training.xml 文件。在 Toolbox 中选择【Classification】→【Supervised Classification】→【Spectral Angle Mapper Classification】，选择待分类影像，单击【OK】，显示图 5.14 的 Endmember Collection: SAM 窗口面板。

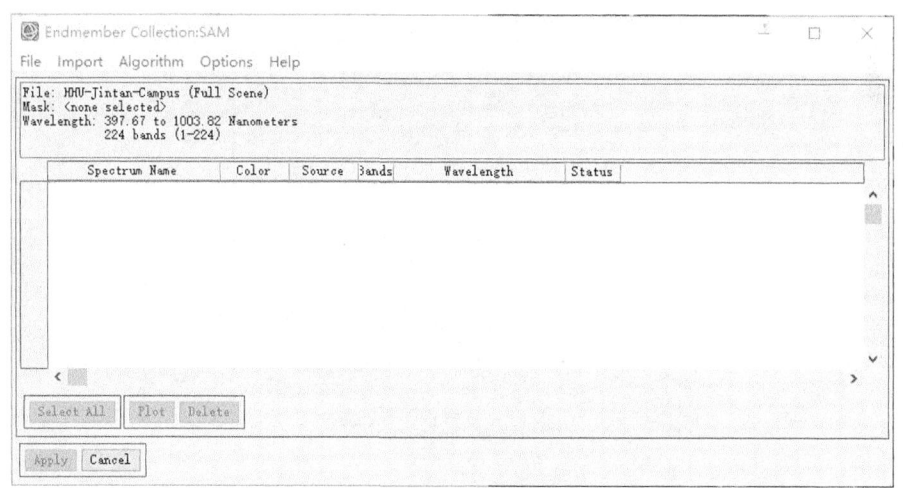

图 5.14 空白光谱信息获取面板

在 Endmember Collection: SAM 面板中，单击【Import】→【from ROIEVF from input file】。弹出【Select Regions for Stats Calculation】面板，选择【Select All Item】，单击【OK】，所有类别光谱信息被导入图 5.15 所示的光谱信息获取面板中。

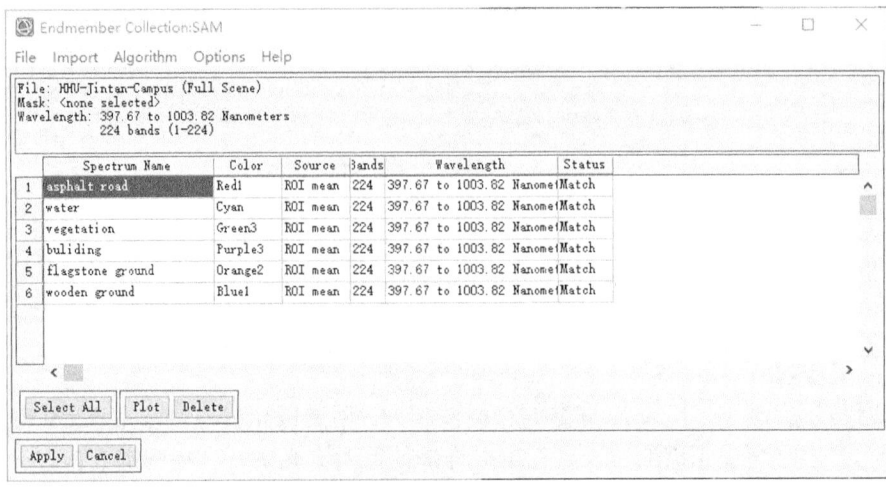

图 5.15　各类别光谱信息

单击【Select All】→【Apply】，弹出如图 5.16 所示的参数设置面板。

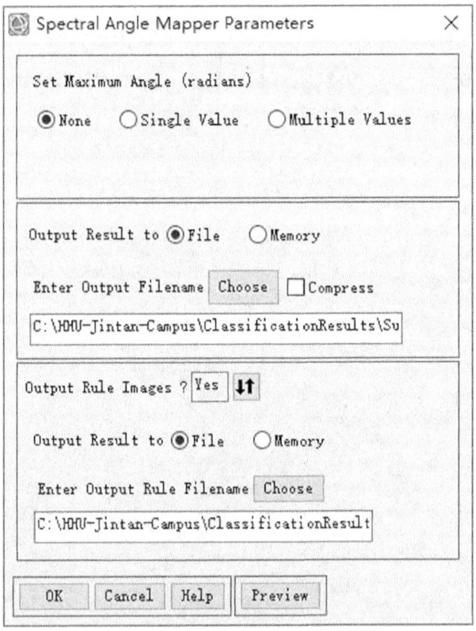

图 5.16　光谱角度匹配分类参数设置

【Set Maximum Angle（radians）】为设置光谱角度阈值（弧度），光谱角度大于该阈值的，不被分为该类，此阈值越小，分类精度越高。其他参数设置与前述方法相同，单击【OK】执行分类，输出图 5.17 所示光谱角度匹配分类结果。

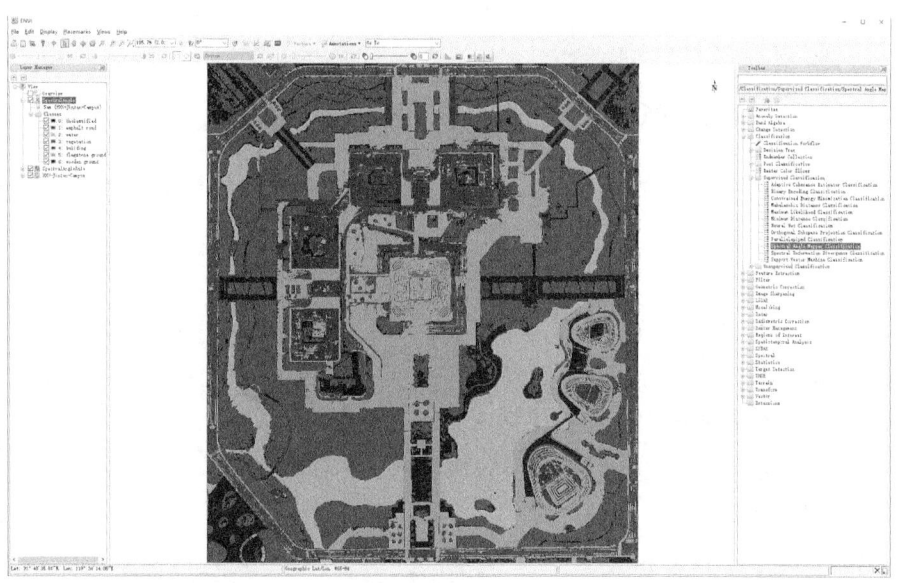

图 5.17 光谱角度匹配分类结果

5.2.5 支持向量机

1. 分类原理

由于高光谱遥感影像的光谱信息包含高维的特征集，会导致休斯效应和特征维数灾难，即随着特征维数的过分增长，效率反而呈现下降趋势。为了避免这一问题，通常有两种解决办法。一是特征提取和特征选择，通过变换或子集选取降低特征的维数，另一种是采用维数无关的分类机理，其典型代表就是 SVM。SVM 是一种模式识别方法，其快速、自适应的学习，以及处理高维特征数据的优势，在遥感应用领域受到广泛关注（谭琨和杜培军，2008；Mountrakis et al.，2011）。SVM 是建立在统计学习理论上的一种新的学习方法，体现了学习过程的一致性和结构风险最小化原则，其基本原理如下。

设训练样本为 $\{(x_1, y_1), (x_2, y_2), \cdots, (x_N, y_N)\}$，其中 $x_i \in R^d$ 和 $y_i \in \{\pm 1\}$ 分别表示输入模式和目标输出。设最优决策面方程：

$$\boldsymbol{w}^{\mathrm{T}} x_i + b = 0 \tag{5.24}$$

则权值向量 w 和偏置 b 须满足

$$y_i(\boldsymbol{w}^{\mathrm{T}} x_i + b) \geqslant 1 - \xi_i \tag{5.25}$$

其中，ξ_i 为线性不可分条件下的松弛变量，它表示模型对理想线性情况下的偏离程度。根据决策面在训练数据上平均分类误差最小的准则，可推导出以下优化问题，即：

$$\Phi(\boldsymbol{w}, \xi) = \frac{1}{2} \boldsymbol{w}^{\mathrm{T}} \boldsymbol{w} + C \sum_{i=1}^{N} \xi_i \tag{5.26}$$

其中，C 是正则化参数，表示 SVM 对错分样本的惩罚程度，是错分样本比例和算法复杂度之间的平衡。利用拉格朗日乘子法，最优决策面的求解可转化为以下的约束优化问题，即：

$$Q(a) = \sum_{i=1}^{N} \alpha_i - \frac{1}{2} \sum_{i=1}^{N} \sum_{j=1}^{N} \alpha_i \alpha_j y_i y_j K(x_i, x_j) \qquad (5.27)$$

其中，$K(x, x_i)$ 为核函数，满足 Mercer 理论；$\alpha_i (i = 1, 2, \cdots, N)$ 为拉格朗日乘子，且满足

$$\left. \begin{array}{l} \sum_{i=1}^{N} \alpha_i y_i \\ 0 \leqslant \alpha_i \leqslant C \end{array} \right\} \qquad (5.28)$$

选择 SVM 作为空间特征的分类器，是因为它无须特征空间正态分布的假设，而且和空间的映射更适合多维的空间特征输入，SVM 提供的模型复杂度与输入特征维数无关，使得输入特征可以多元化，核函数将输入特征映射到高维空间，可能产生原始数据所不具备的新特征。

2. 支持向量机实验操作

导入影像 HHU-Jintan-Campus.dat，并加载 Training.xml 文件。在【Toolbox】中选择【Classification】→【Supervised Classification】→【Support Vector Machine Classification】，选择待分类影像 HHUClassification.dat，单击【OK】，显示如图 5.18 所示的参数设置面板。

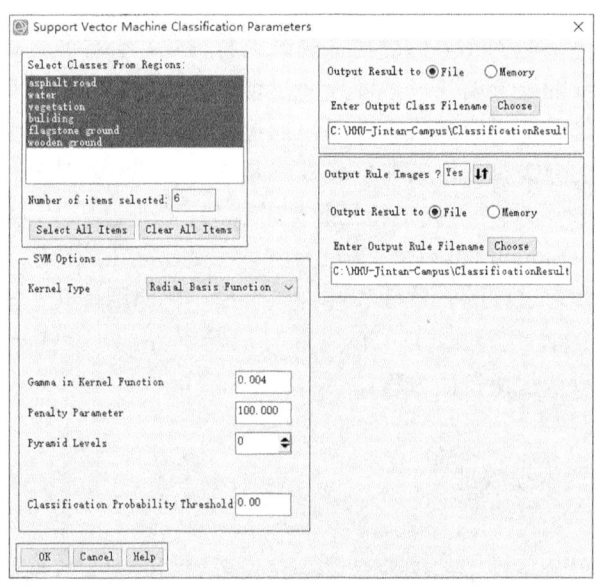

图 5.18　支持向量机分类参数设置

【Kernel Type】下拉列表里选项有【Linear】、【Polynomial】、【Radial Basis Function】，以及【Sigmoid】。

（1）如果选择【Polynomial】，设置 1 个核心多项式（degree of kernel polynomial）的次数用于 SVM，最小值是 1，最大值是 6。

（2）如果选择【Polynomial or Sigmoid】，使用向量机规则需要为 kernel 指定 the bias，默认值是 1。

（3）如果选择【Polynomial】、【Radial Basis Function】、【Sigmoid】，需要设置【Gamma in Kernel Function】参数。该值是 1 个大于 0 的浮点型数据。默认值是输入图像波段数的倒数。

（4）【Penalty Parameter】是 1 个大于 0 的浮点型数据。该参数控制了样本错误与分类刚性延伸之间的平衡，默认值是 100。

（5）【Pyramid Levels】为设置分级处理等级，用于 SVM 训练和分类处理过程。如果值为 0，将以原始分辨率处理；最大值随着图像的大小而改变。

（6）【Classification Probability Threshold】为分类设置概率域值，如果 1 个像素计算得到值小于所有的规则概率，该像素将不被分类，范围是 0~1，默认是 0。

本实验核函数采用【Radial Basis Function】下的默认参数，单击【OK】执行分类，输出图 5.19 所示支持向量机分类结果。

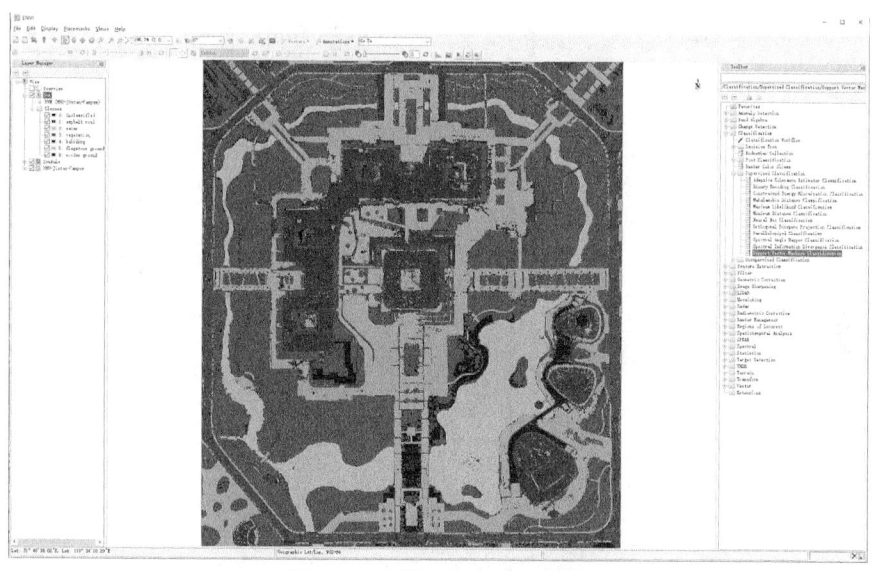

图 5.19　支持向量机分类结果

5.2.6　神经网络分类

1. 分类原理

遥感影像的神经网络分类（neural net classification，NNC）是模式识别技术在遥感技术领域的典型应用（贾永红，2000）。针对高光谱遥感影像分类过程中出现的同物异谱、同谱异物等现象，及其导致的分类精度不高的问题，神经网络分类方法已得到证明，可有效提高影像的分类精度。

1）系统结构

基于神经网络的遥感图像分类系统结构如图 5.20 所示。系统首先对遥感图像进行图像变换与特征提取，然后将特征数据规格化后送入神经网络分类器，再由神经网络分类器得到分类判决的结果。

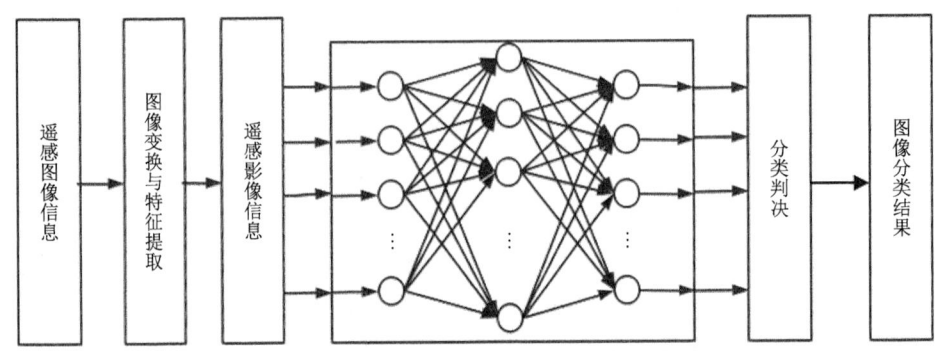

图 5.20　基于神经网络的遥感图像分类系统

2）神经网络分类器

图 5.21 表示 1 种前向神经网络的遥感图像分类器的网络结构。

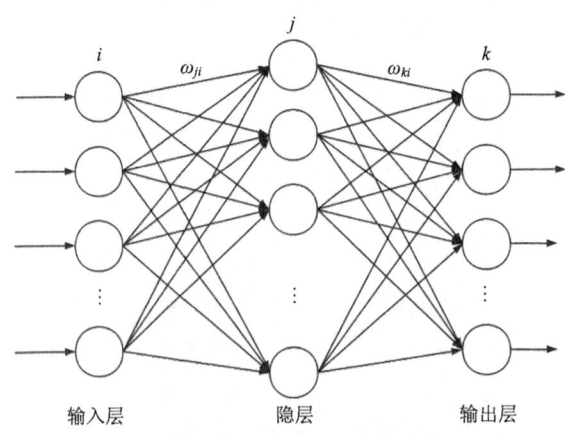

图 5.21　神经网络分类器结构

网络共分为 3 层，即 i 为输入层节点，j 为隐层节点，k 为输出层节点。网络的每个输入节点表示光谱特征向量的一个分量数据（灰度值），输出节点表示分类序号，分类判决可以采用输出最大值法。隐层节点数与网络输出逼近期望值所要求的精度和学习系统的复杂程度有密切关系，网络的隐层节点数可按下列方法计算。

3）神经网络训练

神经网络的训练过程由正向传播过程和反向传播过程组成，在正向传播过程中，输入信息从输入层经隐层，逐层处理并传向输出层。如果在输出层得不到期望的输出，则取输出的误差的平方和作为目标函数，转入反向传播，将误差信号沿原方向的反向计算，由梯度下降法调整权值和阈值。网络结构上每一个神经元用一个节点来表示，网络由输入层、隐层、输出层节点组成，隐层可以一层，也可以是多层。

4）神经网络分类的实现

利用神经网络对遥感图像的分类通过两个阶段实现：一是根据选取的样本数据，网络进行自学习；二是利用学习结果对整幅遥感图像进行分类。网络训练过程中先将训练数据逐个输入网络进行正向计算，求出网络对每一个样本在输出层的输出误差；然后对连接权值进行修正，完成1个样本的学习过程。在完成一轮样本的学习后，将所得各样本的误差求和取其平均值。如果平均误差没有达到预定的精度，则进行新一轮的学习，直到满足精度要求。网络学习完成后，将图像中每一像素灰度值规格化后输入网络，然后将网络输出结果与每一类期望输出值进行比较，将像素判决分类到误差最小的一类。

2. 实验操作

由神经网络分类原理可知，分类时参数众多，调节复杂。尤其针对波段范围较大的高光谱遥感影像分类时，训练过程极为复杂，分类结果不稳定，因此本实验以主成分特征作为输入数据。读取所提供的 HHU-Jintan-CampusPCA.dat 及 Training.xml 文件，在 Toolbox 中选择【Classification】→【Supervised Classification】→【Neural Net Classification】，选择待分类影像 HHUClassificationPCA.dat，选取前 30 个主成分作为输入数据，单击【OK】，显示如图 5.22 所示的参数设置面板。

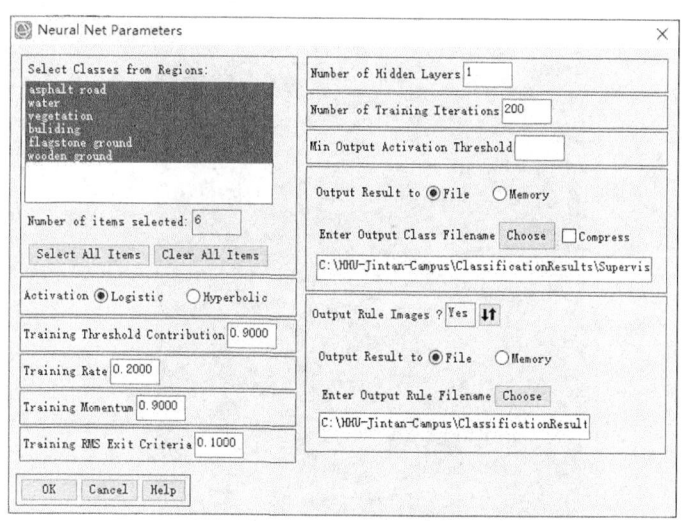

图 5.22　神经网络分类参数设置

（1）【Activation】为活化函数，包括对数（logistic）和双曲线（hyperbolic）。

（2）【Training Threshold Contribution】为贡献阈值（0~1）。该参数决定了与活化节点级别相关的内部权重的贡献量，用于调节节点内部权重的变化。训练算法交互式地调整节点间的权重和节点阈值，从而使输出层和响应误差达到最小。将该参数设置为 0，不会调整节点的内部权重。适当调整节点的内部权重可以生成一幅较好的分类图像，但是如果设置的权重太大，对分类结果也会产生不良影响。

（3）【Training Rate】为学习率（0~1）。参数值越大则使训练速度越快，但也增加摆动或者使训练结果不收敛。

（4）【Training Momentum】为训练动量（0~1）。该值大于 0 时，在 "Training Rate" 文本框中键入较大值不会引起摆动。该值越大，训练的步幅越大。该参数的作用是促使权重沿当前方向改变。

（5）【Training RMS Exit Criteria】为指定 RMS 误差阈值。RMS 误差值在训练过程中将显示在图表中，当该值小于输入值时，即使还没有达到迭代次数，训练也会停止，然后开始进行分类。

（6）【Number of Hidden Layers】隐藏层的神经元数量。要进行线性分类，键入值为 0。要进行非线性分类，输入值应该大于或等于 1，当输入的区域并非线性分离或需要两个超平面才能区分类别时，必须拥有至少 1 个隐藏层才能解决这个问题。2 个隐藏层用于区分输入空间，空间中的不同要素不临近也不相连。

（7）【Number of Training Iterations】为训练的迭代次数。

（8）【Min Output Activation Threshold】为最小输出活化阈值。如果被分类像元的活化值小于该阈值，在输出的分类中，该像元将被归入未分类中（unclassified）。

本实验参数设置如图 5.22 所示，单击【OK】执行分类，输出图 5.23 为所示分类结果。

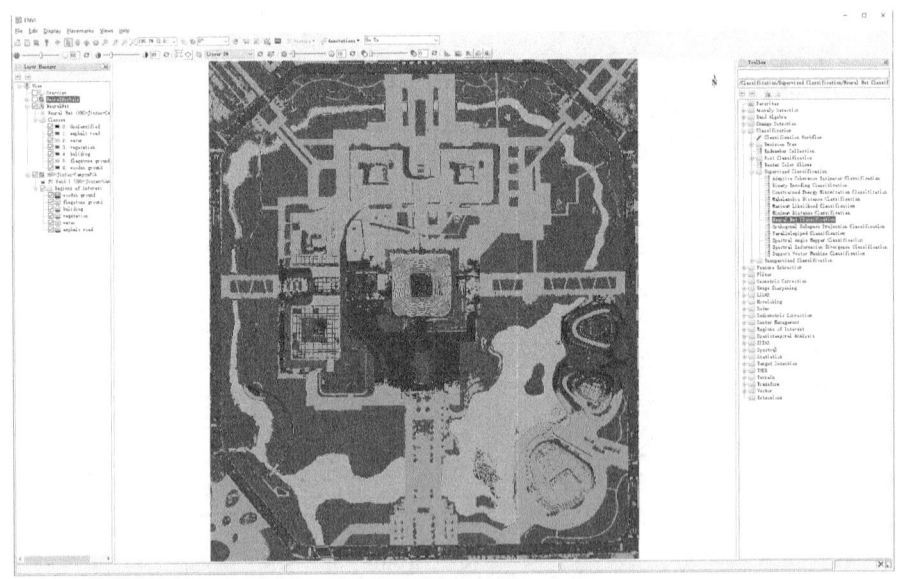

图 5.23　神经网络分类结果

5.3　分类后处理

对于所得到的分类结果，尤其是非监督方法所得到的分类结果，往往需要依据相关的先验知识执行类别合并操作，消除某些在实际场景中可能并不具有明确语义意义的类别及与消除某些与实际调查不符的情况。选择【File】→【Open】加载所保存的 K-均值聚类结果，按后续操作过程进行类别合并。

（1）类别命名。对 K-均值聚类结果中的每个类别进行命名与调色，右击【Classes】文件，选择【Edit Class Names and Colors】，出现如图 5.24 所示窗口，其中【Class Names】进行类别名称修改，【Class Colors】进行类别图层颜色设置。例如类别 3 和类别 6 均为植被，于是修改名字为 vegetation 1 和 vegetation 2，颜色为绿色。将所有类别设置完成后，单击【OK】，输出如图 5.24 所示的类别重命名后的分类结果。

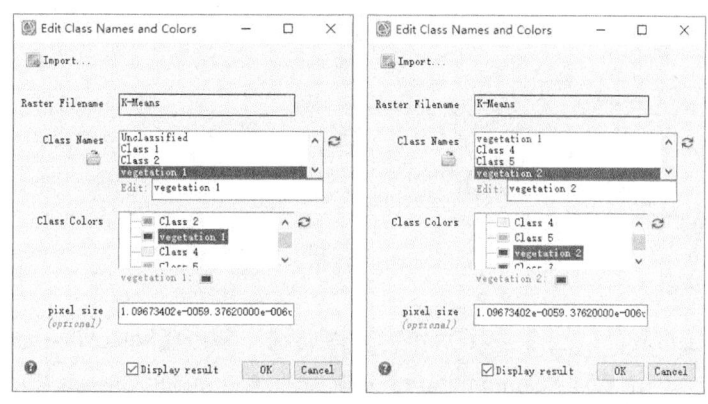

图 5.24 类别命名与颜色设置

（2）图层合并（非必需操作）。若预设类别数过大可能会出现某类别被拆分，需进行图层合并，即将表示同类地物的两类图层进行合并。例如根据图 5.24，类别 2 与类别 4 都是植被，因此需要合并。选择【Toolbox】→【Classification】→【Post Classification】→【Combine Classes】，选择 K-均值分类结果作为输入数据，如图 5.25 所示。单击【OK】，弹出【Combine Classes Parameters】窗口，如图 5.26 所示。

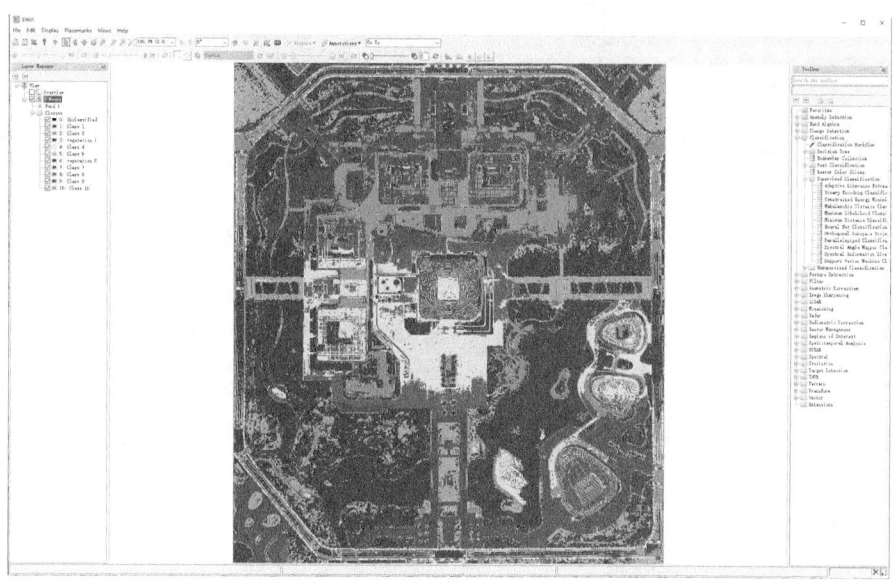

图 5.25 类别命名与颜色修改

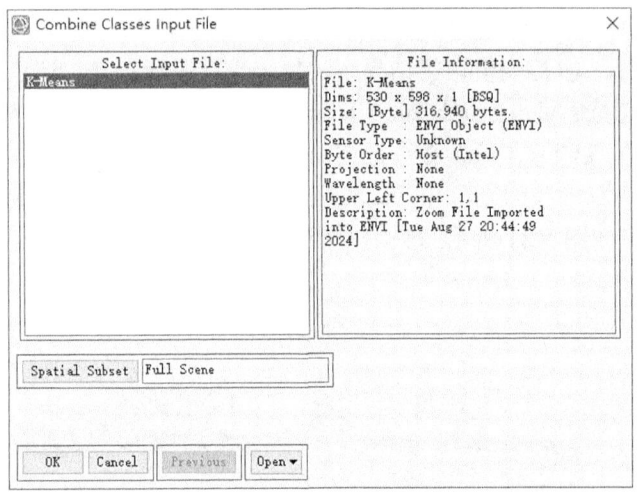

图 5.26 选择聚类结果

单击【Select Input Class】中类别作为输入类别，单击【Select Output Class】中类别作为输出类别，单击【Add Combination】后出现在 Combined Classes 中，将需要合并的类别依次选中后，输出类别选为同一类。不需要合并的类别，输入与输出选择对应相同的类别。图 5.27 显示了合并类别 vegetation 1 和 vegetation 2 的设置，单击【OK】，弹出图 5.28 所示输出结果设置窗口，其中【Remove Empty Classes?】为设置是否删除空类别（本次实验选择【Yes】）；【Choose】选择文件名及输出位置，单击【OK】。

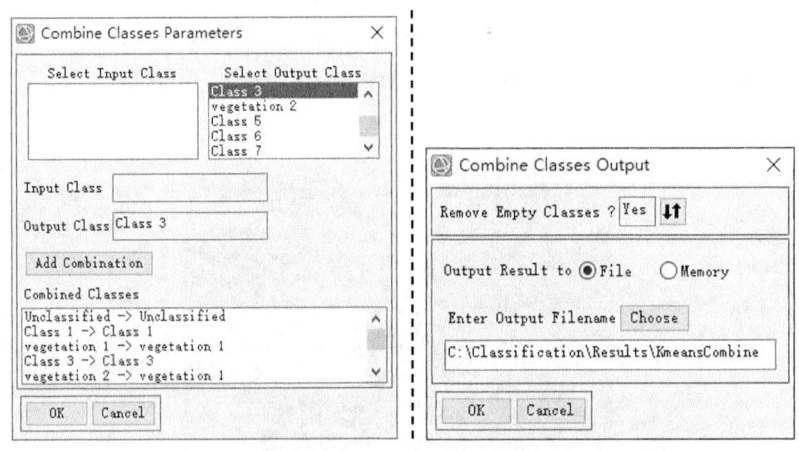

图 5.27 类别合并设置　　　　图 5.28 类别合并输出设置

（3）数据保存。将经过上述处理后得到分类结果进行保存，注意数据导出时，输入的所有文件导出路径不应含有中文名，且保存为.dat 格式的文件，此格式的文件后续可以导入到 ArcGIS 中，直接进行操作使用。

5.4 精度评价

对高光谱遥感影像分类结果进行精度评定时,最常用的是计算混淆矩阵。计算混淆矩阵时,真实参考源可以使用两种方式:一是标准的分类图,二是重新选取感兴趣区(验证样本区)。真实的感兴趣区验证样本的选择可以在高分辨率影像上选择,也可以通过野外实地调查获取,原则是获取的类别参考源的真实性。本实验把原分类的影像当作是高分辨率影像,通过实地考察与目视解译相结合,重新选取感兴趣区得到真实参考源。

选择【File】→【Open】依次加载马哈拉诺比斯距离、最大似然法、SAM、SVM 和神经网络 5 种方法的分类结果,同时加载所提供的验证样本文件 Test.xml,如图 5.29 所示。

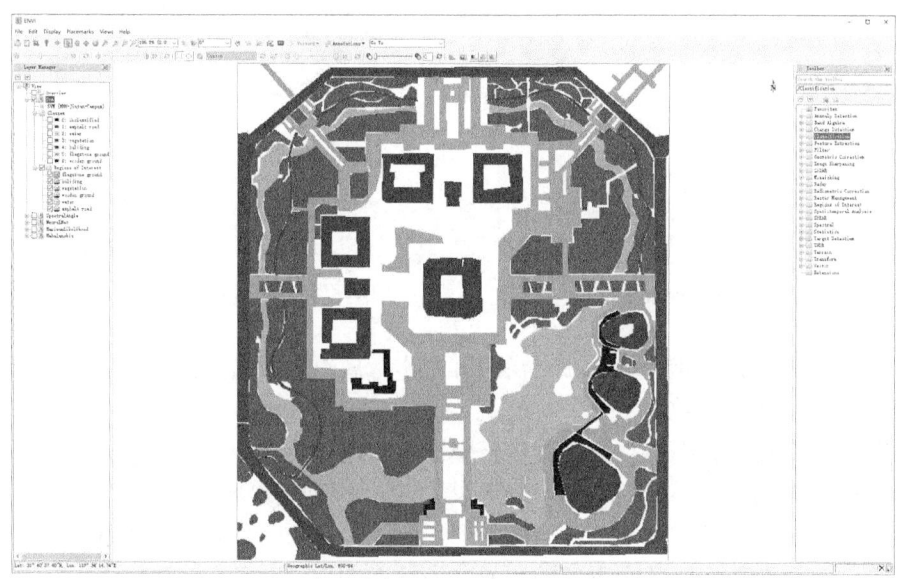

图 5.29 验证样本

在 Toolbox 中,选择【Classification】→【Post Classification】→【Confusion Matrix Using Ground Truth ROIs】,选择任一分类结果,结果如图 5.30 所示,软件会根据分类代码自动匹配,如不正确可以手动更改,单击【OK】,就可以得到如图 5.31 所示的精度报表。

按照上述方式,可依次验证马哈拉诺比斯距离、最大似然法、SAM、SVM 和神经网络 5 种方法的分类精度。对混淆矩阵中的 6 项评价指标进行说明。

(1)总体分类精度。该指标等于被正确分类的像元总和除以总像元数。被正确分类的像元数目沿着混淆矩阵的对角线分布,总像元数等于所有真实参考源的像元总数。

(2)Kappa 系数。衡量分类结果一致性的统计指标。首先,计算对角线之和占总样本数的比例,即实际一致比例;其次,计算每一类真实样本占比与预测样本占比乘积的总和,即随机一致比例;最后,将两个一致比例的差值除以 1 减去随机一致比例。

(3)错分误差。该指标显示在混淆矩阵中,被分为用户感兴趣的类,而实际属于另一类的像元。

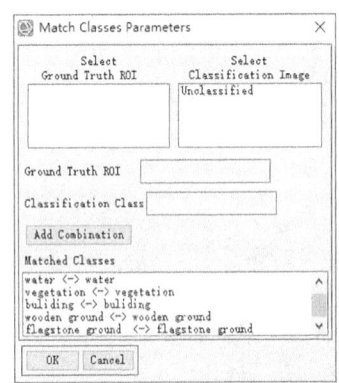

图 5.30　类别匹配操作面板

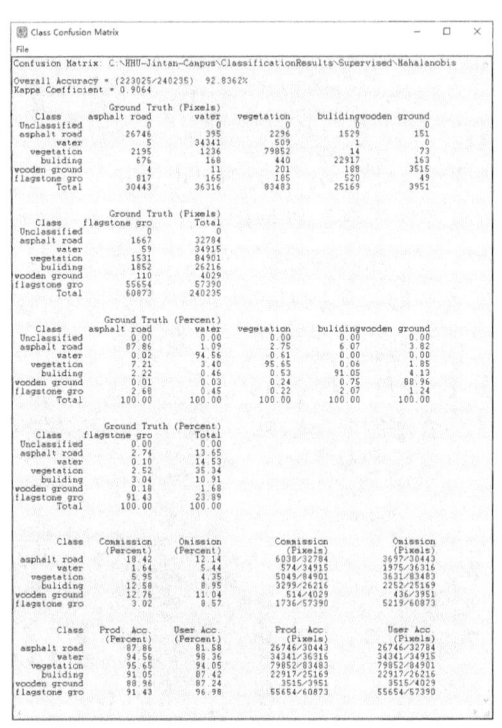

图 5.31　精度评价报告

（4）漏分误差。该指标显示在混淆矩阵中本身属于地表真实分类，但没有被分类器分到相应类别中的像元数。

（5）制图精度。该指标指分类器将整个影像的像元正确分为 A 类的像元数（对角线中 A 类的值）与 A 类真实参考总数（混淆矩阵中 A 类列的总和）的比率。

（6）用户精度。该指标指分类器将整个影像的像元正确分为 A 类的像元数（对角线中 A 类的值）与分类器将整个影像的像元分为 A 类的像元总数（混淆矩阵中 A 类行的总和）比率。

参 考 文 献

陈华，陈书海，张平，等，2000. K-means 算法在遥感分类中的应用[J]. 红外与激光工程，29(2): 26-30.

杜培军，夏俊士，薛朝辉，等，2016. 高光谱遥感影像分类研究进展[J]. 遥感学报，20(2): 236-256.

贾永红，2000. 人工神经网络在多源遥感影像分类中的应用[J]. 测绘通报，7: 7-8.

骆剑承，王钦敏，马江洪，等，2002. 遥感图像最大似然分类方法的 EM 改进算法[J]. 测绘学报，31(3): 234-239.

浦瑞良，宫鹏，2000. 高光谱遥感及其应用[M]. 北京：高等教育出版社.

谭琨，杜培军，2008. 基于支持向量机的高光谱遥感图像分类[J]. 红外与毫米波学报，2：123-128.

童庆禧，张兵，张立福，2016. 中国高光谱遥感的前沿进展[J]. 遥感学报，20(5): 689-707.

童庆禧，张兵，郑兰芬，2006. 高光谱遥感：原理、技术与应用[M]. 北京：高等教育出版社.

Abbas A W, Minallh N, Ahmad N, et al., 2016. K-Means and ISODATA clustering algorithms for landcover classification using remote sensing[J]. Sindh University Research Journal-SURJ (Science Series), 48(2): 315-318.

He L, Li J, Liu C Y, et al., 2018. Recent advances on spectral–spatial hyperspectral image classification: an overview and new guidelines[J]. IEEE Transactions on Geoscience and Remote Sensing, 56(3): 1579-1597.

Ji R R, Gao Y, Hong R C, et al, 2014. Spectral-spatial constraint hyperspectral image classification[J]. IEEE Transactions on Geoscience and Remote Sensing, 52(3): 1811-1824.

Mas J F, Flores J J, 2008. The application of artificial neural networks to the analysis of remotely sensed data[J]. International Journal of Remote Sensing, 29(3): 617-663.

Mountrakis G, Im J, Ogole C, 2011. Support vector machines in remote sensing: a review[J]. ISPRS Journal of Photogrammetry and Remote Sensing, 66(3): 247-259.

Peng J T, Li L Q, Tang Y Y, 2019. Maximum likelihood estimation-based joint sparse representation for the classification of hyperspectral remote sensing images[J]. IEEE Transactions on Neural Networks and Learning Systems, 30(6): 1790-1802.

Tarabalka Y, Benediktsson J A, Chanussot J, et al, 2010. Multiple spectral–spatial classification approach for hyperspectral data[J]. IEEE Transactions on Geoscience and Remote Sensing, 48(11): 4122-4132.

Zhang F, Du B, Zhang L P, et al., 2016. Hierarchical feature learning with dropout k-means for hyperspectral image classification[J]. Neurocomputing, 187: 75-82.

Zhong Y F, Lin X M, Zhang L P, 2014. A support vector conditional random fields classifier with a mahalanobis distance boundary constraint for high spatial resolution remote sensing imagery[J]. IEEE Journal of Selected Topics in Applied Earth Observations and Remote Sensing, 7(4): 1314-1330.

第6章 高光谱遥感混合像元分解

遥感图像中传感器所获取的地面反射或发射光谱信号是以像元为单位进行记录的。当一个像元对应的地面单元仅包含一种地物类型时,该像元称为纯像元;当一个像元包含多种地物类型,则为混合像元。大气传输过程中的混合效应或传感器本身的混合效应也是混合像元的主要成因,这两者均为非线性效应,可以通过大气校正、仪器定标等方法处理。混合像元现象广泛存在于遥感图像中,由于高光谱成像光谱仪在获取大量波段时,会导致其每个波段的辐射信号较弱,为了提高信噪比、保证图像质量,需要保证一定角度的瞬时视场角,因此,相比全色和多光谱图像,高光谱图像的空间分辨率低,使得混合像元的问题尤为突出(童庆禧等,2006)。

高光谱遥感的发展也为混合像元问题的解决提供途径,由于成像光谱仪能够获取上百通道的光谱信息,通过对混合像元光谱进行分解,可以得到每个混合像元中包含的地物类型以及每种地物类型所占的比例,该过程称为混合像元分解或光谱解混(spectral unmixing)(Adams et al.,1986)。其中确定像元中地物类型的过程称为端元提取(endmember extraction),像元中地物的光谱称为端元(endmember),计算每种端元所占的比例的过程为丰度估计(abundance estimation)或丰度反演(abundance inversion),每种端元所占的比例称为丰度(abundance),以上步骤可以分开也可以同时进行。当遥感图像中地物类型未知时,还需先进行端元数目估计(endmember number estimation)(Keshava and Mustard,2002)。混合像元分解模型根据光谱混合机制的不同分为线性光谱混合模型和非线性光谱混合模型,线性光谱混合模型假设太阳入射辐射只与一种地物发生作用,地物间没有相互作用,像元光谱表示包含地物光谱的加权平均,非线性光谱混合模型假设光在地物间发生了散射或反射等相互作用。线性光谱混合模型应用广泛,本章主要介绍线性光谱混合模型中的经典算法原理及实验步骤,并且根据混合像元分解中端元提取和丰度估计是否同时进行,将算法分为端元提取、丰度估计、混合像元分解的一体化算法。

6.1 端元数目估计

在现实场景中,像元通常是多种地物的混合,每个像元的反射光谱可以看作多个端元的线性或非线性组合,因此高光谱遥感影像中的端元是构建光谱混合模型的基础,代表某一地物在理想条件下的纯净反射光谱,没有混合其他地物。端元数目是指高光谱遥感影像中不同地物类型的数量,端元数目估计直接影响后续高光谱遥感混合像元分解的精度,端元数目可以根据先验信息或利用端元数目估计算法获得。端元数目估计算法主要包括基于本征维度的算法(Fukunaga,1982)、基于似然函数的算法、基于特征值分析的算法以及基于几何学的算法。基于本征维度的算法通过寻找描述图像特征所需参数的最小值来确定端元数目,代表算法为主成分分析(Jolliffe,1986)和最小噪声分数(Green, et al.,1988);基于似然函数的经典算法包括 Akaike 信息准则(Akaike,1974)和最小描述长度算法(Rissanen,1978);基于特征值的算法通过分析图像相关矩阵与协方差矩阵特征值来确定端元数目,代表性算法是虚拟维度算法(Bajorski,2011)。本节介绍基于主成分分析的端元数目估计算法。

主成分分析(principal components analysis, PCA)方法将高光谱影像进行线性变换,变换后各个主成分分量之间彼此不相关,且随着主成分编号的增加,分量包含的信息量逐渐减少。对于高光谱遥感影像端元数目估计问题,根据线性光谱混合模型的假设,各个像元均为相同的 m 个端元的线性组合,可以认为图像中的所有信息均来自这 m 个端元,且 m 个端元互不相关,若对此高光谱遥感影像进行 PCA 变换,则前 m 个主成分中应该包含了图像绝大部分信息,即 m 为端元数目。

1. 选择端元未知的高光谱图像

单击【File】→【Open】选择文件存储路径打开图像文件,如图 6.1 所示,本节图像范围为河海大学金坛校区 HHUJintanCampus.dat。

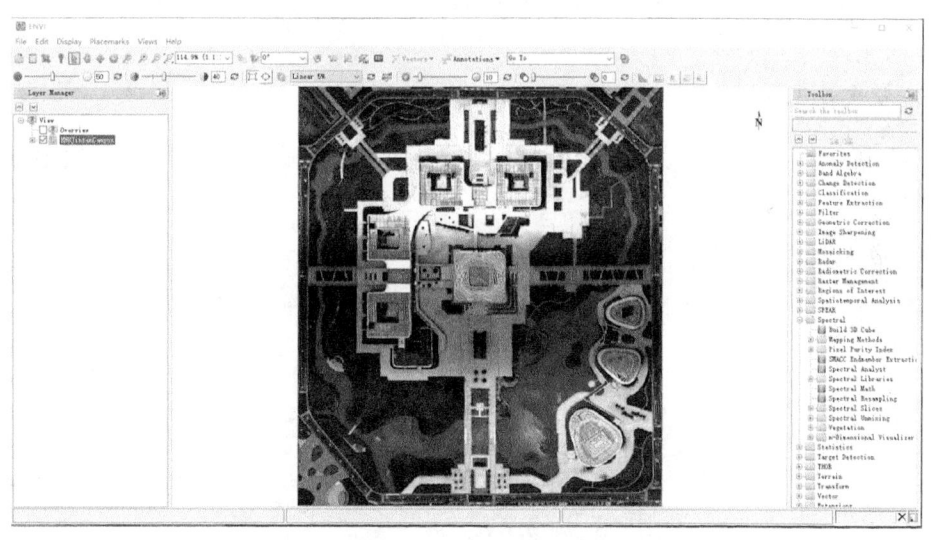

图 6.1 河海大学金坛校区高光谱遥感影像

2. 利用 PCA 工具进行端元数目估计

(1)在 Toolbox 工具箱中,双击【Transform】→【PCA Rotation】→【Forward PCA Rotation New Statistics and Rotate】,如图 6.2 所示,在【Principal Components Input File】对话框中,选择图像文件。

(2)输出统计文件,如图 6.3 所示,在弹出面板的【Calculate using】中使用箭头切换按钮,选择根据【Covariance Matrix】(协方差矩阵)计算主成分波段(如果数据进行过标准化处理,选择协方差矩阵;否则,选择相关性矩阵),选择输出路径及文件名,输出数据类型为 Floating Point,【Select Subset from Eigenvalues】选择【Yes】,单击【OK】。

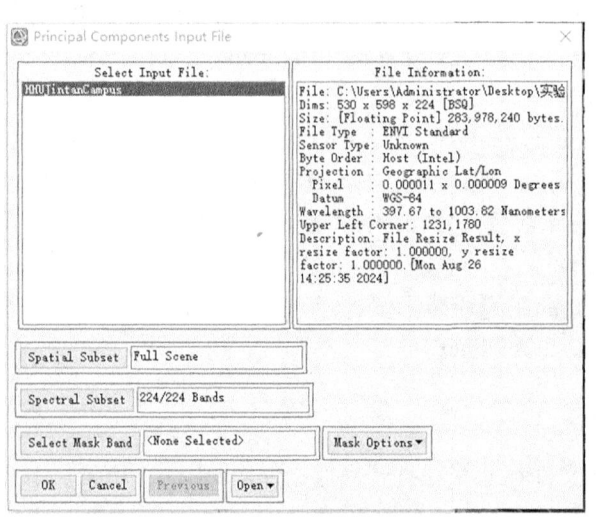
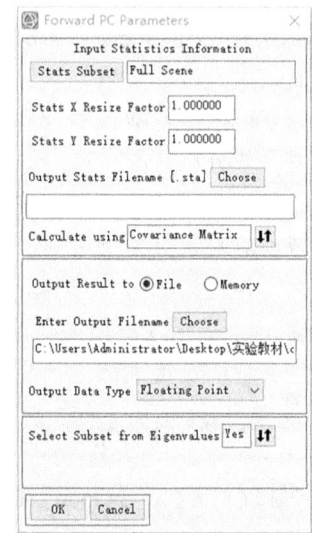

图 6.2　Principal Components Input File 面板　　　图 6.3　PCA 面板

3. 确定高光谱图像端元数目

(1) 弹出面板为统计结果,如图 6.4 所示。第二列显示特征向量,每一行代表一个主成分。

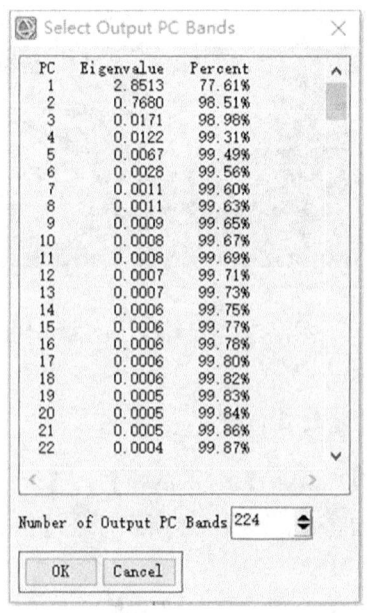

图 6.4　特征值窗口

(2) 根据主成分的贡献率和累计贡献率确定端元数目，结合目视解译结果，此高光谱图像的端元数目为 5。

6.2 端元提取

端元提取旨在从高光谱遥感影像中，识别和提取同一场景中不同地物的典型光谱信息，将此光谱作为端元。端元提取算法主要包括基于几何单形体的算法、基于统计的算法和空间投影算法。基于几何学的端元提取算法依据高光谱遥感数据结构在特征空间中呈现凸面单形体的几何特征，端元对应于单形体的顶点，寻找单形体的外接最小体积或内接最大体积来寻找端元，代表算法包括顶点成分分析（Nascimento and Bioucas-Dias，2005）、最小体积变换（Craig，1994）、内部最大体积分析（Winter，1999）和迭代限制端元算法（Berman et al.，2004）等；基于统计的算法通过引入几何约束，统计分析计算得到最小误差从而得到端元信息，代表算法主要包括独立成分分析（Bayliss et al.，1998）、非负矩阵分解（Miao and Qi，2007）、依赖成分分析（Nascimento and Bioucas-Dias，2007）和贝叶斯分析（Dobigeon, et al.，2009）等；空间投影算法根据单形体向量投影进行端元提取，代表算法包括纯像元指数（Boardman，1993）和子空间投影（Harsanyi and Chang，1994）等。

6.2.1 基于几何学的端元提取

最小噪声分数（minimum noise fraction, MNF）算法作为 PCA 变换的两次叠加，具有 PCA 变换的性质，变换后得到的向量按照信噪比大小排列，且向量各元素互不相关，利用变换结果的前面两个波段，作为 X、Y 轴可以构成二维散点图。

根据线性混合模型的几何学描述，单形体内部任意一点是其顶点的线性组合，如图 6.5 所示，对于一幅 n 个波段的高光谱遥感影像，其真实空间维度 n 应该等于其端元数减 1，即 $n+1$ 个点（端元）构成 n 维空间中的单形体。以二维空间为例，如图 6.5 所示，纯净端元几何位置分布在三角形的三个顶点，而三角形内部的点则是三个顶点的线性组合，即混合像元，因此高光谱遥感影像端元提取的过程就是认知和寻找单形体顶点的过程。

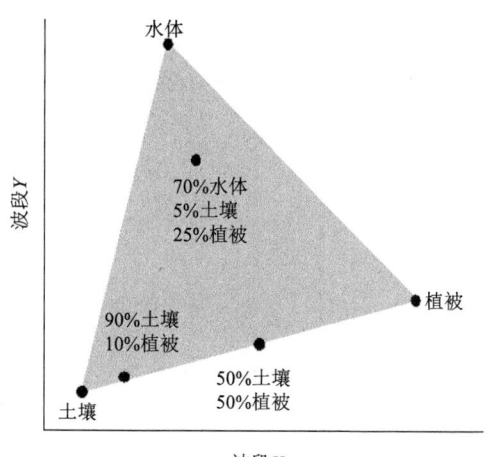

图 6.5 散点图上的纯净像元与混合像元

据此原理，在二维散点图上选择端元波谱，在实际的端元选择过程中，往往选择散点图周围凸出部分区域，而后获取这个区域相应原图上的平均波谱作为端元波谱。

1. 构建二维散点图

（1）单击【File】→【Open】选择文件存储路径打开图像文件，如图 6.6 所示，选择图像为河海大学金坛校区高光谱遥感影像 HHUJintanCampus.dat。

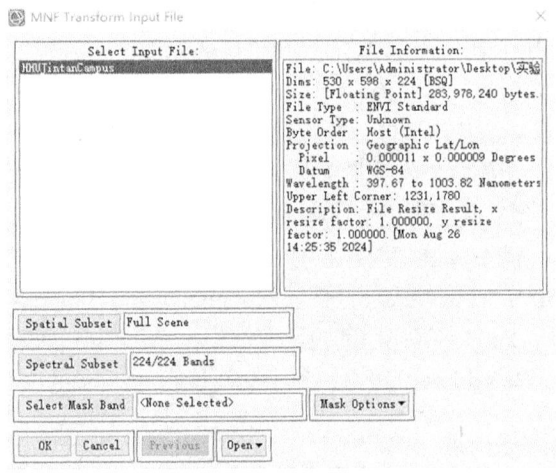

图 6.6　选择高光谱图像

（2）在 Toolbox 工具箱中，双击【Transform】→【MNF Rotation】→【Forward MNF Estimate Noise Statistics】工具。在【MNF Transform Input File】文件选择对话框中，选择高光谱图像文件。如图 6.7 所示，打开【Forward MNF Transform Parameters】面板，选择【MNF】输出路径及文件名，单击【OK】，执行 MNF 变换。

（3）在主菜单选择【Display】→【2D Scatter Plot】，在【Scatter Plot Tool】面板中，选择 MNF Band1 作为横轴，MNF Band2 作为纵轴，如图 6.8 所示，显示前两个波段的二维散点图。

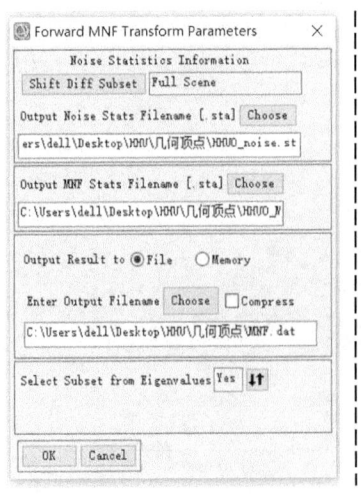

图 6.7　MNF 面板

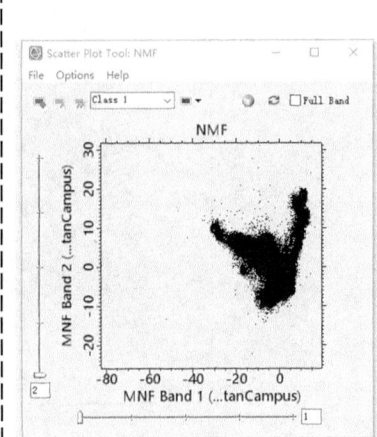

图 6.8　散点图

2. 选择端元波谱

根据高光谱几何学单形体原理，选择顶点作为端元，实验中选择顶点区域平均光谱作为端元光谱，一共4个步骤。

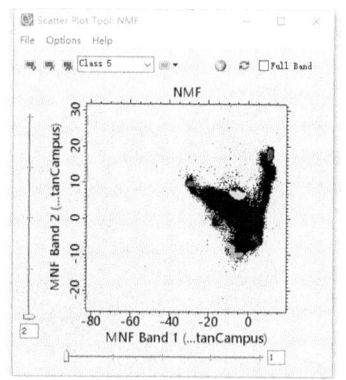

（1）选择一处凸出部分连续单击鼠标左键，绘制一个多边形区域或按住鼠标左键绘制一个区域；单击中键可以取消绘制的多边形顶点；单击右键闭合多边形完成一个区域的选择。

（2）单击右键选择【Add Class】，添加新的类，重复步骤（1），绘制另一端元区域。

（3）重复步骤（1）、步骤（2），绘制所有的端元，如图6.9所示。

图6.9 端元区域

（4）单击弹出面板菜单【File】-【Export All Classes to ROIs】，将所选择的端元区域输出为 ROI，如图6.10所示。

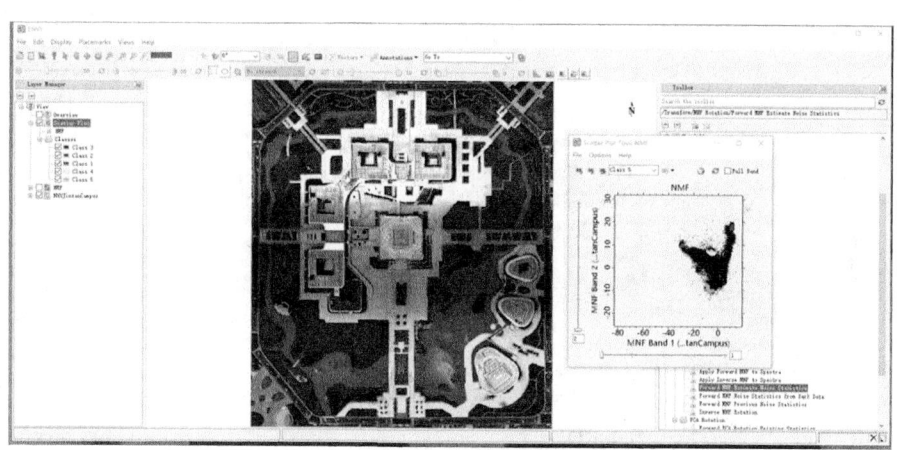

图6.10 选择的端元对应的图像地物

3. 输出端元波谱

（1）在 Toolbox 工具箱中，双击【Classification】→【Endmember Collection】工具，在 Classification Input File 对话框中选择原图像，如图6.11所示，单击【OK】按钮。

（2）如图6.12所示，在【Endmember Collection】面板中，选择【Import】→【from ROI/EVF from input file】，将绘制的 ROI 都选中，单击【OK】按钮。

（3）在【Endmember Collection】面板中，单击【Plot】按钮将几条波谱曲线显示出来。如图6.13绘制的波谱曲线就是 ROI 的平均波谱曲线。

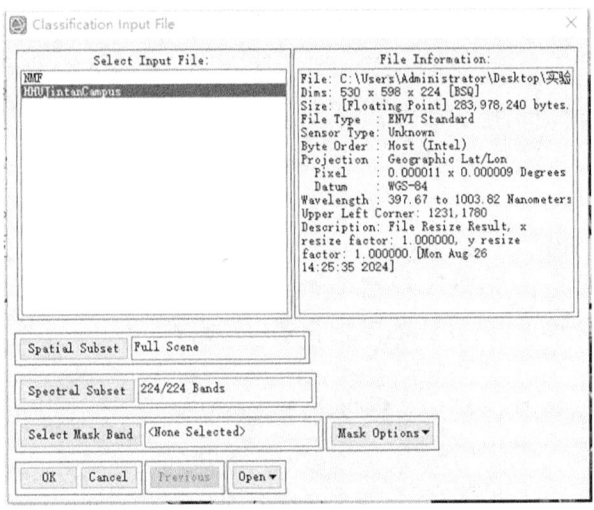

图 6.11 选择原始图像

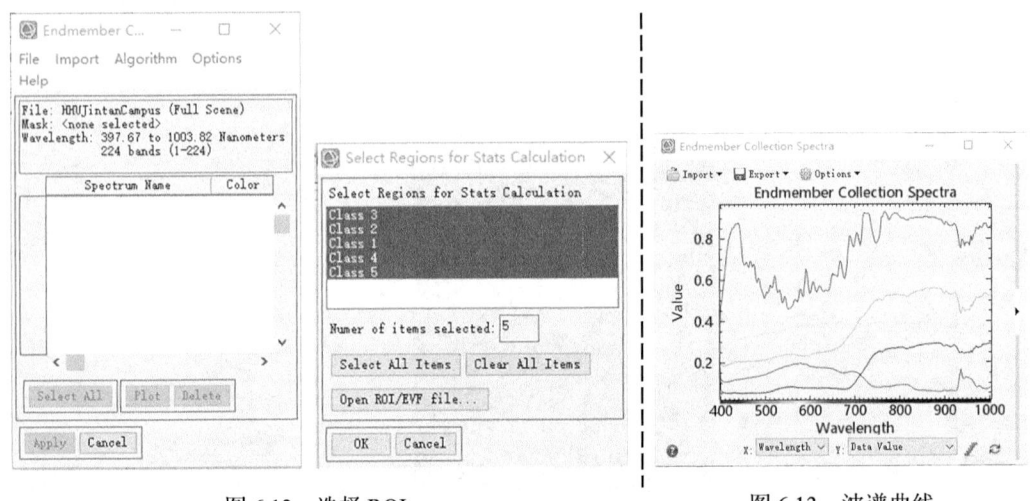

图 6.12 选择 ROI　　　　　　　　图 6.13 波谱曲线

（4）在【Endmember Collection Spectra】面板中，选择【Export-Spectral Library】，将端元波谱保存为波谱库文件。

6.2.2 基于纯像元指数的端元提取

纯像元指数（pure pixel index, PPI）算法使用 MNF 作为预处理步骤，以降低维度并提高信噪比。PPI 算法假设图像中存在着纯净像元，利用几何学描述，假设将高光谱影像所有像元组成为一个特征空间，那么以影像的端元作为顶点所组成的单形体可以将高光谱影像中所有的像元都包含在内。将高光谱遥感数据的光谱向量投影到每个测试向量上时，端元只会投影到向量的两端，而混合像元则会投影到向量的中部。利用这一性质，在特征空间中随机生成若干直线，并将所有像元投影到各个直线上，那么直线上所有投影点最靠外的两个便是端元的投影点，如图 6.14 所示，随机产生了几个穿过单纯形的测

试向量 X_1、X_2、X_3，与端元 a_i 在测试向量上的投影始终位于最外端。混合像元的投影位于测试向量上两个端元投影点的中间。由于误差和噪声影响，存在非端元被投影到线段端点的情况，因此为每个像元定义一个纯像元指数，用于记录每个像元被投影到线段端点的次数，像元所对应的纯像元指数越大，说明是端元的可能性越高。

1. 获取纯净像元

（1）单击【File】→【Open】选择文件存储路径打开图像文件，选择图像为河海大学金坛校区高光谱遥感影像 HHUJintanCampus.dat。

（2）在 Toolbox 工具箱中，双击【Transform】→【MNF Rotation】→【Forward MNF Estimate Noise Statistics】工具。在【MNF Transform Input File】文件选择对话框中，选择图像文件。如图 6.15 打开【Forward MNF Transform Parameters】面板，选择 MNF 输出路径及文件名，其他选择默认参数，单击【OK】按钮，执行 MNF 变换。

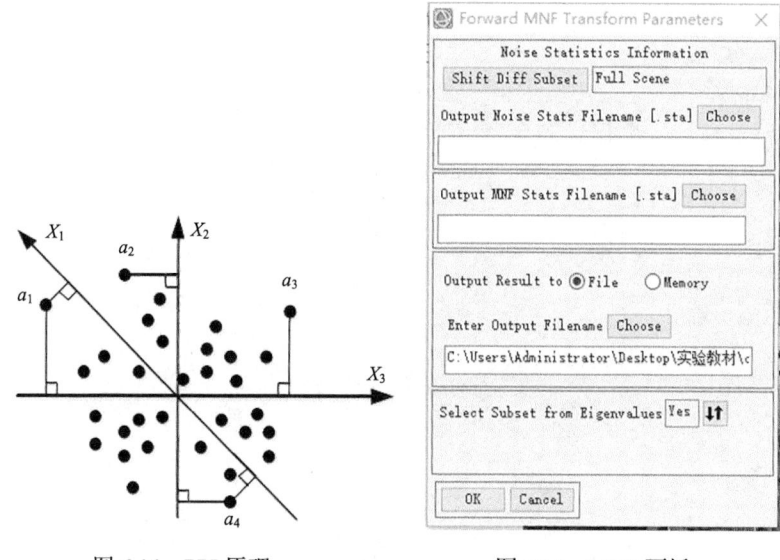

图 6.14　PPI 原理　　　　图 6.15　MNF 面板

（3）在 Toolbox 工具箱中，双击【Spectral】→【Pixel Purity Index】→【Pixel Purity Index（PPI）New Output Band】工具，选择上一步 MNF 变换后的结果，单击 Spectral Subset 按钮，如图 6.16 所示，选择前 10 个波段（MNF 后面的波段基本为噪声，为减少计算量），单击【OK】按钮，打开后如图 6.17 所示。

（4）如图 6.18 所示，在打开的【Pixel Purity Index Parameters】面板中，选择输出路径及文件名，单击【OK】。

（5）在图像窗口中显示 PPI 计算结果。在图层管理（Layer Manager）中的 PPI 计算结果图层上单击右键，选择【New Region of Interest】，打开 ROI Tool 面板如图 6.19 所示。

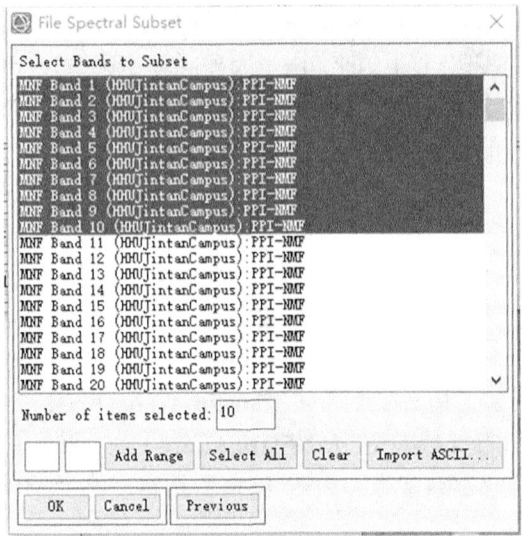

图 6.16 选择 MNF 结果前 10 个波段

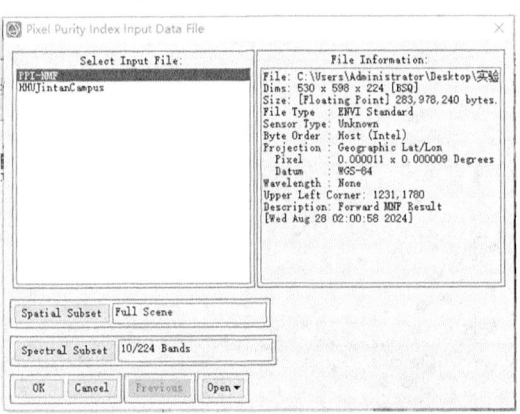

图 6.17 选择 10 个波段后的面板

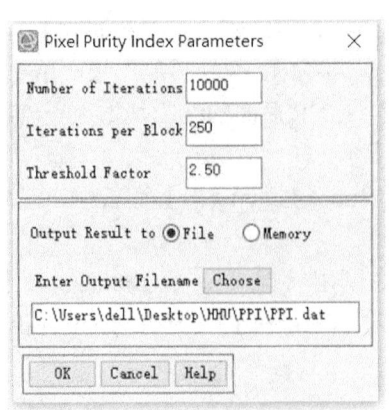

图 6.18 Pixel Purity Index Parameters 面板

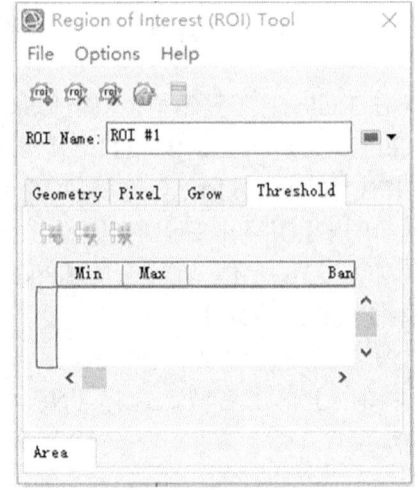

图 6.19 ROI Tool 面板

（6）在【ROI Tool】面板上，选择【Threshold】选项，单击 按钮，在【File Selection】对话框中选择 PPI 计算结果，如图 6.20 所示在【Choose Threshold Parameters】面板中，在直方图中将最右边红色竖线拖动到最右边，【Max Value】自动获取最大值。手动输入 MinValue：10，即大于等于 10 为感兴趣区。

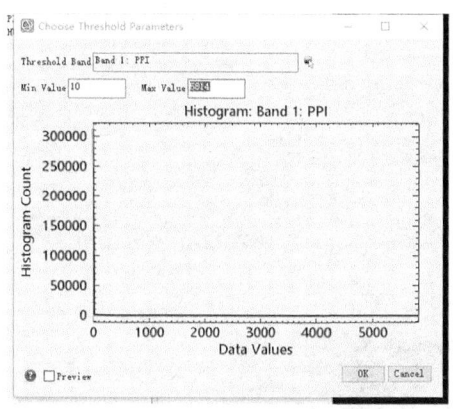

图 6.20　Choose Threshold Parameters 面板

（7）单击【OK】按钮，图 6.21 显示最终得到 PPI 指数大于 10 的区域。

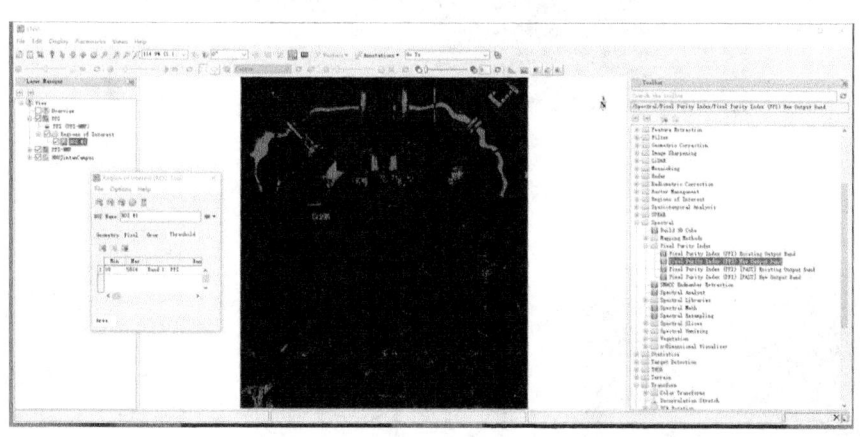

图 6.21　PPI 指数大于 10 的区域

2. 构建 n 维可视化窗口

（1）在 Toolbox 工具箱中，双击【Spectral】→【n-Dimensional Visualizer】→【n-Dimensional Visualizer New Data】工具。在 n-D Visualizer Input File 对话框中，选择 MNF 变换结果，如图 6.22 所示。

（2）如图 6.23 所示，在【n-D Controls】面板中，选择 1、2、3、4、5 波段，构建 5 维散点图。

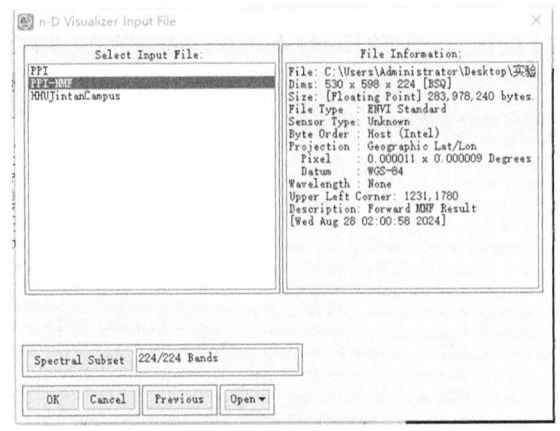

图 6.22 选择 MNF 变换结果

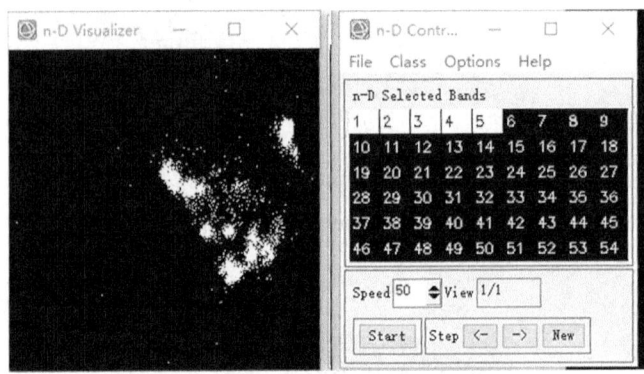

图 6.23 n-D Visualizer 散点图

3. 选择端元光谱

通过选择单形体中的聚集点云进行端元光谱选择。

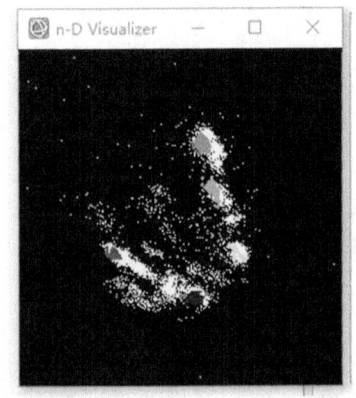

图 6.24 n-D Visualizer 窗口中的端元

（1）在【n-D Controls】面板中，设置适当的速度，单击【Start】按钮，在【n-D Visualizer】窗口中的点云随机旋转，当【n-D Visualizer】窗口中的点云有部分聚集在一起时，单击【Stop】按钮。

（2）在【n-D Visualizer】窗口中，用鼠标左键勾画点云集中区域，选择的点被标示颜色。

（3）单击【Start】按钮，当看到部分选择的有颜色的点云分散时，单击 Stop 按钮，在【n-D Controls】面板中，选择 Class-ltems 1:20-White，将选择的有颜色的点重新变为白色用于删除点，利用 n-【D Controls】面板中向左←，向右→，或 New 按钮可以从不同视角浏览以辅助删除分散点。

（4）完成端元选择后，在【n-D Visualizer】窗口中，单击右键选择【New Class】，重复步骤（1）～步骤（3）选择其他端元，图 6.24 显示选择的所有端元。

4. 输出端元光谱

（1）在【n-D Controls】面板中，选择【Options】→【Mean All】，在【Input File Associated with n-D Scatter Plot】对话框中，如图 6.25 所示，选择原图像，单击【OK】按钮。

（2）图 6.26 显示获取的平均波谱曲线绘制在【n_D Mean】绘图窗口中。

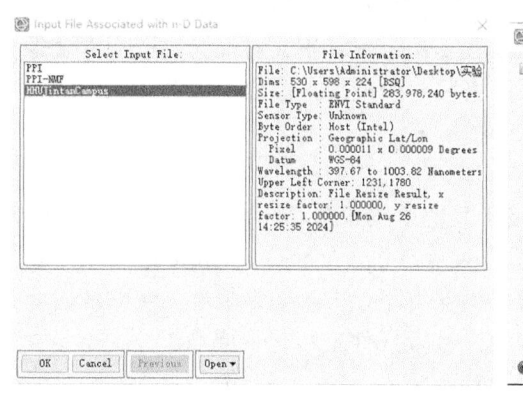
图 6.25　选择原始图像

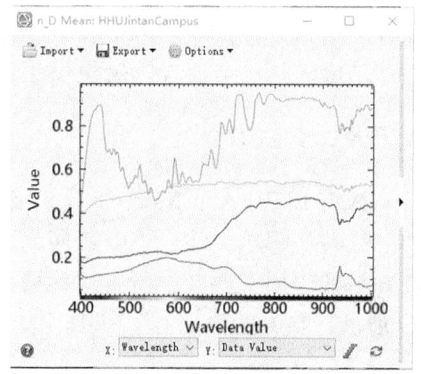
图 6.26　平均波谱曲线

（3）在【n_D Mean】面板中，选择【Export-Spectral Library】，将端元波谱保存为波谱库文件。

6.3　丰　度　估　计

丰度估计算法旨在计算混合像元中各个端元所占的比例，基本数学模型可以表示为

$$y = Ma + n$$

式中，y 表示高光谱像元的观测光谱向量，大小为 $L×1$，L 表示波段数；M 为端元光谱矩阵，其中每一列对应一个端元光谱，矩阵大小为 $L×p$，p 是端元数量；a 为端元丰度向量，大小为 $p×1$，每个元素表示相应端元的丰度。n 为噪声向量。丰度反演的目标就是从已知的观测光谱和端元光谱矩阵中估计出丰度向量。端元提取和丰度估计可以分开进行，部分算法能够同时获得将端元矩阵和丰度矩阵，在线性光谱混合模型中，丰度反演算法主要包括最小二乘法、非负最小二乘法和全约束最小二乘法（Shimabukuro and Smith，1991）；在非线性混合像元分解模型中光谱混合可能是非线性的，如多次反射或散射，可以使用非线性模型（神经网络、双线性模型等）来进行丰度反演（Foody et al.，1997；Nascimento and Bioucas-Dias，2009）；假设一个像元光谱仅由少数几个端元组成，利用稀疏表示来求解丰度，特别适用于有端元库的情况（Bioucas-Dias and Figueiredo，2010）；若将丰度反演问题看作是一个统计推断问题，可通过贝叶斯方法估计丰度的后验分布。本节主要介绍获得端元矩阵后进行丰度估计的算法。

6.3.1 全约束最小二乘法

丰度反演算法根据光谱混合的物理机制，通常受到两个条件约束：①非负约束表示丰度应为非负值，因为丰度表示的是每个端元的比例，不可能为负数；②和为一约束，即所有端元丰度的总和应为 1，表示整个像元的光谱可以完全由这些端元组成。因此可以利用全约束最小二乘法进行混合像元分解，需使用扩展工具实现全约束最小二乘算法。扩展工具采用均方根误差（root mean square error，RMSE）对端元提取和混合像元分解结果进行精度评价，会保存为输出结果的最后一个波段，波段名为 RMSE。

1. 扩展工具安装

（1）利用 ENVI App Store 下载扩展工具完全约束最小二乘法混合像元分解 V5.3 或者手动下载并将解压文件，下载链接为 https://envi.geoscene.cn/appstore/fclscaning；

（2）将解压后文件夹中所有文件拷贝到安装路径中，如果版本为 ENVI5.3，文件拷贝到.../ENVI53/extensions 中，重启 ENVI，检查插件安装是否成功。

2. 全约束最小二乘解混

（1）在 Toolbox 工具箱中，双击【Extensions】→【FCLS Spectral Unmixing】工具，弹出选择输入文件的对话框，如图 6.27 所示，选择 HHUJintanCampus.dat 后单击【OK】；

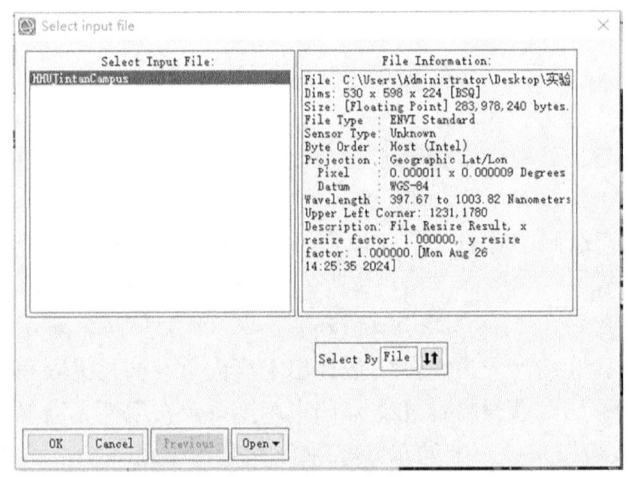

图 6.27 选择高光谱图像

（2）进入【Endmember Collection】界面，可以通过 ASCII、波谱库、ROI 等导入端元波谱；以波谱库为例，选择 Import-from Spectral Library file，在弹出的对话框中选择.sli 文件，这里选用 PPI 方法提取得到的端元，如图 6.28 所示，在【Input Spectral Library】面板选择全部端元信息。

（3）在【Endmember Collection】面板中，选择所有端元，如图 6.29 所示，单击【Apply】按钮。

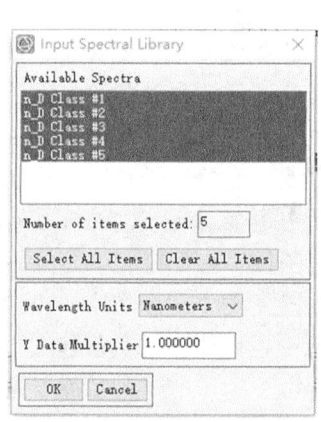
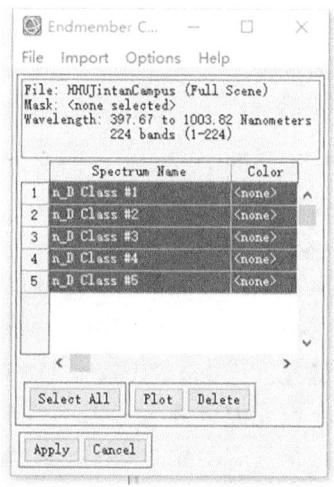

图 6.28　选择光谱库中光谱作为端元　　图 6.29　选择 PPI 端元光谱

（4）在弹出的对话框选择输出路径，单击【OK】执行混合像元分解，如图 6.30 所示，为所有端元对应的丰度图及 RMSE 结果。

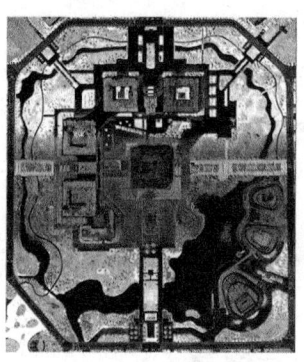

端元 1 丰度　　　　　　　　端元 2 丰度　　　　　　　　端元 3 丰度

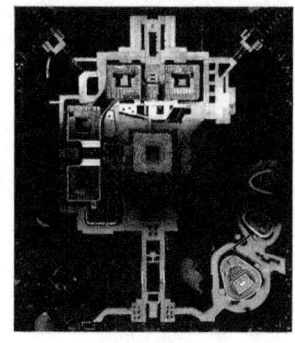

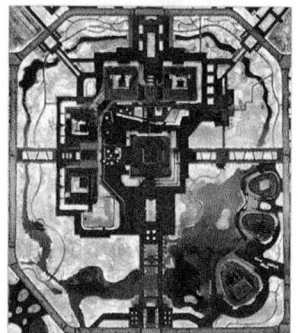

端元 4 丰度　　　　　　　　端元 5 丰度　　　　　　　　RMSE

图 6.30　HHUJintanCampus 丰度图及 RMSE 结果

6.3.2 线性波谱分离

线性波谱分析（linear spectral unmixing）可以根据物质的波谱特征，获取多光谱或高光谱遥感影像中物质的丰度信息，即混合像元分解过程。假设图像中每个像元的反射率为像元中每种物质的反射率或者端元波谱的线性组合。例如，像元中的 25%为物质 A，25%为物质 B，50%为物质 C，则该像元的波谱就是三种物质波谱的一个加权平均值，等于 $0.25A+0.25B+0.5C$，线性波谱分离解决了像元中每个端元波谱的权重问题。

线性波谱分离结果是一系列端元波谱的灰度图像（丰度图像），图像的像元值表示端元波谱在这个像元波谱中占的比重。比如端元波谱 A 的丰度图像中一个像元值为 0.45，则表示该像元中端元波谱 A 占了 45%。丰度图像中也可能出现负值和大于 1 的值，可能是选择的端元波谱没有明显的特征，或者在分析中缺少一种或者多种端元波谱。

1. 选择端元光谱

（1）在【Toolbox】中，打开【Spectral】→【Spectral Unmixing】→【Linear Spectral Unmixing】工具，如图 6.31 在文件对话框中选择高光谱遥感影像 HHUJintanCampus.dat，单击【OK】。

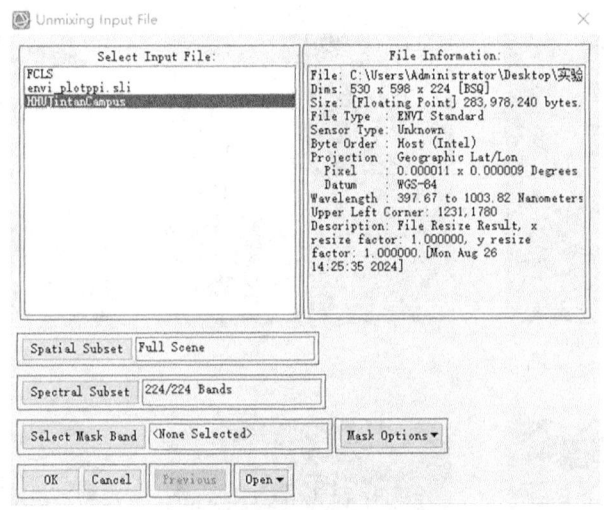

图 6.31 选择 HHUJintanCampus 高光谱图像

（2）在【Endmember Collection】面板，可以通过 ASCII、波谱库、ROI 等导入端元波谱；如图 6.32 所示，本书选择前文 PPI 算法得到端元光谱。

2. 线性波谱分离解混

（1）在【Endmember Collection】面板导入端元光谱后，单击【Select All】，选中所有的端元波谱，如图 6.33 所示，单击【Apply】，设置参数及文件保存名称与路径。在【Apply a unit sum constraint？】中选择【Yes】，设置【Weight】为 1，各端元丰度之和被约束为 1，单击【OK】。

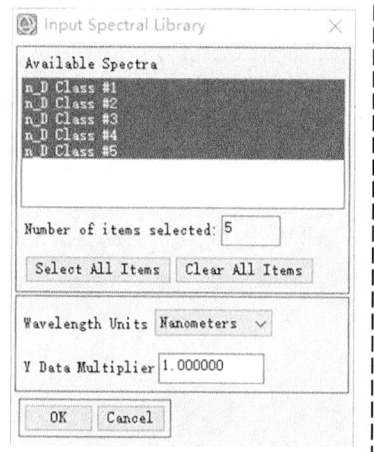

图 6.32 输入端元光谱　　图 6.33 Unmixing Parameters 面板

（2）图 6.34 显示所有端元对应的丰度结果。

端元 1 丰度

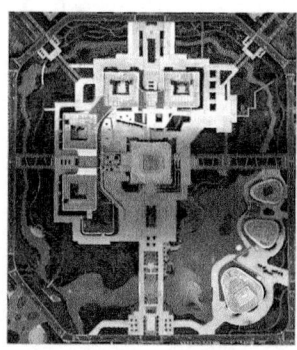

端元 2 丰度

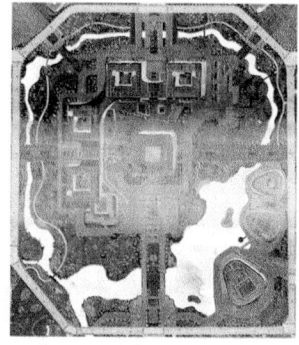

端元 3 丰度

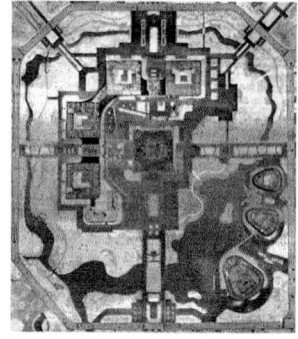

端元 4 丰度

端元 5 丰度

图 6.34　HHUJintanCampus 丰度图

6.3.3　匹配滤波

匹配滤波（matched filtering，MF）算法的基本思想是通过构建一个滤波器，利用先验光谱信息抑制未知信息，提取感兴趣目标信息并消除噪声，使用匹配滤波工具可以进行局部光谱分解获取端元波谱的丰度。该方法将已知端元波谱的响应最大化，并抑制了未知背景合成的响应，最后"匹配"已知波谱，因此无需对图像中所有端元波谱进行了解，便可以快速探测出特定要素。

（1）在【Toolbox】中，打开【Spectral】→【Mapping Methods】→【Matched Filtering】工具，如图 6.35 所示，在文件对话框中选择高光谱遥感影像数据 HHUJintanCampus.dat，单击【OK】。

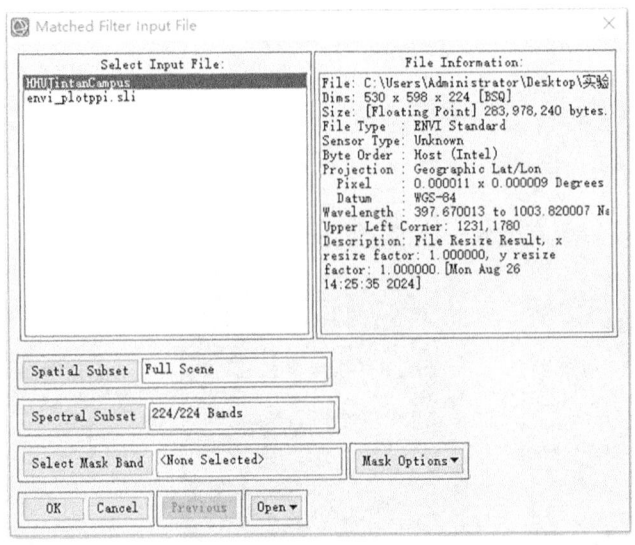

图 6.35　选择 HHUJintanCampus 图像

（2）在【Endmember Collection】面板中，选择【Import】→【from Spectral Library file】，如图 6.36 所示，本节选择经过 PPI 算法得到的端元波谱。

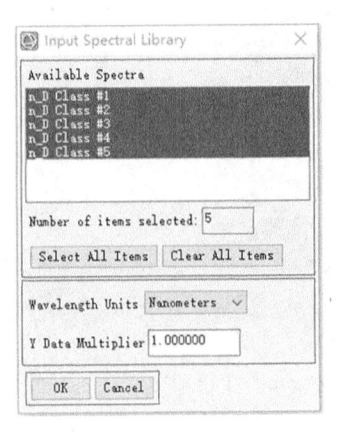
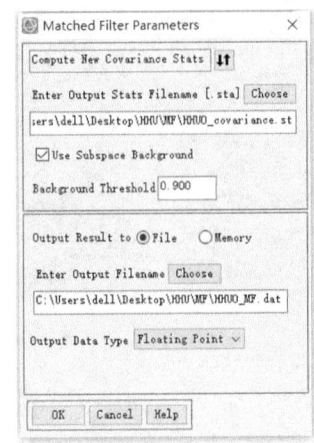

图 6.36　选择端元光谱　　图 6.37　Matched Filter Parameters 面板

(3)选中所有端元波谱,点击【Apply】按钮,如图 6.37 所示,在【Matched Filter Parameters】面板中,勾选【Use Subspace Background】选项,设置保存路径,执行【Matched Filtering】工具。

(4)得到结果。匹配滤波工具的结果是端元波谱对比每个像素的 MF 匹配图像。浮点型结果提供了像元与端元波谱的相对匹配程度,近似混合像元的丰度,1.0 表示完全匹配,结果显示在图 6.38。

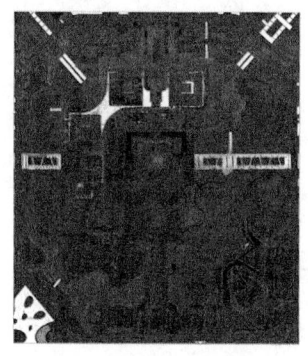
端元 1 丰度

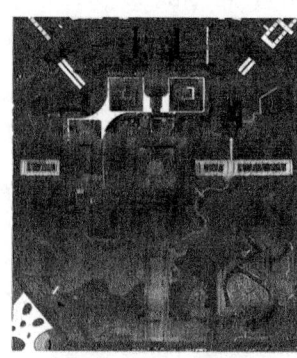
端元 2 丰度

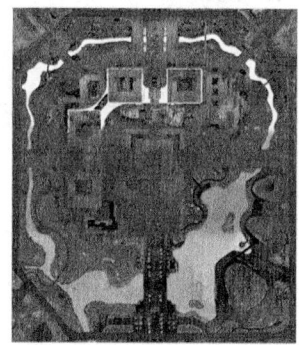
端元 3 丰度

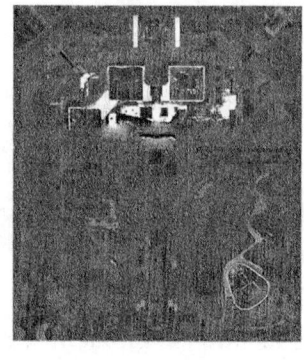
端元 4 丰度

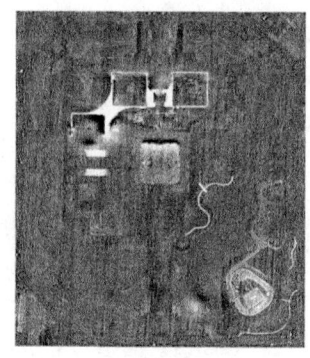
端元 5 丰度

图 6.38　HHUJintanCampus 丰度图

6.3.4　混合调谐匹配滤波

混合调谐匹配滤波(mixture tuned matched filtering,MTMF)首先运行匹配滤波,同时把不可行性(infeasibility)图像添加到结果中。不可行性图像用于减少使用匹配滤波时会出现的"假阳性(false positives)"像元的数量。不可行性值高的像元即为"假阳性"像元。被准确制图的像元具有一个大于背景分布值的 MF 和一个较低的不可行性值。不可行性值以 sigma 噪声为单位,它与 MF 按 DN 比例变化。混合调谐匹配滤波的结果是端元波谱比较每个像素的 MF 匹配图像。浮点型结果提供了像元与端元波谱相对匹配程度,近似混合像元的丰度,1.0 表示完全匹配。

1. 获取端元光谱

（1）加载高光谱数据 HHUJintanCampus.dat。

（2）在 Toolbox 工具箱中，选择【Transform】→【MNF Rotation】→【Forward MNF Estimate Noise Statistics】工具，如图 6.39 所示，选择高光谱图像文件 HHUJintanCampus.dat。打开【Forward MNF Transform Parameters】面板，设置参数，注意要输出 MNF 统计文件【Output MNF stats Filename】和 MNF 文件，单击【OK】执行 MNF 变换。

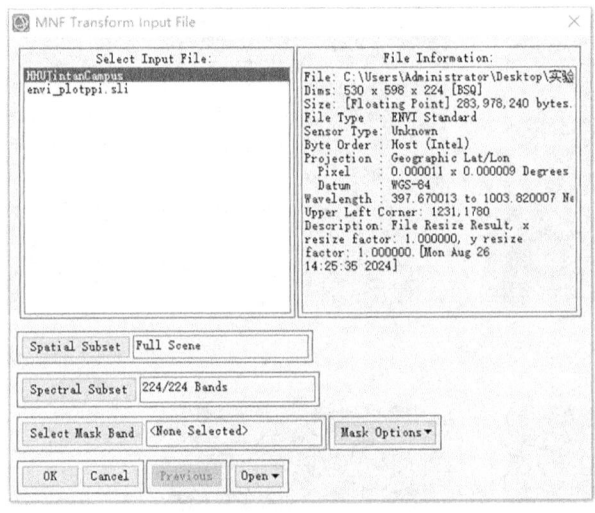

图 6.39　选择 HHUJintanCampus 图像

（3）在 Toolbox 工具箱中，选择【Transform】→【MNF Rotation】→【Apply Forward MNF to Spectra】工具，在打开的【Forward MNF Statistics Filename】对话框中选择 MNF 统计文件，单击【OK】打开【Forward MNF Convert Spectra】面板。

（4）在【Forward MNF Convert Spectra】面板中，选择【Import】→【from Spectral Library file】，如图 6.40 所示，选择 PPI 识别的波谱库文件。

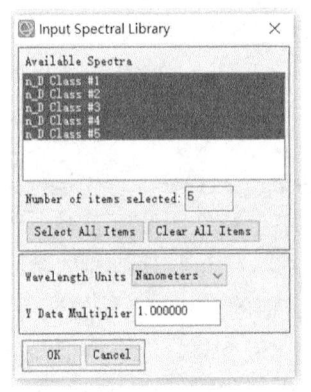

图 6.40　选择端元光谱

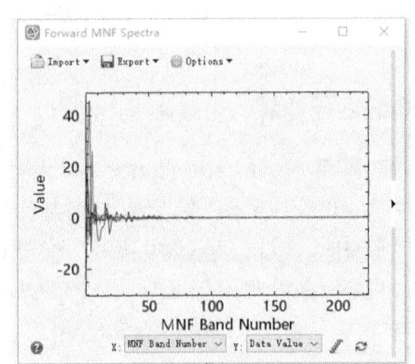

图 6.41　MNF 变换的端元波谱

（5）单击【Apply】按钮，经过 MNF 变换的端元波谱显示在【Forward MNF Spectra】窗口中，如图 6.41 所示。

（6）在【Forward MNF Spectra】窗口中，选择【Export-Spectral Library】，保存端元波谱。

2. MTMF 分解

（1）在 Toolbox 工具箱中，选择【Spectral】→【Mapping Methods】→【Mixture Tuned Matched Filtering】，在【Mixture Tuned Matched Filtering Input File】对话框中选择 MNF 变换结果文件。单击【OK】打开【Endmember Collection】面板。

（2）在【Endmember Collection】面板中，选择【Import】→【from Spectral Library file】，选择经过第一步 MNF 变换的端元波谱。

（3）回到【Endmember Collection】面板中，单击【Apply】按钮。

（4）在【Mixture Tuned Matched Filter Parameters】面板，如图 6.42 所示，选择【Use Subspace Background】，选择输出结果路径及文件名。

（5）单击【OK】按钮执行处理过程。

3. 分析结果图像

（1）在主界面中，选择【Display】→【2D Scatter Plots】，在【2D Scatter Plot】面板中，选择"MF Score 端元 1"作为 Band X，"Infeasibility 端元 1"作为 Band Y，显示为散点图（图 6.43）。

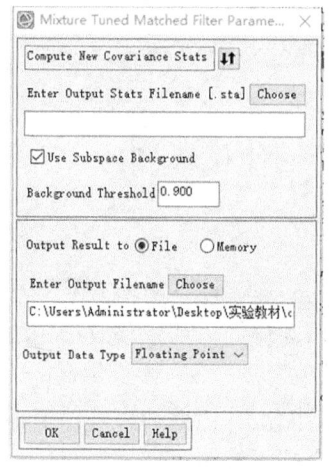 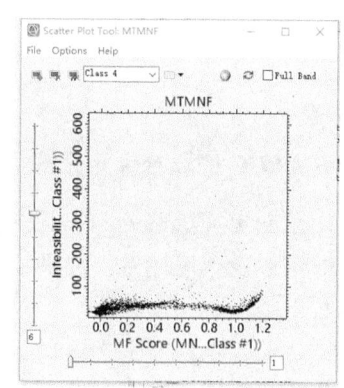

图 6.42　Mixture Tuned Matched Filter Parameters 面板　　　图 6.43　散点图

（2）圈出 MF 分数高、不可行性低的所有像素，得到端元 1 的感兴趣区。

（3）重复以上步骤，生成其他端元的感兴趣区。如图 6.44 所示，得到的丰度图会显示出感兴趣区域。

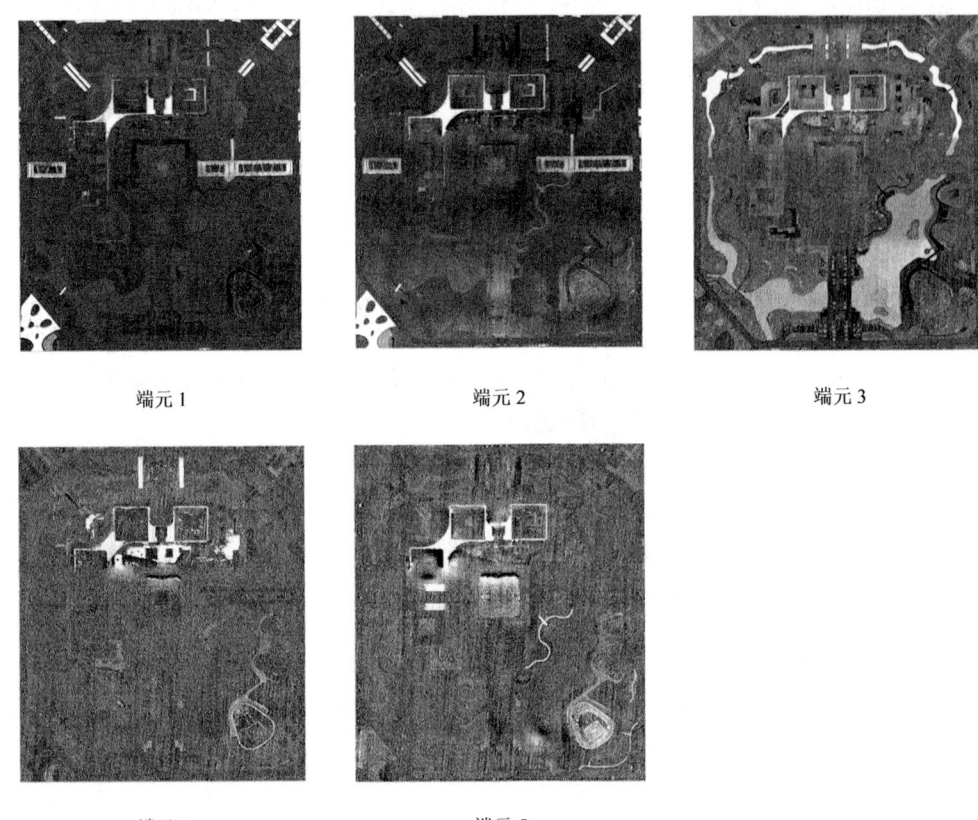

图 6.44 HHUJintanCampus 丰度图

6.4 混合像元分解的一体化模型

6.4.1 基于 SMACC 的混合像元分解

连续最大角凸锥（sequential maximum angle convex cone, SMACC）方法，可从图像中提取端元波谱以及丰度图像，提供了更快、更自动化的方法，获取端元波谱，但是其结果的近似程度较高、精度较低。

SMACC 方法是基于凸锥模型（也称为残余最小化），借助约束条件识别图像端元波谱。首先采用极点来确定凸锥，并以此定义第一个端元波谱；然后，在现有锥体中应用一个具有约束条件的斜投影生成下一个端元波谱；而后，继续增加锥体生成新的端元波谱。重复该过程直至生成的凸锥中包括了已有的终端单元（满足一定的容差），或者直至满足了指定的端元波谱类别个数。

SMACC 方法首先找到图像中最亮的像元，然后找到和最亮的像元差别最大的像元；继续再找到与前两种像素差别最大的像素。重复该方法直至 SMACC 方法找到一个在前面查找像素过程已经找到的像素，或者端元波谱数量已经满足。SMACC 方法找到的像素波谱转成波谱库文件格式的端元波谱。

（1）在主界面中，选择【File】→【Open】，打开高光谱遥感影像数据文件 HHUJintanCampus.dat。

（2）在【Toolbox】工具箱中，双击【Spectral】→【SMACC Endmember Extraction】工具，如图 6.45 所示，在【Select Input Image】对话框中选择高光谱数据文件，单击【OK】按钮，打开【SMACC Endmember Extraction Parameters】面板。

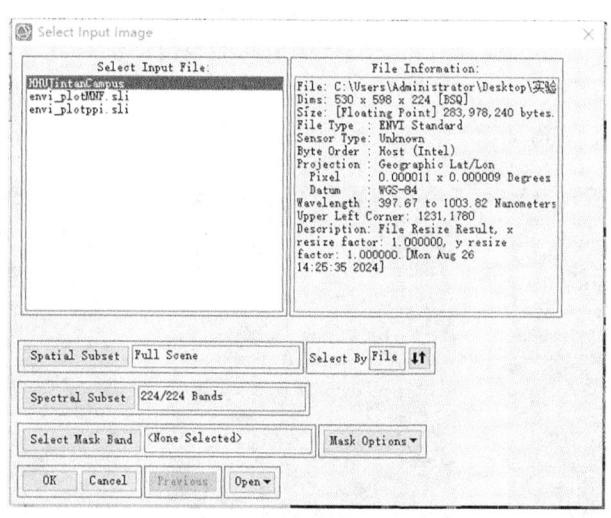

图 6.45　输入数据

（3）如图 6.46 所示，在【SMACC Endmember Extraction Parameters】面板中，设置参数：①端元波谱提取数量（Number of Endmembers）为 5；②误差容限值（RMS Error Tolerance）为 0；③分离端元波谱的约束条件（Unmixing Constraint For Endmember Abundances）为【Sum to Unity or Less】，即等于或者小于每个像素计算得到每种物质的组分之和作为约束条件；④合并相似端元波谱（Coalesce Redundant Endmembers），该选项基于波谱角填图方法，把

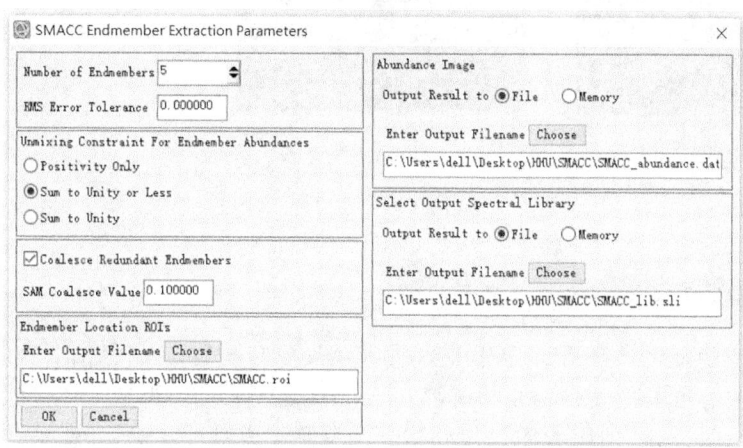

图 6.46　SMACC Endmember Extraction 工具

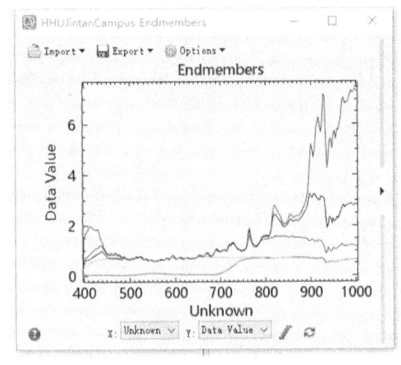

图 6.47 端元波谱图

阈值（阈值为 SAM Coalesce Value 对话框中定义的值）内的所有端元波谱合并为一个端元波谱；⑤输出结果文件，其中，【Endmember Location ROIs】包括从终端单元波谱结果中产生的像元感兴趣区文件，【Abundance Image】为输出丰度图像，将包括阴影图像和终端单元聚集图像，【Select Output Spectral Library Enter Output Filename】包括提取出的终端单元的波谱库信息。

（4）单击【OK】按钮，执行 SMACC 过程。图 6.47 显示端元光谱，图 6.48 为对应丰度结果。

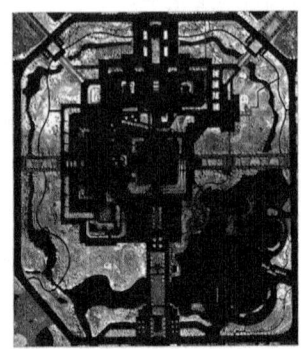

端元 1 丰度

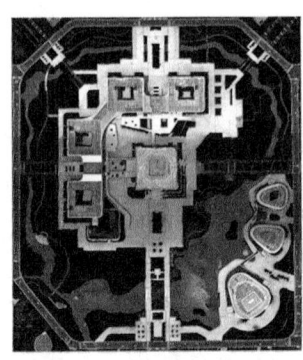

端元 2 丰度

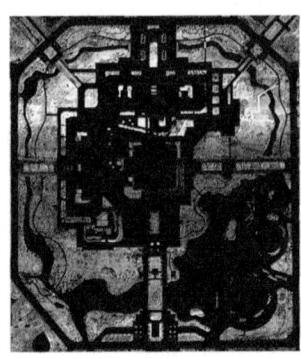

端元 3 丰度

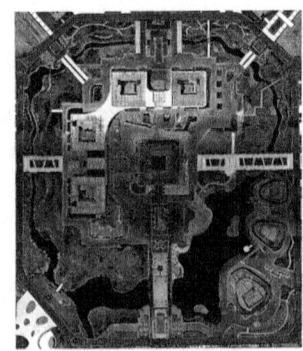

端元 4 丰度

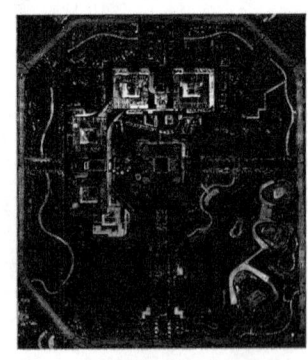

端元 5 丰度

图 6.48 丰度图

6.4.2 基于自动波谱沙漏的混合像元分解

自动波谱沙漏工具将基于 PPI 的端元波谱提取与映射方法[包括混合调谐匹配滤波（MTMF）、波谱角填图（SAM）和解混（Unmixing）]结合，形成一体化流程。

波谱角填图 SAM 使用 N 维角度将像元与参照波谱进行匹配。该算法是将像元 N 个波段的波谱看作 N 维波谱向量，通过计算与端元波谱之间的夹角判定两个波谱间的相似度，夹角越小，两个波谱越相似。该算法用于反射率数据时，对照度和反照率对结果的影响不明显。该方法同样适用于辐射亮度值数据。

（1）在【Toolbox】工具栏中，双击【Spectral】→【Spectral Unmixing-Automated Spectral Hourglass】工具，选择要进行分析的高光谱数据，单击【OK】按钮。

（2）如图 6.49 所示，打开【Automated Hourglass Parameters】面板。设置好每一步的参数后单击【OK】按钮，执行波谱识别过程。该过程先进行 MNF 变换，再执行 PPI 端元提取，得到结果如图 6.50 所示，分别进行 MTMF、SAM 和 Unmixing 操作，结果如图 6.51 和图 6.52 所示。

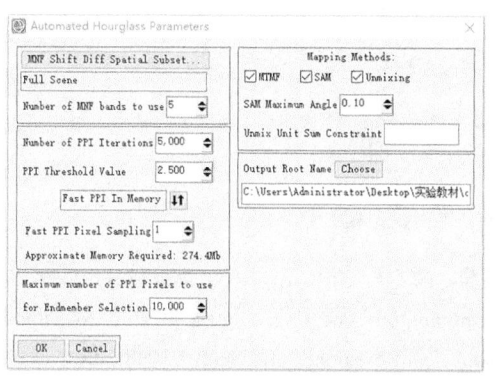
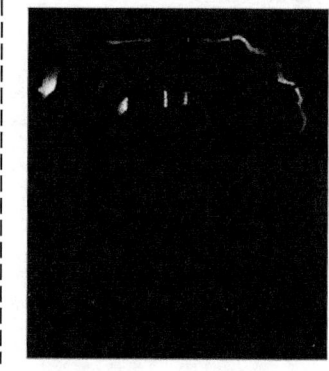

图 6.49　Automated Hourglass Parameters 面板　　　　图 6.50　PPI 结果

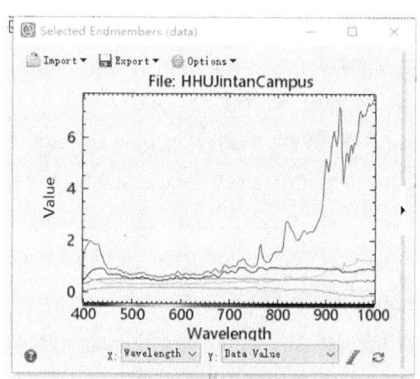

图 6.51　端元光谱

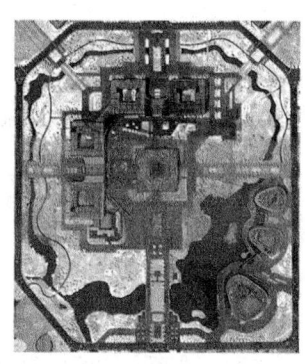

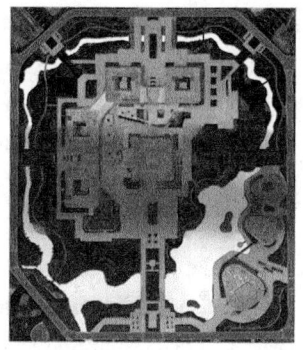

端元 1 丰度　　　　　　　　　端元 2 丰度　　　　　　　　　端元 3 丰度

端元 4 丰度

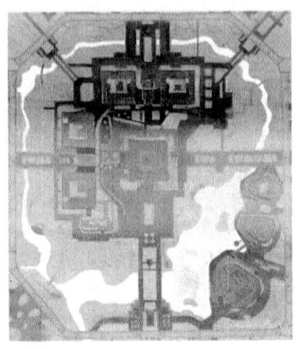
端元 5 丰度

图 6.52 Unmixing 结果

参 考 文 献

童庆禧, 张兵, 郑兰芬, 2006. 高光谱遥感: 原理、技术与应用[M]. 北京: 高等教育出版社: 38-42.

Adams J B, Smith M O, Johnson P E, 1986. Spectral mixture modeling: a new analysis of rock and soil types at the Viking Lander 1 Site[J]. Journal of Geophysical Research: Solid Earth, 91(B8): 8098-8112.

Akaike H, 1974. A new look at the statistical model identification[J]. IEEE Transactions on Automatic Control,19(6): 716-723.

Bajorski P, 2011. Second moment linear dimensionality as an alternative to virtual dimensionality[J]. IEEE Transactions on Geoscience and Remote Sensing, 49(2): 672-678.

Bayliss J D, Gualtieri J A, Cromp R F, 1998. Analyzing hyperspectral data with independent component analysis[C]//26th AIPR workshop: Exploiting new image sources and sensors. SPIE, 3240: 133-143.

Berman M, Kiiveri H, Langerstrom R, et al., 2003. ICE: an automated statistical approach to identifying endmembers in hyperspectral images[C]//IGARSS 2003. 2003 IEEE International Geoscience and Remote Sensing Symposium. Proceedings, 1: 279-283.

Bioucas-Dias J M, Figueiredo M A T, 2010. Alternating direction algorithms for constrained sparse regression: application to hyperspectral unmixing[C]. Reykjavik: 2010 2nd Workshop on Hyperspectral Image and Signal Processing: Evolution in Remote Sensing.

Boardman J W, 1993. Automating spectral unmixing of AVIRIS data using convex geometry concepts[C]. Boulder: JPL, Summaries of the 4th Annual JPL Airborne Geoscience Workshop, 1: 11-14.

Craig M D, 1994. Minimum-volume transforms for remotely sensed data[J]. IEEE Transactions on Geoscience and Remote Sensing, 32(3): 542-552.

Dobigeon N, Moussaoui S, Tourneret J Y, et al., 2009. Bayesian separation of spectral sources under non-negativity and full additivity constraints[J]. Signal Processing, 89(12): 2657-2669.

Foody G M, Lucas R M, Curran P J, et al., 1997. Non-linear mixture modelling without end-members using an artificial neural network[J]. International Journal of Remote Sensing, 18(4): 937-953.

Fukunaga K, 1982.15 Intrinsic Dimensionality Extraction[M]//Handbook of Statistics. Amsterdam: Elsevier: 347-360.

Green A A, Berman M, Switzer P, et al., 1988. A transformation for ordering multispectral data in terms of image quality with implications for noise removal[J]. IEEE Transactions on Geoscience and Remote Sensing, 26(1): 65-74.

Harsanyi J C, Chang C I, 1994. Hyperspectral image classification and dimensionality reduction: an orthogonal subspace projection approach[J]. IEEE Transactions on Geoscience and Remote Sensing, 32(4): 779-785.

Jolliffe I T, Principal Component Analysis[M]. New York, NY: Springer New York, 1986.

Keshava N, Mustard J F, 2002. Spectral unmixing[J]. IEEE Signal Processing Magazine, 19(1): 44-57.

Miao L D, Qi H R, 2007. Endmember extraction from highly mixed data using minimum volume constrained nonnegative matrix factorization[J]. IEEE Transactions on Geoscience and Remote Sensing, 45(3): 765-777.

Nascimento J M P, Bioucas-Dias J M, 2007. Hyperspectral unmixing algorithm via dependent component analysis[C]. Barcelona: 2007 IEEE International Geoscience and Remote Sensing Symposium.

Nascimento J M P, Bioucas-Dias J M, 2009. Nonlinear mixture model for hyperspectral unmixing[C]. Berlin: SPIE Proceedings Image and Signal Processing for Remote Sensing XV.

Nascimento J M P, Dias J M B, 2005. Vertex component analysis: a fast algorithm to unmix hyperspectral data[J]. IEEE Transactions on Geoscience and Remote Sensing, 43(4): 898-910.

Rissanen J, 1978. Modeling by shortest data description[J]. Automatica, 14(5): 465-471.

Shimabukuro Y E, Smith J A, 1991. The least-squares mixing models to generate fraction images derived from remote sensing multispectral data[J]. IEEE Transactions on Geoscience and Remote Sensing, 29(1): 16-20.

Winter M E, 1999. N-FINDR: an algorithm for fast autonomous spectral end-member determination in hyperspectral data[C]. Denver: SPIE Proceedings Imaging Spectrometry V.

第 7 章　高光谱目标探测

高光谱遥感影像的波谱覆盖范围在紫外、可见光、红外和短波红外区域（甚至中波和长波红外区域），光谱分辨率达到 10 nm，波段数在几十个到上百个之间，能够精细描述地物的光谱特征。高光谱遥感大大提高了对目标的探测识别能力，使遥感技术在目标检测应用中具有独特的优势（浦瑞良 等，2000）。近年来，由于高光谱成像技术的优势，高光谱目标探测已在边境监测、伪装目标识别、军事侦察、矿物识别和精细农业等多个领域得到了广泛的应用。

高光谱遥感目标探测可根据感兴趣目标光谱信息已知与否，分为监督匹配目标探测和无监督异常探测（成宝芝等，2019）。在实际应用中，匹配目标光谱的测定常常受光照、环境、传感器平台以及周围地物的影响，同一地物的光谱曲线通常不确定，因此无需任何先验知识的异常探测在应用中具有更大的优势。但在一些需要从背景中找到感兴趣的特定目标的应用中，已知感兴趣目标光谱的匹配目标探测反而具有更大优势（张兵等，2011）。

本章主要介绍目标探测的经典算法理论，并根据目标光谱信息是否已知，将算法分为匹配目标探测和异常探测，同时本章还将详细介绍目标探测的实验流程。

7.1　目标探测概述

目标探测是将影像区分为背景和感兴趣目标的二分类问题，但与分类不同的是，在高光谱目标探测中，通常只能获得单一目标的光谱，甚至无法知道目标光谱（张良培，2014），此外目标地物在影像中通常数量少、面积小，甚至是亚像元级别的目标，因此通常无法使用常规的分类器对目标进行探测识别。

利用高光谱目标探测算法对目标进行探测识别时，有以下难点：①目标容易受到噪声影响（Zhao et al., 2021），在一些复杂的高光谱影像场景中，数据之间的冗余度高，光谱相关性复杂，目标与背景的差异小，导致目标与背景难以区分，增加了目标的识别难度。②光谱不确定性，大气传输、传感器噪声等因素导致高光谱遥感影像中出现"同物异谱，异物同谱"的现象，这使得目标光谱的反射率曲线具有不确定性，给目标的探测识别带来巨大障碍。③亚像元问题，高光谱遥感影像的空间分辨率较低，且地物的分布复杂，因此在高光谱遥感影像中，目标地物很少作为一个纯净像元存在，大多只占据像元的一部分，与其他多种地物共同混合成一个像元，增加了区分背景与目标的难度以及目标的定位难度。

高光谱遥感目标探测算法的基本思路是先从图像中获取统计量和先验信息，得到决策函数，然后利用决策函数计算每个特定的像元光谱向量 x，判断其是否为目标。从背景中区分目标的探测算法通常采用式（7.1），设置阈值 η 判断被测像素是否为探测目标：

$$D(x)\begin{cases} >\eta \to 目标 \\ <\eta \to 背景 \end{cases} \quad (7.1)$$

7.2 匹配目标探测

匹配目标探测是已知目标地物的反射率光谱曲线进行目标的探测识别。在一些地物场景中，对于背景地物的反射率光谱曲线已知，匹配目标探测方法的基本思路是结合先验信息，抑制背景突出目标，常见的匹配目标探测方法有约束能量最小化方法、自适应余弦估计以及正交子空间投影算法等。约束能量最小化方法和自适应余弦估计适用于在背景未知、目标已知的情况下进行目标探测，而正交子空间投影算法适用于在背景和目标均已知的情况下进行目标探测。

7.2.1 匹配目标探测算法原理

1. 约束能量最小化方法

约束能量最小化方法（constrained energy minimization, CEM）是在仅知道感兴趣目标的光谱，而对背景一无所知的条件下，对目标进行探测的算法（耿修瑞，2005）。CEM来源于数字信号处理领域中的线性约束最小方差波束形成器，该方法的思想是提取特定方向的信号而衰减其他方向的信号干扰，该法很适合特定的成分占图像总方差比例很小的情况，能突出某种地物信息（目标），压制别的地物信息（背景），从而达到从图像中分离某种地物的效果（杜博等，2009），即高光谱图像目标探测。

在高光谱遥感影像 $\{x_i\}_{i=1}^n$ 中，d 为感兴趣目标的光谱向量，CEM 的目的就是设计一个 FIR 线性滤波算法向量 $w = (w_1, w_2, \cdots, w_L)^T$，使得在如下条件滤波输出能量最小（耿修瑞，2005）：

$$w^T d = 1 \quad (7.2)$$

当输入为 x_i 时，经过滤波算法的探测统计量 $y_i = w^T x_i = x_i^T w$。CEM 算法是通过设计一个滤波向量，在目标输出能量确定的情形下，平均输出能量达到最小。CEM 算法的数学表达式是

$$y = D_{\text{CEM}}(x) = \left(\frac{R^{-1}d}{d^T R^{-1} d} \right)^T x = \frac{x^T R^{-1} d}{d^T R^{-1} d} \quad (7.3)$$

将 CEM 算子（Harsanyi, 1993）作用于影像中的每个像元，即可得到目标 d 在图像中的分布情况，实现对目标 d 的探测。

2. 自适应余弦估计

自适应余弦估计（adaptive coherence estimator, ACE）（Kraut and Scharf, 1999）是依据混合背景模型提出的，利用多维正态分布模型近似模拟背景，得出决策边界。假设加性噪声已经包含在背景中，将观测值去均值，可以得出假设：

$$\begin{cases} H_0: \boldsymbol{x} = \boldsymbol{v} \rightarrow 目标不存在 \\ H_1: \boldsymbol{x} = \boldsymbol{Sa} + \sigma\boldsymbol{a} \rightarrow 目标存在 \end{cases} \quad (7.4)$$

式中，$\boldsymbol{v}$ 表示不感兴趣背景的光谱向量；$\boldsymbol{S}$ 表示感兴趣目标光谱向量组成的端元矩阵；$\boldsymbol{a}$ 是由 $\boldsymbol{S}$ 中各端元的丰度组成的列向量；σ 表示某一像元中背景所占的比例，用适当的方法可以得到 ACE 数学表达式（Manolakis et al., 2002）：

$$y = D_{\text{ACE}}(x) = \frac{(\boldsymbol{x}^{\text{T}}\boldsymbol{\varGamma}^{-1}\boldsymbol{d})^2}{(\boldsymbol{x}^{\text{T}}\boldsymbol{\varGamma}^{-1}\boldsymbol{x})(\boldsymbol{d}^{\text{T}}\boldsymbol{\varGamma}^{-1}\boldsymbol{d})} \quad (7.5)$$

将该计算方式应用于影像上的每一个像元，即可得到目标 $\boldsymbol{d}$ 在图像中的分布情况，最后设置一定阈值，实现对目标 $\boldsymbol{d}$ 的探测。

3. 正交子空间投影算法

正交子空间投影（orthogonal subspace projection, OSP）算法最先提出是用于数据降维，后被引入混合像素的高光谱遥感目标检测中。

在只检测一个感兴趣的单一目标信号的情况下，高光谱遥感目标检测处理的信号实际上是混合信号，通常由 $\boldsymbol{Ma}$ 表示，其中 $\boldsymbol{M} = [\boldsymbol{m}_1, \boldsymbol{m}_2, \cdots, \boldsymbol{m}_p]$，$\boldsymbol{\alpha}$ 是一个 p 维度向量，由 $\boldsymbol{\alpha} = [\alpha_1, \alpha_2, \cdots, \alpha_p]^{\text{T}}$ $\boldsymbol{m}_p$ 表示，OSP 的作用是在 $\boldsymbol{M} = [\boldsymbol{m}_1, \boldsymbol{m}_2, \cdots, \boldsymbol{m}_p]$ 中把感兴趣的目标特征 $\boldsymbol{m}_p$ 提取出来，将其余的特征全部抑制掉，OSP 通过由 $P_U^{\perp}$ 给出的正交子空间投影消除不期望的目标特征 $\boldsymbol{m}_1, \boldsymbol{m}_2, \cdots, \boldsymbol{m}_{p-1}$ 来对数据样本执行两阶段检测（Chang, 2005），表达式如下：

$$P_U^{\perp} = \boldsymbol{I} - \boldsymbol{UU}^{\#} = \boldsymbol{I} - \boldsymbol{U}(\boldsymbol{U}^{\text{T}}\boldsymbol{U})^{-1}\boldsymbol{U}^{\text{T}} \quad (7.6)$$

式中，$\boldsymbol{U} = [\boldsymbol{m}_1, \boldsymbol{m}_2, \cdots, \boldsymbol{m}_{p-1}]$，为不感兴趣的目标特征矩阵；$\boldsymbol{U}^{\#}$ 为 $\boldsymbol{U}$ 矩阵的伪逆。然后使用信号检测理论中的传统信号检测器来执行匹配滤波器。

$$\delta^{\text{OSP}}(r) = \boldsymbol{d}^{\text{T}}(P_U^{\perp}\boldsymbol{r}) \quad (7.7)$$

其中，$\boldsymbol{d}^{\text{T}} = \boldsymbol{m}_p$ 为感兴趣的目标特征；$P_U^{\perp}\boldsymbol{r}$ 是用 OSP 处理后的目标特征矩阵。

OSP 算法的实际过程即先利用一个投影算子来抑制背景信息，然后再进行目标检测（Chang and Chen, 2021）。不过由于 OSP 对先验目标知识、期望目标特征 $\boldsymbol{d}$ 和不期望目标特征矩阵 $\boldsymbol{U}$ 的敏感性，该算法也存在局限性。

7.2.2 匹配目标探测流程

1. 真彩色影像生成与目标波谱准备

1）打开图像文件

启动 ENVI，单击左上角【File】→【Open】选择文件存储路径打开图像文件，选择图像为河海大学金坛校区高光谱匹配目标探测影像 Hohaipeople.dat，如图 7.1 所示。

2）真彩色影像生成

在【Data Manager】中选择红绿蓝波长范围所对应的波段，在该数据中选择波段 92、

59、29，分别对应红、绿、蓝三个通道，如图7.2所示。单击【Load Data】获得接近原始影像的真彩色影像，如图7.3所示。利用ENVI的【Data Manager】选择RGB三个波段得到真彩色影像有助于目标波谱的选取。

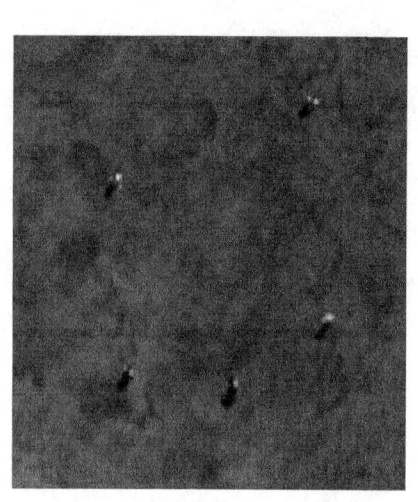
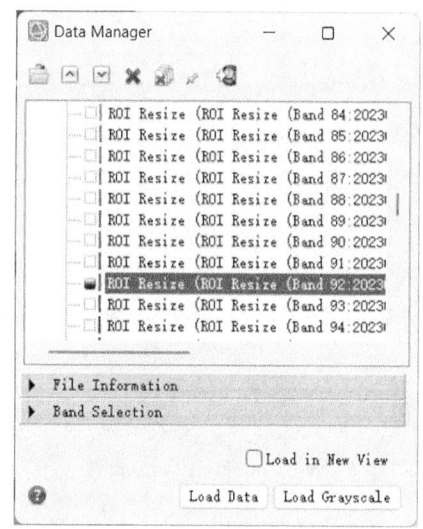

图7.1　高光谱匹配目标探测图像　　图7.2　Data Manager面板选择RGB三个波段

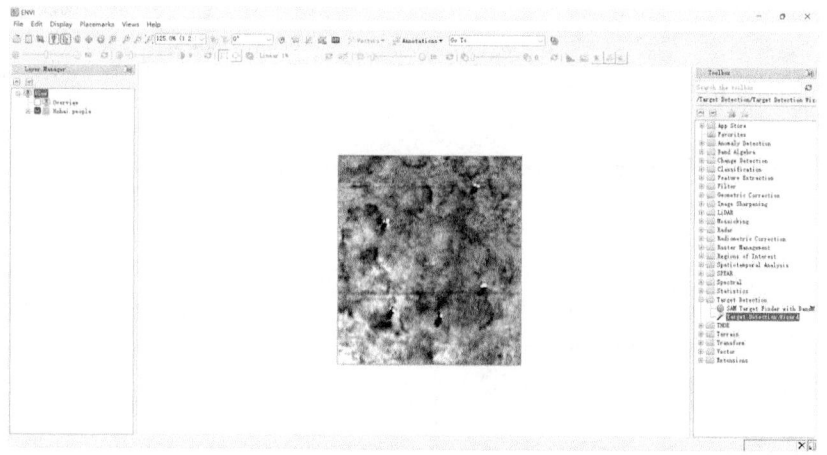

图7.3　真彩色影像生成

3）目标波谱准备

打开工具栏中的【Region of Interest（ROI）Tool】工具，对目标选取目标地物的ROI，在影像中绘制多边形ROI，并在ROI Tool中修改ROI名称，命名为target，得到目标ROI区域，如图7.4所示。该数据集的目标为行走的人，在获得一个行人的目标波谱后，目的是探测出影像中所有行人（不包括行人的影子）。除了利用ROI工具获得行人的目标波谱之外，该数据集中也提供了目标ROI文件，选择菜单【File】→【Open】，可以打开命名为target_people的ROI文件。

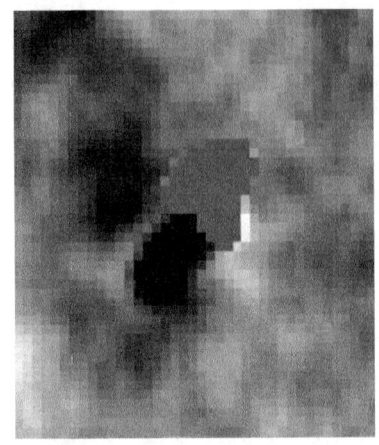

图 7.4　选取目标地物 ROI

4）统计 ROI 区域的信息

在 Layer Manager 中，右键单击目标 target，选择【Statistics】，对 ROI 的波谱进行统计，留下图 7.5 所示的平均波谱曲线，用它作为输入的目标波谱。

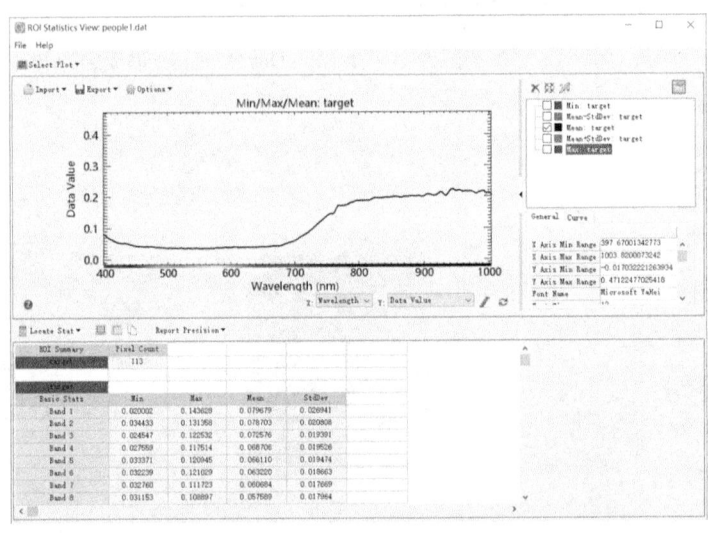

图 7.5　平均波谱曲线

2. 匹配目标探测流程化工具

Target Detection Wizard 是 ENVI 中进行目标探测识别的工具，该流程化工具包括输入/输出文件选择、大气校正（可选）、选择目标光谱、选择非目标光谱（可选）、应用 MNF 变换（可选）、选择目标探测方法、加载规则图像和预览结果、过滤目标、输出结果、查看统计数据和分析等 10 个步骤。

1）输入/输出文件选择

打开目标探测工具，单击右侧【Toolbox】→【Target Detection】→【Target Detection

Wizard】面板，如图 7.6 所示。浏览目标探测面板的流程，并单击【Next】，进入输入/输出文件选择界面，如图 7.7 所示，选择输入数据文件和输出路径，单击【Next】按钮进入大气校正【Atmospheric Correction】面板。

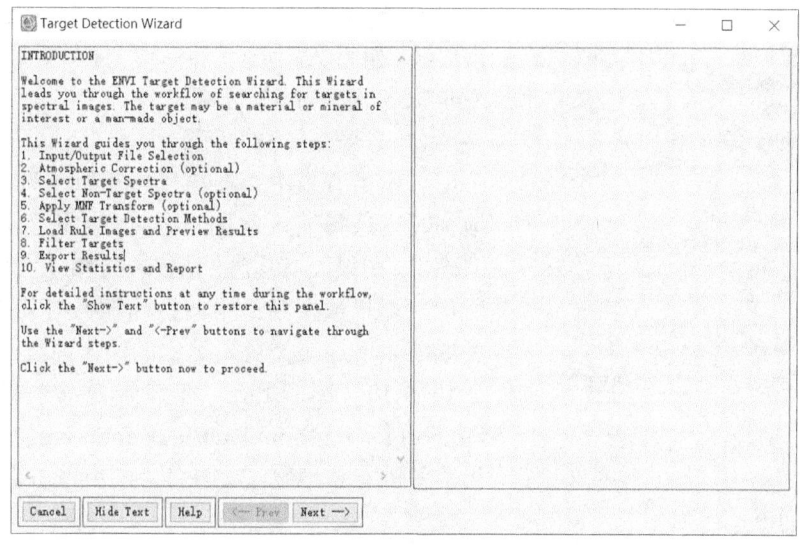

图 7.6　目标探测面板

2）大气校正

如果数据已经大气校正，则选择【None/Already Corrected】；如果没有进行大气校正，可根据需求选择快速大气校正法（Quick Atmospheric Correction）或几个基于统计学的大气校正方法 IAR Reflectance、Log Residuals、Flat Field、Empirical Line，如图 7.8 所示。选择完毕后单击【Next】按钮进入【Select Target Spectra】面板。

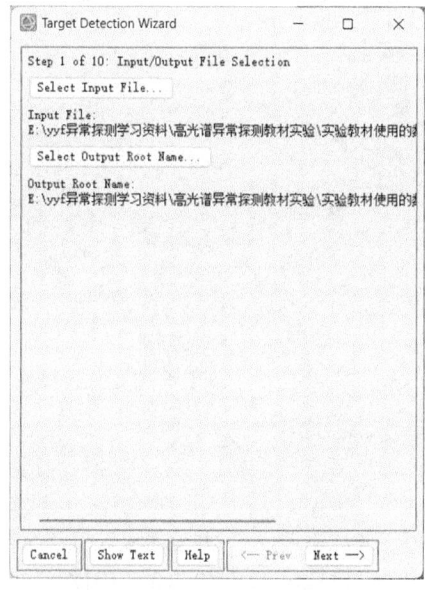

图 7.7　输入数据和选择输出路径

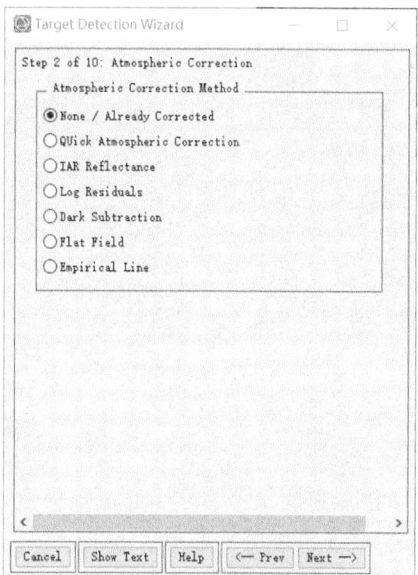

图 7.8　进行大气校正

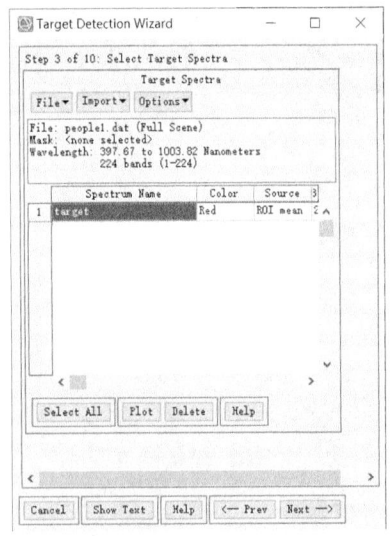

3）目标光谱选择

在目标光谱选择面板选择【Import】→【From ROI/EVF from input file】，选择目标 target，单击【OK】，单击【Select All】，选中已准备的目标地物波谱曲线，如图 7.9 所示，然后单击【Next】进入【Select Non-Target Spectra】面板。

4）是否选择输入背景光谱

一般当背景中存在与目标相似而又不是目标的地物时，选择输入背景光谱，可以增加目标的判读准确性，如果没有这种情况选择【No】，如图 7.10（a）所示。如果数据场景中的目标地物与某些背景场景类似可以增加该类背景地物的波谱曲线选择【Yes】，如图 7.10（b）所示，在背景光谱选择面板选择【Import】→【From ROI/EVF from input file】，选择已准备的背景地物波谱曲线。最后单击【Next】进入

图 7.9　输入目标光谱

MNF 变换面板。

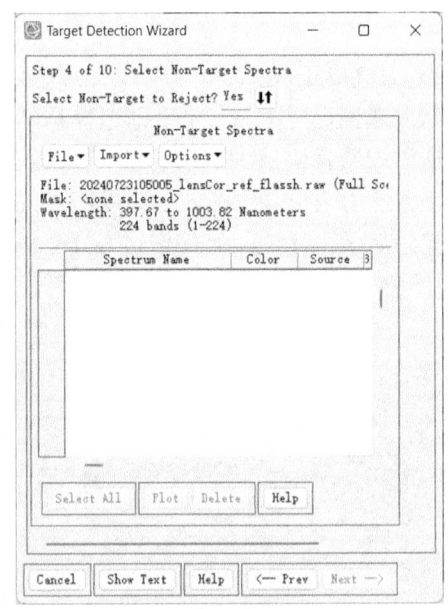

（a）选择 No　　　　　　　　　　（b）选择 Yes

图 7.10　选择是否输入背景光谱

5）MNF 变换

MNF 变换可以分离噪声，执行 MNF 变换可进行降噪处理并对数据进行降维，减少计算量。如果选择不进行 MNF 变换，那么后续的目标探测中将不能使用混合调谐匹配滤波（mixture tuned matched filtering, MTMF）和混合调谐目标约束干扰最小化滤波器

（mixture tuned TCIMF，MTTCIMF）目标探测方法。因此大多数情况下都会选择进行 MNF 变换，并在该面板中针对【Apply MNF Transform？】选择【Yes】，然后单击【Show Advanced Options】按钮，默认选择全部的 MNF 波段，接着单击【Noise Stats Shift Diff Spatial Subset】，选择全部图像区域用于噪声统计，最后单击【Next】执行 MNF 变换，如图 7.11 所示。计算完成后等待其自动进入下一面板，并生成 MNF 变换后的影像，如图 7.12 所示。

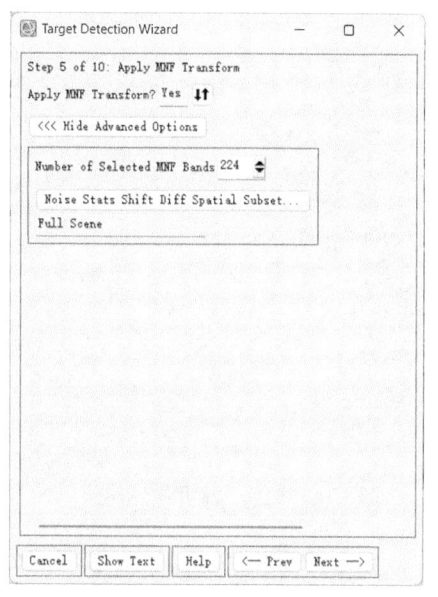

图 7.11　进行 MNF 变换

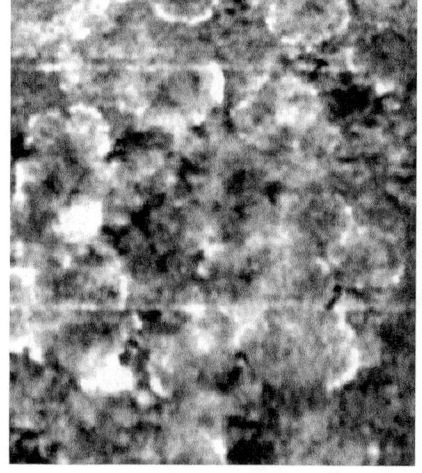

图 7.12　MNF 变换后的影像

6）选择目标探测方法

目标探测方法面板包括匹配滤波（matched filtering，MF）、约束能量最小化（constrained energy minimization, CEM）、自适应余弦估计（adaptive coherence estimator, ACE）、光谱角制图（spectral angle mapper, SAM）、正交子空间（orthogonal subspace projection, OSP）、目标约束干扰最小化滤波器（target-constrained interference-minimized filter, TCIMF）、混合调谐目标约束干扰最小化滤波器（mixture tuned TCIMF, MTTCIMF）、混合调谐匹配滤波（mixture tuned matched filtering, MTMF），共 9 种方法。其中目标探测方法 OSP 和 TCIMF 必须选择输入大于一种的目标波谱或者选择输入背景波谱才能使用，MTMF 目标探测方法必须进行 MNF 变换才能使用，MTTCIMF 目标探测方法则需要同时满足上述两种类型的条件才能进行目标的探测识别。这里选择目标探测方法 CEM 和 ACE 后，单击【Next】进入下一面板，如图 7.13 所示。

7）浏览结果并设置一定的阈值提取目标

在【Load Rule Images and Preview Results】面板中，Target 列表显示所有探测目标的参考波谱，可以在 Method 列表中选择相应的方法，ENVI 会自动生成默认值阈值，手动设置一定的规则阈值（rule threshold），识别出目标地物，如图 7.14 所示。当手动修改阈值时，调整阈值越大，得到的目标点越少；调整阈值越小，得到的目标点越多，且错误目标的识别点也越多,因此可以根据面板中的情况进行阈值的修改与调整。单击【Binary Preview】,可以在图像上显示目标探测结果与探测到的目标像元个数。

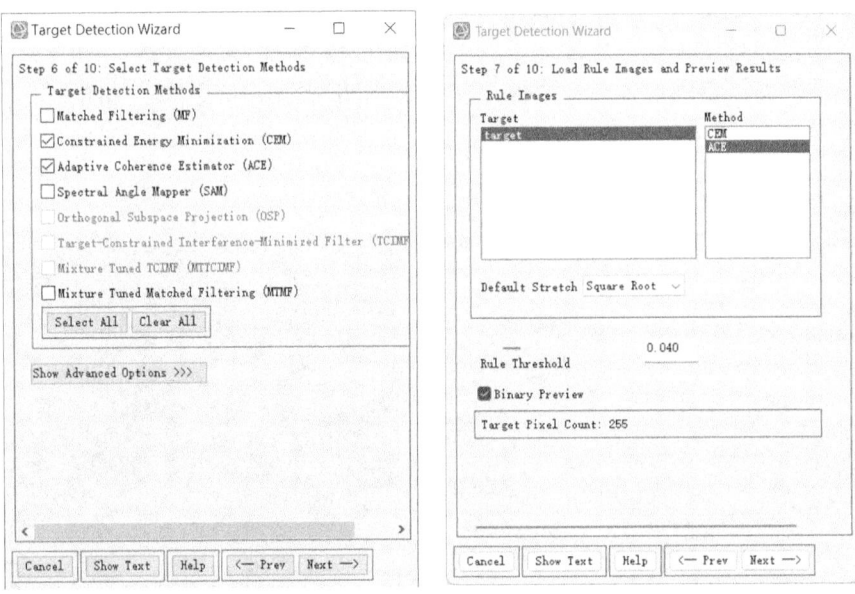

图 7.13　选择目标探测方法　　　　图 7.14　加载图像和浏览结果

在 Method 列表中选择方法 CEM,设置一定阈值,得到目标探测结果。如图 7.15 所示;在 Method 列表中选择方法 ACE,设置一定阈值,得到目标探测结果,如图 7.16 所示,红色部分为提取的目标,单击【Next】进入下一面板。

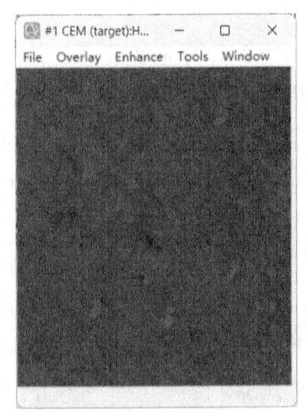  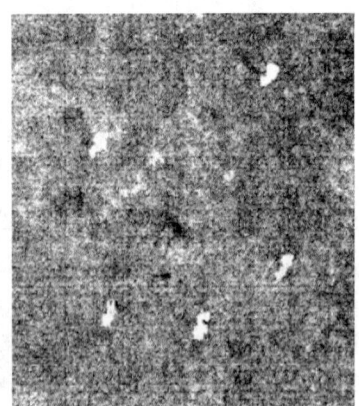

图 7.15　CEM 目标探测结果浏览

8）过滤目标

对结果进行后处理,进入【Filter Targets】面板,【Clumping】和【Sieving】方法都选中,这两种方法均用于去除探测结果中的小斑点,按照默认值设置,最后单击【Next】按钮,进入【Export Results】面板,如图 7.17 所示。

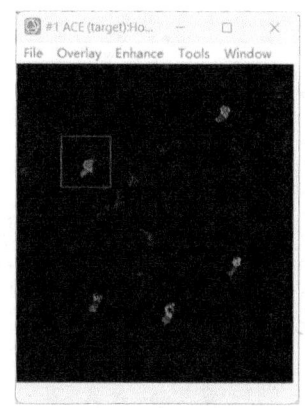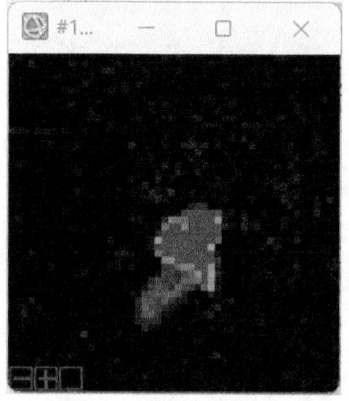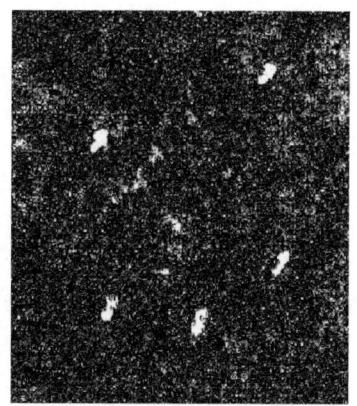

图 7.16 ACE 目标探测结果浏览

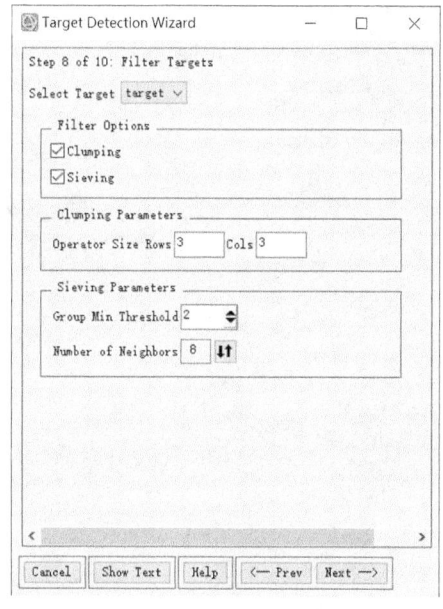

图 7.17 结果后处理

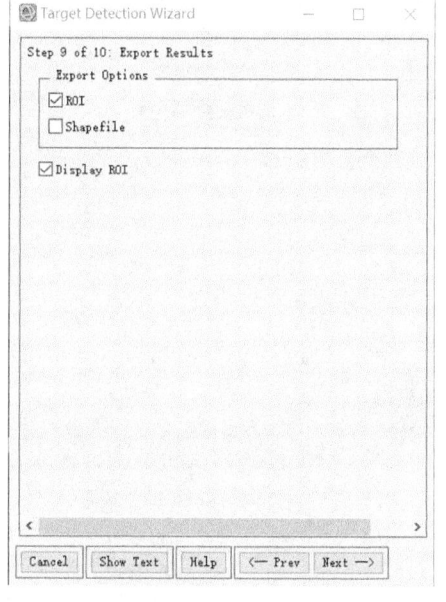

图 7.18 输出结果

9）输出结果

进入【Export Results】面板，可以将探测结果输出为感兴趣区（ROI）和矢量（Shapefile），按照默认设置选择【ROI】输出结果，如图 7.18 所示，单击【Next】按钮，输出结果，进入【View Statistics and Report】面板。

10）查看统计数据和分析

ENVI 自动生成探测目标地物的 ROI 统计数据，包括颜色、像素个数、多边形目标地物数量、方位和空间等，结果如图 7.19 所示。此外在【View Statistics and Report】面板中，自动显示探测目标的统计结果，包括目标数量、总面积以及平均面积，如图 7.20 所示，将探测的结果进行记录后，单击【Finish】完成目标探测。

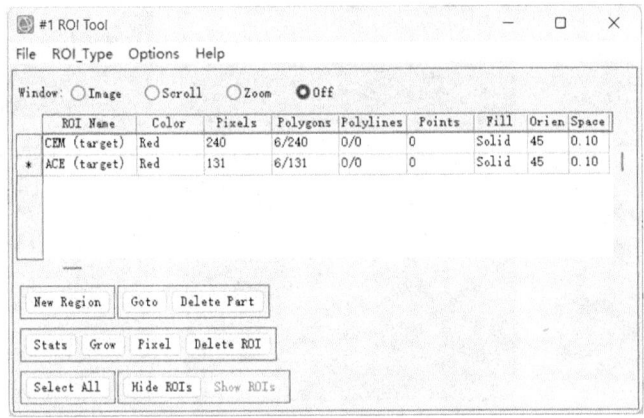

图 7.19　目标 ROI 统计数据

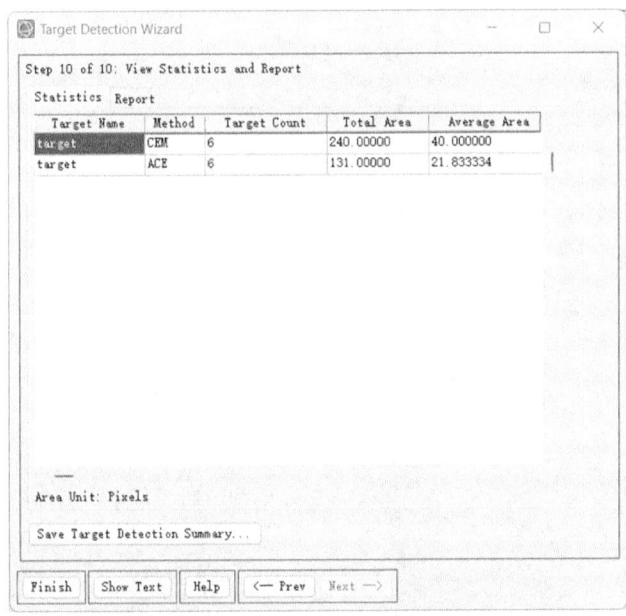

图 7.20　目标探测统计结果

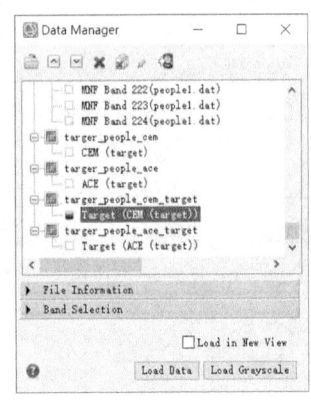

图 7.21　生成目标探测结果

11）显示目标探测结果图

打开【Data Manager】，单击 Target（CEM target）和 Target（ACE target）的目标探测结果，如图 7.21 所示。图 7.22（a）是方法 CEM 得到目标探测结果图，图 7.22（b）是方法 ACE 得到目标探测结果图。

 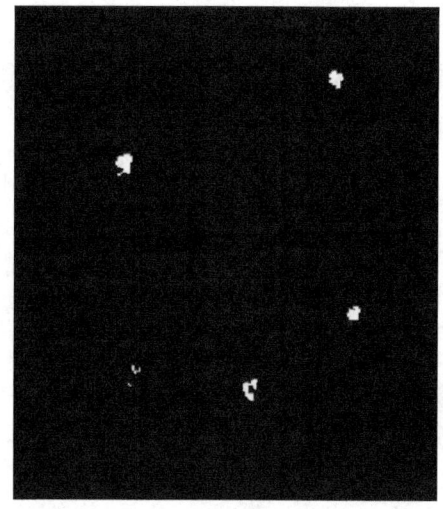

(a) CEM 目标探测结果　　　　　　　　(b) ACE 目标探测结果

图 7.22　目标探测二值结果图

7.3　异　常　探　测

普遍认为异常探测中的异常目标是偏离正常背景杂波分布的目标,具有出现概率低、面积小以及光谱与背景差异明显等特点。在高光谱遥感异常探测中,异常是参照背景模型定义的,而背景模型是使用测试像素局部邻域或图像中大部分的参考数据(Stein et al., 2002)自适应建立的,根据应用情景不同,异常目标具有不同的实体,如树林中受感染的树木、地质应用中的稀有矿产、国防应用中的人造物体或车辆、飞机、坦克等。异常探测是一种目标和背景均未知的目标探测,异常目标在遥感影像中较为稀少,而背景广泛分布,因此基于分类误差最小化的准则不适用于异常探测,会将导致所有异常的像元均被标记为背景。常见的异常探测算法主要包括 RX 异常探测算法、均衡目标探测算法,以及将 RX 异常探测与均衡目标探测相结合的方法。

7.3.1　异常探测算法原理

1. RX 异常探测算法

异常探测是一种无须先验信息的目标探测,异常检测算法目的在于从影像中将异常信息从影响背景和噪声中分离出米。假设高光谱影像中的地物分布规律遵循多元高斯分布模型(Reed and Yu, 1990),多元高斯分布模型的表达式为

$$p(x) = \frac{1}{(2\pi)^{(n/2)} |\Sigma|^{(1/2)}} \exp\left[-\frac{1}{2}(x-\mu)^T \Sigma^{-1}(x-\mu)\right] \quad (7.8)$$

式中,n 是高光谱影像的波段数,考虑了波段和波段之间的相关性。给定一个阈值,小

于该阈值的就是异常信号,如果异常像元和背景像元相差很大,那 $p(x)$ 的值应该非常小。对于一幅特定的影像,背景集是一定的, $(2\pi)^{(n/2)}|\Sigma|^{(1/2)}$ 的值是恒定的,因此可得到 RX 算法的表达式:

$$y = D_{\mathrm{RXD}}(x) = (x - \mu_0)^{\mathrm{T}} \Sigma^{-1} (x - \mu_0) \tag{7.9}$$

式中,x 为待测像元的光谱值;$\Sigma = \dfrac{1}{M} \sum\limits_{i=1}^{M} (x - \mu_0)(x - \mu_0)^{\mathrm{T}}$ 为背景窗口的协方差矩阵;$\mu_0 = \dfrac{1}{M} \sum\limits_{i=1}^{M} x_i$ 为背景窗口的均值。可以看出 RX 算子实际上就是计算待测像元与背景像素集均值向量之间的马氏距离(Chen et al., 2014)。本质上,RX 异常探测方法可以看作主成分分析(principal component analysis, PCA)的逆过程(李杰等,2010)。通过 PCA,可以得到原始数据信息分布的主要方向,即协方差矩阵的几个最大特征值所对应的特征向量(Kwon, 2003)。

RX 异常探测算法的执行性能依赖于目标和背景分布之间的马氏距离,通过计算 $D_{\mathrm{RXD}}(x)$ 的值来寻找异常目标,如果图像中存在异常目标,其将与协方差矩阵的小特征值相对应,而特征值越小, $D_{\mathrm{RXD}}(x)$ 值则越大,这正是 RX 异常探测方法能够有效应用于异常探测的主要原因。由于 RX 算法需要利用全局背景计算均值和协方差矩阵,影响探测精度,因此对于 RX 异常探测方法的改进主要是利用局部的背景计算代替全局背景进行计算(Heesung et al., 2003),得到局部 RX(local RX, LRX)异常探测方法。

2. 均衡目标探测算法

均衡目标探测方法(uniform target detector, UTD)由低概率目标探测(low probability target detector, LPTD)算法(童庆禧等,2016)变换得到,LPTD 算法的表达式为

$$y = D_{\mathrm{LPTD}}(x) = l_{L \times 1}^{\mathrm{T}} R^{-1} x \tag{7.10}$$

式中,$l_{L \times 1} = [1,1,\cdots,1]^{\mathrm{T}}$;$R = \dfrac{1}{n} \sum\limits_{i=1}^{n} x_i x_i^{\mathrm{T}}$ 为自相关矩阵,将自相关矩阵 R 换成协方差矩阵,所有的向量均需要减去均值即可得到均衡目标探测算法,探测算法公式为

$$y = D_{\mathrm{UTD}}(x) = (l_{L \times 1} - \mu)^{\mathrm{T}} \Sigma^{-1} (x - \mu) \tag{7.11}$$

UTD 算法是将 LPTD 中的自相关矩阵换成协方差矩阵,同时所有向量均需要减去均值向量 μ(孙鹏等,2015)。值得注意的是,如果影像的像元值是反射率,这说明一方面每个波段均达到了反射率最大值,另一方面假设的目标也达到了各个均衡化的目的。如果是辐射亮度的话,在设计探测算法的时候,可能需要将 l 和 μ 的位置交换,以保证输出值为正,且探测出的异常目标决策统计量大于背景决策统计量。

3. RXD-UTD 异常探测方法

Ashton 和 Schaum(1998)提出如果将算法 RXD 和算法 UTD 探测的结果相减,将会获得更好的探测效果。UTD 和 RXD 的结合可以像除噪一样去除背景,达到异常探测算法性能提升的目的。依据限制性线性混合模型评估图像背景,可得到 RXD-UTD 异常

探测方法的表达式：

$$y = D_{\text{RX-UTD}}(x) = (x - I_{K \times 1})^{\text{T}} \sum\nolimits^{-1}(x - \mu) \tag{7.12}$$

RXD-UTD 算法和 RXD 算法均是依据目标的能量大于背景能量而计算决策值的，相比于 RXD 算法，RXD-UTD 算法对异常探测性能的提升较微弱，仅在视觉效果上稍优于 RX 算法。

7.3.2 异常探测流程

1. 真彩色影像浏览

启动 ENVI，单击左上角【File】→【Open】，按照数据的存储地址打开河海大学高光谱异常探测影像 boat.dat，如图 7.23 所示。在【Data Manager】中选择红、绿、蓝的波长范围所对应的波段，单击【Load Data】按钮获得接近原始影像的真彩色影像，可以选择不同的拉伸情况显示影像情况。

图 7.23 异常探测影像

2. 异常探测流程化工具

1）打开异常探测功能面板

单击右侧【Toolbox】→【Anomaly Detection】→【Anomaly Detection Workflow】异常探测面板，如图 7.24 所示，选择需要进行异常探测的数据 boat.dat，单击【Next】进行下一面板。

2）选择异常探测方法

ENVI 提供了三种异常探测的方法：RX 异常探测方法、UTD 异常探测方法以及 RXD-UTD 异常探测方法，三种方法的背景均值计算均有两种选择方式，即全局和局部，如果选择局部的计算方式，需要设置【Kernel Size】，即窗口大小，ENVI 对窗口大小的设置默认为 9，可手动设置几组不同的窗口大小进行对比，需要注意的是窗口大小的设置必须为奇数，如图 7.25 所示。选择局部或全局的异常探测方法后，单击【Next】进入输入阈值面板。

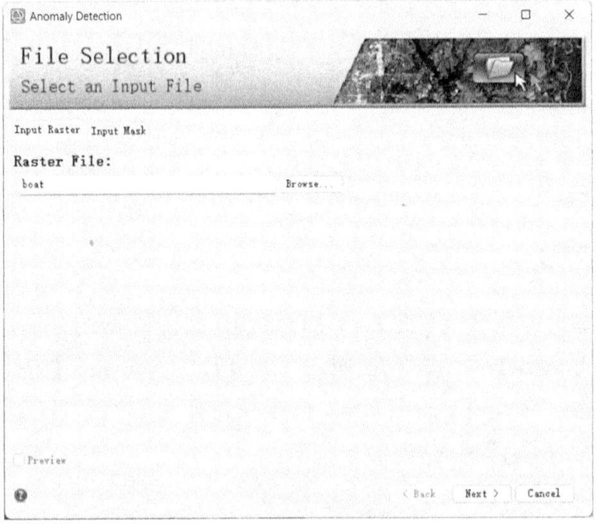

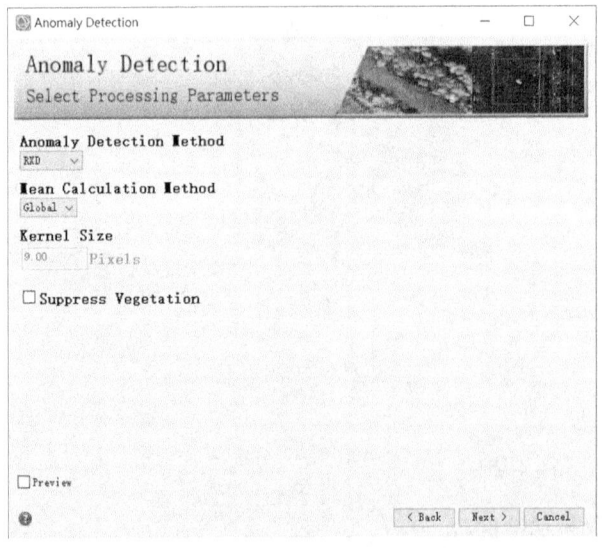

图 7.24　异常探测面板

图 7.25　异常探测方法选择

3）设置阈值

选择一种方法进行异常探测后，ENVI 会生成一张没有阈值划分的异常探测结果图，如图 7.26 所示。需要设置阈值得到由阈值划分的二分图像，右键单击【Unthresholded Anomaly Detectio】→【Quick Stats】，如图 7.27 所示，得到异常探测结果图的 DN，获得累积百分比。一般选择变化幅度较大的 DN 对应的累积百分比作为划分异常与背景的阈值。图 7.28 是方法 RX 异常探测结果的统计信息，图 7.29 是方法 UTD 异常探测结果的统计信息，通过观察累积百分比，选择合适的累积百分比作为阈值划分异常与背景。

第 7 章 高光谱目标探测

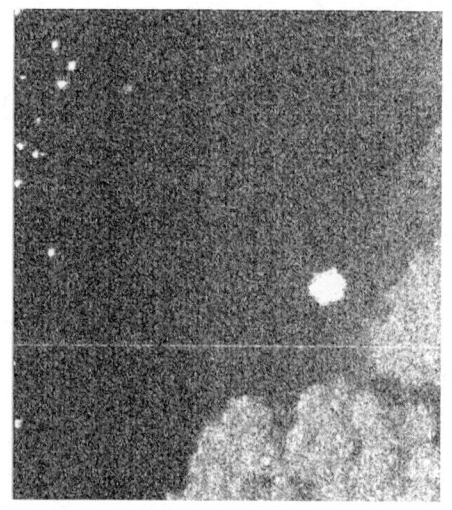

(a) RXD 异常探测结果　　　　　　(b) UTD 异常探测结果

图 7.26　没有阈值划分的异常探测结果图

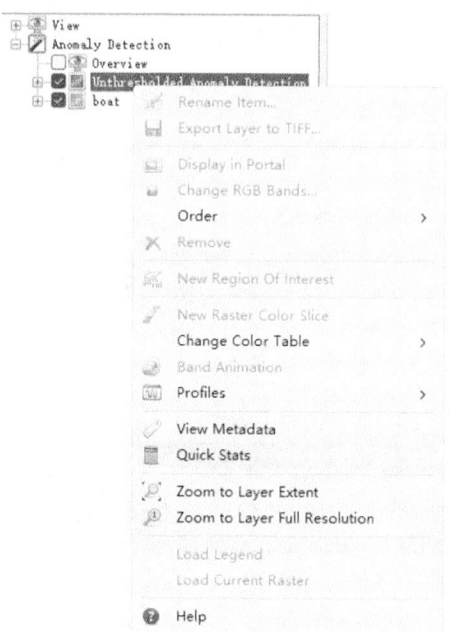

图 7.27　快速统计异常探测结果数据

4）输入阈值

在【Anomaly Percentage Thresholding】面板中输入阈值，该面板需要输入的阈值是利用 1 减去上一步骤中选择的累积百分比，如图 7.30 所示。

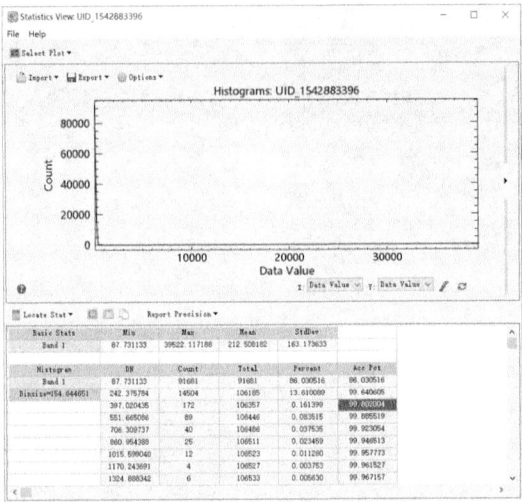

图 7.28　RX 异常探测结果的统计信息

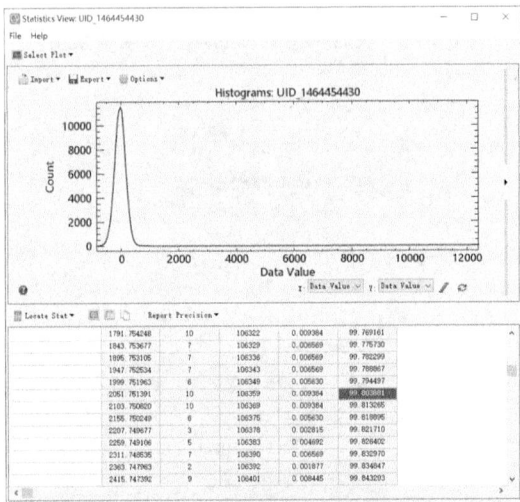

图 7.29　UTD 异常探测结果的统计信息

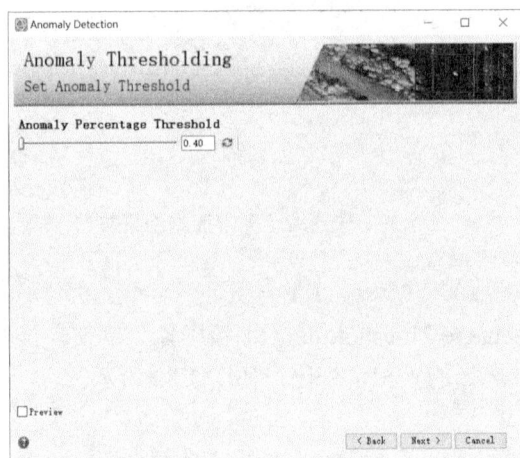

图 7.30　输入阈值

5）输出结果

选择合适的输出路径保存异常探测结果，单击【Finish】，如图 7.31 所示。

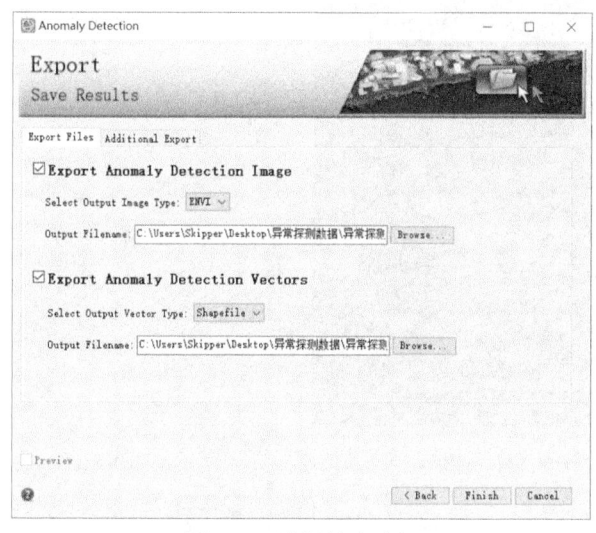

图 7.31　选择输出路径

6）生成异常探测结果图

完成异常探测的流程后，ENVI 会自动将异常探测的结果图显示在主界面，生成的异常探测结果图包括异常探测二值图和异常探测矢量图。图 7.32（a）为 RX 方法的异常探测二值图，即影像被分类为两类，分别是背景和异常，白色的部分的 DN 为 1 代表异常，黑色的部分 DN 为 0 代表背景。图 7.32（b）为 RX 方法的异常探测矢量图，框内即代表探测的异常。图 7.33（a）为 UTD 方法的异常探测二值图，图 7.33（b）为 UTD 方法的异常探测矢量图。

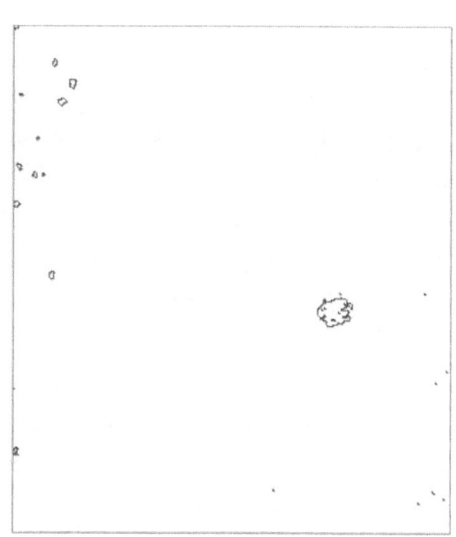

（a）异常探测二值图　　　　　　　　　　（b）异常探测矢量图

图 7.32　RX 方法的异常探测结果图

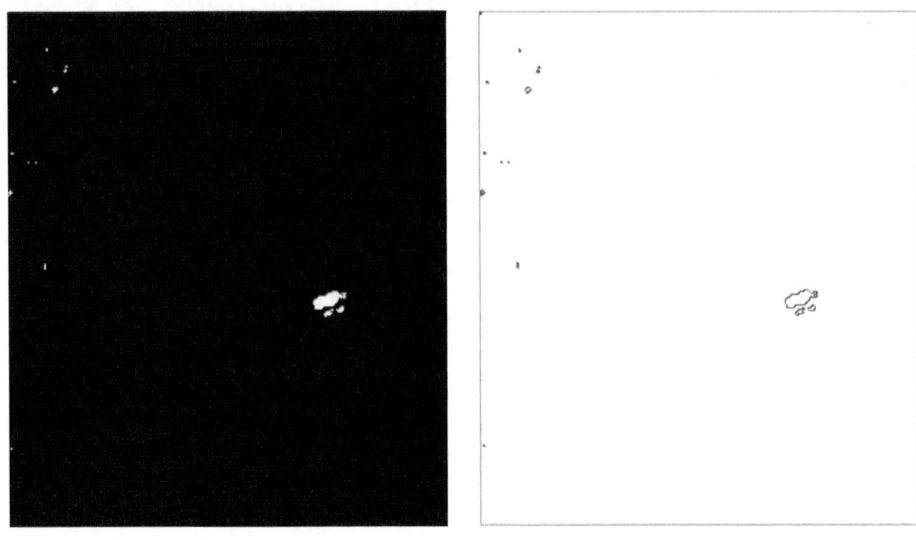

(a) 异常探测二值图　　　　　　　　(b) 异常探测矢量图

图 7.33　UTD 方法的异常探测结果图

参 考 文 献

成宝芝, 张丽丽, 张宏伟, 2019. 高光谱遥感图像异常目标检测研究[M]. 哈尔滨: 哈尔滨工程大学出版社.

杜博, 张良培, 李平湘, 等, 2009. 基于最小噪声分离的约束能量最小化亚像元目标探测方法[J]. 中国图象图形学报, 14(9): 1850-1857.

耿修瑞, 2005. 高光谱遥感图像目标探测与分类技术研究[D]. 北京: 中国科学院研究生院 (遥感应用研究所).

李杰, 赵春晖, 梅锋, 2010. 利用背景残差数据检测高光谱图像异常[J]. 红外与毫米波学报, 29(2): 150-155.

浦瑞良, 宫鹏, 2000. 高光谱遥感及其应用[M]. 北京: 高等教育出版社.

孙鹏, 高卫, 孙奕帆, 2015. 几种高光谱目标探测算法性能的分析比较[J]. 激光与光电子学进展, 52(9): 308-314.

童庆禧, 张兵, 张立福, 2016. 中国高光谱遥感的前沿进展[J]. 遥感学报, 20(5): 689-707.

张兵, 高连如, 2011. 高光谱图像分类与目标探测[M]. 北京: 科学出版社.

张良培, 2014. 高光谱目标探测的进展与前沿问题[J]. 武汉大学学报: 信息科学版, 39(12): 1387-1394, 1400.

Ashton E A, Schaum A, 1998. Algorithms for the detection of sub-pixel targets in multispectral imagery[J]. Photogrammetric Engineering & Remote Sensing, 64(7): 723-731.

Chang C I, 2005. Orthogonal subspace projection (OSP)revisited: a comprehensive study and analysis[J]. IEEE Transactions on Geoscience and Remote Sensing, 43(3): 502-518.

Chang C I, Chen J, 2021. Orthogonal subspace projection using data sphering and low-rank and sparse matrix decomposition for hyperspectral target detection[J]. IEEE Transactions on Geoscience and Remote

Sensing, 59(10): 8704-8722.

Chen S Y, Paylor D, Chang C I, 2014. Anomaly discrimination in hyperspectral imagery[C]. Baltimore: Proceedings Volume 9124, Satellite Data Compression, Communications, and Processing X, 9124.

Harsanyi J C, 1993. Detection and Classification of Subpixel Spectral Signatures in Hyperspectral Image Sequences[D]. Baltimore: University of Maryland.

Kraut S, Scharf L L, 1999. The CFAR adaptive subspace detector is a scale-invariant GLRT[J]. IEEE Transactions on Signal Processing, 47(9): 2538-2541.

Kwon H, 2003. Adaptive anomaly detection using subspace separation for hyperspectral imagery[J]. Optical Engineering, 42(11): 3342.

Manolakis D, Shaw G, 2002. Detection algorithms for hyperspectral imaging applications[J]. IEEE Signal Processing Magazine, 19(1): 29-43.

Reed I S, Yu X, 1990. Adaptive multiple-band CFAR detection of an optical pattern with unknown spectral distribution[J]. IEEE Transactions on Acoustics, Speech, and Signal Processing, 38(10): 1760-1770.

Stein D W J, Beaven S G, Hoff L E, et al., 2002. Anomaly detection from hyperspectral imagery[J]. IEEE Signal Processing Magazine, 19(1): 58-69.

Zhao X B, Hou Z F, Wu X, et al, 2021. Hyperspectral target detection based on transform domain adaptive constrained energy minimization[J]. International Journal of Applied Earth Observation and Geoinformation, 103: 102461.

第 8 章　高光谱分辨率数据与高空间分辨率数据融合

对于光学遥感系统来说，图像的空间分辨率和光谱分辨率是一对矛盾（童庆禧等 2006）。遥感数据融合通过融合同一片地区不同空间和光谱分辨率的数据，生成兼备高空间分辨率和高光谱分辨率的图像（Ghassemian，2016；Zhang，2010；Schmitt and Zhu，2016），解决光学传感器空间分辨率和光谱分辨率无法兼顾的矛盾，成为实现降尺度的有效方法（Dalla Mura et al.，2015；肖亮 等，2020；袁静文 等，2020）。数学领域的很多方法在遥感数据融合中发挥着重要作用，可以定义和提取遥感数据中的特征，比如纹理提取（张良培和沈焕锋，2016），这些纹理特征有助于更好地融合不同数据源的信息；通过设计数据融合算法，可以有效整合来自不同传感器或不同分辨率的遥感数据。目前已经发展了多种融合方法（Robinson et al.，2000；Tu et al.，2012；Kotwal and Chaudhuri，2012；Shi et al.，2011；Mahyari and Yazdi，2011；Kotwal and Chaudhuri，2010；Lee and Lee，2010），并有多篇对融合现状的综述（Amro et al.，2011；Wang et al.，2005；Gonzalez-Audicana et al.，2005）。

本章将介绍高光谱分辨率数据与高空间分辨率数据融合的基本原理，并掌握在 ENVI 中高光谱影像融合的一般方法。主要内容是将低空间分辨率的多/高光谱图像与高空间分辨率的全色图像进行融合，以产生具有高空间分辨率和高光谱分辨率的合成图像；提高图像的视觉质量和信息量，使得融合后的图像更适合于遥感分析和地物识别，为后续的影像解译与分析奠定基础，主要方法包括主成分变换（PC spectral sharpening）（Welch and Ehlers，1987）、Gram-Schmidt 变换（Gram-Schmidt pan sharpening）（Laben and Brower，2000）、NNDiffuse 变换（NNDiffuse pan sharpening）（Sun et al.，2014）。

8.1　主成分变换

主成分光谱全色锐化（PC spectral pan sharpening）方法旨在提高多/高光谱图像的空间分辨率，同时保持其光谱信息的完整性。该方法的核心思想是通过主成分分析（principal component analysis，PCA）对多/高光谱数据进行处理，并利用全色（panchromatic，PAN）图像的高空间分辨率特性来锐化多光谱图像。

主要包括三个关键步骤：主成分变换、替换第一主成分波段以及主成分逆变换。该方法通过利用 PCA 将多光谱图像的光谱信息转换到几个不相关的主成分中，其中第一主成分通常包含了图像的大部分信息。随后，使用具有更高空间分辨率的全色图像替换或增强第一主成分，最后将修改后的主成分转换回原始的多光谱空间。

1. 主成分变换

首先，对多光谱图像进行 PCA。PCA 是一种统计方法，用于将数据降维，同时尽可能保留数据中的主要信息。在多光谱图像中，PCA 将各个波段的信息转换为一组新的、不相关的主成分。一般情况下，第一主成分（PC1）通常包含了图像的主要信息。

2. 替换第一主成分波段

使用高分辨率的全色图像来替换或增强第一主成分（PC1）。由于全色图像具有较高的空间分辨率，但光谱信息较为单一，因此需要对全色图像进行适当的缩放和匹配，以确保替换后的第一主成分在光谱上与原多光谱图像的第一主成分相似，从而避免光谱信息的失真。缩放和匹配通常涉及将全色图像的亮度值调整到与第一主成分相同的尺度，并可能采取进一步的调整，确保光谱一致性。

3. 主成分逆变换

在替换或增强第一主成分后，进行主成分逆变换，将修改后的主成分转换回原始的多光谱空间。该步骤是主成分变换的逆过程，通过逆变换，原始的多光谱图像被替换成了具有更高空间分辨率的新图像。在逆变换过程中，通常会使用最近邻、双线性或三次卷积等重采样技术，以确保新图像的空间分辨率与全色图像相匹配。

实验数据包括需要进行融合的多光谱图像和全色图像。数据应具有一定的质量和空间分辨率，以确保实验结果的准确性和可靠性。

本章内容每种方法均包含两组实验，同源输入数据实验的两张输入影像分别是无人机影拍摄的 1 m 全色影像和 5 m 高光谱影像；异源输入数据实验的两张输入影像分别是 1 m 全色影像和 10 m 多光谱影像，如图 8.1 所示，三种方法所用实验数据完全相同，因此仅在本节进行展示。

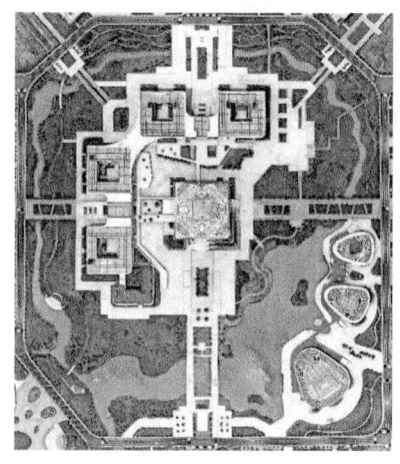

(a) 1 m 全色影像

(b) 5 m 高光谱影像

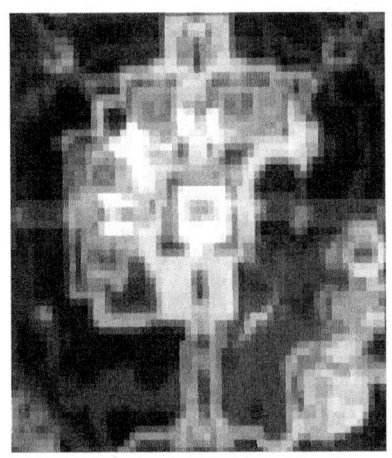
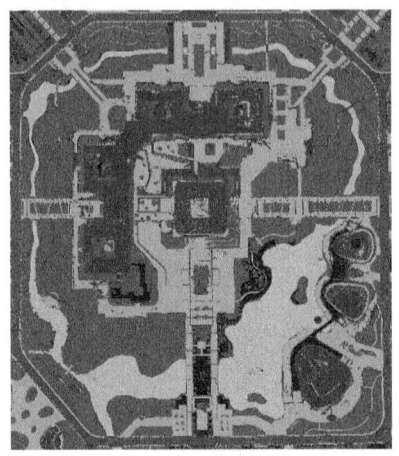

(c) 10 m 多光谱影像　　　　　　　　(d) 实验区域地物真值图

图 8.1　实验数据影像

8.1.1　同源数据融合

应用主成分变换时，需要按照以下步骤进行操作。

确保图像已经进行地理配准或具有相同的图像尺寸。如果图像未进行地理配准，ENVI 将在执行融合之前对图像进行配准。

（1）从【Toolbox】中选择【Image Sharpening】→【PC Spectral Sharpening】。此时会打开主成分光谱锐化对话框，如图 8.2 所示。

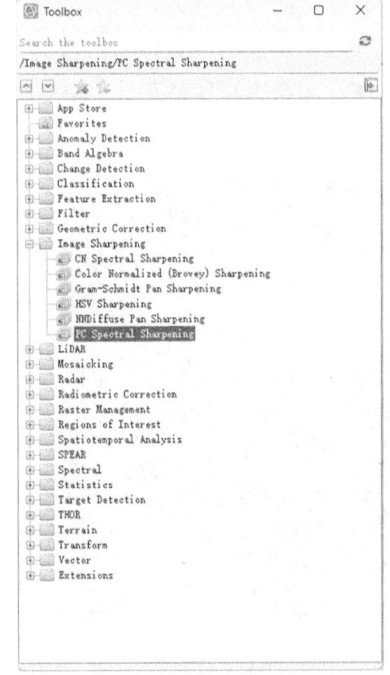
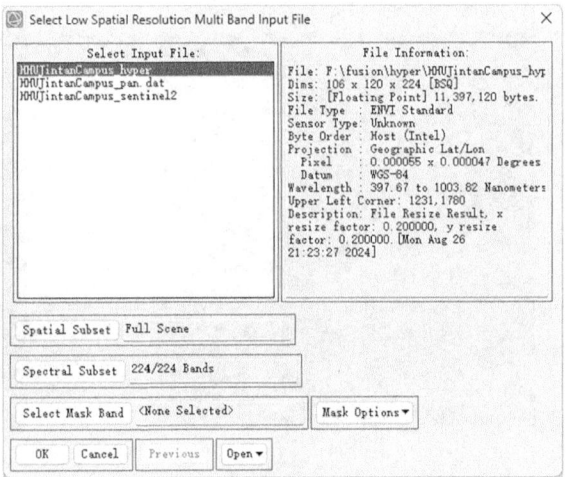

图 8.2　选择【PC Spectral Sharpening】　　　图 8.3　选择低空间分辨率的输入影像

（2）在【Input Low Resolution Raster】字段中，选择一个低空间分辨率的高光谱输入文件。可以根据需要选择【Spatial Subset】、【Spectral Subsetting】或者【Select Mask Band】操作，然后单击【OK】，如图 8.3 所示。

（3）在【Input High Resolution Raster】字段中，选择一个高空间分辨率的输入图像。可以选择空间子集，然后单击【OK】，如图 8.4 所示。

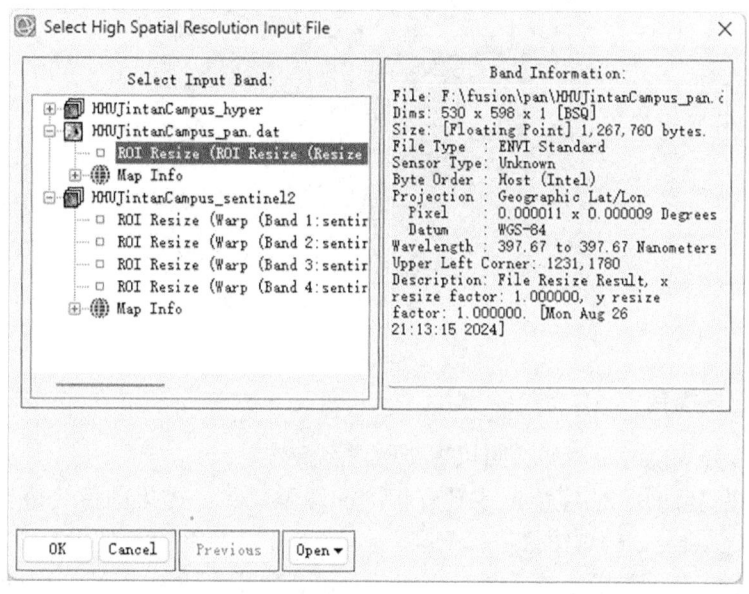

图 8.4　选择高空间分辨率的输入影像

（4）从【Resampling】下拉列表中选择所需的重采样方法：双线性（默认）、最近邻或立方卷积，如图 8.5 所示。其中：双线性（默认）使用四个像素执行线性插值进行重采样；最近邻使用最近的像素进行重采样，无需插值；立方卷积使用 16 个像素来近似正弦函数，使用立方多项式对图像进行重采样。

（5）为【Output Raster】指定文件名和位置，如图 8.6 所示。

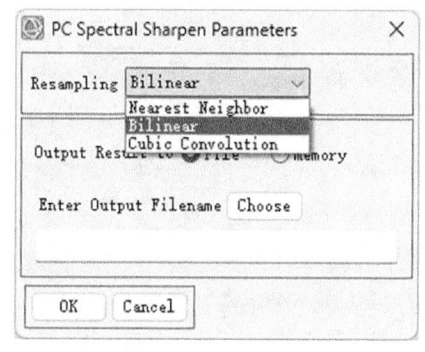
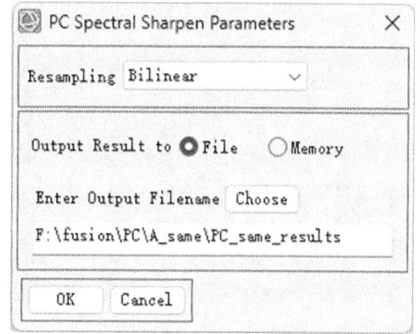

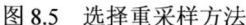

图 8.5　选择重采样方法　　　　　　　图 8.6　输出文件路径

（6）单击【OK】按钮，产生的最终融合结果如图 8.7 所示。

图 8.7 主成分变换的融合结果

8.1.2 异源数据融合

应用主成分变换时，需要按照以下步骤进行操作。

确保图像已经进行地理校正或具有相同的图像尺寸。如果图像已进行地理参考，ENVI 将在执行融合之前对图像进行配准。

（1）从【Toolbox】中选择【Image Sharpening】→【PC Spectral Sharpening】。此时会打开主成分光谱锐化对话框，如图 8.8 所示。

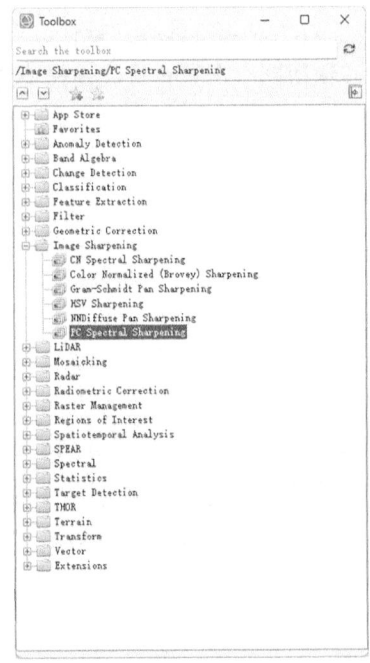

图 8.8 选择【PC Spectral Sharpening】

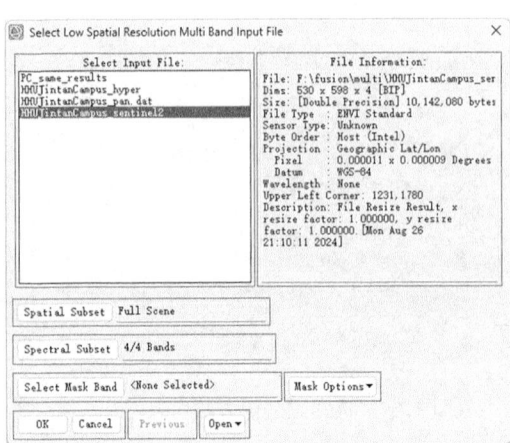

图 8.9 选择低空间分辨率的输入影像

(2)在【Input Low Resolution Raster】字段中,选择一个低空间分辨率的高光谱输入文件。可以根据需要选择【Spatial Subset】、【Spectral Subsetting】或者【Select Mask Band】操作,然后单击【OK】,如图 8.9 所示。

(3)在【Input High Resolution Raster】字段中,选择一个高空间分辨率的输入图像。可以选择空间子集,然后单击【OK】,如图 8.10 所示。

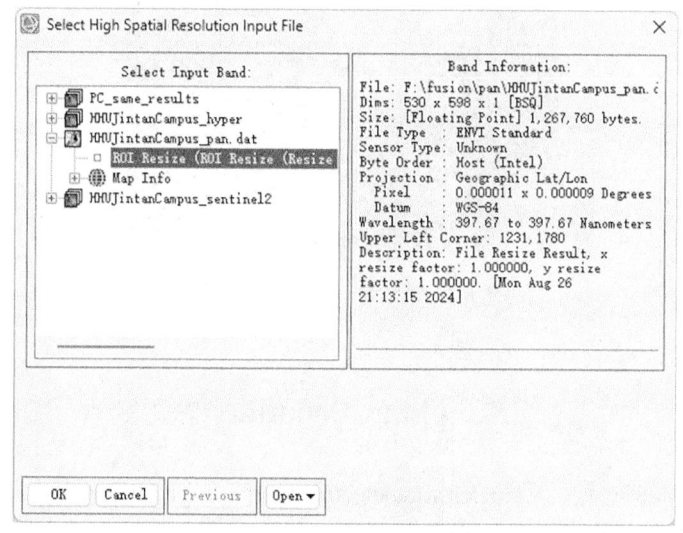

图 8.10　选择高空间分辨率的输入影像

(4)选择重采样方法。如图 8.11 所示,步骤与 8.1.1 同源数据融合处理相同。
(5)为【Output Raster】指定文件名和位置,如图 8.12 所示。

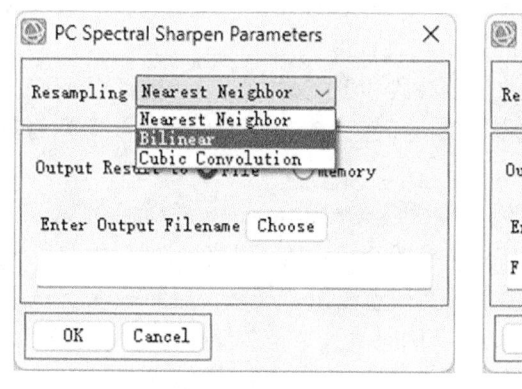
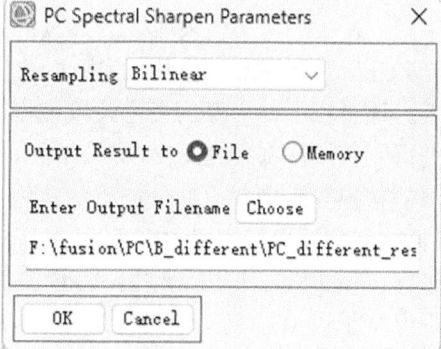

图 8.11　选择重采样方法　　　　　图 8.12　输出文件路径

(6)单击【OK】按钮,产生的最终融合结果如图 8.13 所示。

图 8.13 主成分变换的融合结果

8.2 Gram-Schmidt 变换

Gram-Schmidt 变换（Gram-Schmidt spectral sharpening）的原理基于 Gram-Schmidt 正交化过程，该过程是将一组线性无关的向量转化为正交向量的数学方法。该算法将低空间分辨率的多/高光谱图像与高空间分辨率的全色图像进行组合，以产生一个具有高空间分辨率和光谱分辨率的泛锐化图像。该算法的主要思想是利用全色图像的高空间分辨率信息来增强多/高光谱图像的细节信息，同时尽可能保持光谱信息的一致性。具体来说包括 3 个过程。

（1）模拟全色波段。从低分辨率的多光谱波段中模拟出一个全色波段。该步骤是算法的基础，通过模拟全色波段，为后续的正交化过程提供输入。

（2）Gram-Schmidt 正交化。将模拟的全色波段和多光谱波段一起进行 Gram-Schmidt 正交化。该过程中，模拟的全色波段被作为第一个波段参与变换，通过一系列的数学运算，使得所有波段都成为正交向量。

（3）替换与重构。用高分辨率的全色波段替换 Gram-Schmidt 变换后的第一个波段（即模拟的全色波段）。该步骤通过引入高分辨率的全色波段，提高了图像的空间分辨率。然后进行 Gram-Schmidt 反变换，将替换后的波段重新组合成融合后的多/高光谱图像。该过程保持了原始多/高光谱图像的光谱信息，同时引入了全色图像的空间细节。

实验数据包括需要进行融合的多光谱图像和全色图像。数据应具有一定的质量和空间分辨率，以确保实验结果的准确性和可靠性。

8.2.1 同源数据融合

应用 Gram-Schmidt 变换时，需要按照以下步骤进行操作。在执行 Gram-Schmidt 变换之前，请确保有足够的磁盘空间，因为该算法过程中会创建输出文件和临时文件，如果没有足够的磁盘空间，将在此过程中出现错误消息。

（1）从【Toolbox】中选择【Image Sharpening 】→【Gram-Schmidt Pan Sharpening】。此时会打开主成分光谱锐化对话框，如图 8.14 所示。

（2）在【Input Low Resolution Raster】字段中，选择一个低空间分辨率的高光谱遥感图像输入文件。可以选择进行【Spatial Subsetting】，此处选择 5 m 的高光谱影像，然后单击【OK】，如图 8.15 所示。

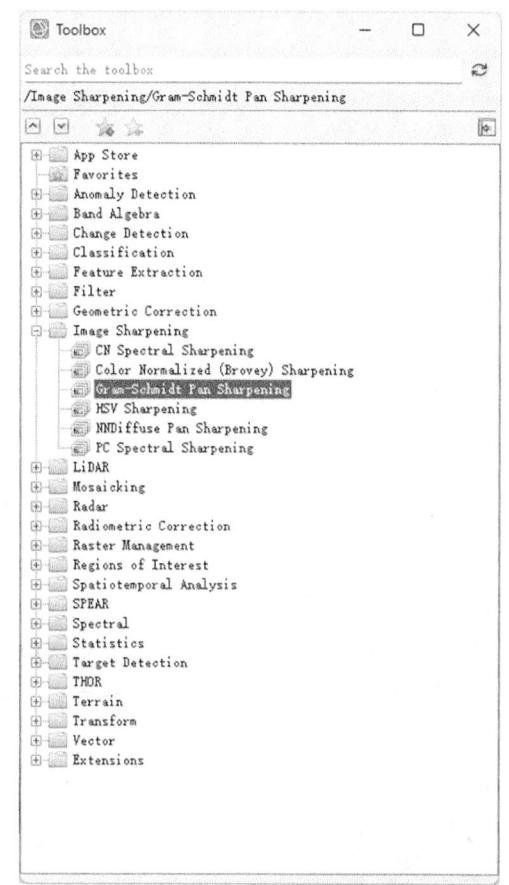

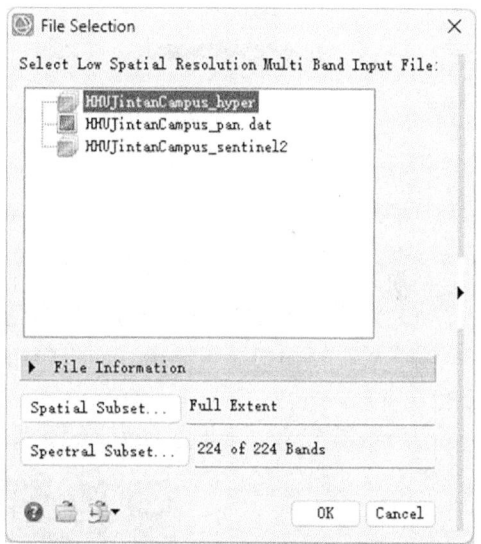

图 8.14　选择【Gram-Schmidt Pan Sharpening】　　图 8.15　选择低空间分辨率的输入影像

（3）在【Input High Resolution Raster】中，选择一个高空间分辨率的输入图像，此处选择 1 m 的全色影像。也可以选择空间子集，然后单击【OK】，如图 8.16 所示。

（4）在 Sensor 字段中，为获取高空间分辨率全色输入的传感器指定一个小写字符串，如图 8.17 所示。如果未指定传感器，则 ENVI 无法确定数据在元数据中是否具有有效的传感器信息。如果不存在，则传感器设置为 Unknown。有关有效传感器字符串的列表，请参见<INSTALL_DIR>\resource\filterfuncs 目录。用户定义的传感器只要在此目录中就有效。

（5）选择重采样方法。如图 8.18 所示，步骤与 8.1.1 相同。

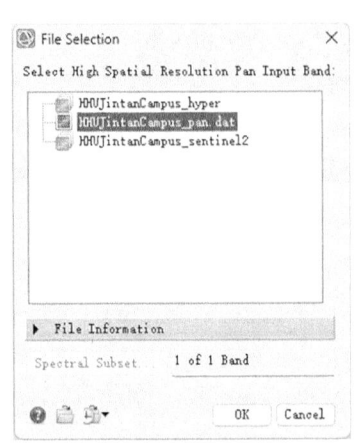

图 8.16　选择高空间分辨率的输入影像

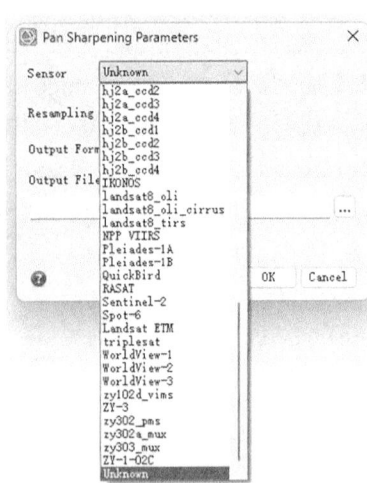

图 8.17　选择高空间分辨率输入影像的传感器

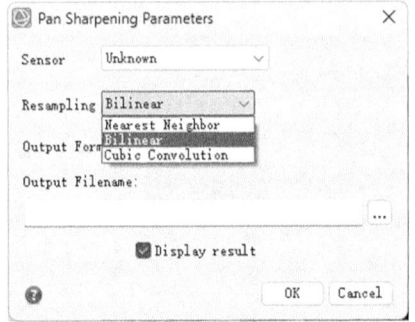

图 8.18　选择重采样方法

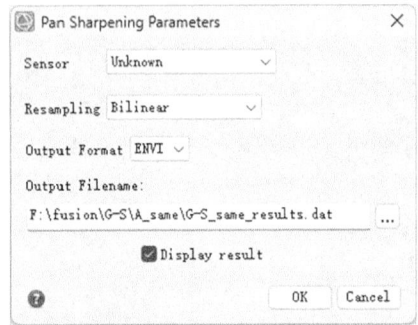

图 8.19　输出文件路径

（6）为【Output Raster】指定文件名和位置。可选择启用【Display result】复选框，处理完成后在视图中显示输出。如果禁用复选框，则可以从数据管理器中加载结果，如图 8.19 所示。

（7）单击【OK】按钮，产生的最终融合结果如图 8.20 所示。

图 8.20　Gram-Schmidt 变换的融合结果

8.2.2 异源数据融合

应用 Gram-Schmidt 变换时，需要按照以下步骤进行操作。

（1）从【Toolbox】中选择【Image Sharpening 】→【Gram-Schmidt Pan Sharpening】。此时会打开主成分光谱锐化对话框，如图 8.21 所示。

（2）在【Input Low Resolution Raster】字段中，选择一个低空间分辨率的高光谱输入文件。可以选择进行【Spatial Subsetting】，然后单击【OK】，如图 8.22 所示。

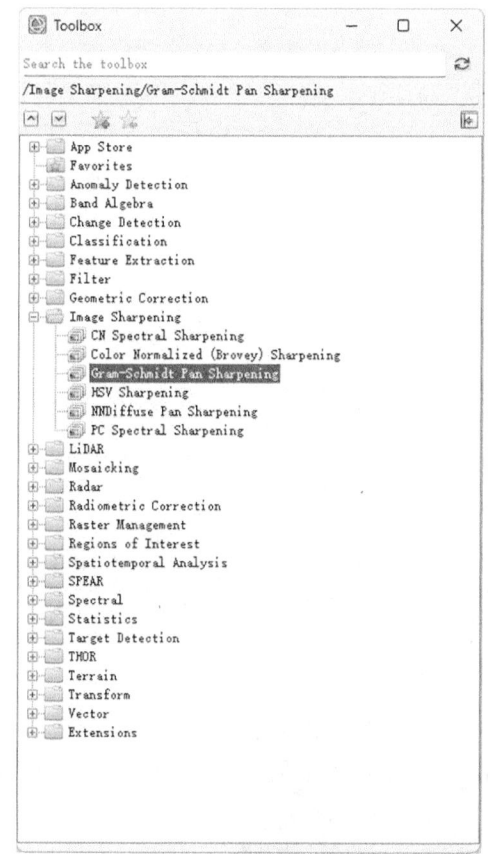
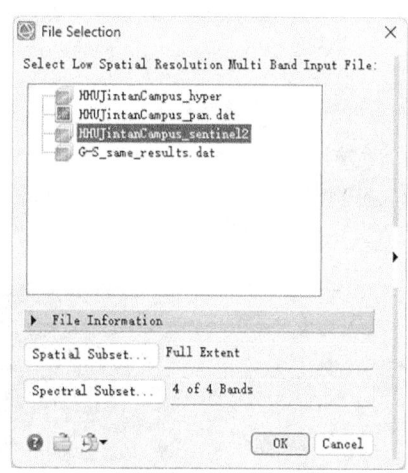

图 8.21　选择【Gram-Schmidt Pan Sharpening】　　图 8.22　选择低空间分辨率的输入影像

（3）在【Input High Resolution Raster】中，选择一个高空间分辨率的输入图像。可以选择空间子集，然后单击【OK】，如图 8.23 所示。

（4）选择高空间分辨率输入影像的传感器。如图 8.24 所示，与 8.1.1 处理步骤相同。

（5）选择重采样方法，如图 8.25 所示。

（6）为【Output Raster】指定文件名和位置，如图 8.26 所示。

（7）单击【OK】按钮，产生的最终融合结果如图 8.27 所示。

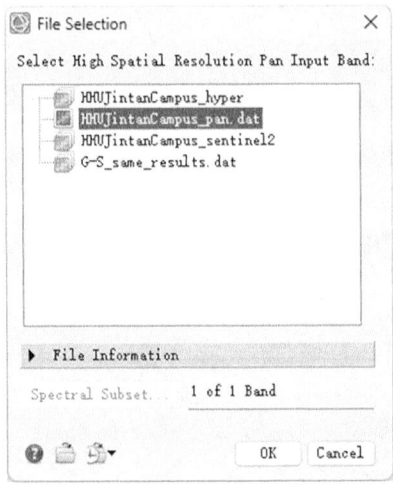
图 8.23 选择高空间分辨率的输入影像

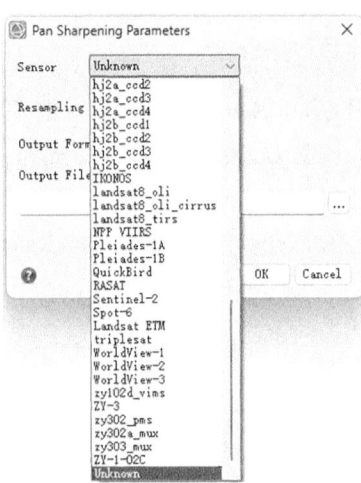
图 8.24 选择高空间分辨率输入影像的传感器

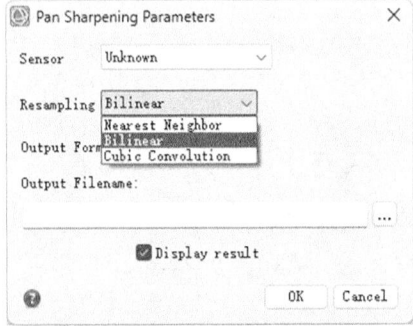
图 8.25 选择重采样方法

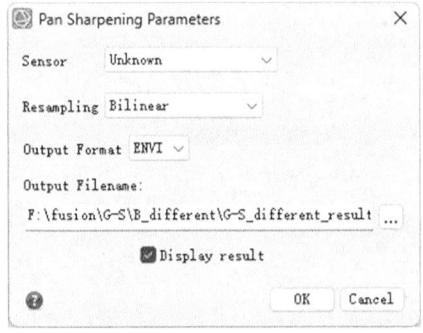
图 8.26 输出文件路径

图 8.27 Gram-Schmidt 变换的融合结果

8.3 NNDiffuse 变换

NNDiffuse 变换（nearest neighbor diffusion pan sharpening），作为一种先进的图像融合算法，其原理主要基于最近邻扩散（nearest neighbor diffusion）技术，旨在将高分辨率的全色图像与低分辨率的多/高光谱遥感图像进行有效融合，从而在保持光谱信息的同时，显著提升图像的空间分辨率。

（1）线性响应向量 T 的建立。算法首先建立低分辨率多波段数据与重采样后全色波段间的线性响应向量 T。该步骤是后续处理的基础，确保了全色波段与多/高光谱波段之间的线性关系得以准确表达。

（2）兴趣像元与超像素区分布的计算。算法通过计算 9 个兴趣像元与超像素区的分布，进一步确定全色波段的像元差异系数 N。该过程有助于识别并量化全色图像与多/高光谱图像之间的细微差异，为后续的融合处理提供重要依据。

（3）高分辨率多波段数据的建立。结合差异系数 N 与多波段数据，算法通过复杂的数学运算和图像处理技术，构建出高分辨率的多波段数据。该步骤是 NNDiffuse 变换的核心，确保了融合图像在保持光谱信息的同时，具有更高的空间分辨率。

（4）扩散处理与融合。在构建出高分辨率多波段数据后，算法通过最近邻扩散技术对其进行进一步优化处理。该过程有助于消除融合过程中可能产生的噪声和伪影，提高融合图像的质量和视觉效果。

（5）结果输出。经过上述步骤处理后，NNDiffuse 变换最终生成融合图像并输出。该图像在保留了原始多/高光谱图像丰富光谱信息的同时，显著提升了空间分辨率和清晰度。

特别需要注意的是，NNDiffuse 变换需满足低分辨率影像的像素大小是高分辨率影像像素大小的整数倍。如果不是，则需要预处理（重新采样）影像。如图 8.28 所示，是符合要求的两张影像关系示意图。

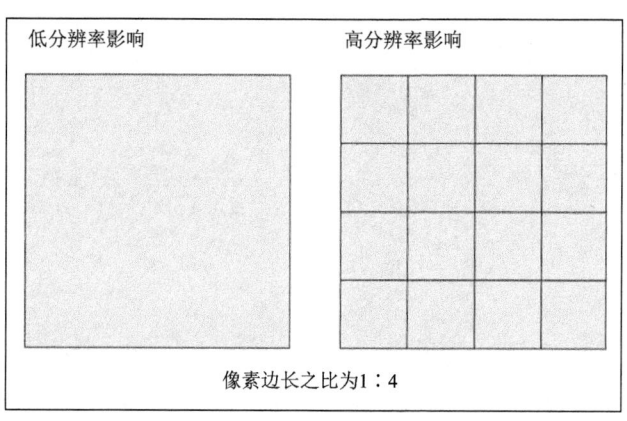

图 8.28 像元整数倍示意图

8.3.1 同源数据融合

应用 NNDiffuse 变换时，需要按照以下步骤进行操作。

（1）从【Toolbox】中选择【Image Sharpening】→【NNDiffuse Pan Sharpening】。此时会打开 NNDiffuse 变换的对话框，如图 8.29 所示。

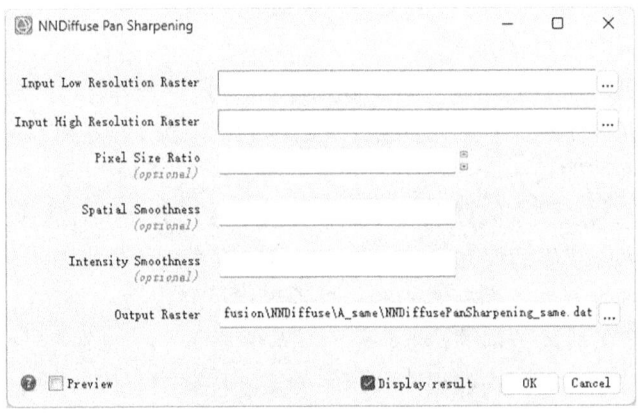

图 8.29　NNDiffuse 变换对话框

（2）在【Input Low Resolution Raster】字段中，选择一个低空间分辨率的高光谱遥感图像输入文件。可以选择空间和光谱子集，然后单击【OK】，如图 8.30 所示。

（3）在【Input High Resolution Raster】字段中，选择一个高空间分辨率的输入图像。可以选择空间子集，然后单击【OK】，如图 8.31 所示。

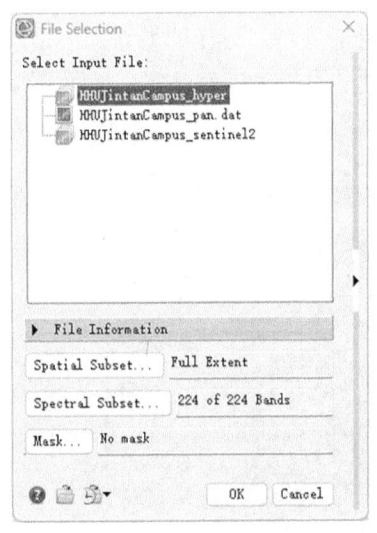

图 8.30　选择低空间分辨率的输入影像

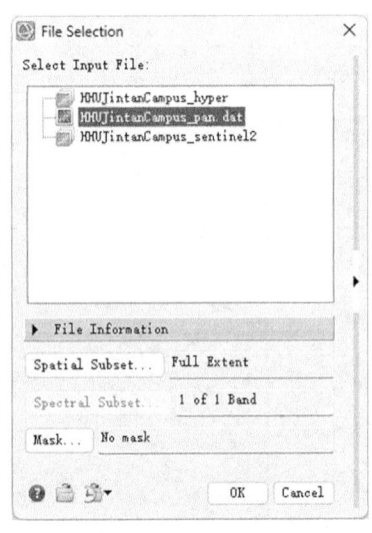

图 8.31　选择高空间分辨率的输入影像

（4）输入【Pixel Size Ratio】定义低分辨率光栅和高分辨率光栅的比例。NNDiffuse 变换要求像素大小比为整数。如果未指定该值，则从输入光栅的元数据确定该值。例如本节所用低分辨率 HSI 数据像元大小为 5 m，高分辨率 PAN 数据像元大小为 1 m。比值是 5/1，所以值是 5，如图 8.32 所示。

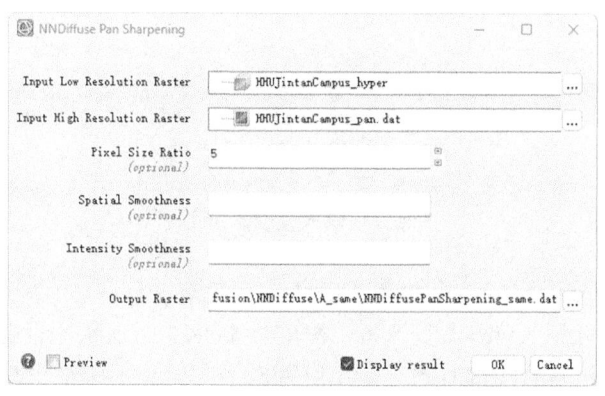

图 8.32　输入【Pixel Size Ratio】

（5）输入 NNDiffuse 变换的【Spatial Smoothness】系数为正数。空间平滑度应该设置为类似于双三次插值核的值。默认值为 Pixel Size Ratio× 0.62，此处为 5× 0.62=3.1，如图 8.33 所示。

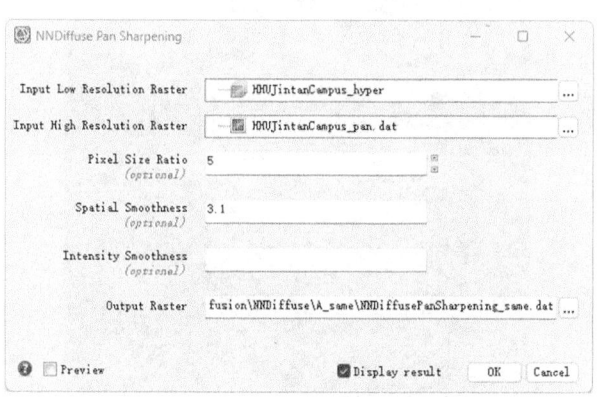

图 8.33　输入空间平滑系数

（6）输入一个正数作为【Intensity Smoothness】。该值定义了 NNDiffuse 变换的强度平滑因子。较小的值会限制扩散并产生更清晰的图像，但会有更多的噪声。例如，较小的值适用于将用于可视化的泛光锐化图像，较大的值将产生更平滑的结果，噪声较少，建议用于将分类和分割目的的图像。对于对比度较高的全色景观（需要较少的扩散灵敏度）和复杂的场景（为了减少噪音可能性），建议使用较大的值。默认情况下，将动态调整到局部相似度。可以输入一个值来覆盖默认值，例如，在 $10\times\sqrt{2}$ 到 20 的范围内的一个值，如图 8.34 所示。

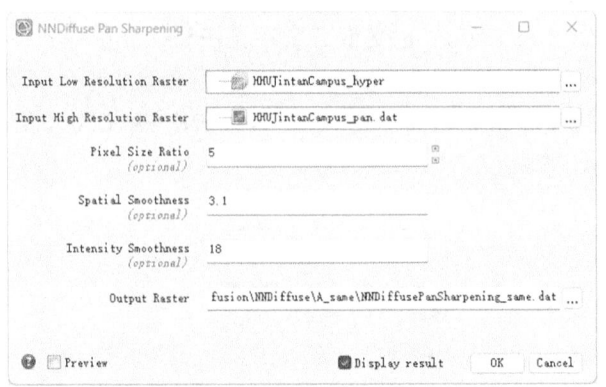

图 8.34　输入强度平滑因子

（7）将输出写入磁盘，选择【File】并指定文件名和位置。

（8）可选择启用【Preview】复选框，在单击【OK】之前预览设置。预览仅在视图中的区域计算，并使用查看图像时的分辨率级别。有关结果的详细信息，请参阅预览。要预览图像中的不同区域，请平移和缩放到感兴趣的区域，并重新启用【Preview】选项。

（9）可选择启用【Display result】复选框，在处理完成后在视图中显示输出。如果禁用复选框，则可以从数据管理器加载结果。

（10）单击【OK】按钮，产生的最终融合结果如图 8.35 所示。

图 8.35　NNDiffuse 变换的融合结果

8.3.2　异源数据融合

应用 NNDiffuse 变换时，需要按照以下步骤进行操作。

（1）从【Toolbox】中选择【Image Sharpening】→【NNDiffuse Pan Sharpening】。此

时会打开 NNDiffuse 变换的对话框，如图 8.36 所示。

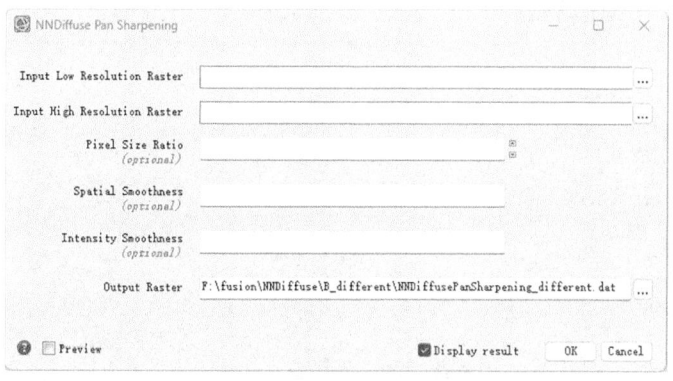

图 8.36　NNDiffuse 变换对话框

（2）在【Input Low Resolution Raster】字段中，选择一个低空间分辨率的高光谱输入文件。可以选择空间和光谱子集，然后单击【OK】，如图 8.37 所示。

（3）在【Input High Resolution Raster】字段中，选择一个高空间分辨率的输入图像。可以选择空间子集，然后单击【OK】，如图 8.38 所示。

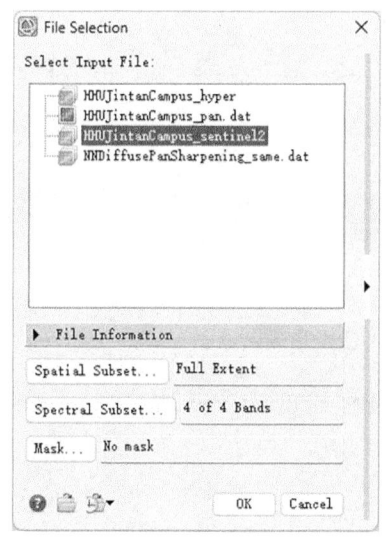 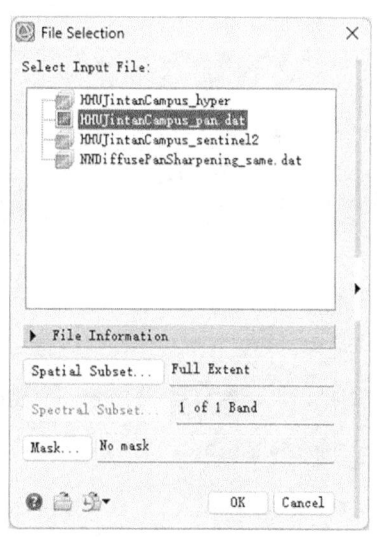

图 8.37　选择低空间分辨率的输入影像　　图 8.38　选择高空间分辨率的输入影像

（4）输入【Pixel Size Ratio】来定义低分辨率光栅和高分辨率光栅的比例。NNDiffuse 变换要求像素大小比为整数。如果未指定该值，则从输入光栅的元数据确定该值。本节所用低分辨率 MSI 数据像元大小原本为 10 m，高分辨率 PAN 数据像元大小为 1 m，比值是 10/1，值应当为 10，但几何校正后，MSI 的像元行列数与 PAN 的相同，因此填 1，如图 8.39 所示。

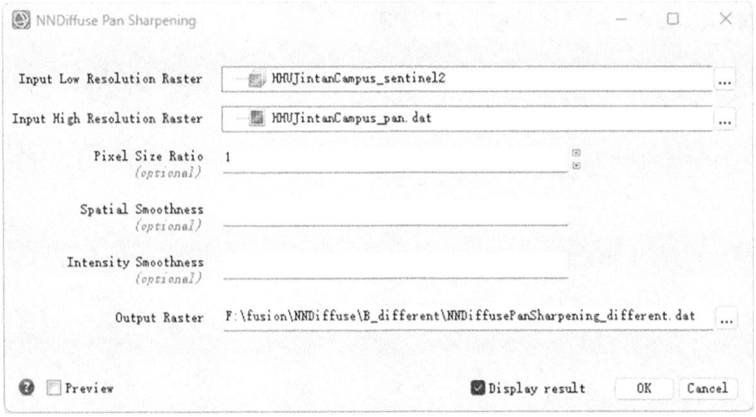

图 8.39　输入【Pixel Size Ratio】

（5）输入 NNDiffuse 变换的【Spatial Smoothness】系数为正数。空间平滑度应该设置为类似于双三次插值核的值。默认值为 Pixel Size Ratio× 0.62，此处为 1× 0.62=0.62，如图 8.40 所示。

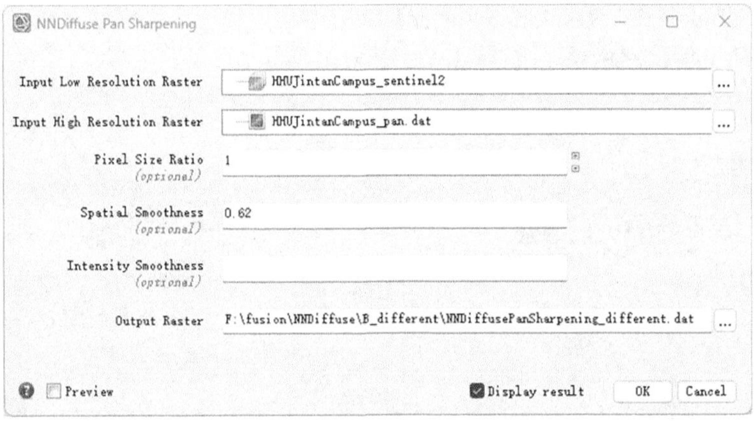

图 8.40　输入空间平滑系数

（6）输入一个正数作为【Intensity Smoothness】，如图 8.41 所示。

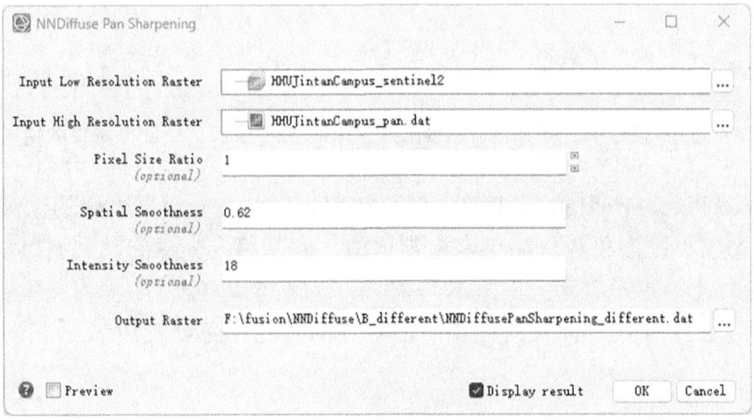

图 8.41　输入强度平滑因子

（7）~（9）步骤与同源数据融合处理相同。

（10）单击【OK】按钮，产生的最终融合结果如图 8.42 所示。

图 8.42　NNDiffuse 变换的融合结果

8.4　融合结果评价

在遥感图像处理中，分类精度是评价图像融合效果的一个重要指标。本节通过对融合前的两幅影像以及三种融合方法得到的六幅影像并进行分类，并利用分类结果定量比较融合效果。分类方法采用支持向量机（support vector machine, SVM），选取的训练样本与验证精度的测试样本与第 5 章中的方法一致，确保了实验结果的可靠性和可比性。

8.4.1　融合前分类结果与精度

首先对作为输入数据的三张影像分别进行了分类，图 8.43 展示了分类结果图，与图 8.1（d）的地面真值影像相比，高光谱影像的分类结果最接近，其次是全色影像，具体结果见表 8.1。

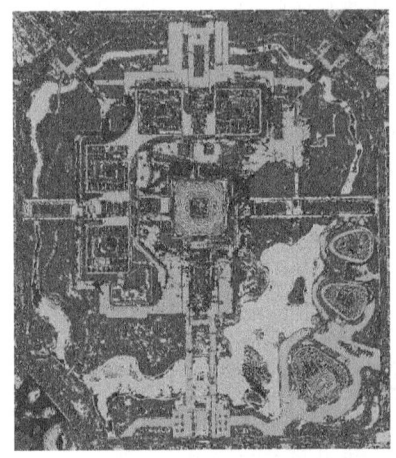
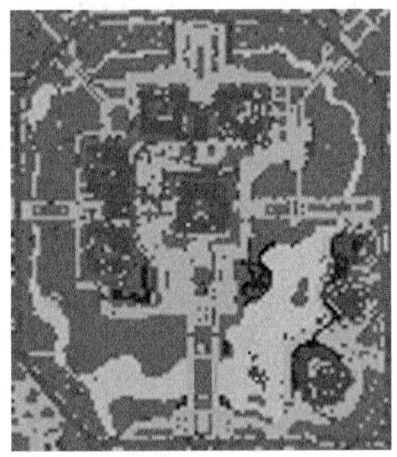

(a) 全色影像　　　　　　　　　(b) 高光谱影像

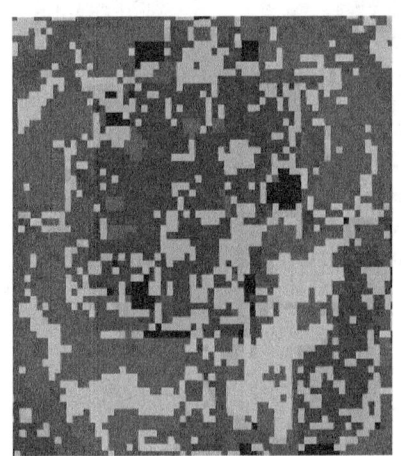

(c) 多光谱影像

图 8.43　融合前影像分类结果

表 8.1　融合前影像分类精度表

		全色影像	高光谱影像	多光谱影像
类别精度/%	柏油路	42.22	51.25	41.67
	水体	78.92	76.52	53.33
	植被	29.40	79.65	48.49
	建筑	47.88	72.30	73.45
	木制地面	0	52.26	15.84
	石板地面	56.08	69.59	25.76
分类总体精度/%		46.7242	71.5944	44.6763
Kappa 系数		0.3500	0.6272	0.3076

8.4.2 融合后分类结果与精度

1. 主成分变换

图 8.44 展示了主成分变换得到的两个融合影像的分类结果,从视觉上可以直观地观察到,融合后影像空间分辨率提高了,分类边界也更加清晰,各类地物的分布更加合理。

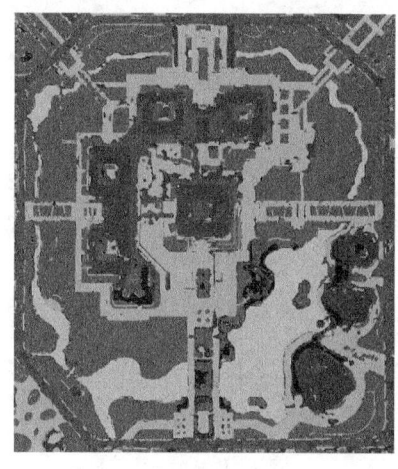 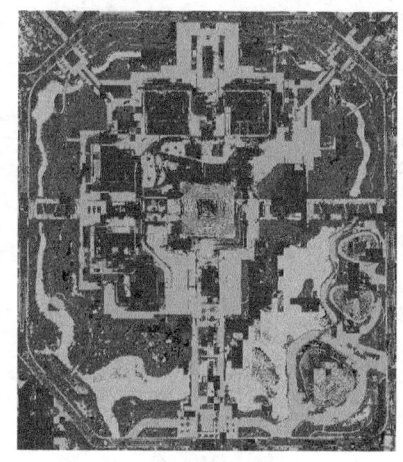

(a) 同源数据融合结果　　　　　　　　(b) 异源数据融合结果

图 8.44　主成分变换后影像的分类结果

表 8.2 列出了对融合后影像的分类结果进行精度评价的详细数据。包含了分类结果的总体精度、Kappa 系数以及各类地物的精度。从表 8.2 中可以看出,融合后的影像在总体精度和 Kappa 系数上均优于融合前的两张影像,说明主成分变换够有效提升分类的准确性。其中,同源数据融合实验中,影像的总体分类精度从 71%左右提升到了 88%以上,异源数据融合实验结果也将分类精度提升了 10%以上。

表 8.2　主成分变换后影像分类精度表

		同源数据融合结果	异源数据融合结果
类别精度/%	柏油路	73.52	43.19
	水体	87.58	77.21
	植被	96.51	42.16
	建筑	89.88	52.05
	木制地面	68.84	6.38
	石板地面	85.72	74.72
分类总体精度/%		88.3631	56.2874
Kappa 系数		0.8477	0.4552

2. Gram-Schmidt 变换

图 8.45 展示了 Gram-Schmidt 变换得到的两个融合影像的分类结果,从视觉上可以直观地观察到,同源数据和异源数据融合后影像空间分辨率均得到了提高,各类地物的分布更加清晰,与主成分变换得到的融合结果较为相似。

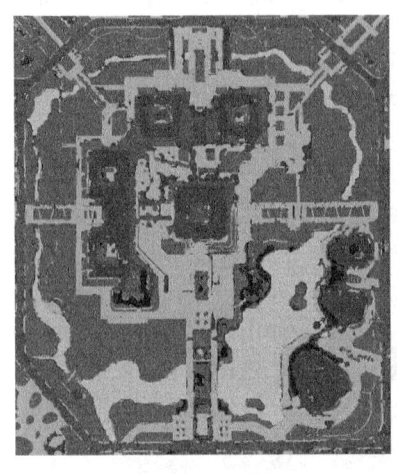 

(a) 同源数据融合结果　　　　　　　　(b) 异源数据融合结果

图 8.45　Gram-Schmidt 变换后影像的分类结果

表 8.3 列出了对 Gram-Schmidt 变换后影像的分类结果的精度评价详细数据。从表 8.3 中可以看出,与主成分变换相同,融合后的影像在总体精度和 Kappa 系数上均优于融合前的两张影像,说明 Gram-Schmidt 变换能够有效提升分类的准确性。

表 8.3　Gram-Schmidt 变换后影像分类精度表

		同源数据融合结果	异源数据融合结果
	柏油路	72.50	42.87
	水体	86.91	77.64
类别精度/%	植被	96.51	42.99
	建筑	89.99	50.75
	木制地面	68.72	6.13
	石板地面	85.91	74.61
分类总体精度/%		88.1882	56.4306
Kappa 系数		0.8454	0.4562

3. NNDiffuse 变换

从图 8.46 中能够看出,通过 NNDiffuse 变换的融合过程,无论是同源还是异源的遥感影像数据,均实现了空间分辨率的显著提升。该过程基于数学变换原理,对影像信息进行了高效整合与优化。融合后的影像在视觉效果上呈现出更高的清晰度与细节丰富度。

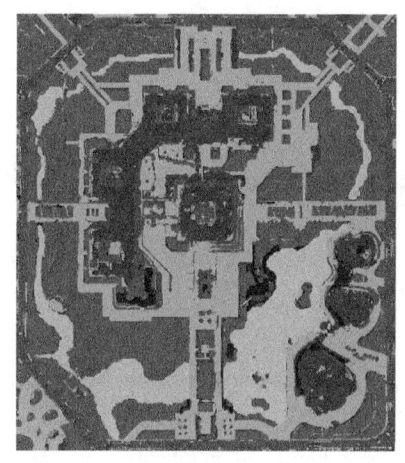

(a) 同源数据融合结果

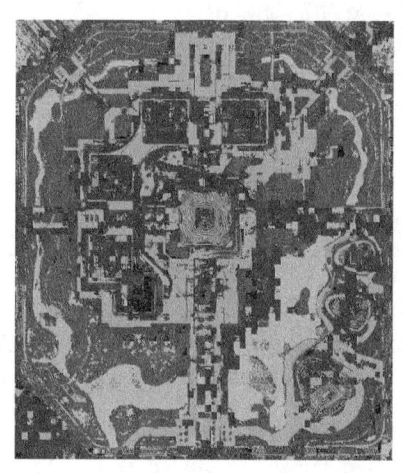

(b) 异源数据融合结果

图 8.46　NNDiffuse 变换后影像的分类结果

表 8.4 列出了对 NNDiffuse 变换后影像的分类结果的精度评价详细数据。从表 8.4 中可以看出，融合后的影像在总体精度和 Kappa 系数上均优于融合前的两张影像，说明 NNDiffuse 变换也能够有效提升分类的准确性。同源数据融合实验中，影像的总体分类精度从 71%左右提升到了 86%以上，异源数据融合实验结果也将分类精度提升了 15%以上，Kappa 系数从 0.30 左右提升到了 0.50 左右。

表 8.4　NNDiffuse 变换后影像分类精度表

		同源数据融合结果	异源数据融合结果
类别精度/%	柏油路	71.99	37.60
	水体	90.70	78.31
	植被	89.09	62.28
	建筑	88.14	60.98
	木制地面	59.68	18.35
	石板地面	89.61	62.92
分类总体精度/%		86.7132	60.8782
Kappa 系数		0.8268	0.5049

综合上述图和表，能够定性定量地表明三种融合方法得到的影像分类精度均好于原始影像。实验中，对于同源数据融合，主成分变换的融合效果最好；对于异源数据融合，NNDiffuse 变换的效果最佳。对于不同的后续处理任务和不同数据源，最合适的方法各不相同，具体需按照实际操作进行选择。

通过本节对分类精度的分析可以看出，影像融合对遥感数据的处理和分析具有重要意义。在对比未融合与融合后的影像分类结果时，明显看出融合处理后的影像在总体精度和各类精度指标上均有较大提升。分类精度的显著提升，说明图像融合策略对分类任务具有较好的促进作用。

参 考 文 献

童庆禧, 张兵, 郑兰芬, 2006. 高光谱遥感: 原理、技术与应用[M]. 北京: 高等教育出版社, 298.

肖亮, 刘鹏飞, 李恒, 2020. 多源空—谱遥感图像融合方法进展与挑战[J]. 中国图象图形学报, 25(5): 851-863.

袁静文, 武辰, 杜博, 等, 2020. 高分五号高光谱遥感影像的城市土地利用景观格局分析[J]. 遥感学报, 24(4): 465-478.

张良培, 沈焕锋, 2016. 遥感数据融合的进展与前瞻[J]. 遥感学报, 20(5): 1050-1061.

Amro I, Mateos J, Vega M, et al., 2011. A survey of classical methods and new trends in pansharpening of multispectral images[J]. EURASIP Journal on Advances in Signal Processing, 2011(1): 79.

Dalla Mura M, Prasad S, Pacifici F, et al., 2015. Challenges and opportunities of multimodality and data fusion in remote sensing[J]. Proceedings of the IEEE, 103(9): 1585-1601.

Ghassemian H, 2016. A review of remote sensing image fusion methods[J]. Information Fusion, 32: 75-89.

González-Audícana M, Otazu X, Fors O, et al., 2005. Comparison between Mallat's and the 'à trous' discrete wavelet transform based algorithms for the fusion of multispectral and panchromatic images[J]. International Journal of Remote Sensing, 26(3): 595-614.

Kotwal K, Chaudhuri S, 2010. Visualization of hyperspectral images using bilateral filtering[J]. IEEE Transactions on Geoscience and Remote Sensing, 48(5): 2308-2316.

Kotwal K, Chaudhuri S, 2012. An optimization-based approach to fusion of hyperspectral images[J]. IEEE Journal of Selected Topics in Applied Earth Observations and Remote Sensing, 5(2): 501-509.

Laben C A, Brower B V, 2000. Process for Enhancing the Spatial Resolution of Multispectral Imagery Using Pan-sharpening[Z]. U.S. Patent 6,011,875, Eastman Kodak Co.

Lee J, Lee C, 2010. Fast and efficient panchromatic sharpening[J]. IEEE Transactions on Geoscience and Remote Sensing, 48(1): 155-163.

Mahyari G A, Yazdi M, 2011. Panchromatic and multispectral image fusion based on maximization of both. spectral and spatial similarities[J]. IEEE Transactions on Geoscience and Remote Sensing, 49(6): 1976-1985.

Robinson G D, Gross H N, Schott J R, 2000. Evaluation of two applications of spectral mixing models to image fusion[J]. Remote Sensing of Environment, 71(3): 272-281.

Schmitt M, Zhu X X, 2016. Data Fusion and Remote Sensing: an ever-growing relationship[J]. IEEE Geoscience and Remote Sensing Magazine, 4(4): 6-23.

Shi A Y, Xu L Z, Xu F, et al., 2011. Multispectral and panchromatic image fusion based on improved bilateral filter[J]. Journal of Applied Remote Sensing, 5(1): 53542.

Sun W H, Chen B, Messinger D W, 2014. Nearest-neighbor diffusion-based pan-sharpening algorithm for spectral images[J]. Optical Engineering, 53(1): 013107.

Tu T M, Hsu C L, Tu P Y, et al., 2012. An adjustable pan-sharpening approach for IKONOS/QuickBird/GeoEye-1/WorldView-2 imagery[J]. IEEE Journal of Selected Topics in Applied Earth Observations and Remote

Sensing, 5(1): 125-134.

Wang Z J, Ziou D, Armenakis C, et al., 2005. A comparative analysis of image fusion methods[J]. IEEE Transactions on Geoscience and Remote Sensing, 43(6): 1391-1402.

Welch R, Ehlers W, 1987. Merging multi-resolution SPOT HRV and Landsat TM data[J]. Photogrammetric Engineering & Remote Sensing, 53(3): 301-303.

Zhang J X, 2010. Multi-source remote sensing data fusion: status and trends[J]. International Journal of Image and Data Fusion, 1(1): 5-24.

第 9 章 高光谱遥感应用

高光谱遥感技术，作为现代遥感科学的一个重要分支，以光谱分辨率优势在多个领域展现出巨大的应用潜力。这种技术能够捕捉到地物反射或发射光谱的细微变化，从而揭示物质成分、结构和状态的独一无二的物理信息。随着传感器技术的进步和数据处理算法的不断创新，高光谱遥感已经成为环境监测、资源勘探、农业管理、城市规划以及军事侦察等领域不可或缺的工具。

本章将详细介绍利用 ENVI 软件实现地质调查、精细化分类、伪装目标探测和水质监测的应用实例，每个应用实例主要包含应用目标、技术原理、设备与数据要求和实现流程等内容。通过对以上内容的学习和理解，读者可以从理论到实践完成高光谱技术在以上 4 个领域的完整工作，并在未来实际工程项目中，充分发挥高光谱技术优势和应用潜力。

9.1 地 质 调 查

9.1.1 高光谱地质调查实验目的

本实验利用高光谱遥感数据分别对已知和未知矿物类型进行分析，旨在验证已知矿物的丰度和分布，同时探索未知矿物的类型和分布特征，分析高光谱遥感影像中矿物的类型及其空间分布。通过真实的应用场景，可以对高光谱遥感技术及其在地质领域的潜力有更深入的理解，提升对遥感、地质等学科专业知识的综合运用能力。

9.1.2 高光谱地质调查实验内容与原理

高光谱遥感图像的每个像元均可以获取一条连续的波谱曲线，光谱曲线可反映地物的理化特征，可用已知的光谱曲线识别遥感图像中的地物。高光谱遥感用于地质调查就是利用该特性，采用混合像元分解技术，识别矿物类别。

混合像元分解的方法和实验流程已在本书第 6 章进行详细介绍，除了第 6 章介绍方法，本章针对端元已知和端元未知两种情况，对公开数据集 Cuprite 矿区高光谱影像和作者利用高光谱无人机采集的江苏省溧阳市灰岩矿区 HHU-LiyangMine 数据进行了矿物分布图绘制。①对于端元已知的 Cuprite 数据可以从标准波谱库选择端元，利用光谱角匹配方法进行地物识别；②对于端元未知的 HHU-LiyangMine 数据可以自定义端元利用 ENVI 内置光谱库进行地物识别，并选择合适的丰度估计方法进行丰度图绘制。

9.1.3 高光谱地质调查实验设备与数据

（1）硬件：PC 电脑（Windows 操作系统）。
（2）软件：ENVI。

（3）实验数据：①CupriteReflectance.dat（以及.hdr），AVIRIS 高光谱传感器的反射率图像，已经过 FLAASH 大气校正、结果子区间裁剪、坏波段移除；②HHU-LiyangMine.dat（以及.hdr），无人机高光谱反射率影像，已进行镜头矫正、大气校正及反射率转换。

9.1.4 高光谱地质调查实验步骤

1. 从标准波谱库选择端元进行地物识别

对于已知端元信息的 Cuprite 高光谱图像，可以直接从 ENVI 软件自带的 USGS 地物光谱库中选择端元光谱进行矿物识别及丰度估计，主要包括两个步骤：

1）端元光谱收集

（1）启动 ENVI，打开高光谱遥感数据 CupriteReflectance.dat，如图 9.1 所示。

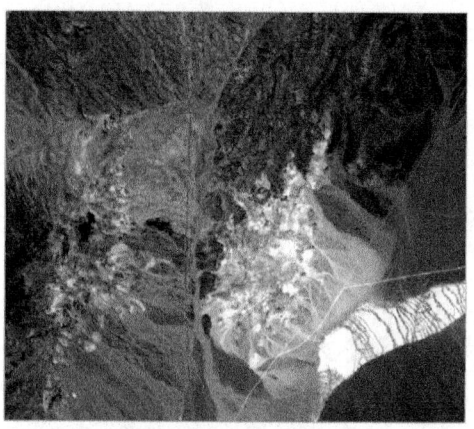

图 9.1　Cuprite 数据展示

（2）单击主菜单【Display】→【Spectral Library Viewer】，打开 USGS（1994）-minerals_asd_2151.sli，单击 Alunite、Calcite、Prehnite、Portlandite，收集这些矿物的端元波谱并自动绘制在右侧的窗口中，将 4 条光谱曲线绘制在新的波谱显示窗口，如图 9.2 所示，修改每条曲线为中文名。

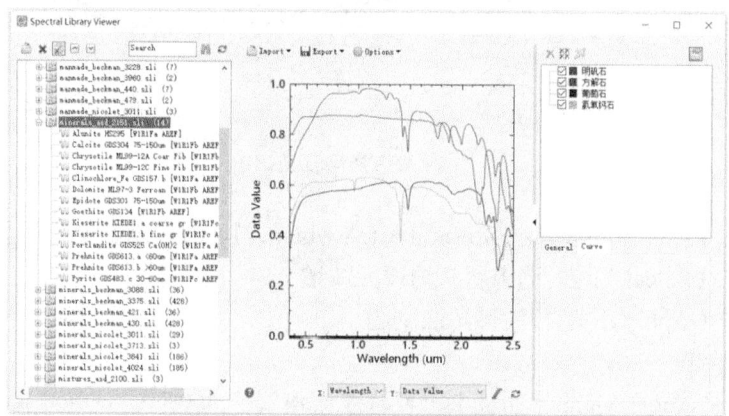

图 9.2　从波谱库中收集端元波谱

2）物质识别

（1）在 Toolbox 中，打开/Classification/Endmember Collection 工具，如图 9.3 所示，在文件对话框中选择高光谱遥感数据 CupriteReflectance.dat。

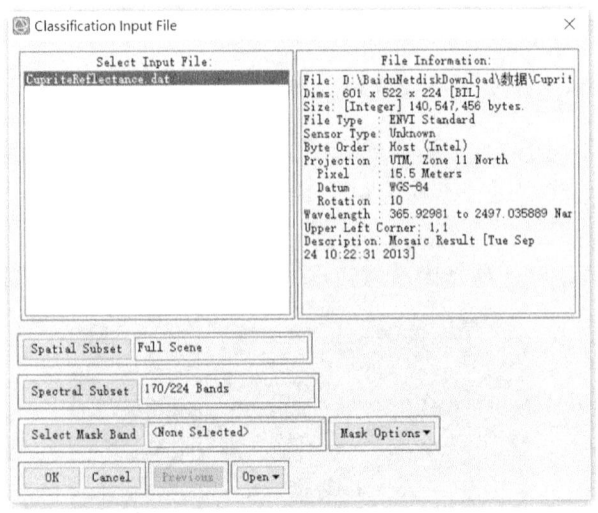

图 9.3　选择 CupriteReflectance.dat 数据

（2）在 Endmember Collection 面板中，选择【Import】→【from Plot Windows…】。将 4 个端元波谱全部选中，单击【OK】，如图 9.4 所示。

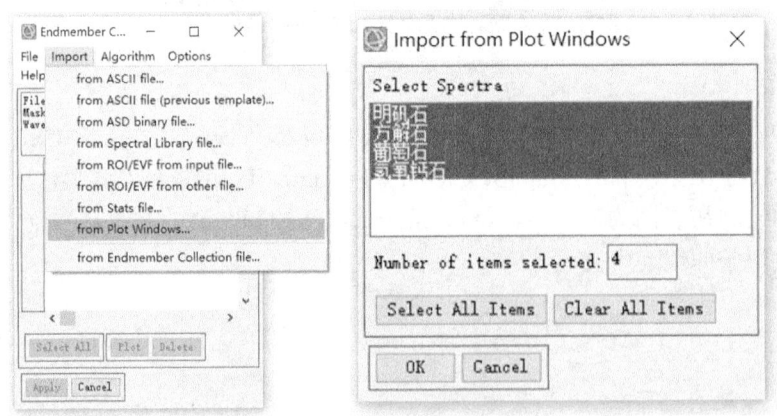

图 9.4　选择端元光谱

（3）选择【Algorithm】→【Spectral Angle Mapper】，波谱角匹配方法如图 9.5 所示。

（4）单击【Select All】，选中所有的端元波谱。

（5）单击【Apply】，运行波谱角法制图。

3）结果输出

在 Spectral Angle Mapper 面板上，设置波谱角阈值为 0.15，选择结果输出路径和名称，矿物丰度图如图 9.6 所示。

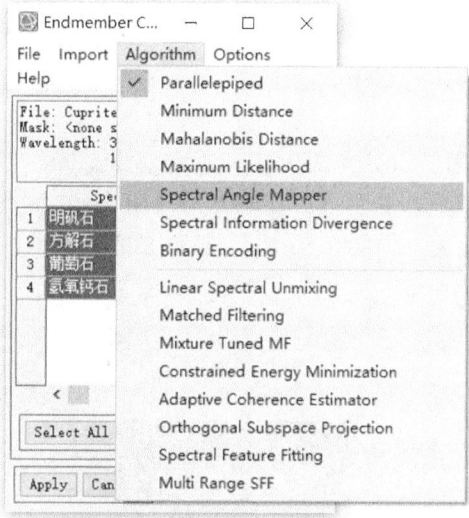

图 9.5 选择算法

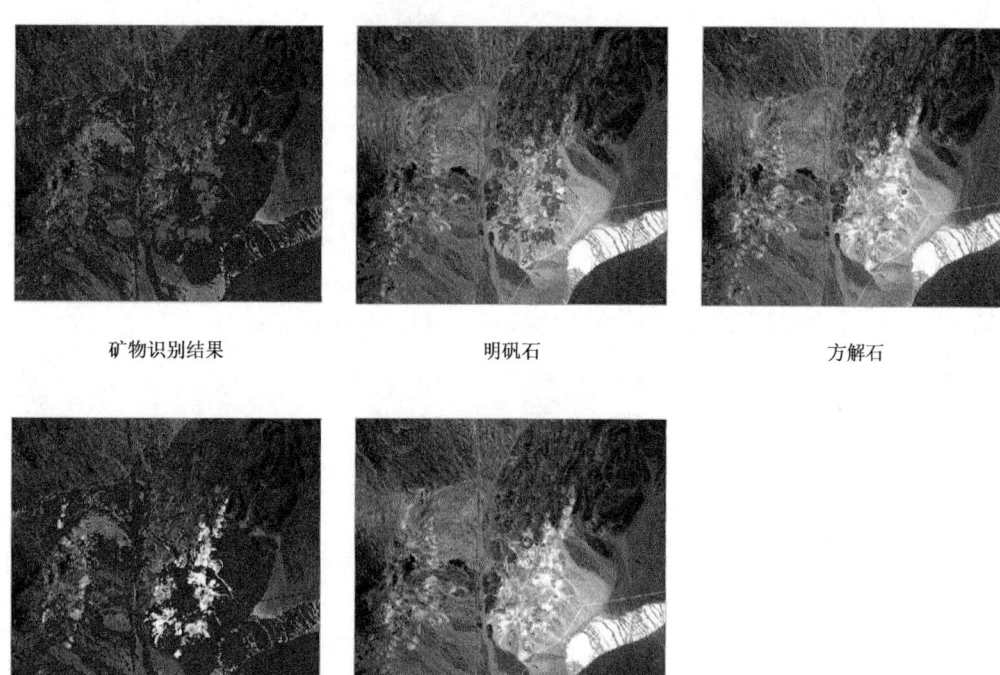

图 9.6 矿物识别结果

2. 自定义端元进行地物识别

对于端元未知的 HHU-LiyangMine 矿区数据，包括了端元光谱库构建、端元类型识别和矿物识别三个步骤：

1）构建端元光谱库

（1）启动 ENVI，打开高光谱数据 HHU-LiyangMine.dat。

（2）单击主菜单【Display】→【Profiles】→【Spectral】，通过目视解译逐个在图像上选择不同矿物的单个像素，如图 9.7 所示，该像素的光谱曲线显示在窗口中。

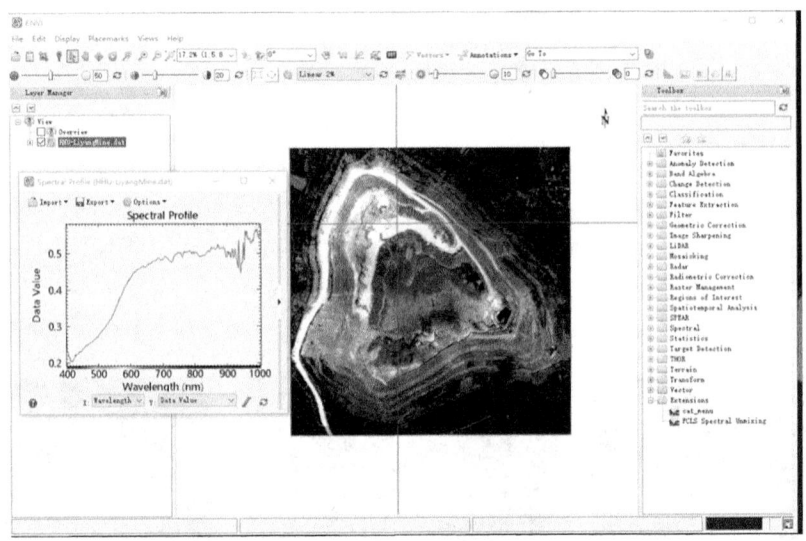

图 9.7　单个像元波谱曲线

（3）在 Toolbox 中，打开【Classification】→【Endmember Collection】工具，如图 9.8 所示，在文件对话框中选择高光谱遥感数据 HHU-LiyangMine.dat。

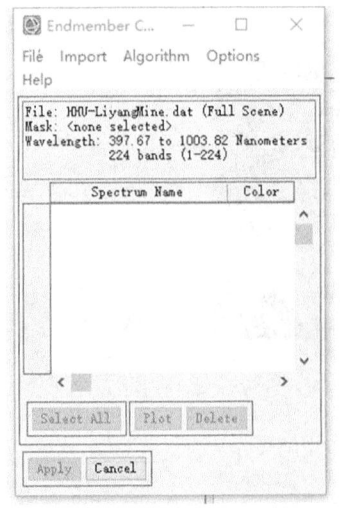 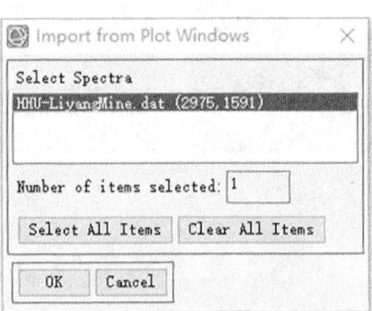

图 9.8　Endmember Collection 面板　　图 9.9　收集单个像元波谱曲线

（4）在 Endmember Collection 面板中，选择【Import】→【from Plot Windows】，如图 9.9 所示，在弹出面板中将显示的端元波谱选中，单击【OK】；单个像素的波谱曲线收集成功，利用步骤（2）～（4）可以选择多个矿物的单像素光谱。

（5）在图层管理器中 HHU-LiyangMine.dat 上右键选择 New Region Of Interest，找到目视解译中某种矿物分布均匀且单一的区域，绘制一个多边形区域，右键选择 new ROI 绘制第二种矿物感兴趣区域，绘制多个不同矿物的感兴趣区域可以收集不同矿物类型的平均光谱曲线，如图 9.10 所示。

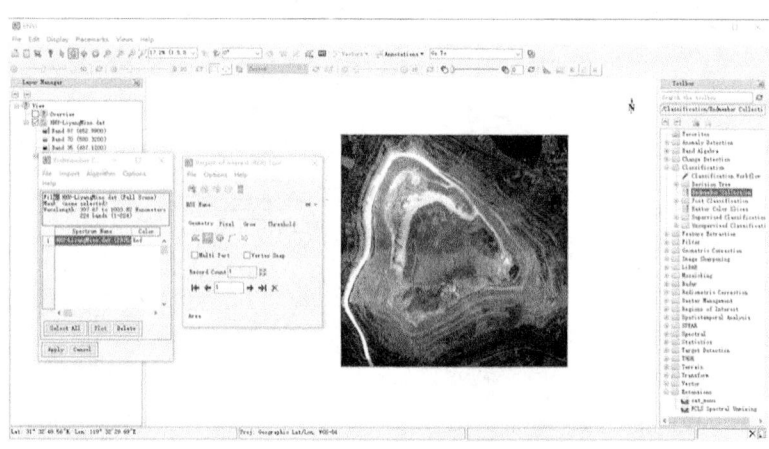

图 9.10　ROI 区域

（6）回到 Endmember Collection 面板，选择【Import】→【from ROI/EVF from input file】，将绘制的 ROI 都选中，单击【OK】；不同矿物的区域平均波谱曲线收集成功。

（7）步骤（3）或步骤（6）采集单个像元光谱或平均光谱均可作为矿物端元，在 Endmember Collection 面板，选择【Select All】，单击【Plot】将矿物波谱曲线显示出来，如图 9.11 所示（注意：此面板在确定端元光谱类型前不要关闭）。

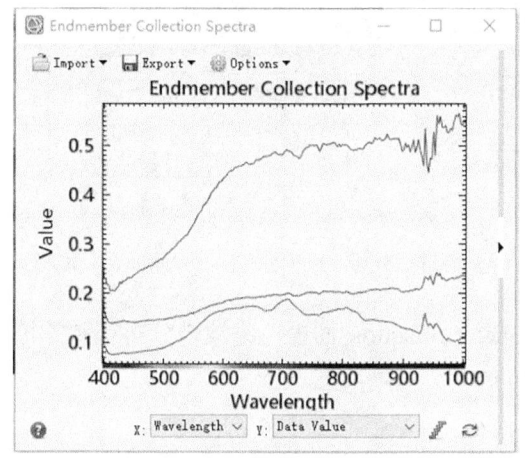

图 9.11　展示波谱曲线

2）确定端元波谱类型

（1）在 Toolbox 中，选择【Spectral】→【Spectral Analyst】，选择在对话框的右下角选择 Open-Spectral Library，选择...\ENVI53\resource\speclib 中的矿物光谱库作为对比光谱库，本节选择...\ENVI53\resource\speclib\usgs\minerals_asd_2151.sli 作为第一个端元的对比波谱库，在识别方法权重面板按照默认，单击【OK】，弹出面板如图 9.12 所示。

（2）在 Spectral Analyst 面板上，选择【Options】→【Edit（x,y）Scale Factors】，由于标准波谱库的波长是微米，y 轴的值为 0～1 反射率，如图 9.13 所示，设置 X Data Multiplier 为 0.001，设置 Y Data Multiplier 为 0.0001，单击【OK】。

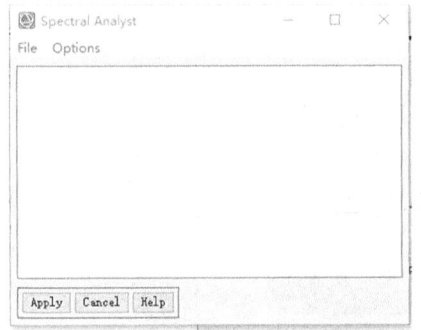
图 9.12　Spectral Analyst 面板

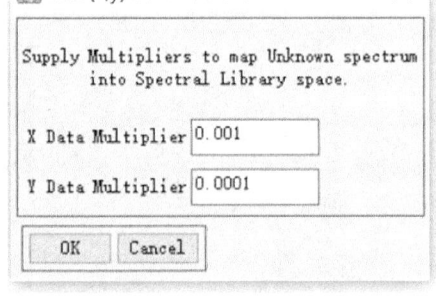
图 9.13　选择对比光谱库

（3）在 Spectral Analyst 面板上，如图 9.14 所示，选择之前步骤中得到的第一个波谱进行分析，单击【OK】，图 9.15 显示波谱曲线分析结果，记下分值最高对应的地物。

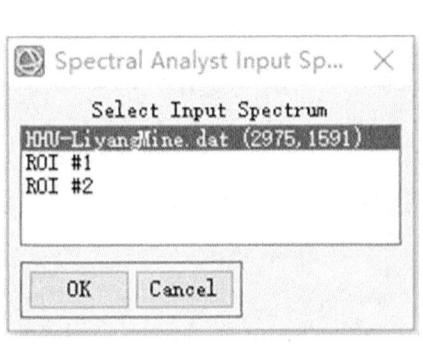
图 9.14　选择一个波谱进行分析

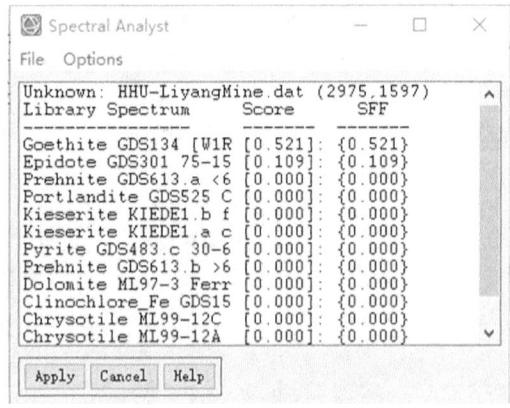
图 9.15　波谱曲线分析结果

（4）回到 Endmember Collection 面板，将波谱分析得到的地物名在 Spectrum Name 中输入，结果如图 9.16 所示。

第 9 章　高光谱遥感应用

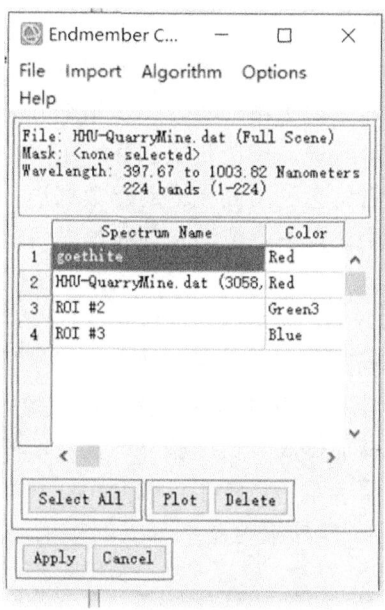

图 9.16　波谱识别结果

（5）重复（3）、（4）两步，识别剩下的波谱数据。

3）物质识别

（1）在 Endmember Collection 面板中，选择合适方法，单击【Algorithm】选择合适的识别方法。

（2）选择【Select All】将所有端元波谱全部选中，单击【OK】。

（3）单击【Apply】，运行算法进行制图。

（4）在算法面板，选择结果输出路径和名称，图 9.17 显示矿物丰度分布结果。

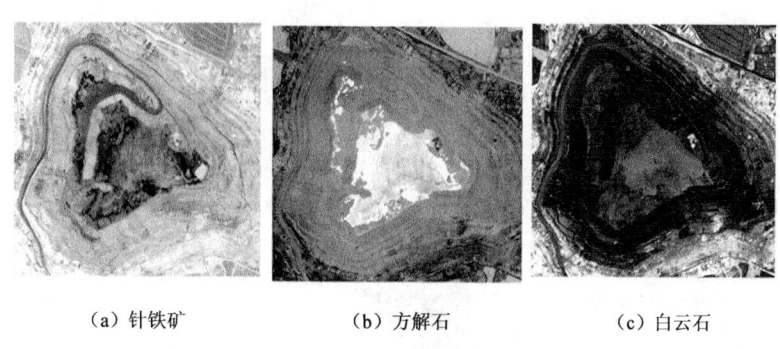

(a) 针铁矿　　　　　　(b) 方解石　　　　　　(c) 白云石

图 9.17　矿物丰度分布图

9.2　湿地精细分类

9.2.1　高光谱湿地精细分类实验目的

本实验的主要目的是让读者熟练掌握湿地精细分类的基本原理与操作方法，特别是理解利用高光谱遥感数据进行分类的优势。高光谱遥感影像由于具有丰富的光谱信息，可以捕捉到传统遥感技术难以分辨的细微差异，使得不同类型的湿地植被和地物在光谱上的微小差别得以显现，从而实现更精细的分类。精细分类能够更准确地识别和监测湿地生态系统的变化，包括物种组成、健康状况和环境压力等，对于湿地保护和管理具有重要意义。通过本实验，读者将会利用高光谱遥感数据进行湿地精细分类，提升对复杂湿地环境的理解，为湿地的生态保护、资源管理和科学研究提供可靠的数据支持。

9.2.2 实验内容与原理

实验内容与原理主要包括两部分。首先，利用 ENVI 软件中的 SVM 方法对湿地的高光谱遥感数据进行精细化分类。SVM 方法作为一种有效的分类算法，能够处理高维数据并寻找最优的分类边界，从而提高分类的精度。其次，关于分类方法的相关原理及具体的实验流程，已在本书的第 5 章中进行了详细介绍。本实验通过结合高光谱遥感数据的优势和 SVM 的分类能力，提升湿地精细分类的效果，为湿地保护与管理提供科学依据。

9.2.3 实验设备与数据

（1）硬件：PC 电脑（Windows 操作系统）。
（2）软件：ENVI。
（3）实验数据：河海大学金坛校区湿地高光谱卫星影像（HHU-wetland.dat），样本 ROI（Training.xml，Testing.xml）。

9.2.4 实验步骤

1. 数据导入

启动 ENVI，单击左上角【File】→【Open】，按照数据的存储地址打开待分类的高光谱湿地影像 HHU-wetland.dat，以 R: Band 59，G: Band 38，B：Band 20 波段组合显示，如图 9.18 所示。

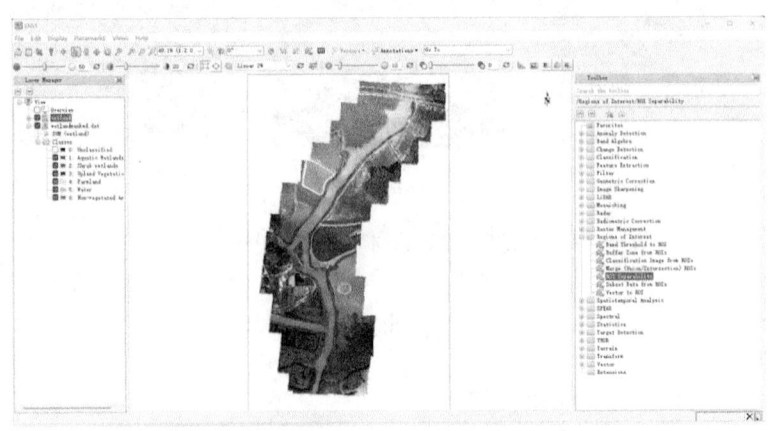

图 9.18 导入待分类影像

2. 训练样本的选取

1）确定地物标签

监督分类前需进行训练样本的选取，本实验同第5章进行ROI的选取，考虑到为河口湿地，分类为6类：水生湿地（Aquatic Wetlands）、灌木湿地（Shrub Wetlands）、农田（Farmland）、内陆植被（Upland Vegetation）、水体（Water）、无植被区域（Non-vegetated Area）。地物标签图例如图9.19所示。

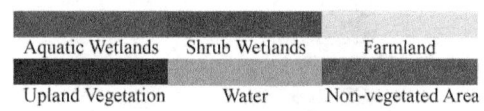

图9.19 地物标签图例

2）样本选择

根据第5章样本选择的流程进行ROI选取，样本选择时，在全图范围内对6类样本进行选取。完成对所有类别ROI选取后，如图9.20所示。

图9.20 训练样本选择结果

3）计算样本可分离性

在【Region of Interest（ROI）Tool】面板上，选择【Option】→【Compute ROI Separability】，在【Choose ROIs】面板，将所有类别都打钩，单击【OK】，生成样本可分离性报告。

根据样本可分离性报告，确定样本质量，若不合格则返回步骤2），对不合格样本进行调整。若所有类别均合格，则将ROI数据进行保存，本实验保存为training.xml，且已在实验数据中提供，读者可直接下载使用。

3. SVM分类

在Toolbox中选择【Classification】→【Supervised Classification】→【Support Vector Machine Classification】，选择待分类影像wetland.dat，单击【OK】，并参考第5章完成相

关参数设置。单击【OK】执行分类，输出如图9.21所示，为支持向量机分类结果。

图9.21　支持向量机分类结果

4. 精度验证

本实验对分类结果进行精度评定时，通过计算混淆矩阵实现。计算混淆矩阵时真实参考源使用重新选取感兴趣区（验证样本区）的方式。真实的感兴趣区验证样本的选择同上述样本选择过程一样。为保证精度验证尽可能准确，验证样本的选取数量应尽可能多，覆盖范围尽可能广。

（1）在【Data Manager】中，选中分类样本training.xml右键选择【Close】，将分类样本从软件中移除。

（2）直接利用ROI工具，跟训练样本选择的方法一样，在待分类影像上选择6类验证样本。本次实验验证样本保存为testing.xml。图9.22给出了选取的验证样本图。验证样本testing.xml已在实验数据中提供，读者可直接下载使用。

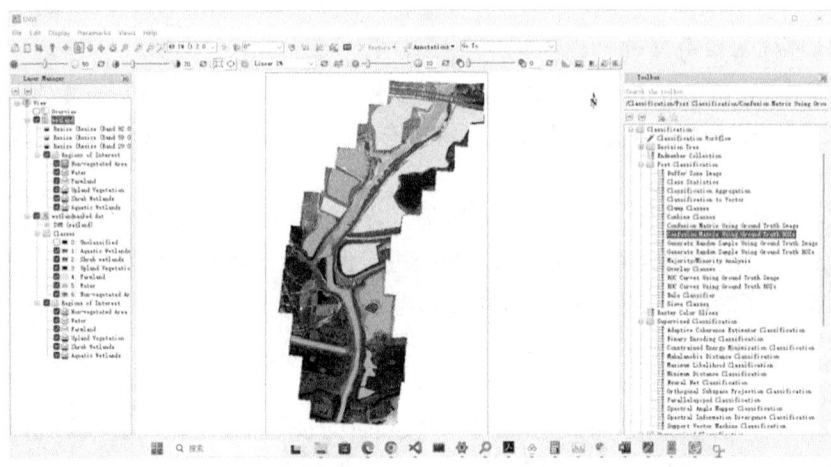

图9.22　选取验证样本

（3）在【Toolbox】中，选择【Classification】→【Post Classification/Confusion Matrix Using Ground Truth ROIs】，选择任意分类结果，软件会根据分类代码自动匹配，如不正确可以手动更改。单击【OK】后选择报表的表示方法（像素和百分比），就可以得到精度报表，图 9.23 给出了支持向量机分类结果的精度报表，其中包含总体精度、Kappa 系数、两种混淆矩阵（像素和百分比）等。当混淆矩阵尺寸过大时，矩阵在面板中以两行显示。

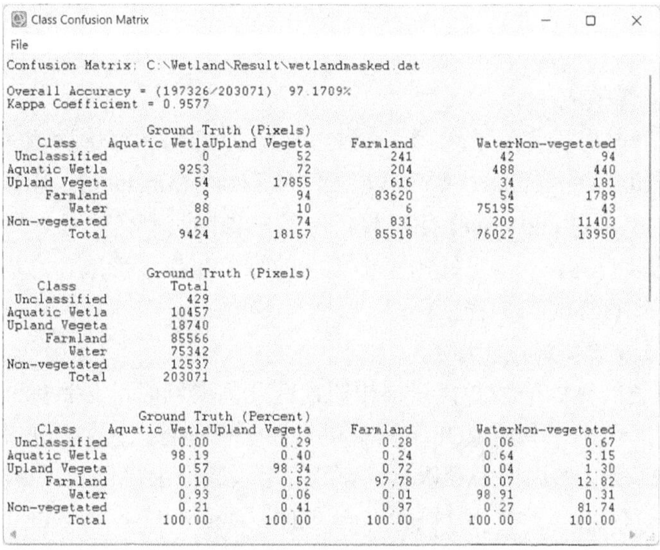

Class Confusion Matrix

File

Confusion Matrix: C:\Wetland\Result\wetlandmasked.dat

Overall Accuracy = (197326/203071) 97.1709%
Kappa Coefficient = 0.9577

Ground Truth (Pixels)

Class	Aquatic Wetla	Upland Vegeta	Farmland	Water	Non-vegetated
Unclassified	0	52	241	42	94
Aquatic Wetla	9253	72	204	488	440
Upland Vegeta	54	17855	616	34	181
Farmland	9	94	83620	54	1789
Water	88	10	6	75195	43
Non-vegetated	20	74	831	209	11403
Total	9424	18157	85518	76022	13950

Ground Truth (Pixels)

Class	Total
Unclassified	429
Aquatic Wetla	10457
Upland Vegeta	18740
Farmland	85566
Water	75342
Non-vegetated	12537
Total	203071

Ground Truth (Percent)

Class	Aquatic Wetla	Upland Vegeta	Farmland	Water	Non-vegetated
Unclassified	0.00	0.29	0.28	0.06	0.67
Aquatic Wetla	98.19	0.40	0.24	0.64	3.15
Upland Vegeta	0.57	98.34	0.72	0.04	1.30
Farmland	0.10	0.52	97.78	0.07	12.82
Water	0.93	0.06	0.01	98.91	0.31
Non-vegetated	0.21	0.41	0.97	0.27	81.74
Total	100.00	100.00	100.00	100.00	100.00

图 9.23　分类结果精度报表

9.3　伪装目标探测

9.3.1　实验目的

本实验目的是利用高光谱成像技术提高对伪装目标的识别能力，相比传统成像，高光谱遥感影像中具有丰富的光谱信息，能够捕捉多个波段的数据，识别伪装目标的细微特征从而揭示目标的光谱信息，能帮助探测算法更准确地探测和区分伪装目标（刘志明等，2009）。通过本实验，学习者将理解高光谱目标探测的理论方法，通过实践提升对伪装目标的识别技能，将所学的理论知识应用于实际的目标探测和伪装分析中。

9.3.2　实验内容

本实验的内容主要包括三部分。首先，获得伪装地物场景的目标反射率光谱曲线和背景反射率光谱曲线；其次，利用正交子空间投影 OSP 方法对伪装地物进行探测识别，最后，设置一定的阈值识别出所有的伪装目标。OSP 目标探测方法通过将数据投影到正交子空间，可以有效地区分目标与背景，提高目标检测的准确性（王挺等，2013），同时 OSP 方法对噪声和背景干扰具有更好的鲁棒性，能更好地提取目标的特征。本实验关于目标探测方法的原理介绍及具体的实验流程，已在本书第 7 章进行了详细介绍。

9.3.3 实验数据

（1）伪装地物 camouflage target.dat，已经过镜头校正、辐射定标、大气校正。

（2）伪装目标 ROI 区域，背景 ROI 区域。

9.3.4 实验步骤

1. 真彩色影像生成与波谱准备

1）真彩色影像生成

启动 ENVI，点击左上角【File】→【Open】，打开伪装目标探测的高光谱遥感影像数据 HHU camouflage target.dat。单击【File】→【Data Manager】，选择红绿蓝波长范围所对应的波段，单击【Load Data】生成接近原始影像的真彩色影像，如图 9.24 所示，该场景包含 4 个伪装目标，4 个目标由大小不一的绿色布包裹形成，它们边缘不规则，隐藏在杂草中，每个目标的伪装程度不同。

2）准备目标波谱和背景波谱

由于该数据集的目标地物和背景很相似，因此需要同时准备目标波谱和背景波谱，可以手动根据真彩色影像利用 ROI 工具获得目标区域和背景区域的波谱曲线，该实验场景的目标是伪装地物，如用肉眼难以标注，可使用该数据集提供的目标波谱与背景波谱，点击【File】→【Open】打开目标波谱 HHU camouflage target.roi 以及背景波谱 background.roi，并选择该伪装目标数据，如图 9.25 所示。单击【OK】，获得目标和背景 ROI 区域，如图 9.26 所示。

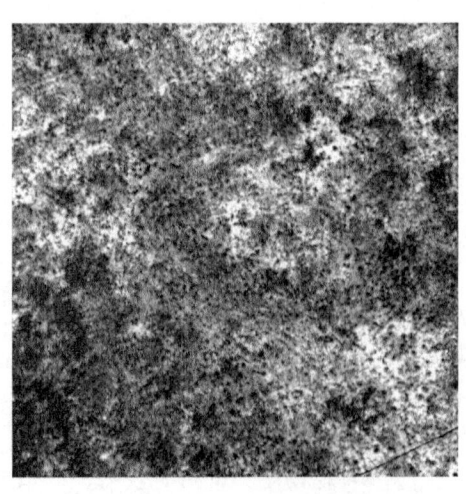

图 9.24 伪装目标探测真彩色影像

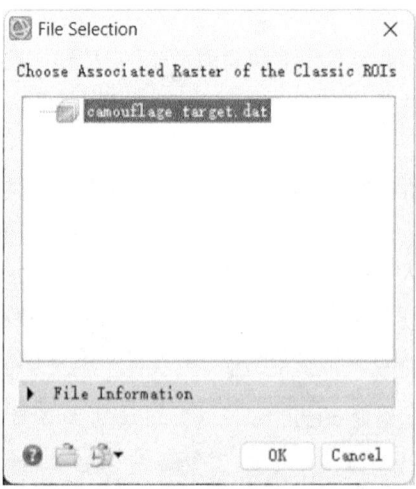

图 9.25 打开目标和背景 ROI

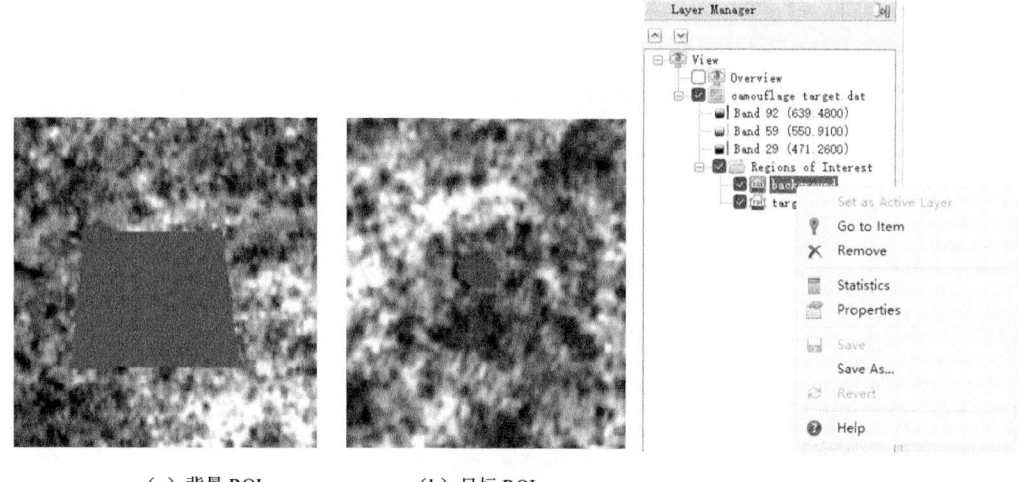

（a）背景 ROI　　　（b）目标 ROI

图 9.26　目标 ROI 和背景 ROI　　　图 9.27　统计目标 ROI 波谱与背景 ROI 波谱

3）浏览波谱曲线

右击【target】和【background】，选择【Statistics】，对目标 ROI 和背景 ROI 的波谱进行统计，如图 9.27 所示。得到目标波谱和背景波谱的统计值，勾选平均值，如图 9.28 和图 9.29 所示。

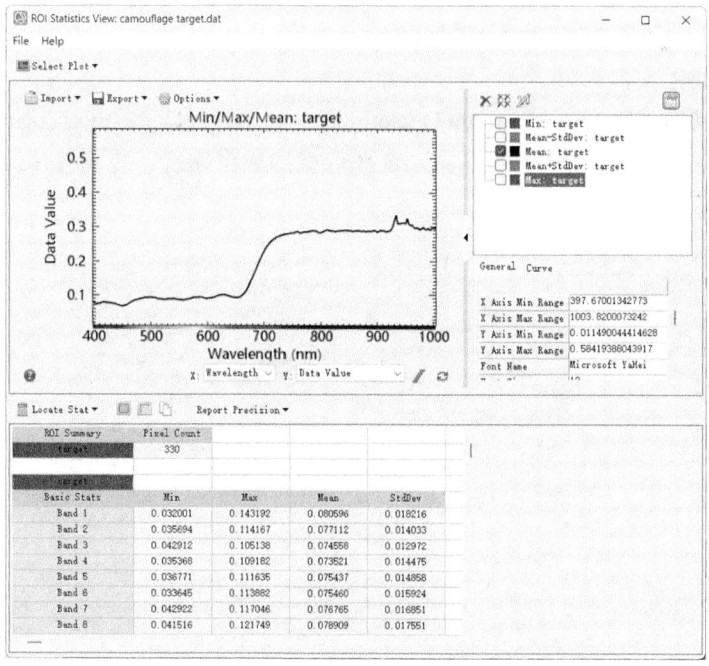

图 9.28　目标波谱统计视图

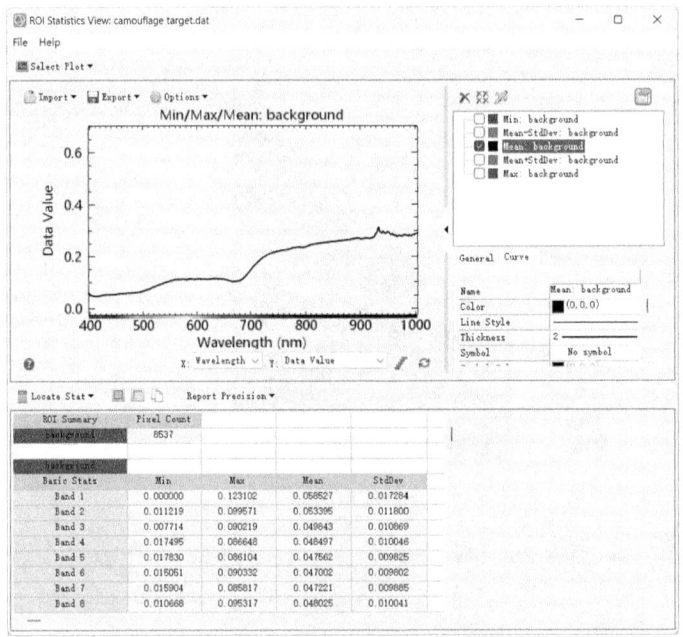

图 9.29 背景波谱统计视图

2. 伪装目标探测流程化工具

与匹配目标探测相同的是需要用到【Target Detection Wizard】工具,不同的是由于伪装地物与背景相似,需要输入背景波谱。

1) 输入/输出文件选择

单击右侧【Toolbox】→【Target Detection】→【Target Detection Wizard】面板,单击【Next】,进入输入/输出文件选择界面,选择数据和输出路径,单击【Next】按钮进入下一面板,如图 9.30 所示。

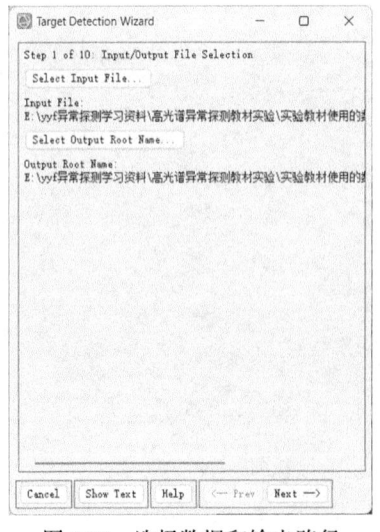
图 9.30 选择数据和输出路径

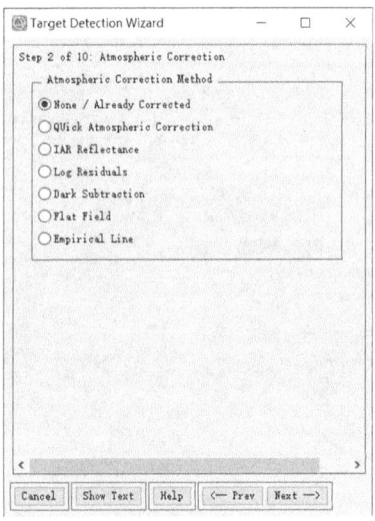
图 9.31 选择大气校正

2）大气校正

该步骤是对数据进行大气校正，由于本实验数据是大气校正后的数据，因此选择【None/Already Corrected】，如图 9.31 所示，并单击【Next】进入下一步。

3）选择目标光谱

在目标光谱选择面板单击【Import】→【From ROI/EVF from input file】，选择 target，单击【OK】，单击【Select All】，选中已准备的伪装目标波谱曲线，如图 9.32 所示，然后单击【Next】进入背景波谱的选择面板。

4）选择背景光谱

在【Select Non-Target to Reject?】的选择中单击【Yes】，然后单击【Import】→【From ROI/EVF from input file】，选择【background】，单击【OK】，单击【Select All】，选择已准备的背景地物波谱曲线，如图 9.33 所示，最后单击【Next】进入 MNF 变换面板。

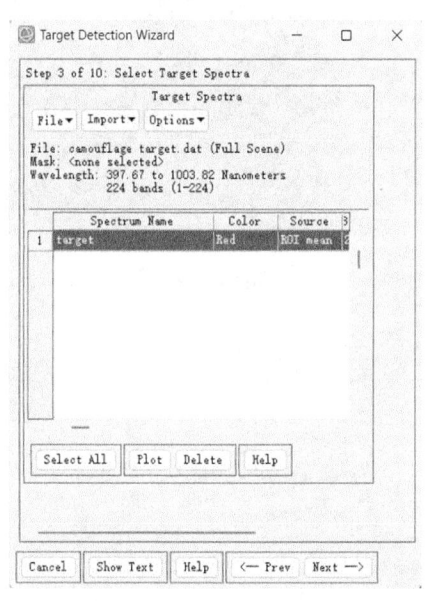
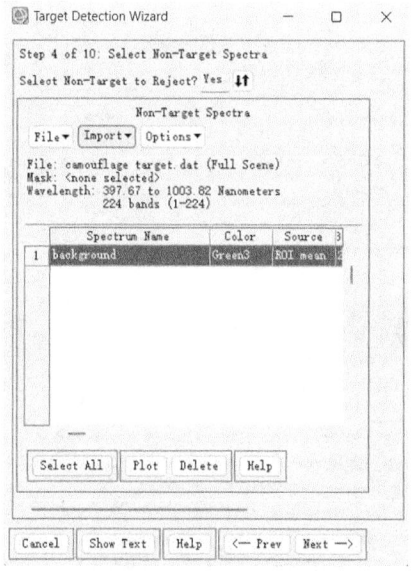

图 9.32　选择目标光谱　　　　　图 9.33　选择背景光谱

5）MNF 变换

执行 MNF 变换，进行降噪处理，按照 ENVI 的默认数值，并单击【Next】，如图 9.34 所示。获得 MNF 变换后的影像，如图 9.35 所示。

6）选择目标探测方法

目标探测方法面板包括九种方法，选择目标探测方法 OSP，如图 9.36 所示，然后单击【Next】进入下一面板。

7）浏览探测结果

在【Load Rule Images and Preview Result】面板中，选择 Method 列表中的不同方法，

ENVI 会自动生成默认值阈值,可以手动调整阈值大小,如图 9.37 所示。最下面一行是目标探测结果的统计数量。除了定量的数值统计,自动生成的 3 个窗口可以浏览目标探测的结果,框中的部分为识别出的伪装目标,如图 9.38 所示,浏览目标探测的结果后单击【Next】进入下一面板。

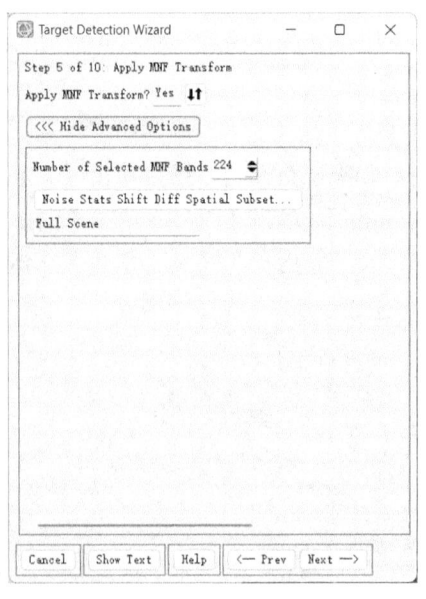

图 9.34　MNF 变换

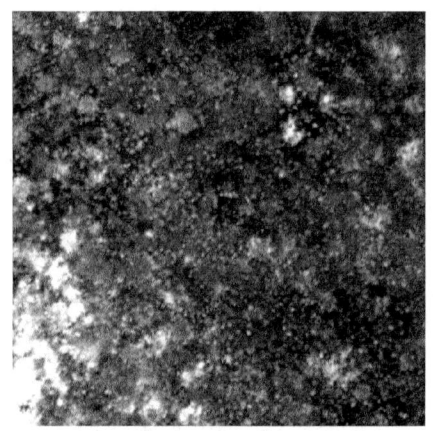

图 9.35　MNF 变换后的影像

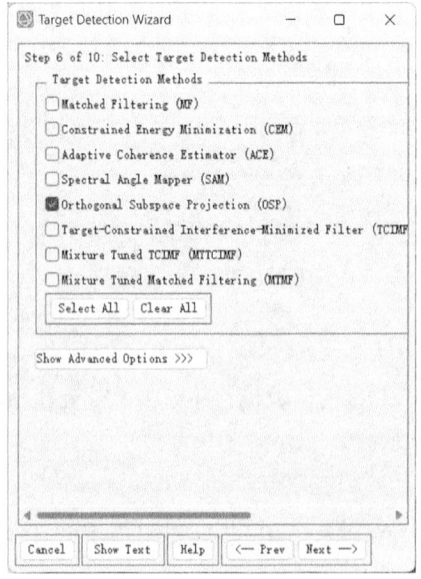

图 9.36　选择目标探测方法

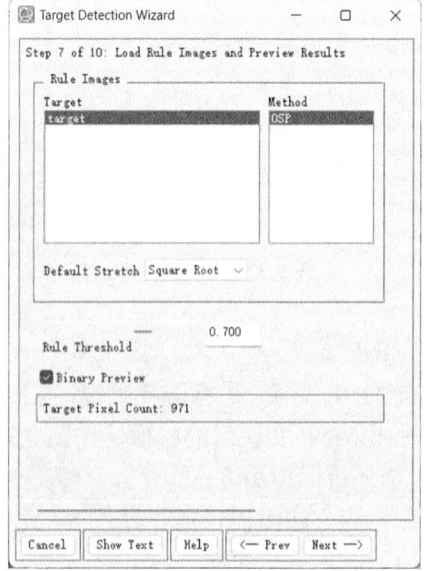

图 9.37　手动调整阈值

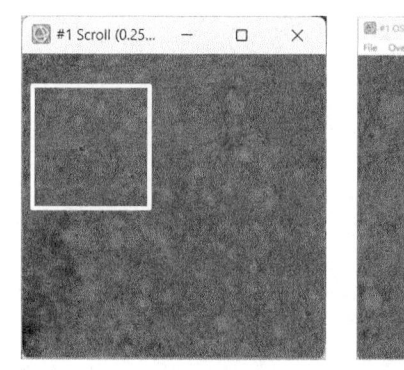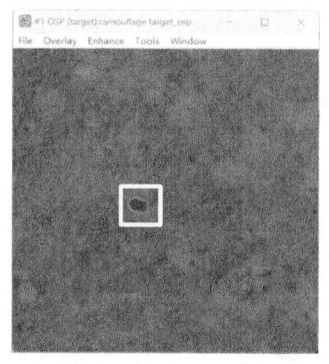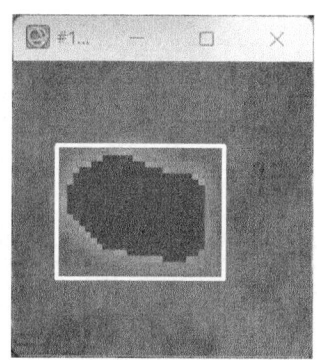

图 9.38　OSP 伪装目标探测结果浏览

8）结果后处理

在【Filter Targets】面板中选中方法【Clumping】和【Sieving】，按照 ENVI 的默认值进行设置，以去除探测结果中的小斑点，如图 9.39 所示，然后单击【Next】按钮，进入【Export Results】面板。

9）输出结果

进入【Export Results】面板，可以将探测结果输出为感兴趣区（ROI）和矢量（Shapefile），按照默认设置选择 ROI 输出结果，单击【Next】按钮，输出结果，进入【View Statistics and Report】面板，如图 9.40 所示。

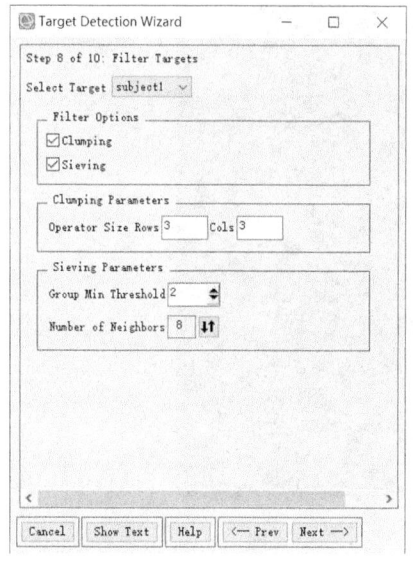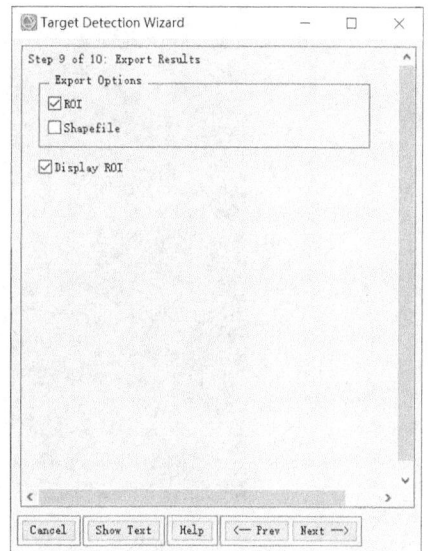

图 9.39　结果后处理　　　　　　　图 9.40　结果输出

10）查看统计数据和分析

在【View Statistics and Report】面板中，自动显示两种方法目标探测的统计结果，包括探测目标的数量、总面积以及平均面积，如图 9.41 所示。查看完之后单击【Finish】完成伪装目标的探测流程。从统计结果可以看出探测到的目标数量为 4，与实际情况相符合。

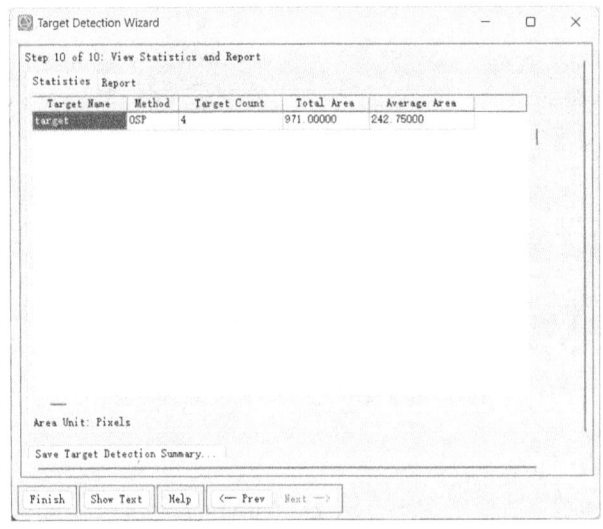

图 9.41　伪装目标探测统计结果

11）显示伪装目标探测结果图

打开【Data Manager】，点击【camouflage_target_osp_target>Target（OSP（target）】在主界面生成伪装目标探测的二值结果图，如图 9.42 所示。从图 9.42 中可以看出，探测出了四个多边形的目标地物，与统计结果和实际情况相符。

图 9.42　伪装目标探测二值结果图

9.4　水质监测

9.4.1　高光谱水质监测实验目的

本实验旨在利用高光谱遥感技术对水体进行精细化监测和评价，以获取高空间分辨率的水质信息。通过分析水体的光谱反射特征,构建能够反演水质参数,如叶绿素 a、悬浮固体浓度、溶解性有机碳、透明度及重金属污染物等,分布的模型,实现对不同类型水体的水质状况监测和污染源识别。高光谱遥感数据提供了丰富的光谱信息,可以识别水体的不同成分和污染物的时空变化特征,揭示水质变化的过程和原因,为水环境监测和水资源管理提供数据支持和科学依据。

9.4.2 水质监测研究内容

1. 研究区选择与数据获取

选择具有代表性的典型水体区域作为研究区,研究区的选取应综合考虑水质类型、污染特征及地理位置。研究区可以包括湖泊、水库、河流等多种类型水体。基于研究区的特点,选择合适的高光谱成像平台(如机载、无人机或卫星)获取高光谱影像数据(本节以无人机高光谱影像为例)。影像数据应覆盖可见光到近红外波段(400~1000 nm),以确保对水体不同成分的反射和吸收特征进行有效监测。与高光谱影像获取时间同步,进行实地水质参数获取,本节采用无人船获取研究范围内水体的浊度(turbidity),单位为 nephelometric turbidity units,NTU,散射浊度单位。浊度是衡量水中悬浮颗粒物浓度的一个重要指标,反映了水的清晰度和透明度。本节共采集 130 处水体作为反演的训练和验证样本。

2. 高光谱遥感数据的预处理

高光谱遥感影像数据通常受到大气散射、吸收和地形等因素的影响,需要进行一系列预处理,以获得高质量的地表反射率数据(本节所用高光谱遥感数据已经过上述处理,所以后续操作不包括预处理过程)。预处理步骤包括:①辐射校正,消除传感器响应的非线性影响;②大气校正,使用基于物理模型的算法(如 FLAASH)去除大气散射和吸收效应;③几何校正,将影像数据进行几何精校准以匹配地理坐标系,确保多时相数据的空间对齐。

3. 光谱特征分析与提取

水质参数的反演依赖于水体的光谱特征分析。通过分析水体的光谱反射率曲线,识别与不同水质参数相关的特征波段和光谱特征。典型的水体光谱特征包括:①叶绿素 a 在红光(665 nm)和红边(705 nm)波段的吸收特征;②悬浮颗粒物在红光和近红外波段的散射增强效应;③溶解性有机物在紫外和蓝光(400~500 nm)波段的吸收特性。通过分析以上特征,可以构建特征光谱指数(NDVI、比值水体指数等),用于反演水质参数的空间分布。

4. 水质参数反演模型的构建与验证

在特征光谱提取的基础上,利用统计模型(如多元回归分析)构建水质参数的反演模型。模型的输入为光谱特征参数,输出为相应的水质参数(如浊度等)。模型的构建需考虑多时相、多地点的校准数据，利用现场实测数据（如水质取样分析数据）对模型进行校准和验证，确保模型的精度和泛化能力。

5. 水质监测结果与空间分析

将验证后的反演模型应用于研究区的高光谱影像数据，获取水质参数的空间分布图，识别水体污染的潜在源头和影响范围，形成水环境监测报告和评价，为水质治理提供技术支持和数据支撑。

9.4.3 水质参数反演原理

遥感技术通过接收不同波长辐射监测水质环境，从而获得长期连续的观测数据（Santini et al., 2010）。高光谱遥感技术优势在于捕捉水质变化的细微光谱特征差异，如叶绿素浓度增加、悬浮颗粒物浓度变化和溶解性有机物质的存在，都会导致水体在不同波段的光谱响应发生变化。利用光谱变化，可以反演和估算水质参数。

1. 水体光谱反射机理

在水质反演中，对于化学需氧量（chemical oxygen demand, COD）、总磷（total phosphorus, TP）、总氮（total nitrogen, TN）等非光学水质参数虽然在河流管理界受到更多关注，但尚未得到很好的估计。对于具有光学活性的水质参数，如叶绿素a、浊度和总悬浮固体等，已有大量的成功经验与成熟模型（Gao et al., 2015）。水体的光谱反射特性是由水本身及其内含物的光学特性共同决定的。清洁水体的反射光谱在蓝绿波段处较高，而在红光和近红外波段处反射率较低。含有叶绿素的藻类在蓝光和红光波段具有显著的吸收特性，而在红边（700～750 nm）波段具有反射峰，悬浮颗粒物（如泥沙、藻类残渣等）会导致可见光和近红外波段反射率增加。以上特征为反演水质参数提供了理论基础。

2. 光谱特征与水质参数的关系

不同水质参数在特定光谱范围内表现出独特的吸收和散射特征，称为特征光谱响应。因此，可以利用高光谱遥感技术可以实现对水质参数的定量反演。

3. 模型反演与验证

计算光谱波段的比值，建立波段比与水质参数之间的关系，以选择最优波段比作为建模过程的输入数据，是高光谱遥感反演模型中使用的标准经验方法（Niroumand-Jadidi et al., 2020）。波段比技术有助于增强波段之间的细微光谱差异，该方法有助于突出检索目标的吸收波长的变化。与单一波段相比，波段比可以部分消除水面平滑度、微波变化的干扰，从而降低光谱噪声。水质反演模型的建立是高光谱遥感监测的核心。常用的方法包括基于光谱特征的经验模型、基于物理机理的辐射传输模型以及基于机器学习的反演模型。经验模型通过统计分析构建水质参数与光谱特征之间的关系；辐射传输模型则通过描述光与物质相互作用的物理过程，实现对水质参数的模拟；机器学习方法通过训练数据自动捕捉复杂的非线性关系，适用于多种复杂场景。模型的验证通过交叉验证、独立验证集及现场实测数据来实现，确保反演结果的科学性和可靠性。

9.4.4 目标区域实验设备与数据

（1）硬件：水质监测无人船 Y4000。
（2）软件：ENVI、Excel。
（3）实验数据：高光谱无人机影像，无人船采样点 130 处。

9.4.5 高光谱水质监测实验步骤

1. 数据导入与预处理

在 ENVI 软件中，使用【File】→【Open】选项导入高光谱遥感影像数据。常见的高光谱遥感影像格式包括 ENVI 标准格式（.dat 和 .hdr）、GeoTIFF 等。本节实验中须确保影像数据的波段信息、空间分辨率及光谱分辨率等元数据导入完整（图 9.43）。

图 9.43　实验数据导入

2. 水体范围提取

手动勾画水体范围形成矢量文件，点击【Regions of Interest】→【Subset Data from ROIs】工具，单击【OK】，在弹出窗口中选择水体范围矢量文件，选择【Mask pixels outside of ROI?】为【YES】（图 9.44），并输入文件保存路径和文件名，得到提取的水体范围（图 9.45）。

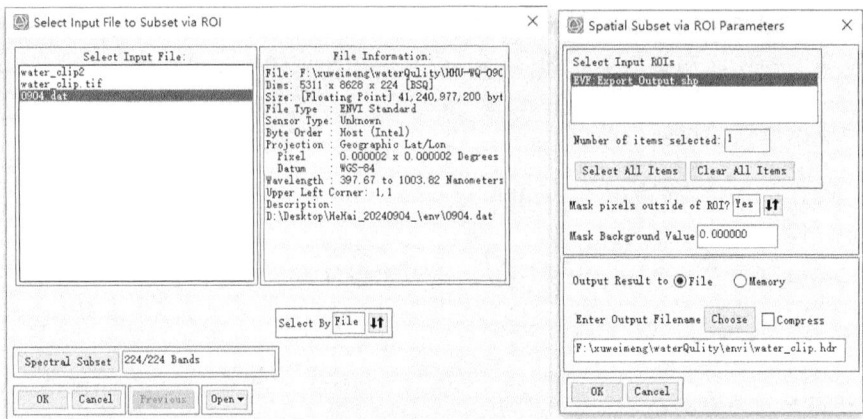

图 9.44　水体范围提取

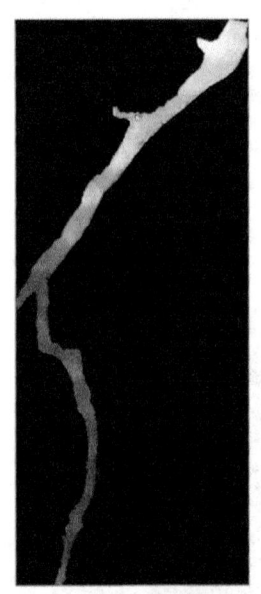

图 9.45　水体范围结果

3. 光谱指数计算

由于高光谱遥感数据光谱分辨较高，使用原始光谱计算对设备要求较高且存在冗余现象。本节选择计算与水质参数相关的特征光谱波段比值作为输入，以提高计算效率。分别选择 R_1、R_2、R_3、R_4、M_1（Cai et al., 2022）、NDVI 和两个原始波段（B700 和 B900）。其计算公式分别为

$$R_1 = R_{724.6} / R_{674.9} \tag{9.1}$$

$$R_2 = R_{702} / R_{512.5} \tag{9.2}$$

$$R_3 = R_{659} / R_{638} \tag{9.3}$$

$$R_4 = R_{635.76} / R_{669.285} \tag{9.4}$$

$$M_1 = R_{635.76} - R_{673.75} \tag{9.5}$$

$$\text{NDVI} = (\text{NIR} - \text{RED}) / (\text{NIR} + \text{RED}) \tag{9.6}$$

式中，R 为无人机高光谱遥感影像对应波段；NIR 为近红外波段反射率；RED 为红波段反射率。

根据式（9-1）～式（9-6），在【Toolbox】工具栏中搜索【Band Math】波段运算工具（图 9.46），根据公式在弹出的【Band Math】窗口中，在【Enter an expression】中输入计算公式：float（b1）/（b2）；单击【Add to List】；单击【OK】。

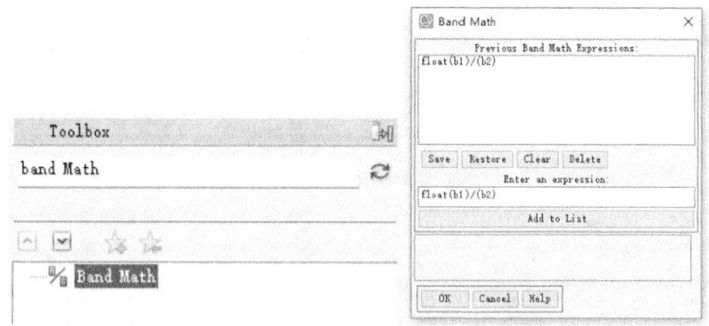

图 9.46　波段运算

进入【Variables to Bands Pairings】窗口，分别为 b1 波段和 b2 波段选择无人机高光谱遥感影像中的最相近的对应波长。在此，本节将 b1 选择 B124，b2 选择 B105。在【Output Result to】勾选【File】，在【Enter Output Filename】中输入文件保存位置和文件名"R1.tif"。最后，单击【OK】，得到比例指数 R_1（图 9.47）。

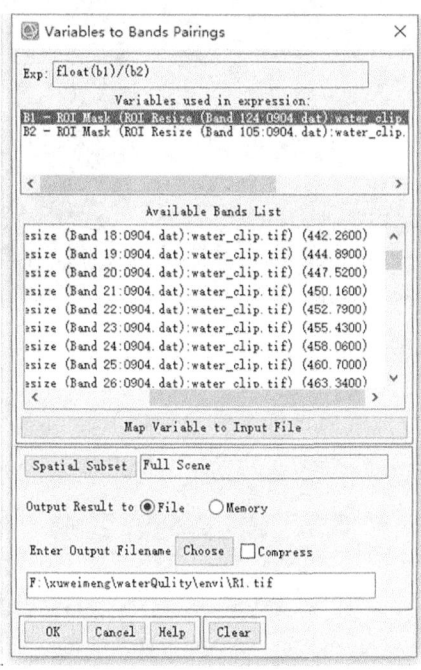

图 9.47　波段运算计算 NDVI

根据上述波段计算步骤，分别计算 6 个指数与两个原始波段，并将输出文件以各个遥感指数名称命名，结果如图 9.48 所示。

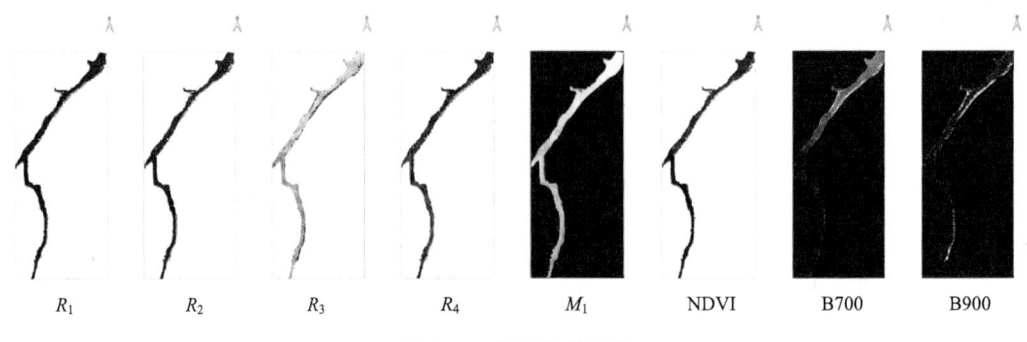

图 9.48　波段计算结果

4. 样本划分

使用无人船水质监测 130 处水质监测点，浊度含量实测数据采集时间与高光谱遥感影像获取时间保持一致，采样点分布均匀，如图 9.49 所示。以 7∶3 的比例划分训练集与验证集，其中 90 处为训练集，40 处为验证集。

图 9.49　无人船采样点

提取样本点的各个指数像素值，样本点点位以 Regions of Interest（ROI），".xml"格式存储，分别为"tr"训练集和"val"验证集（图 9.50）。

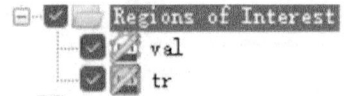

图 9.50　样本点位存储格式

导入".xml"，分别将 ROI 数据附在各个指数影像上，下面以 B900 为例，提取 ROI 对应的指数像素值，并导出为".csv"格式。

双击"val"，出现【Regions of Interest（ROI）Tool】对话框，单击菜单栏【File】，选择【Export】，选择【Export to CSV...】（图 9.51）。

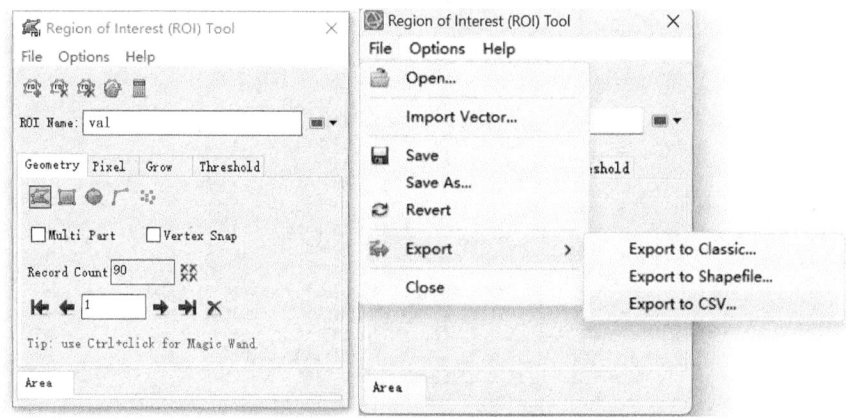

图 9.51　导出 ROI 设置

在弹出【Export ROIs to CSV】对话框中，勾选"val"，在【Enter Output File】中输入保存位置和文件名"900.csv"（图 9.52）。

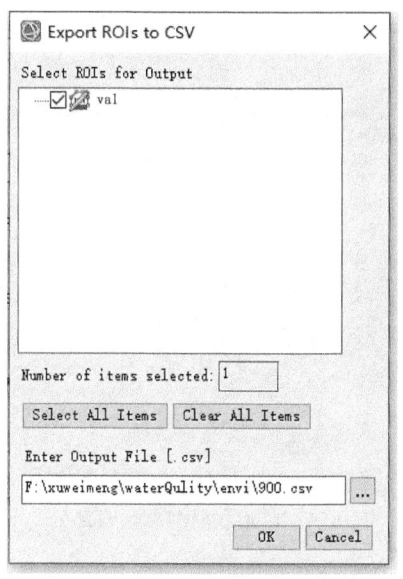

图 9.52　导出路径选择

打开生成的"900.csv"文件，其中"B1"列，为 B900 的验证点指数值（图 9.53）。通过上述方法分别将剩余的 7 个指数 R_1、R_2、R_3、R_4、M_1、NDVI 和两个原始波段（B700 和 B900）的训练集和验证集分别导出，并与实测浊度含量汇总到 Excel 表格中，注意需要剔除存在无效值的样本。如图9.54所示，图9.54右侧为因变量，图9.54左侧为8个自变量水体指数。

```
; Number of ROIs: 1
; File Dimension: 3179 x 7538
;
; ROI name: tr
; ROI rgt          0 ' 0}
; ROI npts: 90
;
; File X   File Y   Lat        Lon        B1
    4156      935  31.67093  119.5489101  0.074784
    4114     1014  31.67077  119.5488124  0.073963
    4101     1034  31.67073  119.5487822  0.081436
    4052     1121  31.67056  119.5486683  0.079078
    4039     1141  31.67052  119.5486381  0.076391
    3989     1228  31.67034  119.5485219  0.074258
    3978     1246  31.67031  119.5484963  0.072743
    3916     1328  31.67015  119.5483521   0.07896
    3905     1341  31.67012  119.5483266  0.082645
    3836     1422  31.66996  119.5481662  0.083594
    3670     1599  31.66961  119.5477803   0.08781
    3661     1607  31.66959  119.5477593  0.086813
    3572     1676  31.66945  119.5475524  0.282102
    3473     1747  31.66931  119.5473223  0.089445
    3467     1752  31.6693   119.5473083  0.081834
    3372     1814  31.66918  119.5470875   0.08643
    3367     1818  31.66917  119.5470759  0.079353
    3269     1884  31.66904  119.546848   0.088034
    3265     1886  31.66904  119.5468387  0.088869
    3170     1953  31.6689   119.5466179  0.079214
```

图9.53 以B900为例输出验证集指数值

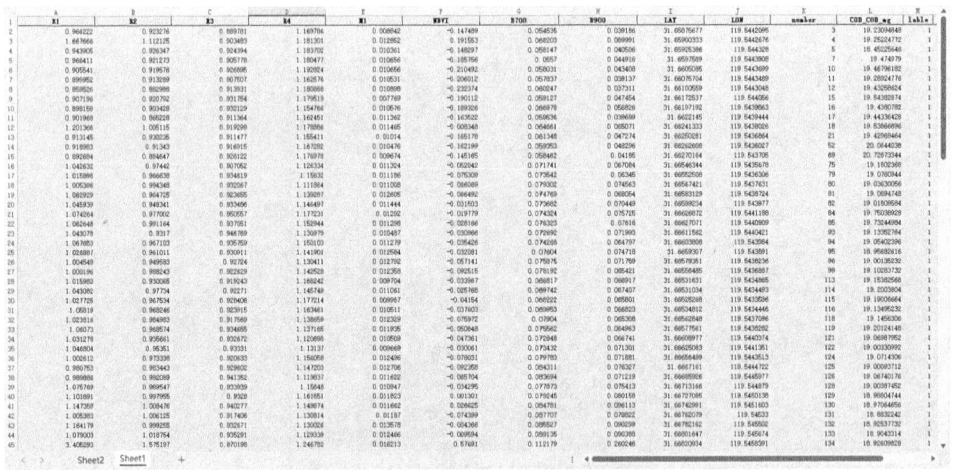

图9.54 原始数据汇总表（部分）

5. 水体指数相关性分析

利用Excel软件的【数据】栏，单击【数据分析】，选择【相关系数】，在【输入】栏的【输入区域】选择训练集中的自变量和因变量，【分组方式】选择【逐列】，勾选【标志位于第一行】（图9.55），得到相关性分析结果（图9.56）。

第9章 高光谱遥感应用

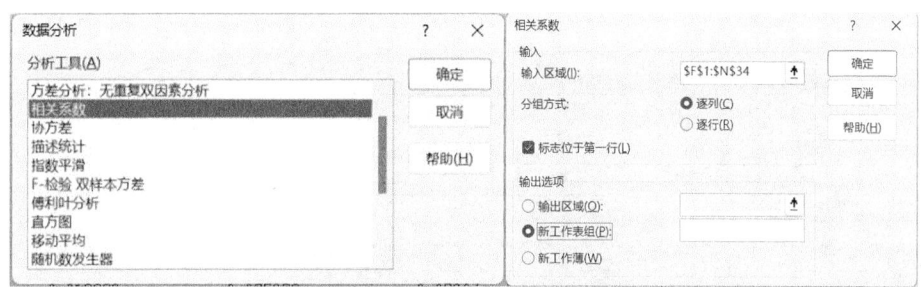

图 9.55 相关系数计算

	R1	R2	R3	R4	M1	NDVI	B700	B900
R1	1							
R2	0.95933	1						
R3	-0.5269	-0.4538	1					
R4	0.57053	0.49714	-0.5836	1				
M1	0.50624	0.62482	-0.1347	0.20319	1			
NDVI	0.92517	0.94378	-0.3471	0.39278	0.56981	1		
B700	0.55933	0.71421	0.00939	-0.0497	0.78437	0.69085	1	
B900	0.954	0.96296	-0.3713	0.39712	0.61842	0.94744	0.75551	1

图 9.56 相关系数计算结果

6. 水体指数与浊度的多元线性回归

利用 Excel 软件的【数据】栏，单击【数据分析】，选择【回归】，在【输入】中分别输入 Y 值区域为浊度，X 值输入区域为 8 个水体指数，勾选【标注】，勾选【残差】选项（图 9.57）。

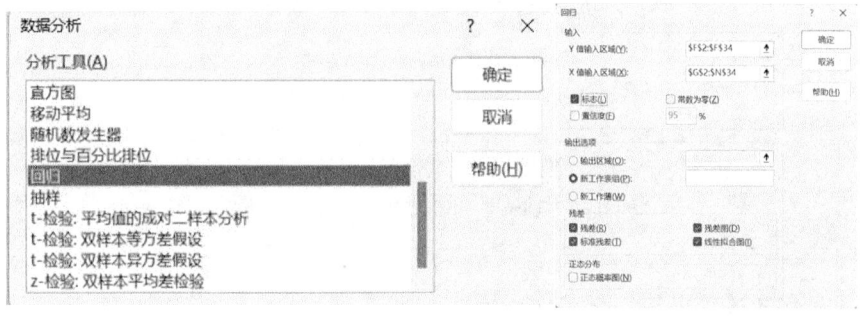

图 9.57 回归输入

回归分析工具是通过对一组观察值使用最小二乘法直线拟合，执行线性回归分析，检验单个因变量如何受 1 个或多个自变量影响的，可以得到多个自变量的权重，然后使用该结果对尚未测量因变量做出预测。执行【回归】步骤，可以得到"回归统计""方差分析""自变量系数与斜率及统计量""残差分析"结果（图 9.58）。根据回归结果可知，判定系数 $R^2 = 0.56981$，观测误差为 6.173。截距、R_1、R_2、R_3、R_4、M_1、NDVI、B700、B900 的系数分别为-4.64、33.75、-30.58、-46.15、76.41、113.08、-71.16、-127.39、-104.78，将预测浊度与真值对比，画散点图（图 9.59），可以看到拟合精度较好。

SUMMARY OUTPUT

回归统计	
Multiple	0.75485
R Square	0.56981
Adjusted	0.52732
标准误差	6.17292
观测值	90

方差分析

	df	SS	MS	F	Significance F
回归分析	8	4088.16	511.02	13.41087137	3.64139E-12
残差	81	3086.5	38.1049		
总计	89	7174.66			

	Coefficien	标准误差	t Stat	P-value	Lower 95%	Upper 95%	下限 95.0%	上限 95.0%
Intercep	-4.6398	88.8385	-0.0522	0.95848	-181.4	172.121	-181.400654	172.1209796
R1	33.7504	16.5878	2.03466	0.04516	0.74599	66.7548	0.745985439	66.75483463
R2	-30.577	42.163	-0.7252	0.47041	-114.47	53.3138	-114.468466	53.31381114
R3	-46.152	74.465	-0.6198	0.53714	-194.31	102.01	-194.314037	102.0099992
R4	76.4119	48.0227	1.59116	0.11547	-19.138	171.962	-19.1381309	171.961898
M1	113.077	835.762	0.1353	0.89271	-1549.8	1775.98	-1549.82762	1775.981549
NDVI	-71.158	20.3466	-3.4973	0.00077	-111.64	-30.675	-111.641743	-30.6749823
B700	-127.39	253.876	-0.5018	0.61719	-632.52	377.744	-632.521271	377.7440021
B900	-104.78	146.952	-0.713	0.47789	-397.17	187.612	-397.166444	187.6118581

图 9.58 回归结果分析

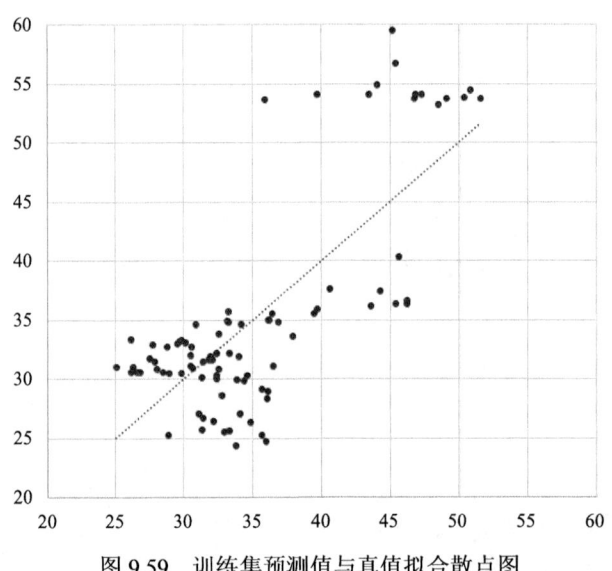

图 9.59 训练集预测值与真值拟合散点图

7. 实现研究区范围的水质参数反演

在"Band Math"中输入"float（33.75*b1+（-30.58）*b2+（-46.15）*b3+76.41*b4+（-113.08）*b5）+（-71.16）*b6+（-127.39）*b7+（-104.78）*b8+（-4.64）",其中"b1、b2、b3、b4、b5、b6、b7、b8"分别为R_1、R_2、R_3、R_4、M_1、NDVI、B700、B900。计算得到研究区范围内水质参数空间分布图（图 9.60），并通过验证集 ROI "val" 提取验证点水质参数，与实测验证点水质参数对比（图 9.61），得到 $R^2=0.5124$。

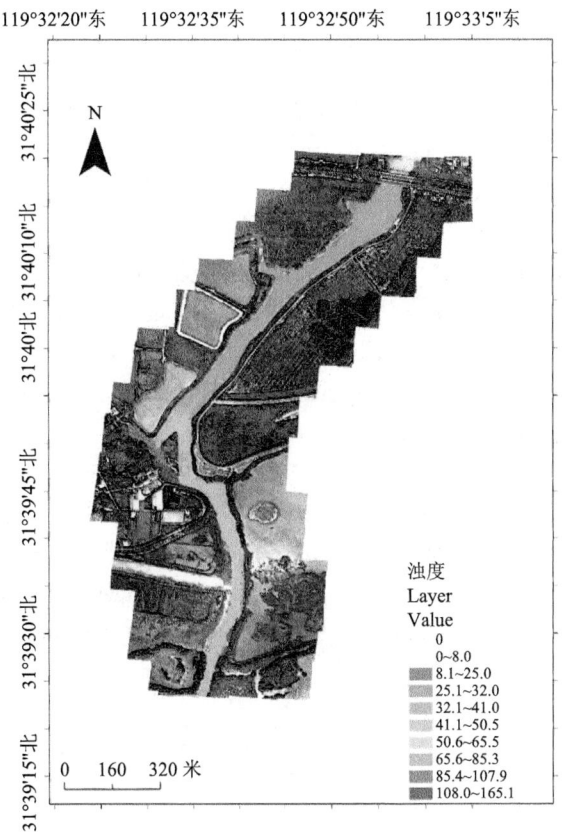

图 9.60 河流浊度空间分布图

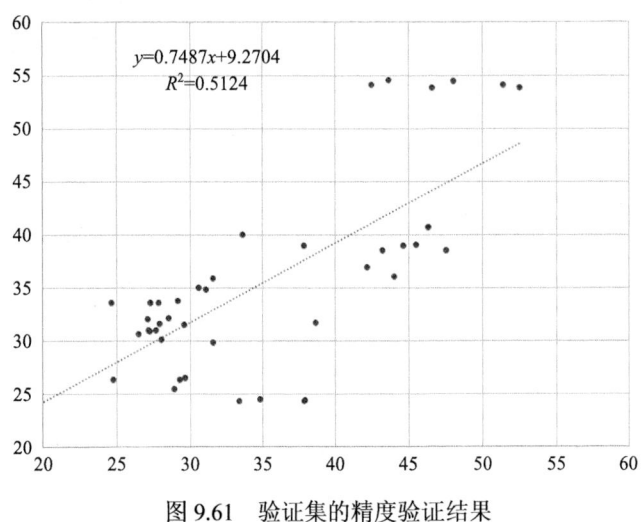

图 9.61 验证集的精度验证结果

利用 ENVI 软件进行高光谱遥感水质监测处理是一项综合性的遥感数据处理流程。通过多步骤的影像校正、光谱特征分析、光谱指数计算及反演模型构建，可以高效地提取水质参数的时空分布信息，为水环境监测和管理提供科学支持。

参 考 文 献

刘志明, 胡碧茹, 吴文健, 等, 2009. 高光谱探测绿色涂料伪装的光谱成像研究[J]. 光子学报, 38(4): 885-890.

王挺, 杜博, 张良培, 2013. 顾及局域信息的核化正交子空间投影目标探测方法[J]. 武汉大学学报(信息科学版), 38(2): 200-203, 239.

Cai J N, Meng L, Liu H L, et al., 2022. Estimating Chemical Oxygen Demand in estuarine urban rivers using unmanned aerial vehicle hyperspectral images[J]. Ecological Indicators, 139: 108936.

Gao Y N, Gao J F, Yin H B, et al., 2015. Remote sensing estimation of the total phosphorus concentration in a large lake using band combinations and regional multivariate statistical modeling techniques[J]. Journal of Environmental Management, 151: 33-43.

Niroumand-Jadidi M, Bovolo F, Bruzzone L, 2020. SMART-SDB: sample-specific multiple band ratio technique for satellite-derived bathymetry[J]. Remote Sensing of Environment, 251: 112091.

Santini F, Alberotanza L, Cavalli R M, et al., 2010. A two-step optimization procedure for assessing water constituent concentrations by hyperspectral remote sensing techniques: an application to the highly turbid Venice lagoon waters[J]. Remote Sensing of Environment, 114(4): 887-898.